단원별로 부족한 연산을 드릴을 통하여 연습해 보세요.

Contents

연산의 힘 기초력 다지기

날짜

학습 Point 분모가 같은 (진분수)÷(진분수)

[1~6] □ 안에 알맞은 수를 써넣으시오.

1 $\frac{6}{7} \div \frac{3}{7} = 6 \div \square = \square$

2 $\frac{10}{11} \div \frac{2}{11} = 10 \div \square = \square$

3 $\frac{3}{5} \div \frac{4}{5} = \square \div \square = \frac{\square}{\square}$

4 $\frac{5}{12} \div \frac{7}{12} = \square \div \square = \frac{\square}{\square}$

5 $\frac{7}{8} \div \frac{3}{8} = \frac{7}{\cancel{8}_{1}} \times \frac{\cancel{8}^{\square}}{\square} = \frac{\square}{3} = \square\frac{\square}{\square}$

6 $\frac{5}{9} \div \frac{2}{9} = \frac{5}{\cancel{9}_{1}} \times \frac{\cancel{9}^{\square}}{\square} = \frac{\square}{2} = \square\frac{\square}{\square}$

[7~18] 계산을 하시오.

7 $\frac{2}{3} \div \frac{1}{3}$

8 $\frac{5}{7} \div \frac{1}{7}$

9 $\frac{7}{8} \div \frac{1}{8}$

10 $\frac{4}{5} \div \frac{2}{5}$

11 $\frac{8}{9} \div \frac{2}{9}$

12 $\frac{9}{10} \div \frac{3}{10}$

13 $\frac{4}{5} \div \frac{3}{5}$

14 $\frac{3}{7} \div \frac{5}{7}$

15 $\frac{5}{8} \div \frac{3}{8}$

16 $\frac{4}{9} \div \frac{7}{9}$

17 $\frac{5}{11} \div \frac{9}{11}$

18 $\frac{5}{12} \div \frac{7}{12}$

▸ 빠른 정답 1쪽

날짜

학습 Point 분모가 다른 (진분수) ÷ (진분수)

[1~6] □ 안에 알맞은 수를 써넣으시오.

1 $\frac{1}{2} \div \frac{1}{6} = \frac{\square}{6} \div \frac{1}{6} = \square \div \square = \square$

2 $\frac{8}{18} \div \frac{2}{9} = \frac{\square}{18} \div \frac{\square}{18} = \square \div \square = \square$

3 $\frac{5}{8} \div \frac{3}{4} = \frac{\square}{8} \div \frac{\square}{8} = \square \div \square = \frac{\square}{\square}$

4 $\frac{3}{4} \div \frac{4}{5} = \frac{\square}{20} \div \frac{\square}{20} = \square \div \square = \frac{\square}{\square}$

5 $\frac{6}{7} \div \frac{5}{14} = \frac{6}{\cancel{7}_{1}} \times \frac{\cancel{14}^{\square}}{\square} = \frac{\square}{5} = \square\frac{\square}{\square}$

6 $\frac{7}{10} \div \frac{3}{8} = \frac{7}{\cancel{10}_{5}} \times \frac{\cancel{8}^{\square}}{\square} = \frac{\square}{15} = \square\frac{\square}{\square}$

[7~18] 계산을 하시오.

7 $\frac{2}{5} \div \frac{1}{10}$

8 $\frac{5}{9} \div \frac{1}{2}$

분수의 곱셈으로 바꾸어 계산할 때는 약분이 되면 약분하여 계산해 봐!

9 $\frac{5}{12} \div \frac{5}{6}$

10 $\frac{3}{8} \div \frac{1}{4}$

11 $\frac{2}{3} \div \frac{3}{5}$

12 $\frac{2}{5} \div \frac{3}{7}$

13 $\frac{7}{15} \div \frac{3}{5}$

14 $\frac{5}{7} \div \frac{5}{14}$

15 $\frac{2}{9} \div \frac{5}{11}$

16 $\frac{6}{11} \div \frac{7}{22}$

17 $\frac{7}{9} \div \frac{11}{18}$

18 $\frac{5}{6} \div \frac{2}{7}$

날짜

학습 Point (자연수)÷(분수)

[1~8] □ 안에 알맞은 수를 써넣으시오.

1 $2\div\frac{2}{5}=(2\div\square)\times\square=\square$

2 $6\div\frac{3}{4}=(6\div\square)\times\square=\square$

3 $8\div\frac{2}{3}=(8\div\square)\times\square=\square$

4 $12\div\frac{4}{7}=(12\div\square)\times\square=\square$

5 $9\div\frac{3}{5}=(\square\div\square)\times\square=\square$

6 $14\div\frac{2}{9}=(\square\div\square)\times\square=\square$

7 $10\div\frac{5}{7}=10\times\frac{\square}{\square}=\square$

8 $16\div\frac{4}{9}=16\times\frac{\square}{\square}=\square$

[9~18] 계산을 하시오.

9 $5\div\frac{5}{6}$

10 $6\div\frac{3}{5}$

11 $4\div\frac{2}{7}$

12 $8\div\frac{8}{9}$

13 $10\div\frac{5}{6}$

14 $15\div\frac{3}{4}$

15 $12\div\frac{3}{11}$

16 $18\div\frac{9}{10}$

17 $21\div\frac{7}{9}$

18 $25\div\frac{5}{8}$

▸ 빠른 정답 1쪽

날짜

학습 Point (가분수)÷(분수)

[1~8] 계산을 하여 기약분수로 나타내시오.

1 $\frac{5}{4} \div \frac{3}{5}$

2 $\frac{7}{2} \div \frac{2}{3}$

3 $\frac{6}{5} \div \frac{4}{5}$

4 $\frac{8}{7} \div \frac{4}{5}$

5 $\frac{9}{7} \div \frac{2}{5}$

6 $\frac{8}{5} \div \frac{7}{9}$

7 $\frac{11}{5} \div \frac{9}{4}$

8 $\frac{9}{8} \div \frac{3}{10}$

학습 Point (대분수)÷(분수)

[9~18] 계산을 하여 기약분수로 나타내시오.

9 $1\frac{1}{2} \div \frac{2}{3}$

10 $1\frac{5}{9} \div \frac{1}{2}$

11 $3\frac{2}{5} \div \frac{2}{3}$

12 $1\frac{3}{4} \div \frac{7}{9}$

13 $2\frac{1}{3} \div \frac{7}{8}$

14 $2\frac{1}{4} \div \frac{6}{7}$

15 $4\frac{2}{7} \div \frac{5}{6}$

16 $3\frac{2}{3} \div \frac{7}{9}$

17 $5\frac{1}{2} \div \frac{3}{4}$

18 $1\frac{5}{6} \div \frac{11}{13}$

2 단원 연산의 힘 기초력 다지기

날짜

학습 Point 자릿수가 같은 (소수)÷(소수)

[1~4] □ 안에 알맞은 수를 써넣으시오.

1 $3.2 \div 0.4 = \frac{\square}{10} \div \frac{\square}{10} = \square \div \square = \square$

2 $3.23 \div 0.17 = \frac{\square}{100} \div \frac{\square}{100} = \square \div \square = \square$

3 $20.4 \div 0.6 = 204 \div \square = \square$

4 $2.52 \div 0.18 = \square \div 18 = \square$

[5~16] 계산을 하시오.

5 $4.2 \div 0.3$

6 $5.6 \div 0.8$

7 $9.5 \div 0.5$

8 $1.44 \div 0.18$

9 $8.16 \div 0.34$

10 $8.22 \div 1.37$

11 $0.7\overline{)2.1}$

12 $0.9\overline{)6.3}$

13 $0.24\overline{)1.44}$

14 $0.49\overline{)6.37}$

15 $0.73\overline{)5.84}$

16 $1.75\overline{)8.75}$

▸ 빠른 정답 1쪽

날짜

학습 Point 자릿수가 다른 (소수)÷(소수)

[1~2] 4.32÷2.7을 계산하려고 합니다. □ 안에 알맞은 수를 써넣으시오.

1 4.32와 2.7을 각각 100배씩 하여 계산하면 432÷□=□입니다.

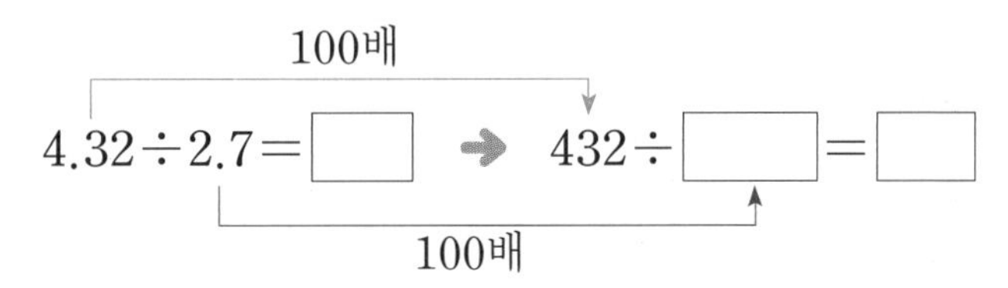

2 4.32와 2.7을 각각 10배씩 하여 계산하면 □÷27=□입니다.

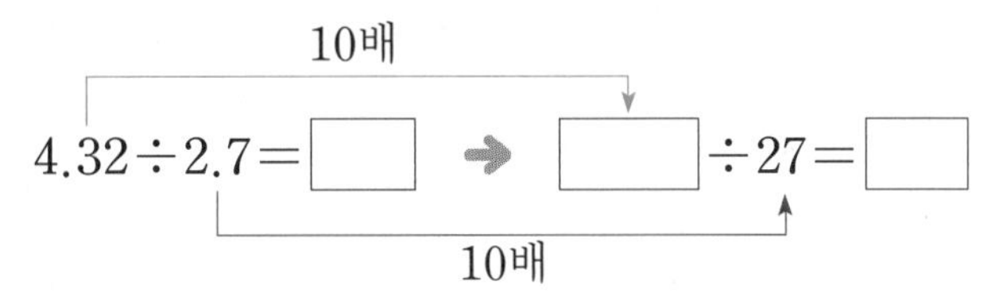

[3~14] 계산을 하시오.

3 4.48÷0.7

4 6.76÷1.3

5 5.44÷3.2

6 9.28÷2.9

7 7.25÷2.5

8 5.67÷1.8

9 $0.4\overline{)\,0.3\ 6}$

10 $0.6\overline{)\,2.8\ 2}$

11 $1.8\overline{)\,3.0\ 6}$

12 $1.4\overline{)\,5.1\ 8}$

13 $2.4\overline{)\,8.6\ 4}$

14 $3.8\overline{)\,8.1\ 7}$

날짜

학습 Point (자연수)÷(소수)

[1~6] □ 안에 알맞은 수를 써넣으시오.

1 $35\div0.5=\frac{\square}{10}\div\frac{\square}{10}$
$=\square\div\square=\square$

2 $9\div2.25=\frac{\square}{100}\div\frac{\square}{100}$
$=\square\div\square=\square$

3 □배
$18\div3.6=\square$ ➔ $180\div36=\square$
□배

4 □배
$16\div0.08=\square$ ➔ $1600\div8=\square$
□배

5
```
        □
3.5 ) 2 8
      □
      ----
        0
```

6
```
        □
0.5 ) 3 1
      □
      ----
        □
        □
      ----
        0
```

[7~14] 계산을 하시오.

7 $24\div1.2$

8 $2\div0.04$

9 $50\div6.25$

10 $36\div0.48$

11 0.5) 2 1

12 1.2) 3 6

13 7.8) 3 1 2

14 1.68) 4 2

▸ 빠른 정답 1쪽

날짜

학습 Point 몫을 반올림하여 나타내기

[1~5] 몫을 반올림하여 소수 첫째 자리까지 나타내시오.

1 $6\overline{)5}$ ➔ (   )

2 $1.3\overline{)23}$ ➔ (   )

[3~4] 몫을 반올림하여 소수 둘째 자리까지 나타내시오.

3 $3\overline{)5.5}$ ➔ (   )

4 $2.6\overline{)4.6}$ ➔ (   )

학습 Point 남은 양 알아보기

5 식혜 7.6 L를 한 사람당 2 L씩 나누어 주려고 합니다. 나누어 줄 수 있는 사람 수와 남는 식혜의 양을 두 가지 방법으로 구하려고 할 때 □ 안에 알맞은 수를 써넣으시오.

방법 1

7.6−2−2−2=□

➔ 나누어 줄 수 있는 사람 수: □명

남는 식혜의 양: □ L

방법 2

$2\overline{)7.6}$ (몫 □, 빼는 수 □, 나머지 □)

➔ 나누어 줄 수 있는 사람 수: □명

남는 식혜의 양: □ L

6 콩 29.3 kg을 하루에 6 kg씩 사용하려고 합니다. 사용할 수 있는 날 수와 남는 콩의 양을 두 가지 방법으로 구하려고 할 때 □ 안에 알맞은 수를 써넣으시오.

방법 1

29.3−6−6−6−6=□

➔ 사용할 수 있는 날 수: □일

남는 콩의 양: □ kg

방법 2

$6\overline{)29.3}$ (몫 □, 빼는 수 □, 나머지 □)

➔ 사용할 수 있는 날 수: □일

남는 콩의 양: □ kg

3 단원 연산의 힘 기초력 다지기

날짜

학습 Point 쌓기나무의 개수 구하기 (1), (2)

[1~4] 주어진 모양과 똑같이 쌓는 데 필요한 쌓기나무의 개수를 구하시오.

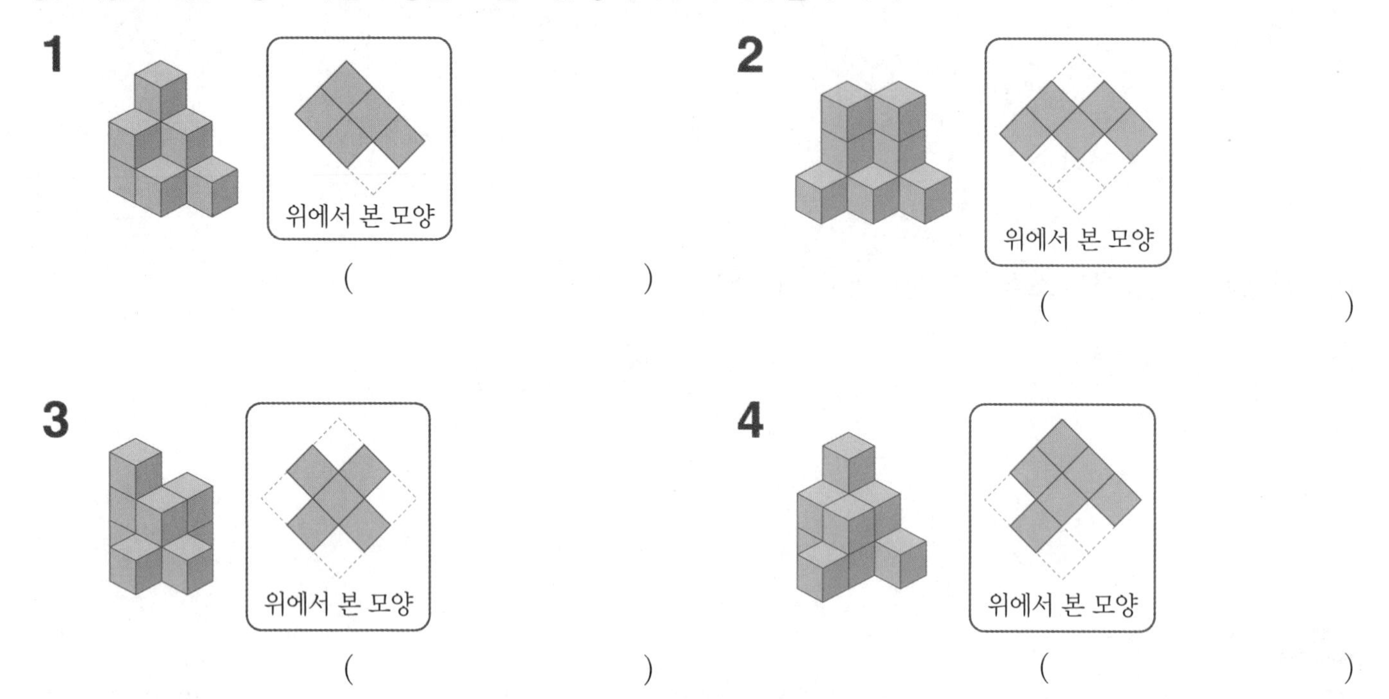

1 (　　　　　　)

2 (　　　　　　)

3 (　　　　　　)

4 (　　　　　　)

[5~7] 쌓기나무로 쌓은 모양을 위, 앞, 옆에서 본 모양을 보고 위에서 본 모양에 수를 쓰고, 똑같은 모양으로 쌓는 데 필요한 쌓기나무의 개수를 구하시오.

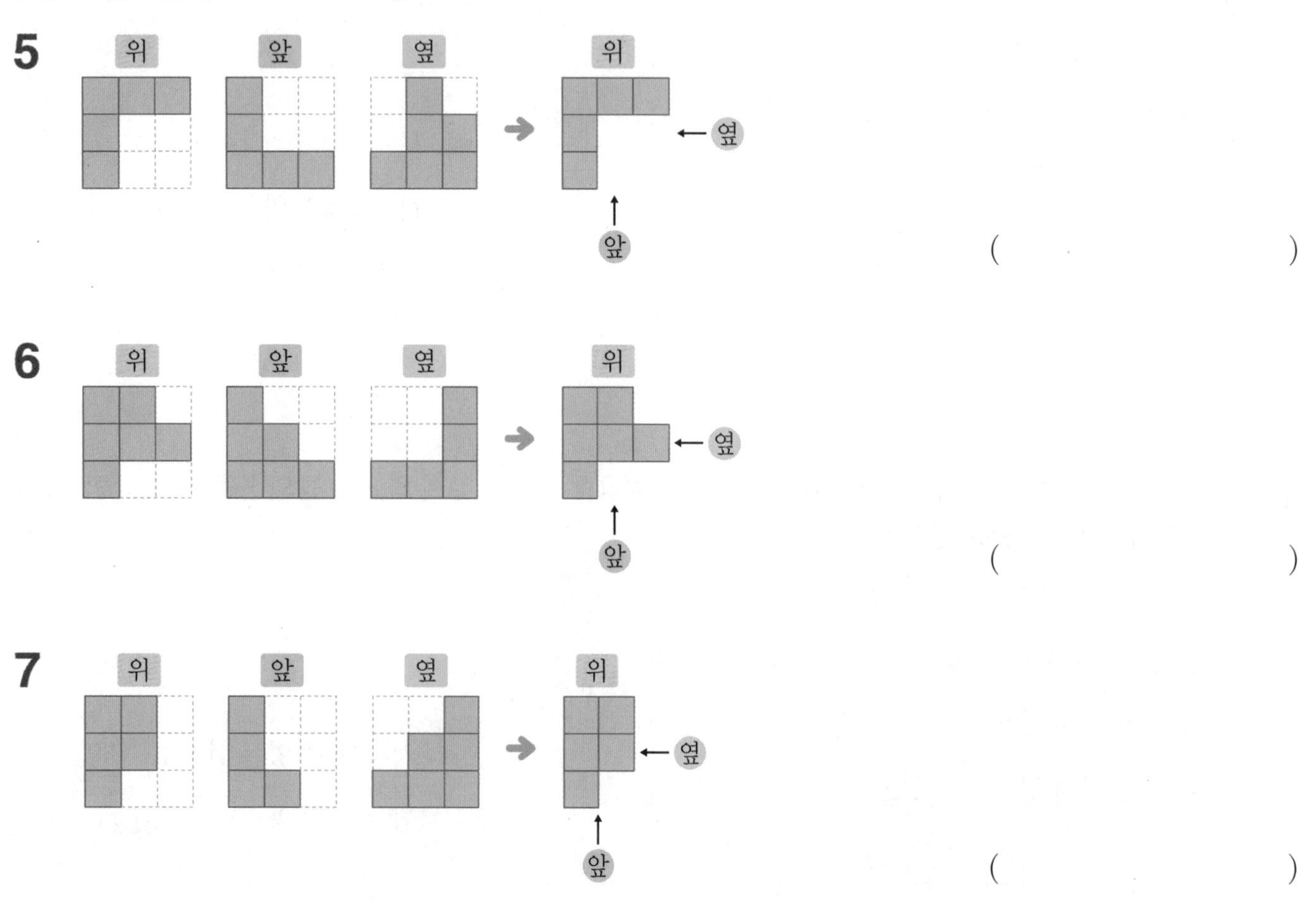

5 (　　　　　　)

6 (　　　　　　)

7 (　　　　　　)

▸ 빠른 정답 2쪽

날짜

학습 Point 쌓기나무의 개수 구하기 (3), (4)

[1~4] 쌓기나무로 쌓은 모양을 보고 위에서 본 모양에 수를 쓰고, 똑같은 모양으로 쌓는 데 필요한 쌓기나무의 개수를 구하시오.

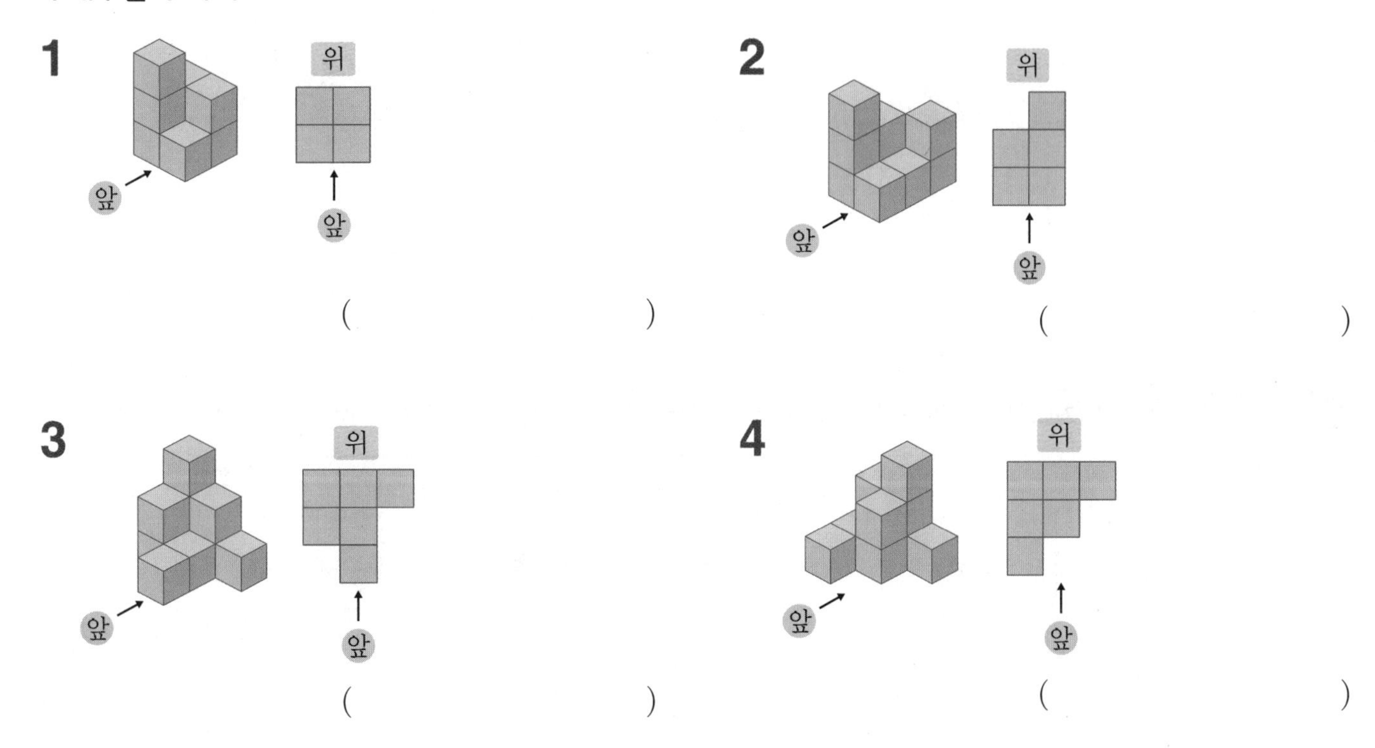

( )

( )

( )

( )

[5~7] 쌓기나무로 쌓은 모양을 층별로 나타낸 모양을 보고 위에서 본 모양에 수를 쓰는 방법으로 나타내고, 똑같은 모양으로 쌓는 데 필요한 쌓기나무의 개수를 구하시오.

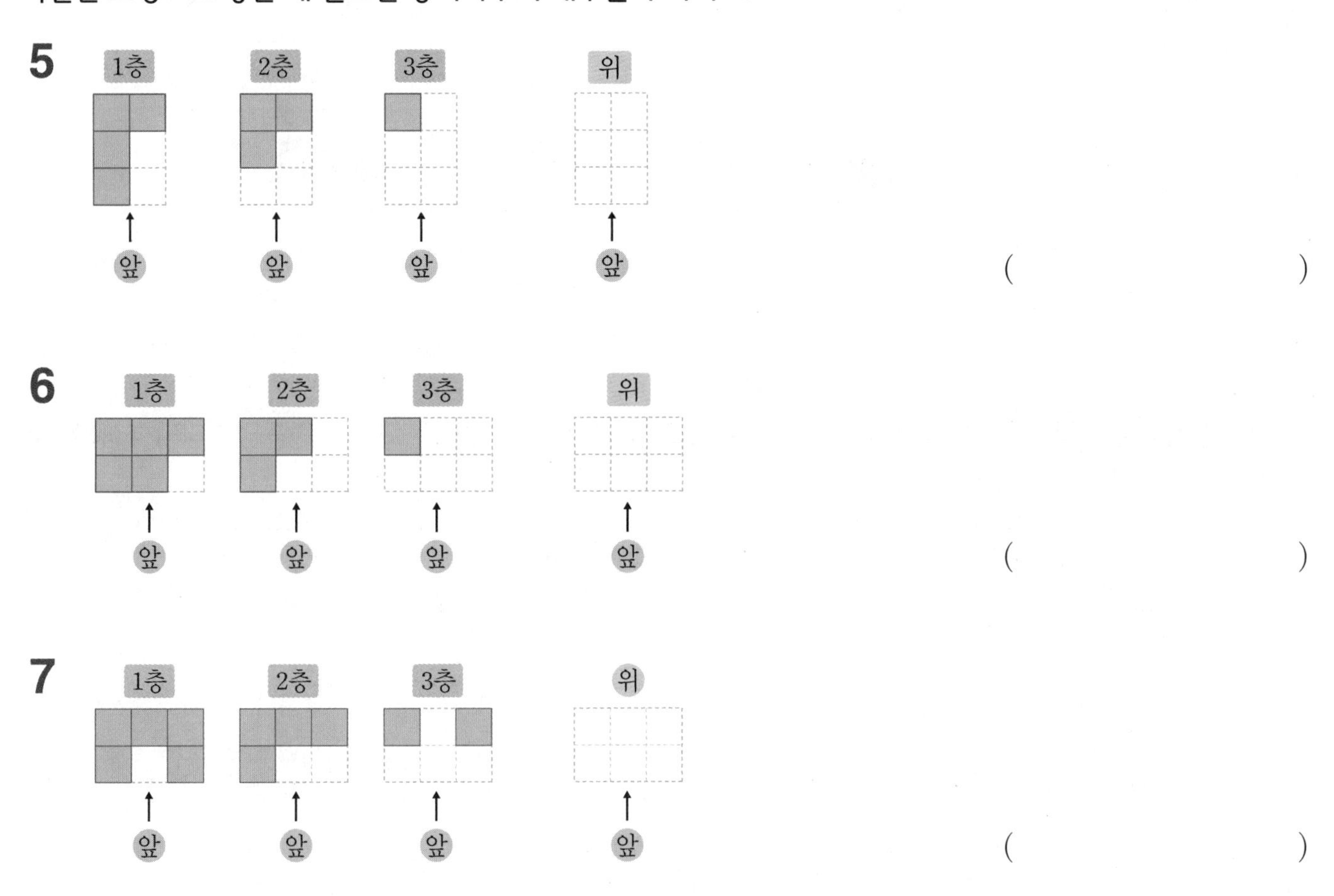

( )

( )

( )

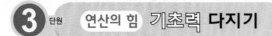

학습 Point 여러 가지 모양 만들기

1 모양에 쌓기나무 1개를 더 붙여서 만들 수 있는 모양이 아닌 것을 찾아 기호를 쓰시오.

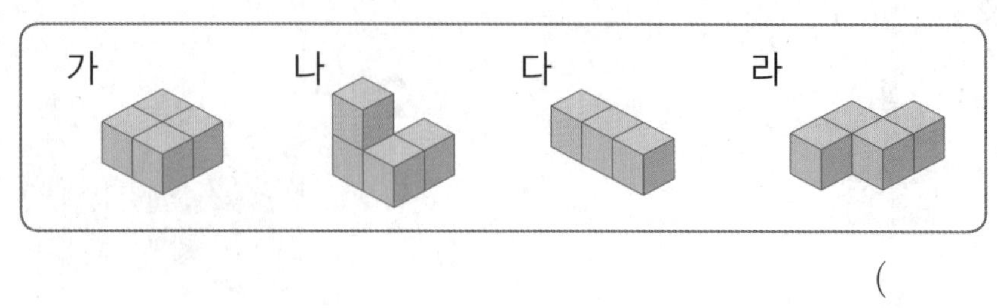

( )

2 모양에 쌓기나무 1개를 더 붙여서 만들 수 있는 모양이 아닌 것을 찾아 기호를 쓰시오.

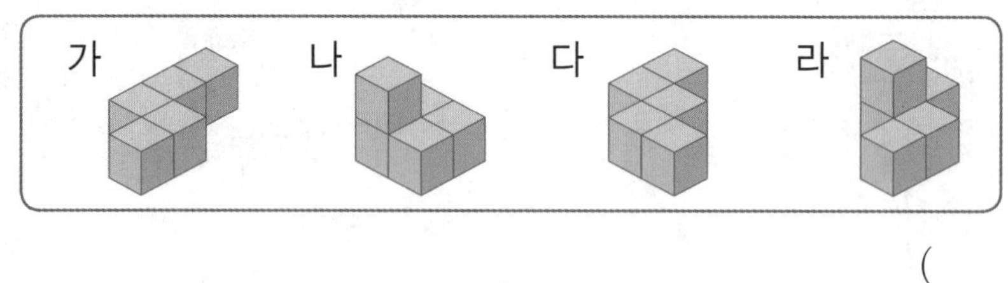

( )

3 모양에 쌓기나무 1개를 더 붙여서 만들 수 있는 모양이 아닌 것을 찾아 기호를 쓰시오.

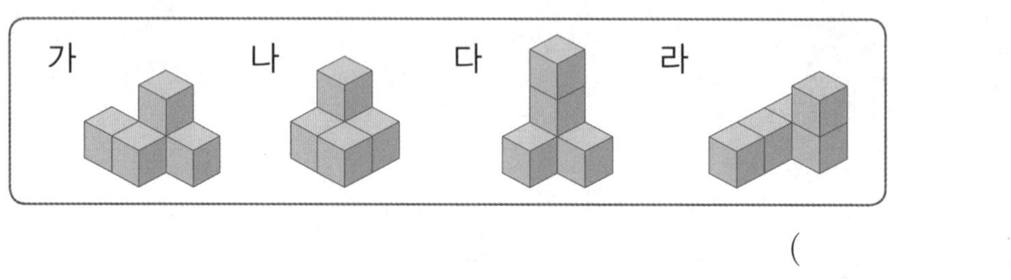

( )

[4~5] 쌓기나무를 각각 4개씩 붙여서 만든 두 가지 모양을 사용하여 새로운 모양을 만들었습니다. 사용한 두 가지 모양을 찾아 기호를 쓰시오.

4 **5**

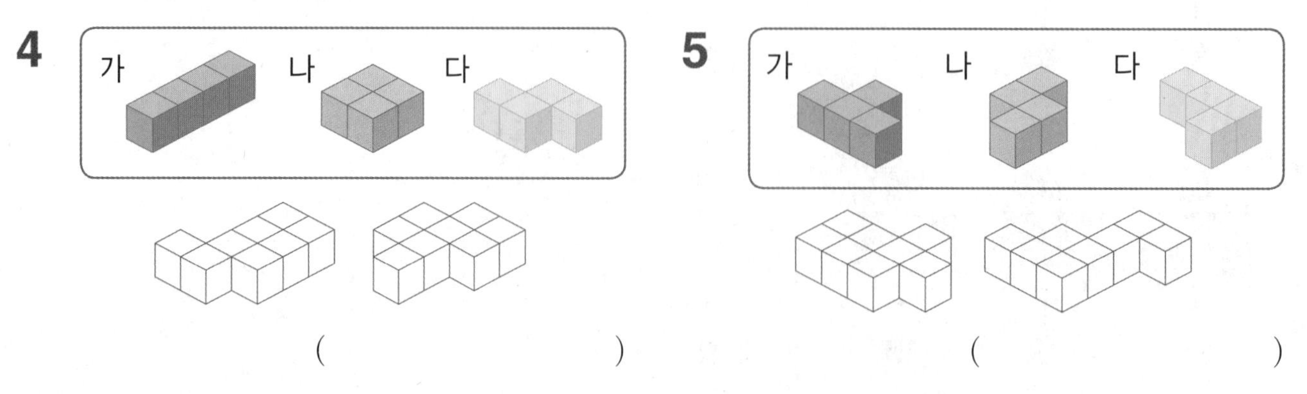

( ) ( )

기초력 다지기

날짜

▸ 빠른 정답 2쪽

학습 Point 비의 성질 알아보기

[1~3] 비에서 전항과 후항을 각각 쓰시오.

1 1 : 6

전항 (　　　　)
후항 (　　　　)

2 5 : 2

전항 (　　　　)
후항 (　　　　)

3 3 : 8

전항 (　　　　)
후항 (　　　　)

[4~7] 비의 성질을 이용하여 비율이 같은 비를 찾아 ○표 하시오.

4 2 : 7 ➜ 3 : 8　　4 : 14　　7 : 2

5 12 : 3 ➜ 1 : 4　　4 : 1　　6: 2

6 4 : 9 ➜ 2 : 7　　8 : 13　　16 : 36

7 99 : 66 ➜ 3 : 2　　6 : 9　　18 : 16

[8~11] 비의 성질을 이용하여 주어진 비와 비율이 같은 비를 2개 쓰시오.

8 5 : 4

(　　　　)

9 8 : 10

(　　　　)

10 36 : 24

(　　　　)

11 75 : 25

(　　　　)

날짜

학습 Point 간단한 자연수의 비로 나타내기

[1~8] □ 안에 알맞은 수를 써넣어 간단한 자연수의 비로 나타내시오.

1

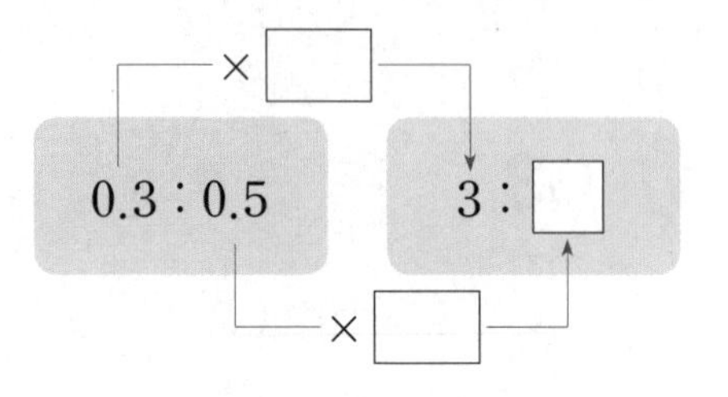

2

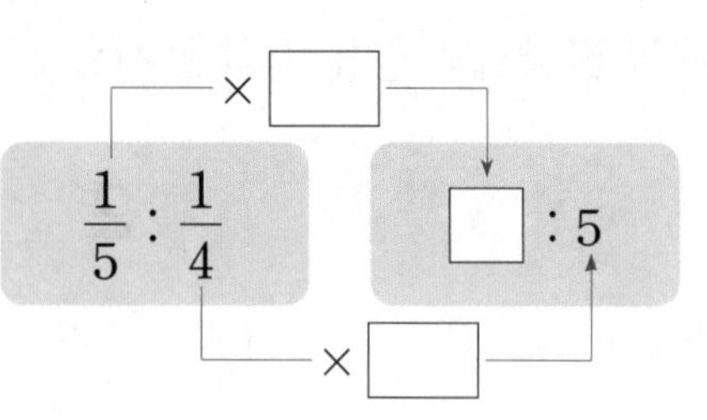

3

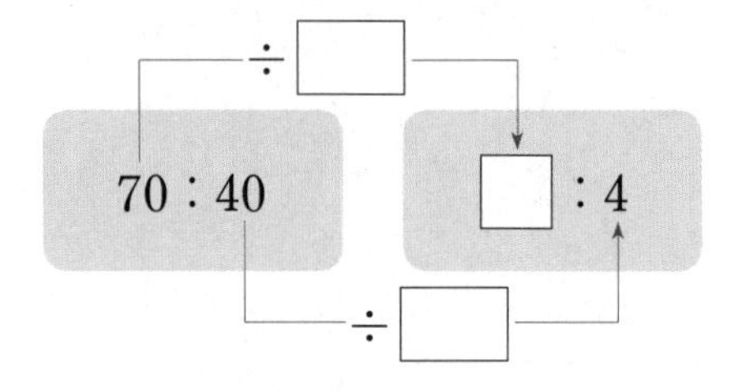

4

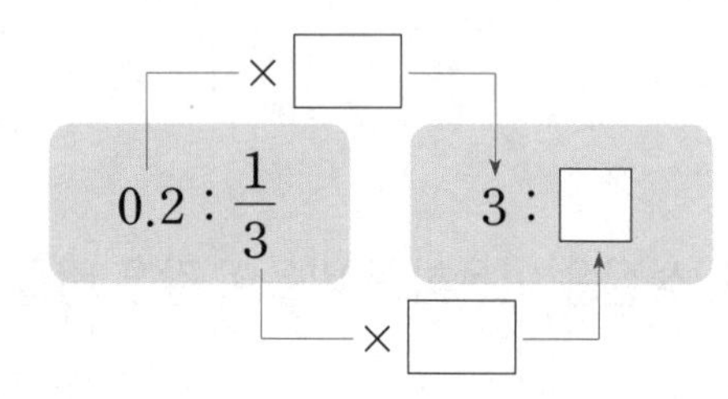

5

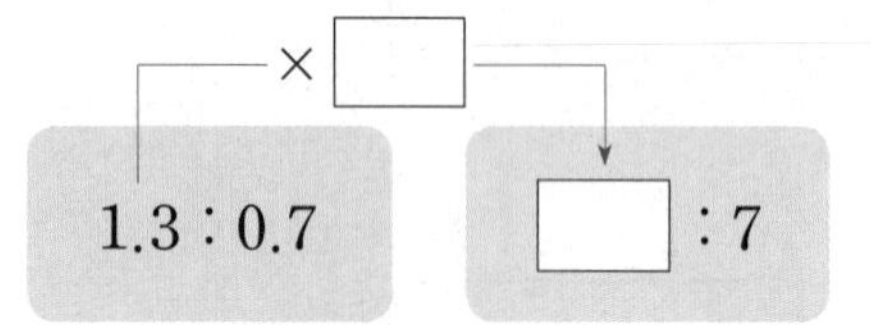

6

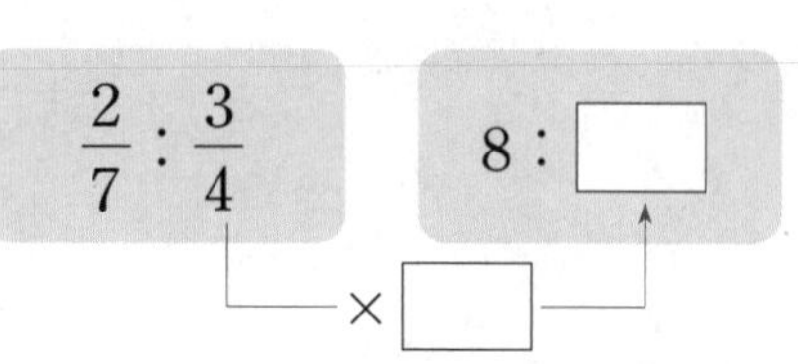

7

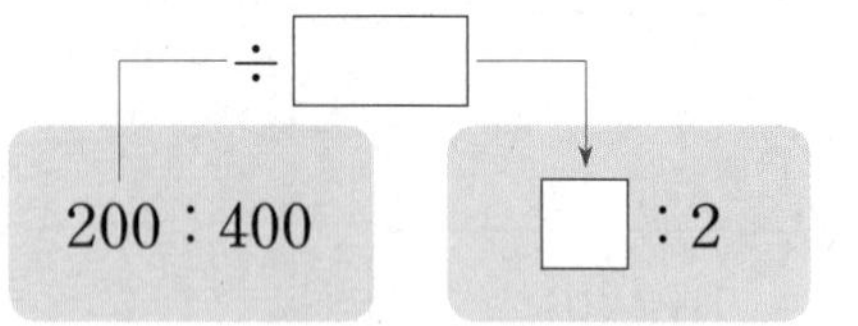

8

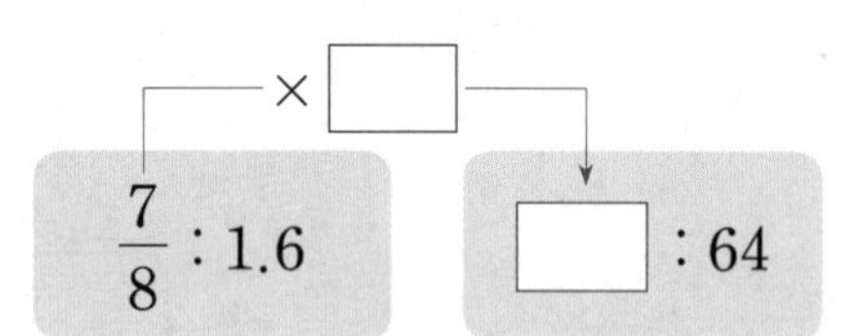

[9~16] 간단한 자연수의 비로 나타내시오.

9 0.5 : 1.1 (　　　　　)

10 4.1 : 3.7 (　　　　　)

11 2.7 : 1.3 (　　　　　)

12 $\frac{1}{7} : \frac{1}{4}$ (　　　　　)

13 $\frac{2}{5} : \frac{5}{6}$ (　　　　　)

14 $\frac{3}{8} : 1\frac{1}{3}$ (　　　　　)

15 $0.5 : \frac{2}{5}$ (　　　　　)

16 750 : 250 (　　　　　)

▸ 빠른 정답 2쪽

날짜

학습 Point 비례식 알아보기

[1~6] 비례식에서 외항과 내항을 찾아 쓰시오.

1 $1:3=4:12$

외항: □, □
내항: □, □

2 $6:5=18:15$

외항: □, □
내항: □, □

3 $7:2=14:4$

외항: □, □
내항: □, □

4 $24:54=4:9$

외항: □, □
내항: □, □

5 $0.3:0.4=3:4$

외항: □, □
내항: □, □

6 $\frac{1}{2}:\frac{1}{5}=5:2$

외항: □, □
내항: □, □

[7~10] 비율이 같은 두 비를 찾아 비례식으로 나타내시오.

7

$3:7$　　$7:3$　　$6:10$　　$6:14$

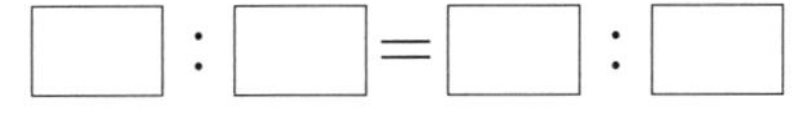

□ : □ = □ : □

8

$1:5$　　$2:6$　　$6:18$　　$10:2$

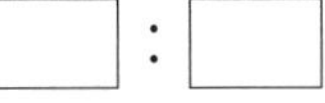

□ : □ = □ : □

9

$4:5$　　$5:4$　　$40:5$　　$\frac{1}{4}:\frac{1}{5}$

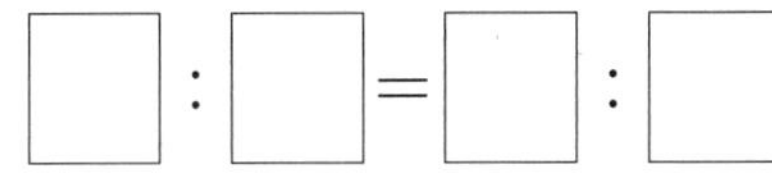

□ : □ = □ : □

10

$\frac{1}{2}:\frac{1}{3}$　　$7:8$　　$\frac{1}{5}:0.3$　　$6:9$

□ : □ = □ : □

날짜

학습 Point 비례식의 성질

[1~2] 비례식의 성질을 이용하여 ■를 구하려고 합니다. □ 안에 알맞은 수를 써넣으시오.

1 $3 : 8 = 6 : ■$

$3 \times ■ = 8 \times □$

$3 \times ■ = □$

$■ = □$

2 $9 : 2 = ■ : 8$

$9 \times □ = 2 \times ■$

$2 \times ■ = □$

$■ = □$

[3~16] 비례식의 성질을 이용하여 □ 안에 알맞은 수를 써넣으시오.

3 $6 : 5 = □ : 25$

4 $9 : 2 = 54 : □$

5 $42 : □ = 7 : 3$

6 $□ : 10 = 21 : 70$

7 $4 : 11 = □ : 22$

8 $30 : 45 = 4 : □$

9 $12 : □ = 24 : 34$

10 $□ : 72 = 7 : 8$

11 $33 : 55 = □ : 10$

12 $28 : 42 = □ : 3$

13 $0.2 : 0.3 = 20 : □$

14 $\frac{1}{3} : \frac{1}{5} = □ : 3$

15 $2 : 5 = 300 : □$

16 $□ : 140 = 1.2 : 1.4$

▸ 빠른 정답 2쪽 날짜

학습 Point 비례배분

[1~4] □ 안에 알맞은 수를 써넣으시오.

1 12를 1 : 3으로 나누기

$$12\times\frac{1}{\square+\square}=12\times\frac{\square}{\square}=\square$$

$$12\times\frac{3}{\square+\square}=12\times\frac{\square}{\square}=\square$$

2 56을 3 : 4로 나누기

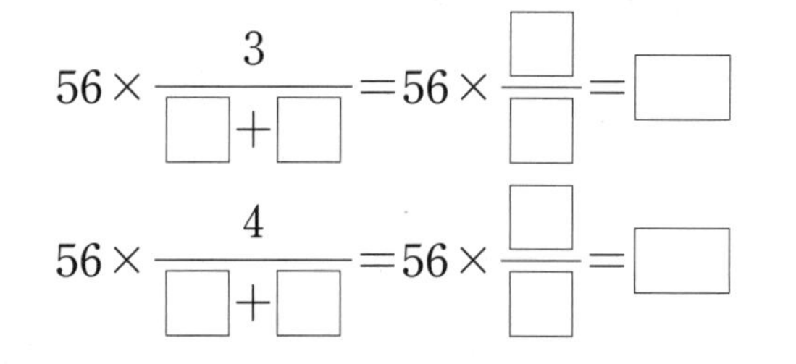

$$56\times\frac{3}{\square+\square}=56\times\frac{\square}{\square}=\square$$

$$56\times\frac{4}{\square+\square}=56\times\frac{\square}{\square}=\square$$

3 45를 7 : 2로 나누기

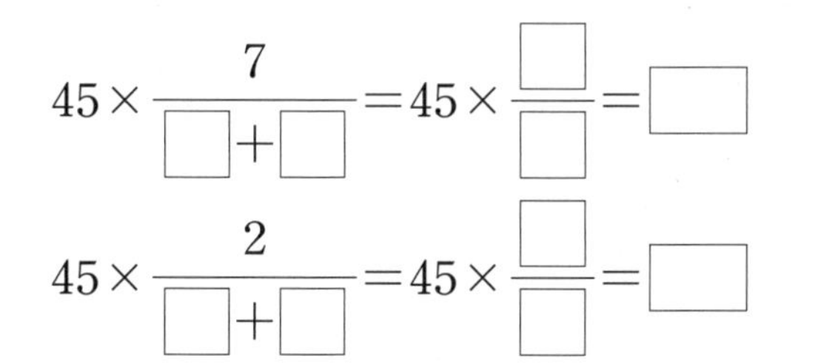

$$45\times\frac{7}{\square+\square}=45\times\frac{\square}{\square}=\square$$

$$45\times\frac{2}{\square+\square}=45\times\frac{\square}{\square}=\square$$

4 100을 2 : 3으로 나누기

$$100\times\frac{2}{\square+\square}=100\times\frac{\square}{\square}=\square$$

$$100\times\frac{3}{\square+\square}=100\times\frac{\square}{\square}=\square$$

[5~12] 비례배분하시오.

5 14를 4 : 3으로 나누기

(,)

6 39를 6 : 7로 나누기

(,)

7 12를 5 : 1로 나누기

(,)

8 35를 2 : 5로 나누기

(,)

9 55를 3 : 2로 나누기

(,)

10 60을 8 : 7로 나누기

(,)

11 100을 11 : 14로 나누기

(,)

12 77을 7 : 4로 나누기

(,)

단원 연산의 힘 기초력 다지기

날짜

학습 Point 원주와 지름 구하기

[1~8] 원주를 구하시오. (원주율: 3.14)

1

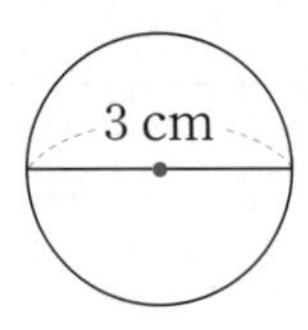

(원주)=3×□

=□(cm)

2

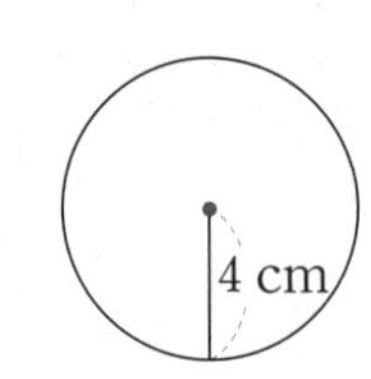

(원주)=4×□×□

=□(cm)

3

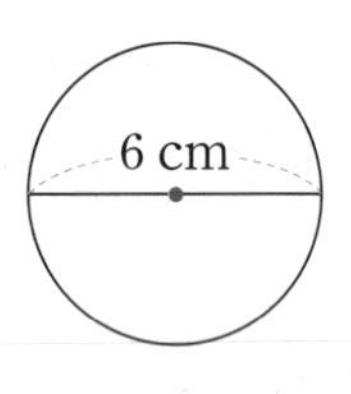

(   )

4

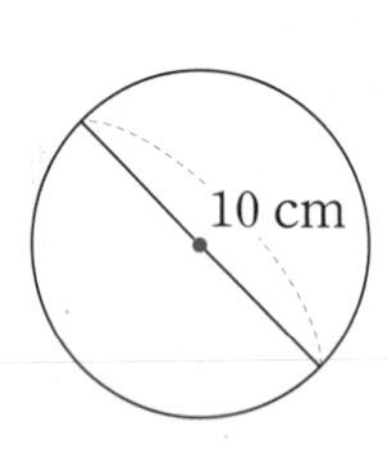

(   )

5

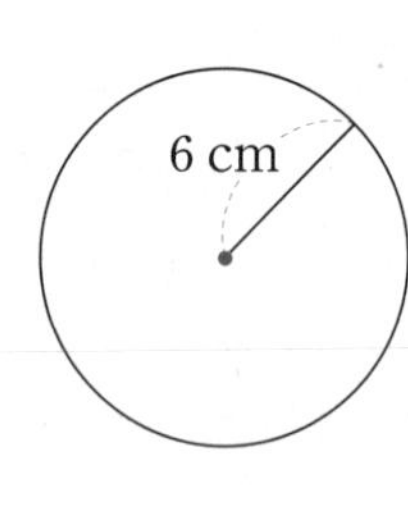

(   )

6 지름: 2 cm

(   )

7 지름: 7 cm

(   )

8 반지름: 20 cm

(   )

[9~14] 원의 지름을 구하시오. (원주율: 3.1)

9 원주: 15.5 cm

(지름)=□÷□

=□(cm)

10 원주: 18.6 cm

(지름)=□÷□

=□(cm)

11 원주: 21.7 cm

(지름)=□÷□

=□(cm)

12 원주: 27.9 cm

(   )

13 원주: 62 cm

(   )

14 원주: 46.5 cm

(   )

▸ 빠른 정답 2쪽 날짜

학습 Point 원의 넓이 구하기

1 원의 지름을 이용하여 원의 넓이를 구하려고 합니다. □ 안에 알맞은 수를 써넣으시오. (원주율: 3.14)

지름(cm)	반지름(cm)	원의 넓이를 구하는 식	원의 넓이(cm^2)
4	□	□×□×□	□
16	□	□×□×□	□
30	□	□×□×□	□

[2~10] 원의 넓이를 구하시오. (원주율: 3.1)

2

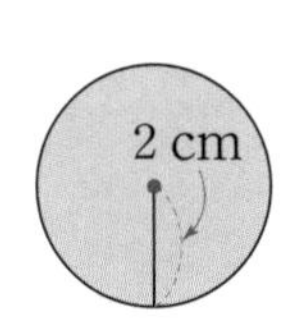

(원의 넓이)
=□×□×□
=□(cm^2)

3

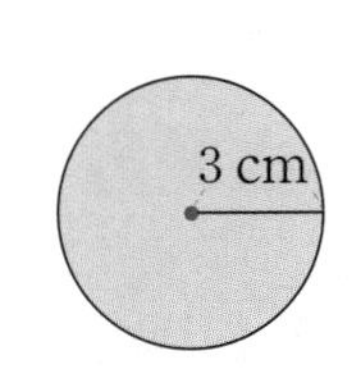

(원의 넓이)
=□×□×□
=□(cm^2)

4

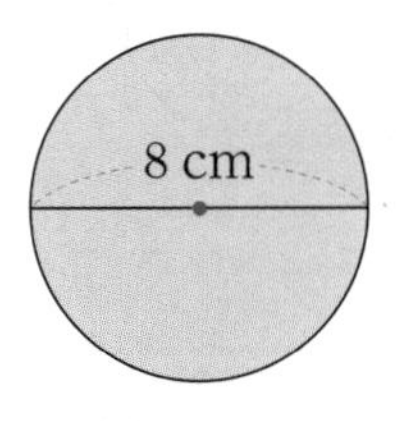

(원의 넓이)
=□×□×□
=□(cm^2)

5

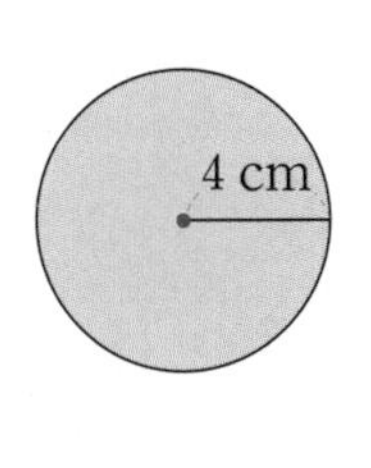

(　　　　　)

6

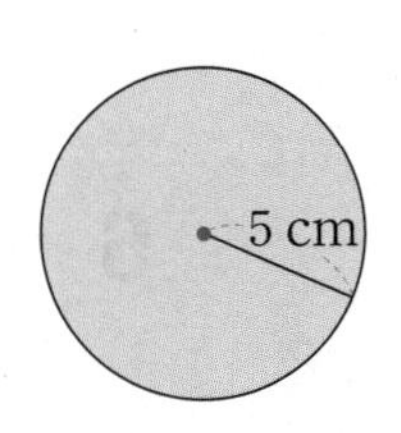

(　　　　　)

7

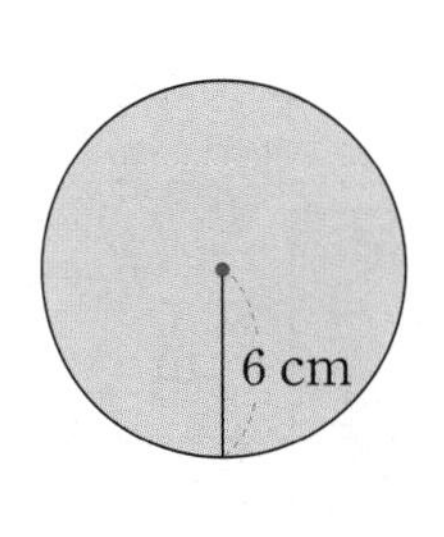

(　　　　　)

8

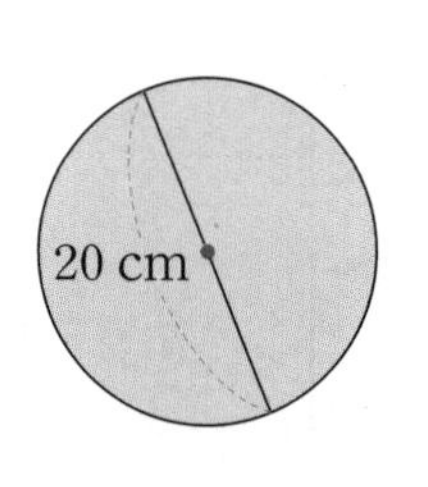

(　　　　　)

9

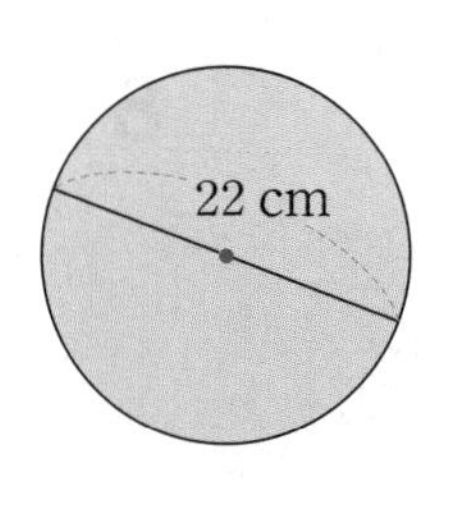

(　　　　　)

10

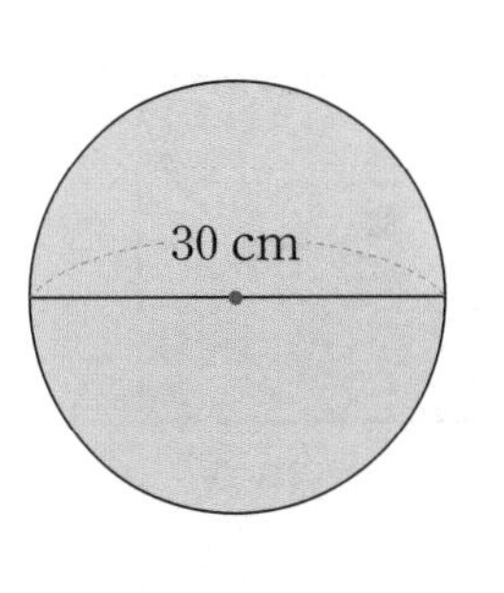

(　　　　　)

▸ 빠른 정답 2쪽 날짜

학습 Point 여러 가지 원의 넓이 구하기

[1~2] 색칠한 부분의 넓이를 구하려고 합니다. □ 안에 알맞은 수를 써넣으시오. (원주율: 3.1)

1

2 cm

(색칠한 부분의 넓이)
=(반지름이 2 cm인 원의 넓이)÷2
=(□×□×□)÷2
=□÷2
=□ (cm^2)

2

3 cm, 1 cm

(색칠한 부분의 넓이)
=(반지름이 4 cm인 원의 넓이)−(반지름이 3 cm인 원의 넓이)
=□×□×□−□×□×□
=□−□
=□ (cm^2)

[3~8] 색칠한 부분의 넓이를 구하시오. (원주율: 3)

3

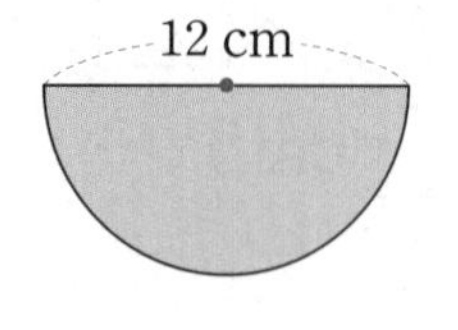

(　　　　　　　　)

4

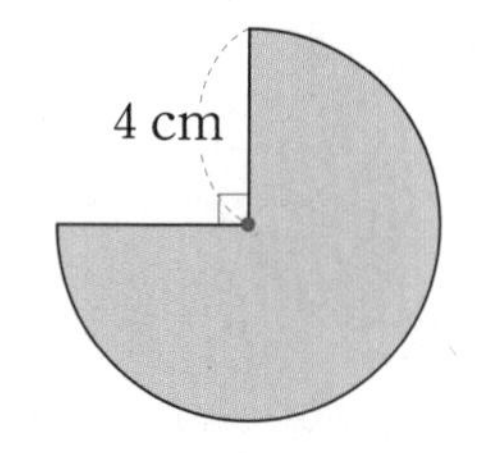

(　　　　　　　　)

5

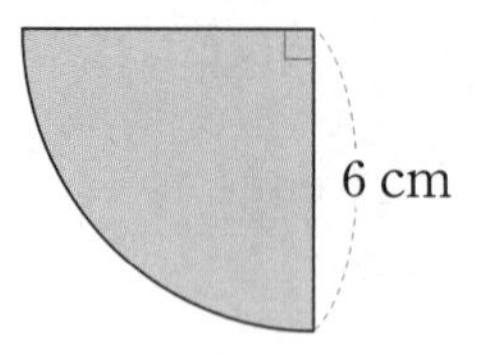

(　　　　　　　　)

6

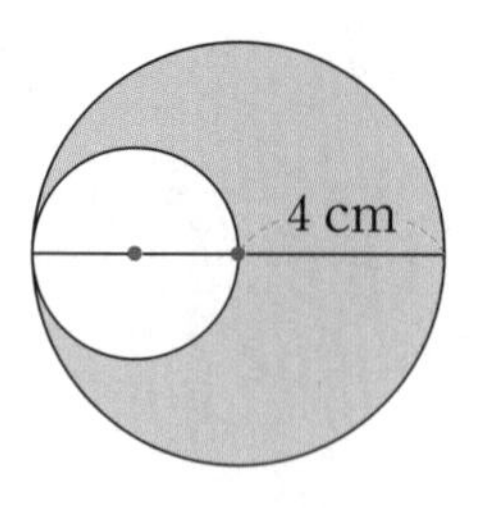

(　　　　　　　　)

7

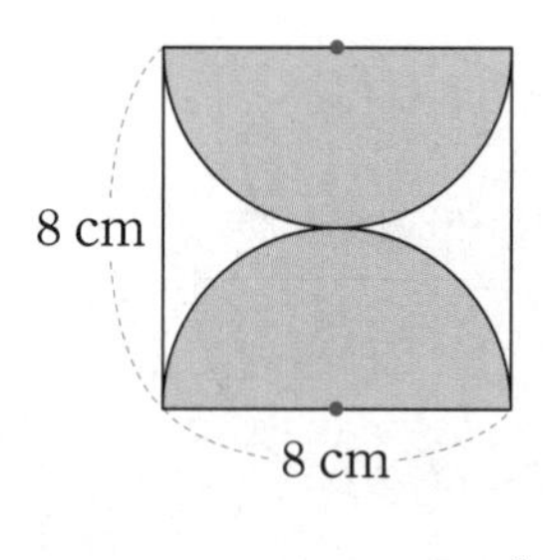

(　　　　　　　　)

8

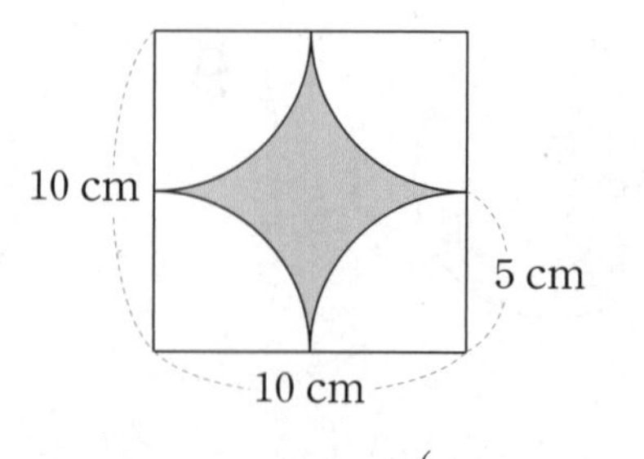

(　　　　　　　　)

6·2

α 실력

이 책의 구성과 활용 방법

개념의 힘

교과서 개념 정리 ➡ 개념 확인 문제 ➡ 개념 다지기 문제

주제별 입체적인 개념 정리로 교과서의 내용을 한눈에 이해하고 개념 확인하기, 개념 다지기의 문제로 익힙니다.

1 STEP

기본 유형의 힘

주제별 다양한 문제를 풀어 보며 기본 유형을 확실하게 다집니다.

2 STEP

응용 유형의 힘

단원별로 꼭 알아야 하는 응용 유형을 3~4번 반복하여 풀어 보며 완벽하게 마스터 합니다.

3 STEP

서술형의 힘

〈문제 해결력 서술형〉을 단계별로 차근차근 풀어 본 후, 〈바로 쓰는 서술형〉의 풀이 과정을 직접 쓰다 보면 스스로 풀이 과정을 쓰는 힘이 키워집니다.

수학의 힘

단원평가

학교에서 수시로 보는 단원평가에서 자주 출제되는 기출문제를 풀어 보면서 단원평가에 대비합니다.

메타인지를 강화하는 수학 일기 코너 수록!

쓰는 것이 힘이다! **수학일기** **1단원**

월 일 요일 | 이름

☆ 1단원에서 배운 내용을 친구들에게 설명하듯이 써 봐요.

분모가 같은 진분수끼리의 나눗셈은 $\frac{4}{5} \div \frac{2}{5} = 4 \div 2 = 2$와 같이 분자끼리 나눗셈을 하고

분모가 다른 진분수끼리의 나눗셈은 $\frac{2}{3} \div \frac{3}{4} = \frac{2}{3} \times \frac{4}{3} = \frac{8}{9}$과 같이 나누는 분수의 분모오

(자연수) ÷ (분수)의 계산은 $4 \div \frac{2}{5} = (4 \div 2) \times 5 = 10$과 같이 계산하거나 $4 \div \frac{2}{5} = 4 \times$

모와 분자를 바꾸어 곱하면 돼.

그리고 대분수의 나눗셈은 대분수를 가분수로 고쳐서 계산해야 해.

자신이 알고 있는 것을 설명하고 글로 쓸 수 있는 것이 진짜 자신의 지식입니다. 배운 내용을 설명하듯이 써 보면 내가 아는 것과 모르는 것을 정확히 알 수 있습니다.

☆ 1단원에서 배운 내용이 실생활에서 어떻게 쓰이고 있는지 찾아 써 봐요.

크리스마스에 친구들에게 나누어 줄 선물 한 개를 포장하는 데 리본이 $\frac{2}{3}$ m 필요할 때

선물을 몇 개 포장할 수 있는지 분수의 나눗셈을 이용하여 구할 수 있다.

또 엄마와 함께 카레라이스를 만들려고 할 때도 이용될 수 있다.

카레라이스 1인분을 만드는 데 고기가 $\frac{1}{8}$ kg 필요한데 고기 $\frac{3}{4}$ kg으로는 카레라이스를

볼 수 있다.

배운 수학 개념을 타 교과나 실생활과 연결하여 수학의 필요성과 활용성을 이해하고 수학에 대한 흥미와 자신감을 기를 수 있습니다.

칭찬 & 격려해 주세요.

분수의 나눗셈에 대한 내용이 어려웠을텐데 잘 해주어서 대견해~♡

분수의 나눗셈은 실생활에서도 자주 활용되고, 또 앞으로 배우는 내용들의 기초가 되니까 잘 모르는 부분이 있다면 꼭 알고 넘어가야 해~ 앞으로도 힘내자!

→ QR코드를 찍으면

학생들이 글로 표현한 것에 대한 칭찬과 격려를 통해 학습에 대한 의욕을 북돋아 줍니다.

이 책의 차례

STEP 2 대표 유형의 충전 수준을 체크해 보세요.
내 실력이 한눈에 보인답니다.

분수의 나눗셈

교과서 개념 카툰

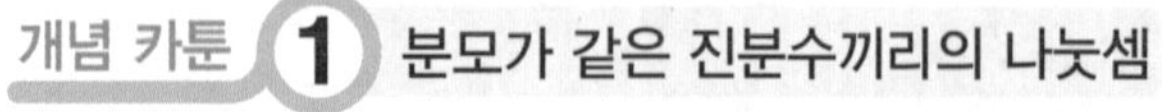

개념 카툰 1 분모가 같은 진분수끼리의 나눗셈

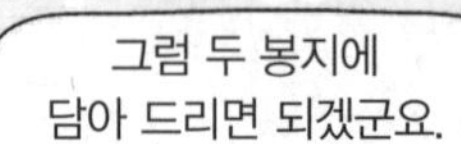

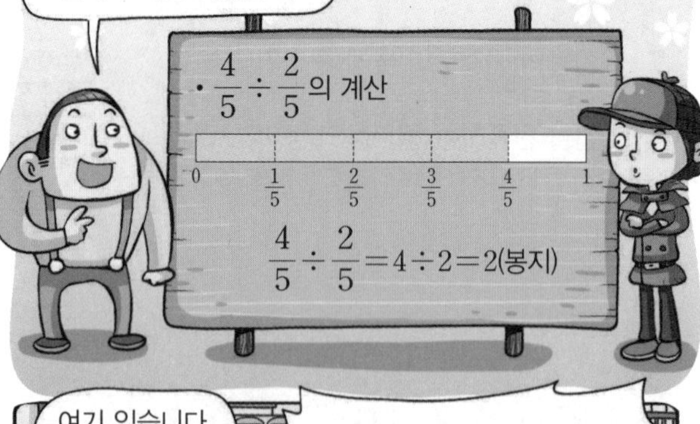

개념 카툰 2 분모가 다른 진분수끼리의 나눗셈

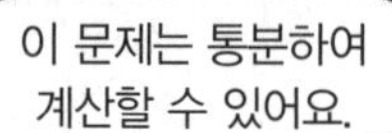

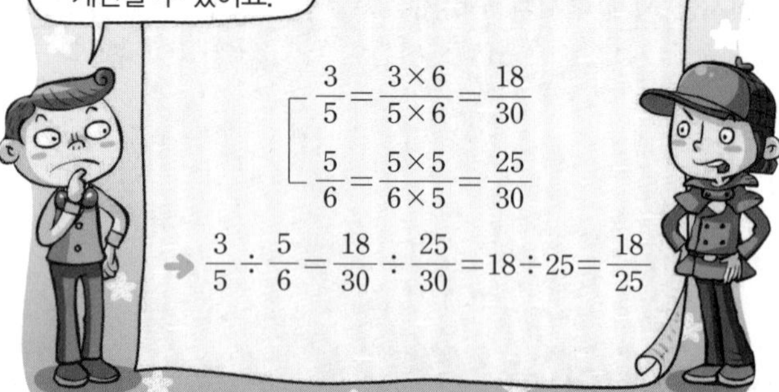

이번에 배우는 내용
- ✓ 분모가 같은 분수의 나눗셈
- ✓ 분모가 다른 분수의 나눗셈
- ✓ (자연수)÷(분수)
- ✓ (분수)÷(분수)를 (분수)×(분수)로 나타내기
- ✓ (가분수)÷(분수), (대분수)÷(분수)

이미 배운 내용

[5-2] 2. 분수의 곱셈
[6-1] 1. 분수의 나눗셈

앞으로 배울 내용

[6-2] 2. 소수의 나눗셈

개념 카툰 3 분수의 나눗셈을 곱셈으로 나타내기

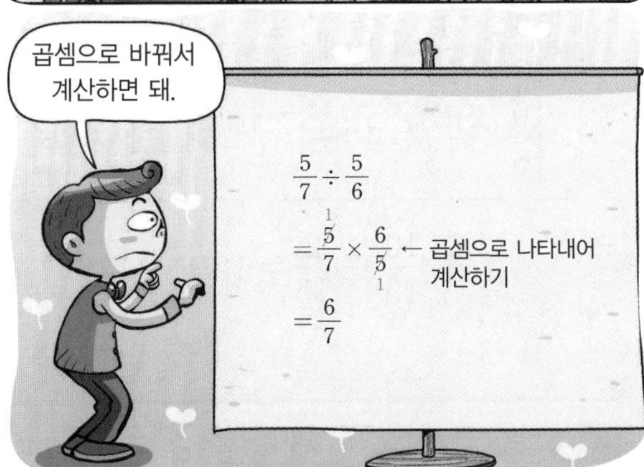

개념 카툰 4 (대분수)÷(분수)

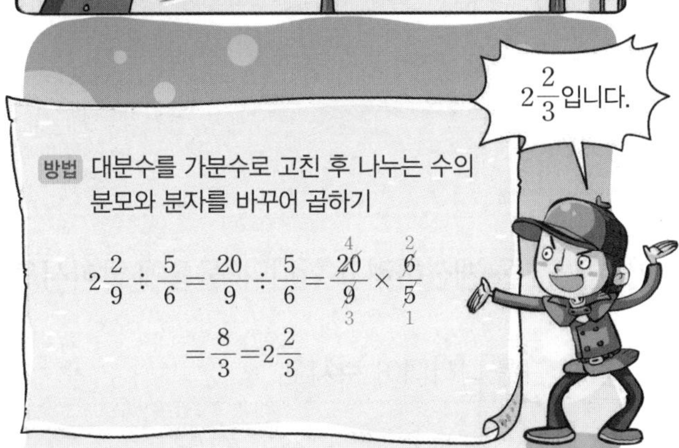

개념 1 (분수)÷(분수)를 알아볼까요(1) — 분모가 같은 진분수끼리의 나눗셈

1. (진분수)÷(단위분수)

예) $\frac{3}{5}\div\frac{1}{5}$의 계산

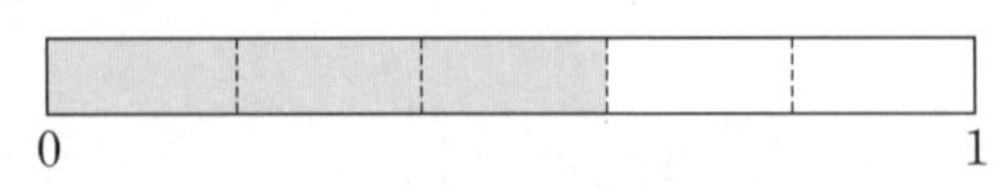

(1) $\frac{3}{5}$에서 $\frac{1}{5}$을 3번 덜어 낼 수 있습니다.

$\frac{3}{5}-\underbrace{\frac{1}{5}-\frac{1}{5}-\frac{1}{5}}_{3번}=0 \rightarrow \frac{3}{5}\div\frac{1}{5}=3$

(2) $\frac{3}{5}$은 $\frac{1}{5}$이 3개인 수입니다.

$\rightarrow \frac{3}{5}\div\frac{1}{5}=3\div1=3$

2. 분자끼리 나누어떨어지는 (진분수)÷(진분수)

예) $\frac{4}{5}\div\frac{2}{5}$의 계산

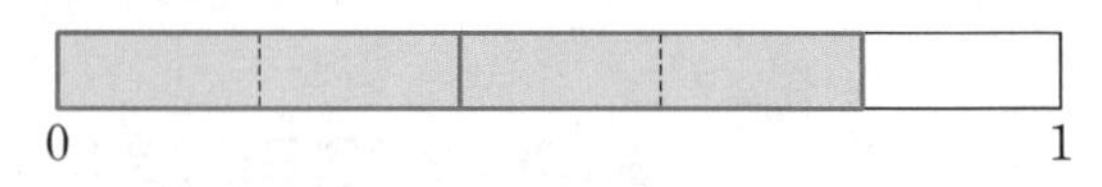

(1) $\frac{4}{5}$에서 $\frac{2}{5}$를 2번 덜어 낼 수 있습니다.

$\frac{4}{5}-\underbrace{\frac{2}{5}-\frac{2}{5}}_{2번}=0 \rightarrow \frac{4}{5}\div\frac{2}{5}=2$

(2) $\frac{4}{5}$는 $\frac{1}{5}$이 4개, $\frac{2}{5}$는 $\frac{1}{5}$이 2개인 수입니다.

$\rightarrow \frac{4}{5}\div\frac{2}{5}=4\div2=2$

개념 확인하기

[1~3] $\frac{5}{7}\div\frac{1}{7}$을 계산하려고 합니다. 물음에 답하시오.

1 그림에 $\frac{5}{7}$를 나타내어 보시오.

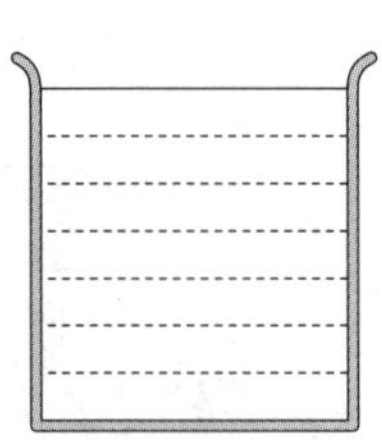

2 $\frac{5}{7}$에서 $\frac{1}{7}$을 몇 번 덜어 낼 수 있습니까?

( )

3 $\frac{5}{7}\div\frac{1}{7}$은 얼마입니까?

( )

4 □ 안에 알맞은 수를 써넣으시오.

$\frac{10}{15}$은 $\frac{1}{15}$이 10개, $\frac{2}{15}$는 $\frac{1}{15}$이 2개이므로
$\frac{10}{15}\div\frac{2}{15}$는 $10\div\square$로 계산할 수 있습니다.

$\rightarrow \frac{10}{15}\div\frac{2}{15}=10\div\square=\square$

5 □ 안에 알맞은 수를 써넣으시오.

(1) $\frac{7}{8}\div\frac{1}{8}=7\div\square=\square$

(2) $\frac{8}{9}\div\frac{4}{9}=8\div\square=\square$

(3) $\frac{9}{10}\div\frac{3}{10}=9\div\square=\square$

개념 다지기

1 그림을 보고 □ 안에 알맞은 수를 써넣으시오.

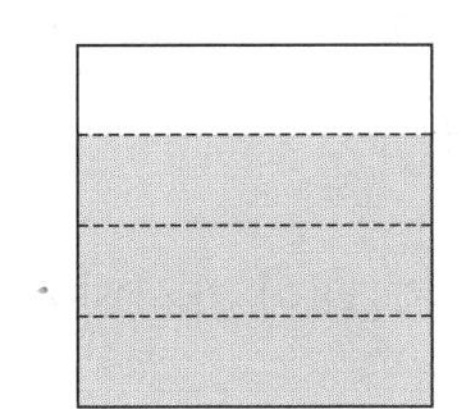

$\frac{3}{4} \div \frac{1}{4} = 3 \div 1 = \square$

2 보기와 같이 계산하시오.

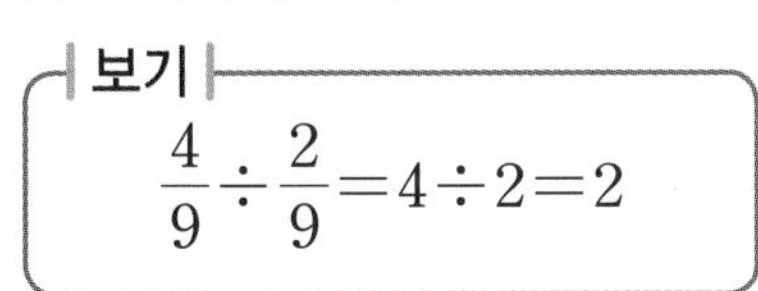

보기

$\frac{4}{9} \div \frac{2}{9} = 4 \div 2 = 2$

$\frac{10}{11} \div \frac{5}{11} =$ ______________

[3~4] 계산을 하시오.

3 $\frac{9}{13} \div \frac{1}{13}$

( )

4 $\frac{15}{16} \div \frac{5}{16}$

( )

5 □ 안에 알맞은 수를 써넣으시오.

$\frac{6}{9}$은 $\frac{1}{9}$이 □개이고 $\frac{2}{9}$는 $\frac{1}{9}$이 □개이므로

$\frac{6}{9} \div \frac{2}{9} = \square$입니다.

6 빈칸에 알맞은 수를 써넣으시오.

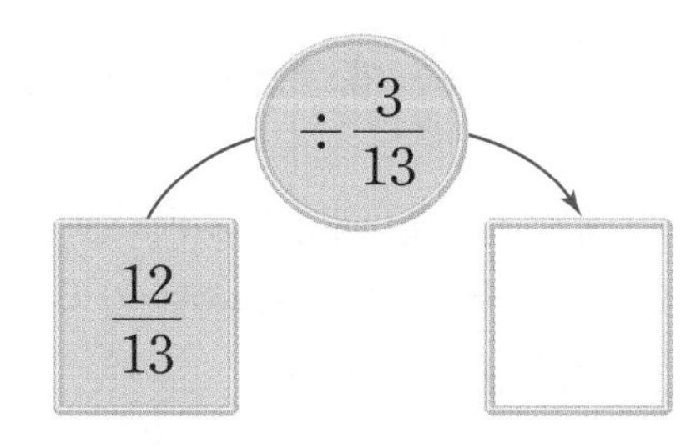

7 크기를 비교하여 ○ 안에 >, =, <를 알맞게 써넣으시오.

$\frac{7}{12} \div \frac{1}{12}$ ○ 10

8 길이가 $\frac{8}{11}$ m인 대나무를 $\frac{2}{11}$ m씩 모두 잘랐습니다. 잘린 대나무는 몇 도막입니까?

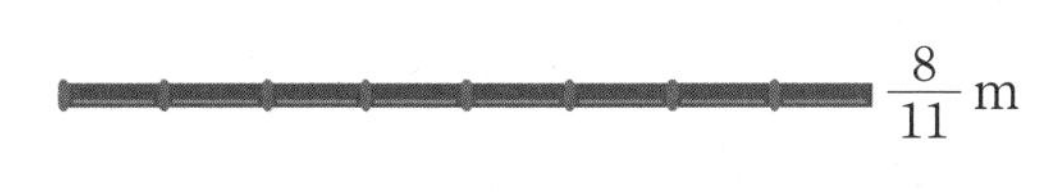

식 ______________

답 ______________

개념 2 (분수)÷(분수)를 알아볼까요(2), (3)

1. 분자끼리 나누어떨어지지 않는 (진분수)÷(진분수)

예 $\frac{5}{6} \div \frac{2}{6}$의 계산

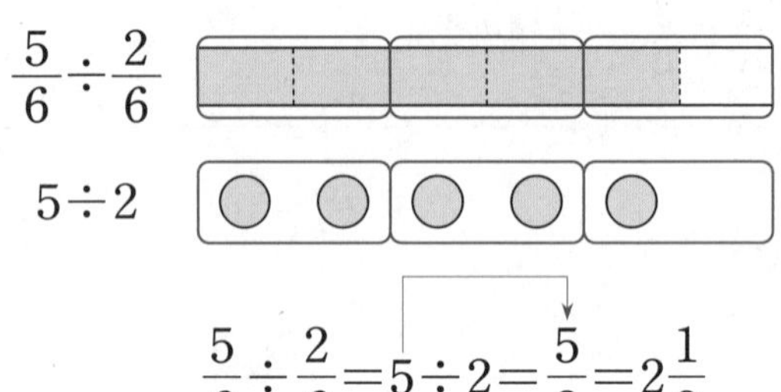

$\frac{5}{6} \div \frac{2}{6} = 5 \div 2 = \frac{5}{2} = 2\frac{1}{2}$

$\frac{1}{6}$이 5개, $\frac{1}{6}$이 2개

$\frac{5}{6} \div \frac{2}{6}$는 5÷2를 계산한 결과와 같아.

참고 계산 결과를 대분수나 기약분수로 나타내어야 정답이지만 가분수 또는 기약분수가 아닌 분수도 정답으로 인정합니다.

개념의 힘

• 분모가 같은 진분수의 나눗셈

$\frac{●}{■} \div \frac{▲}{■} = ● \div ▲ = \frac{●}{▲}$

2. 분모가 다른 (진분수)÷(진분수)

예 $\frac{3}{5} \div \frac{3}{10}$의 계산

(1) 그림으로 나타내어 계산하기

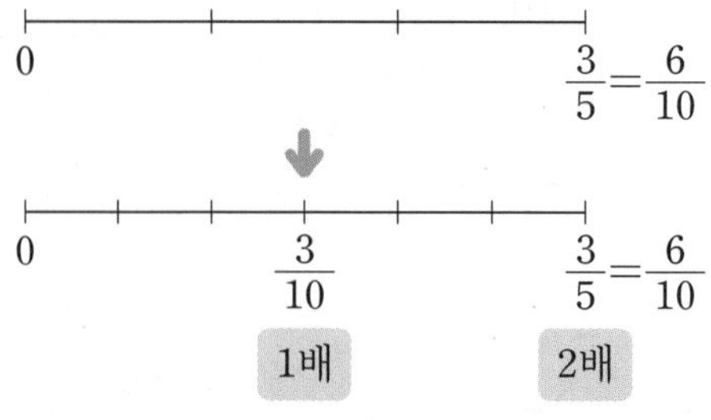

$\frac{3}{5} = \frac{6}{10}$ → $\frac{3}{5}\left(\frac{6}{10}\right)$은 $\frac{3}{10}$의 2배

$\frac{3}{5} \div \frac{3}{10} = \frac{6}{10} \div \frac{3}{10} = 6 \div 3 = 2$ → 분자끼리 나누기

분모가 같으면 쉽게 계산할 수 있어.

(2) 통분하여 계산하기

$\frac{3}{5} \div \frac{3}{10} = \frac{6}{10} \div \frac{3}{10}$ → 통분하기

$= 6 \div 3 = 2$ → 분자끼리 나누기

개념 확인하기

[1~2] $\frac{7}{8} \div \frac{2}{8}$를 계산하려고 합니다. 그림을 보고 물음에 답하시오.

$\frac{7}{8} \div \frac{2}{8}$

7÷2

1 $\frac{7}{8}$을 $\frac{2}{8}$씩 나누어 묶어 보고, 7을 2씩 나누어 묶어 보시오.

2 □ 안에 알맞은 수를 써넣으시오.

$\frac{7}{8} \div \frac{2}{8} = 7 \div \square = \frac{\square}{\square} = \square$

[3~4] $\frac{4}{7} \div \frac{3}{5}$을 통분하여 계산하려고 합니다. 물음에 답하시오.

3 $\frac{4}{7}$와 $\frac{3}{5}$을 분모가 35인 분수로 각각 통분하시오.

$\frac{4}{7}$ → (　　　　), $\frac{3}{5}$ → (　　　　)

4 □ 안에 알맞은 수를 써넣으시오.

$\frac{4}{7} \div \frac{3}{5} = \frac{\square}{35} \div \frac{\square}{35}$

$= \square \div \square = \frac{\square}{\square}$

개념 다지기

1 $\frac{8}{9} \div \frac{3}{9}$을 바르게 계산했으면 ○표, 틀리게 계산했으면 ×표 하시오.

$$\frac{8}{9} \div \frac{3}{9} = 8 \div 3 = \frac{8}{3} = 2\frac{2}{3}$$

( )

2 관계있는 것끼리 선으로 이어 보시오.

$\frac{7}{9} \div \frac{4}{9}$	$\frac{9}{10} \div \frac{4}{10}$	$\frac{10}{11} \div \frac{3}{11}$
$9 \div 4$	$10 \div 3$	$7 \div 4$
$1\frac{3}{4}$	$3\frac{1}{3}$	$2\frac{1}{4}$

3 $\frac{7}{15} \div \frac{4}{5}$를 통분하여 계산하는 과정입니다. ㉠과 ㉡에 알맞은 분수를 각각 구하시오.

$$\frac{7}{15} \div \frac{4}{5} = \frac{7}{15} \div \boxed{㉠} = 7 \div 12 = \boxed{㉡}$$

㉠ ( ), ㉡ ( )

4 계산을 하시오.

(1) $\frac{2}{9} \div \frac{3}{7}$

(2) $\frac{4}{5} \div \frac{5}{8}$

5 계산이 틀린 것을 찾아 기호를 쓰시오.

㉠ $\frac{4}{9} \div \frac{2}{3} = \frac{2}{3}$ ㉡ $\frac{3}{4} \div \frac{3}{16} = \frac{1}{4}$

( )

6 큰 수를 작은 수로 나눈 계산 결과를 구하시오.

$\frac{13}{15}$ $\frac{4}{15}$

( )

7 설탕 $\frac{4}{7}$ kg을 그릇 한 개에 $\frac{4}{21}$ kg씩 담으려고 합니다. 설탕을 모두 담으려면 그릇은 적어도 몇 개 필요합니까?

식 ____________________

답 ____________________

유형 1 (진분수)÷(단위분수)

□ 안에 알맞은 수를 써넣으시오.

$$\frac{5}{6}\div\frac{1}{6}=\square$$

유형 코칭

• 분모가 같은 단위분수로 나눈 결과는 나누어지는 분수의 분자와 같습니다.

예 $\frac{2}{3}\div\frac{1}{3}=2\div1=2$ (단위분수)

[1~2] 그림을 보고 □ 안에 알맞은 수를 써넣으시오.

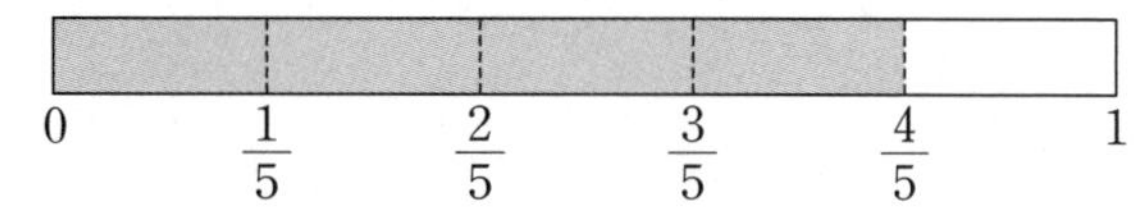

1 $\frac{4}{5}$에는 $\frac{1}{5}$이 □번 들어갑니다.

2 $\frac{4}{5}\div\frac{1}{5}=4\div\square=\square$

3 |보기|와 같이 계산하시오.

|보기|
$\frac{3}{10}\div\frac{1}{10}=3\div1=3$

$\frac{11}{14}\div\frac{1}{14}=$ ____________

4 다음에서 설명하는 수를 구하시오.

$\frac{8}{9}$을 $\frac{1}{9}$로 나눈 값

(　　　　　　　)

5 계산 결과를 비교하여 ○ 안에 >, =, <를 알맞게 써넣으시오.

$\frac{10}{11}\div\frac{1}{11}$ ○ $\frac{12}{13}\div\frac{1}{13}$

6 ㉠에 알맞은 수를 구하시오.

$\frac{㉠}{13}\div\frac{1}{13}=9$

(　　　　　　　)

7 지우는 길이가 $\frac{5}{12}$ m인 리본 끈을 $\frac{1}{12}$ m씩 모두 잘랐습니다. 잘린 리본 끈은 몇 도막입니까?

식 ____________

답 ____________

유형 2 분모가 같고 분자끼리 나누어떨어지는 (진분수)÷(진분수)

계산을 하시오.

$$\frac{8}{9} \div \frac{2}{9}$$

( )

유형 코칭

• 분모가 같은 진분수의 나눗셈은 분자끼리의 나눗셈과 계산 결과가 같습니다.

예 $\frac{4}{5} \div \frac{2}{5} = 4 \div 2 = 2$

8 바르게 나타낸 것을 찾아 기호를 쓰시오.

㉠ $\frac{4}{7} \div \frac{2}{7} = 4 \div 7$

㉡ $\frac{9}{11} \div \frac{3}{11} = 9 \div 3$

㉢ $\frac{8}{13} \div \frac{2}{13} = 13 \div 2$

( )

9 **보기**와 같이 계산하시오.

보기

$\frac{6}{11} \div \frac{3}{11} = 6 \div 3 = 2$

$\frac{12}{17} \div \frac{3}{17} =$ ______

10 $\frac{14}{15} \div \frac{7}{15}$을 계산하는 과정입니다. ●, ▲, ■에 알맞은 수를 각각 구하시오.

경호: $\frac{14}{15}$는 $\frac{1}{15}$이 ●개, $\frac{7}{15}$은 $\frac{1}{15}$이 ▲개인 수야.

은채: 그러니까 $\frac{14}{15} \div \frac{7}{15}$을 ●÷▲로 바꾸어 계산할 수 있어.

경호: 맞아. $\frac{14}{15} \div \frac{7}{15}$ = ●÷▲ = ■인 거지.

● ( )

▲ ( )

■ ( )

11 빈칸에 알맞은 수를 써넣으시오.

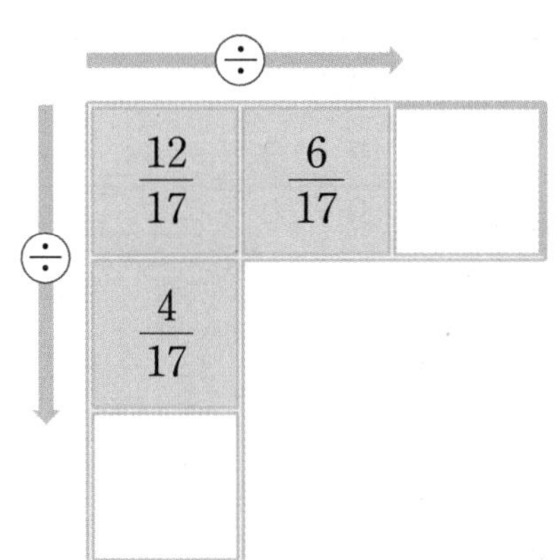

12 사전의 무게는 $\frac{18}{25}$ kg, 동화책의 무게는 $\frac{6}{25}$ kg입니다. 사전의 무게는 동화책의 무게의 몇 배입니까?

식 ______

답 ______

유형 3 분모가 같고 분자끼리 나누어떨어지지 않는 (진분수)÷(진분수)

□ 안에 알맞은 대분수를 써넣으시오.

$$\frac{9}{11} \div \frac{2}{11} = \square$$

유형 코칭

• 분모가 같은 (진분수)÷(진분수)는 분자끼리 나눗셈을 하면 됩니다.

예 $\frac{5}{8} \div \frac{2}{8} = 5 \div 2 = \frac{5}{2} = 2\frac{1}{2}$

13 $\frac{7}{9}$에는 $\frac{3}{9}$이 몇 번 들어가는지 그림에 나타내고 □ 안에 알맞은 수를 써넣으시오.

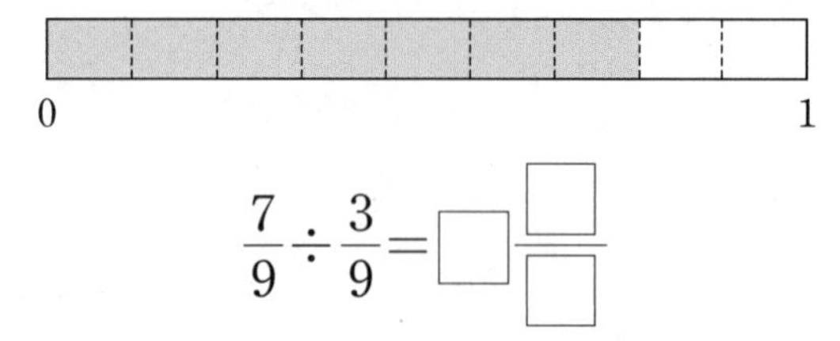

$$\frac{7}{9} \div \frac{3}{9} = \square\frac{\square}{\square}$$

14 빈칸에 알맞은 수를 써넣으시오.

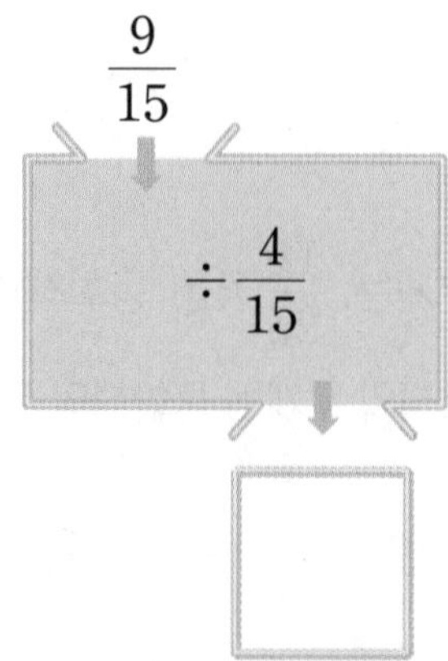

15 바르게 계산한 것의 기호를 쓰시오.

㉠ $\frac{7}{10} \div \frac{4}{10} = \frac{4}{7}$

㉡ $\frac{10}{11} \div \frac{3}{11} = 3\frac{1}{3}$

(　　　　　　　　)

16 | 보기 |와 같이 계산하시오.

| 보기 |

$\frac{9}{10} \div \frac{2}{10} = 9 \div 2 = \frac{9}{2} = 4\frac{1}{2}$

$\frac{11}{12} \div \frac{5}{12} =$ ______________________

창의 · 융합

17 석현이가 요리를 하는데 설탕을 $\frac{8}{9}$ kg, 소금을 $\frac{7}{9}$ kg 사용했습니다. 석현이가 사용한 설탕의 양은 소금의 양의 몇 배입니까?

식 ______________________

답 ______________

유형 4 분모가 다른 진분수끼리의 나눗셈

빈칸에 알맞은 대분수를 써넣으시오.

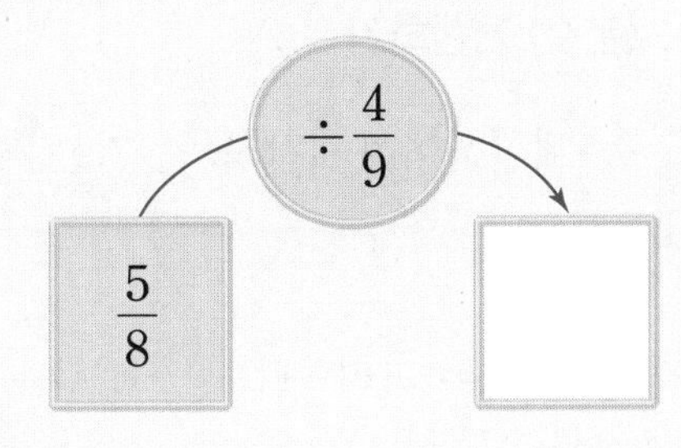

유형 코칭

• 분모가 다른 진분수끼리의 나눗셈
두 분수를 통분하여 계산하고, 분자끼리 나누어지지 않으면 분수로 나타냅니다.

예 $\frac{3}{4} \div \frac{2}{5} = \frac{15}{20} \div \frac{8}{20} = 15 \div 8 = \frac{15}{8} = 1\frac{7}{8}$

18 그림을 보고 □ 안에 알맞은 수를 써넣으시오.

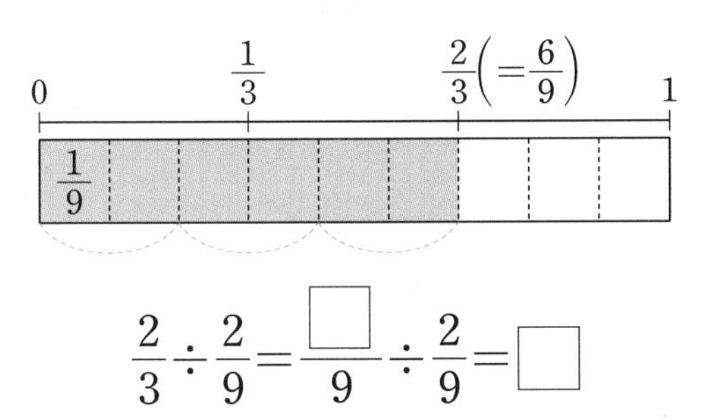

$\frac{2}{3} \div \frac{2}{9} = \frac{\square}{9} \div \frac{2}{9} = \square$

19 분모의 최소공배수로 통분하여 계산해 보시오.

$\frac{3}{5} \div \frac{7}{8} = \frac{\square}{\square} \div \frac{\square}{\square}$

$= \square \div \square = \frac{\square}{\square}$

20 계산을 하시오.

$\frac{5}{6} \div \frac{3}{10}$

21 보기 와 같이 계산하시오.

보기

$\frac{4}{9} \div \frac{8}{11} = \frac{44}{99} \div \frac{72}{99} = 44 \div 72$

$= \frac{\overset{11}{\cancel{44}}}{\underset{18}{\cancel{72}}} = \frac{11}{18}$

$\frac{3}{8} \div \frac{15}{16} =$ __________

____

22 계산 결과가 1보다 작은 것의 기호를 쓰시오.

㉠ $\frac{8}{9} \div \frac{3}{5}$ ㉡ $\frac{1}{4} \div \frac{3}{10}$

( )

23 넓이가 $\frac{4}{7}$ m^2인 직사각형입니다. 가로가 $\frac{3}{4}$ m일 때 세로는 몇 m입니까?

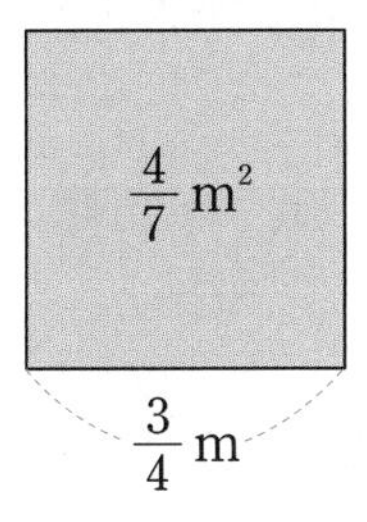

식 __________

답 __________

개념의 힘

개념 3 (자연수)÷(분수)를 알아볼까요

생각의 힘

희연이가 자동차를 타고 일정한 빠르기로 9 km를 가는 데 $\frac{3}{4}$시간이 걸립니다. 이 자동차를 타고 1시간 동안 가는 거리는 몇 km인지 알아봅시다.

자동차가 일정한 빠르기로 9 km를 2시간 동안 간다면 한 시간 동안 가는 거리는 9÷2로 구해.

그러니까 (한 시간 동안 가는 거리)=(거리)÷(시간)이라는 거지.

➔ (1시간 동안 가는 거리)=(거리)÷(시간)

$=9\div\frac{3}{4}$

• $9\div\frac{3}{4}$을 계산하는 방법

$\frac{1}{4}$시간 동안 가는 거리를 구한 후 1시간 동안 가는 거리를 구합니다.

1. (자연수)÷(분수) 계산하기

예 $9\div\frac{3}{4}$을 계산하여 1시간 동안 가는 거리 구하기

① $\frac{1}{4}$시간 동안 가는 거리 ⟶ ($\frac{3}{4}$시간 동안 가는 거리)÷3

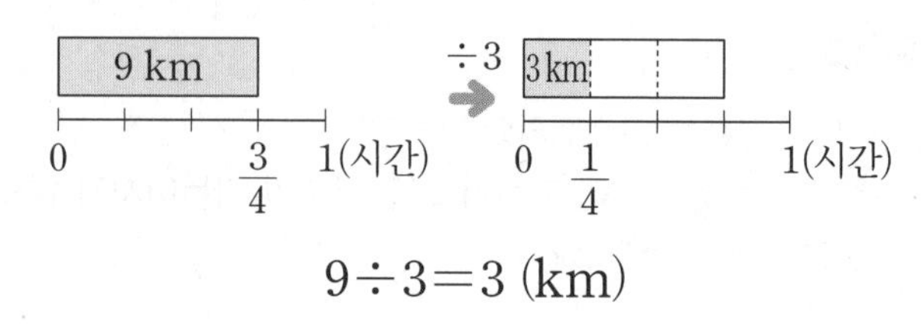

$9\div3=3$ (km)

② 1시간 동안 가는 거리 ⟶ ($\frac{1}{4}$시간 동안 가는 거리)×4

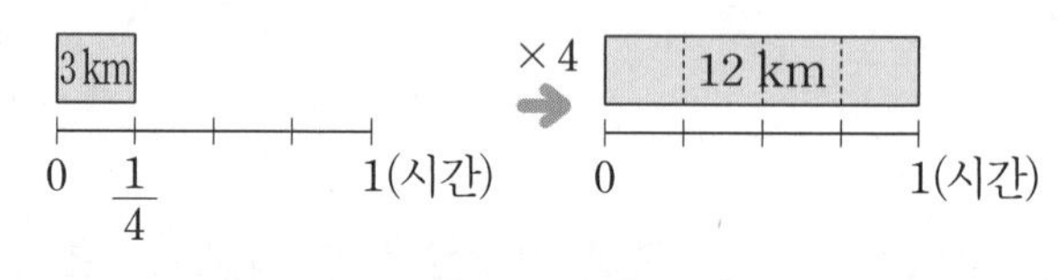

$3\times4=12$ (km)

$9\div\frac{3}{4}=(9\div3)\times4=12$

개념 확인하기

[1~2] 간장 1통의 $\frac{2}{3}$의 양이 4 L일 때 간장 1통의 양을 구하려고 합니다. □ 안에 알맞은 수를 써넣으시오.

1 간장 $\frac{1}{3}$통의 양을 구하시오.

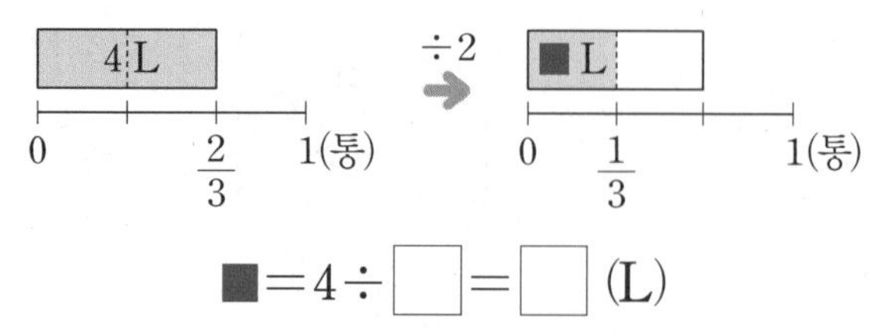

■=4÷□=□ (L)

2 간장 1통의 양을 구하시오.

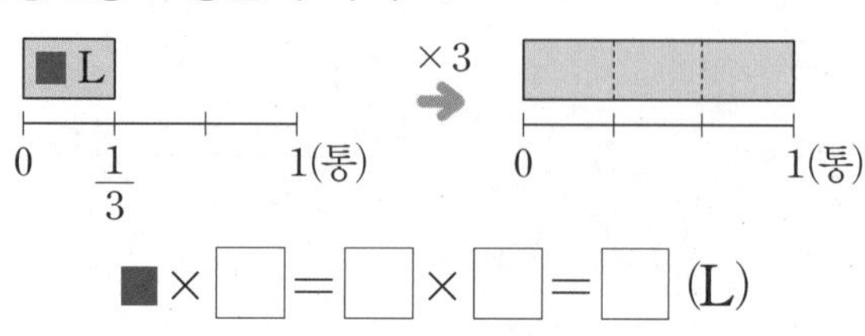

■×□=□×□=□ (L)

3 □ 안에 알맞은 수를 써넣으시오.

(1) $2\div\frac{2}{3}=(2\div\square)\times\square=\square$

(2) $6\div\frac{3}{5}=(6\div\square)\times\square=\square$

4 계산을 하시오.

(1) $2\div\frac{2}{3}=\square$

(2) $8\div\frac{2}{5}=\square$

개념 다지기

1 계산을 하시오.

$$3 \div \frac{3}{7}$$

( )

2 |보기|와 같이 계산하시오.

|보기|

$$6 \div \frac{3}{8} = (6 \div 3) \times 8 = 16$$

(1) $15 \div \frac{5}{6} =$

(2) $12 \div \frac{3}{8} =$

3 빈칸에 알맞은 수를 써넣으시오.

10 → $\div \frac{5}{9}$ → □

4 잘못된 계산입니다. 틀린 부분을 찾아 바르게 고쳐 보시오.

$$18 \div \frac{2}{9} = (18 \div 9) \times 2 = 4$$

→ $18 \div \frac{2}{9} =$

5 계산 결과를 찾아 선으로 이어 보시오.

$14 \div \frac{7}{10}$ •

$20 \div \frac{4}{5}$ •

• 20

• 22

• 25

6 자연수를 분수로 나눈 값을 구하시오.

32 $\frac{8}{13}$

( )

7 길이가 6 m인 색 테이프가 있습니다. 이 색 테이프를 한 사람에게 $\frac{2}{5}$ m씩 나누어 준다면 몇 명까지 나누어 줄 수 있습니까?

식

답

개념 4 (분수)÷(분수)를 (분수)×(분수)로 나타내어 볼까요

1. $\frac{6}{7} \div \frac{2}{3}$의 계산 원리 알아보기

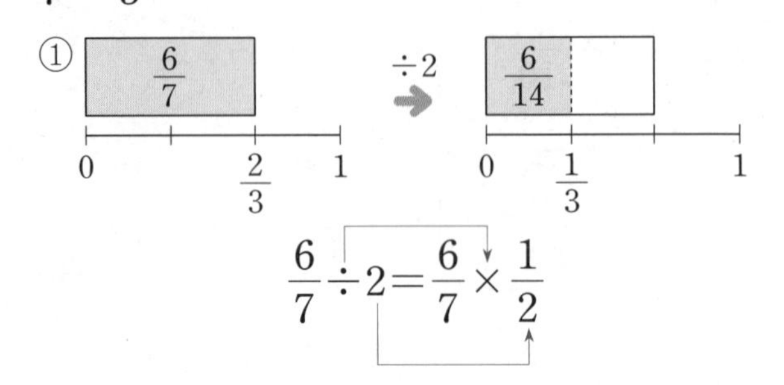

$\frac{6}{7} \div 2 = \frac{6}{7} \times \frac{1}{2}$

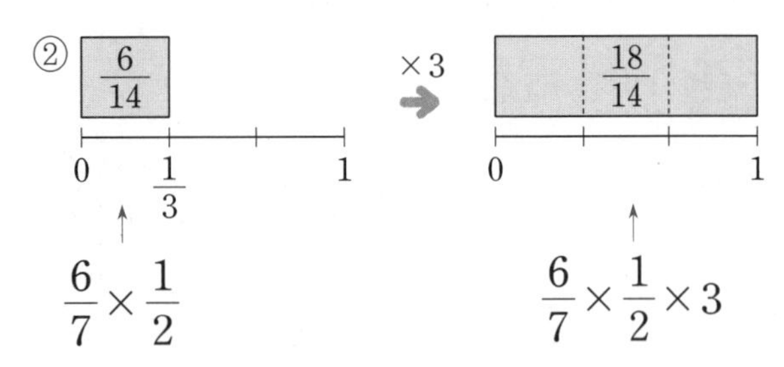

2. $\frac{6}{7} \div \frac{2}{3}$의 계산 방법 알아보기

$$\frac{6}{7} \div \frac{2}{3} = \frac{6}{7} \times \frac{1}{2} \times 3$$
$$= \frac{6}{7} \times \frac{3}{2}$$

→ 나누는 수의 분모, 분자를 바꾸어 곱한 것과 같습니다.

$$= \frac{18}{14} = \frac{9}{7}$$

개념의 힘

분수의 나눗셈을 분수의 곱셈으로 바꾸어 계산할 수 있습니다.

예 $\frac{3}{4} \div \frac{2}{5} = \frac{3}{4} \times \frac{5}{2}$

개념 확인하기

[1~3] $\frac{9}{10} \div \frac{3}{4}$을 계산하는 과정입니다. □ 안에 알맞은 수를 써넣으시오.

1

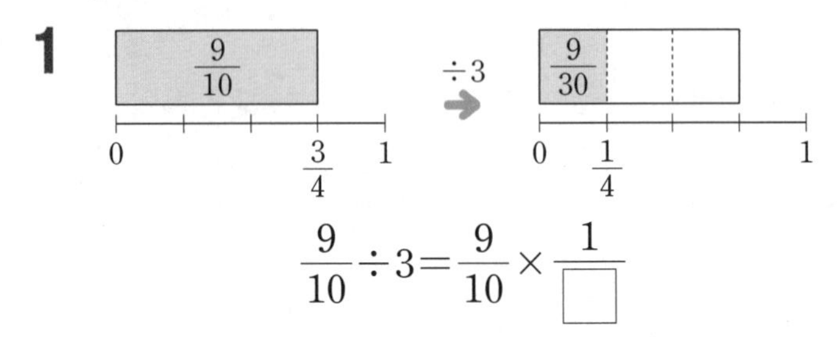

$\frac{9}{10} \div 3 = \frac{9}{10} \times \frac{1}{\square}$

2

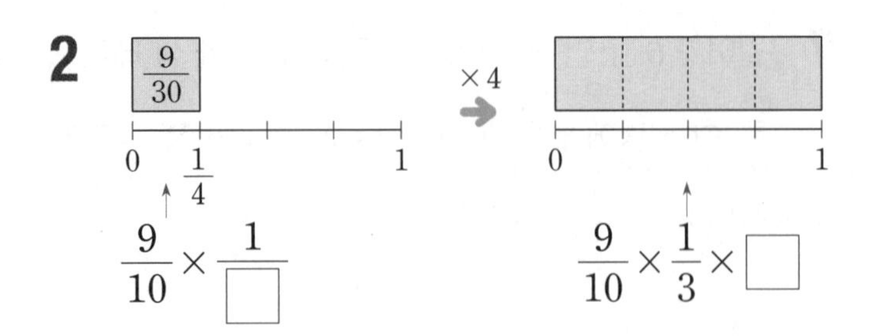

$\frac{9}{10} \times \frac{1}{\square}$ $\qquad$ $\frac{9}{10} \times \frac{1}{3} \times \square$

3 $\frac{9}{10} \div \frac{3}{4}$을 곱셈식으로 나타내시오.

$$\frac{9}{10} \div \frac{3}{4} = \frac{9}{10} \times \frac{1}{3} \times \square = \frac{9}{10} \times \frac{\square}{\square}$$

[4~5] 분수의 나눗셈을 곱셈으로 나타내시오.

4 $\frac{3}{5} \div \frac{1}{2} = \frac{3}{5} \times \square$

5 $\frac{5}{8} \div \frac{3}{5} = \frac{5}{8} \times \frac{\square}{\square}$

6 | 보기 |와 같이 계산하시오.

| 보기 |

$\frac{2}{5} \div \frac{3}{4} = \frac{2}{5} \times \frac{4}{3} = \frac{8}{15}$

$\frac{3}{4} \div \frac{7}{9} =$ ______________________

개념 다지기

1 $\frac{2}{5}\div\frac{5}{7}$를 곱셈으로 바르게 고친 것에 ○표 하시오.

$\frac{2}{5}\div\frac{5}{7}=\frac{5}{2}\times\frac{7}{5}$	$\frac{2}{5}\div\frac{5}{7}=\frac{2}{5}\times\frac{7}{5}$
(　　　)	(　　　)

2 □ 안에 알맞은 수를 써넣으시오.

$$\frac{4}{9}\div\frac{5}{8}=\frac{4}{9}\times\frac{\square}{\square}=\frac{\square}{\square}$$

3 나눗셈식을 곱셈식으로 나타내어 계산하시오.

(1) $\frac{4}{7}\div\frac{1}{8}$

(2) $\frac{9}{10}\div\frac{4}{9}$

4 잘못된 곳을 찾아 바르게 고쳐 계산하시오.

$$\frac{5}{6}\div\frac{3}{4}=\frac{\overset{3}{\cancel{6}}}{5}\times\frac{3}{\underset{2}{\cancel{4}}}=\frac{9}{10}$$

➜ $\frac{5}{6}\div\frac{3}{4}=$ __________

5 나눗셈의 계산 결과에 ○표 하시오.

$$\frac{8}{9}\div\frac{10}{11}$$

$\frac{80}{90}$	$\frac{22}{45}$	$\frac{44}{45}$
(　　　)	(　　　)	(　　　)

6 크기를 비교하여 ○ 안에 >, =, <를 알맞게 써넣으시오.

$$\frac{4}{5}\div\frac{6}{7} \bigcirc \frac{11}{15}$$

7 오렌지 주스는 $\frac{8}{13}$ L, 포도 주스는 $\frac{3}{8}$ L 있습니다. 오렌지 주스의 양은 포도 주스의 양의 몇 배입니까?

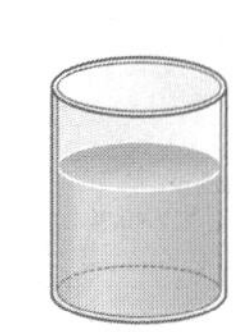
오렌지 주스 $\frac{8}{13}$ L

포도 주스 $\frac{3}{8}$ L

식 __________

답 __________

개념 5 (분수)÷(분수)를 계산해 볼까요

1. (가분수)÷(분수) 알아보기

예) $\frac{4}{3} \div \frac{2}{7}$의 계산

방법 1 통분하여 계산하기

$\frac{4}{3} \div \frac{2}{7} = \frac{28}{21} \div \frac{6}{21}$ → 통분하기

$= 28 \div 6$ → 분자끼리 나누기

$= \frac{28}{6} = \frac{14}{3} = 4\frac{2}{3}$

약분하지 않은 $\frac{28}{6}$이나 가분수인 $\frac{14}{3}$도 정답으로 인정할 수 있어.

방법 2 분수의 곱셈으로 바꾸어 계산하기

$\frac{4}{3} \div \frac{2}{7} = \frac{4}{3} \times \frac{7}{2}$ → 분수의 곱셈으로 바꾸기

$= \frac{28}{6} = \frac{14}{3} = 4\frac{2}{3}$

(가분수)÷(분수)를 계산하는 방법은 (진분수)÷(분수)를 계산하는 방법과 같아.

2. (대분수)÷(분수) 알아보기

예) $1\frac{1}{3} \div \frac{5}{6}$의 계산

방법 1 통분하여 계산하기

$1\frac{1}{3} \div \frac{5}{6} = \frac{4}{3} \div \frac{5}{6}$ → 대분수를 가분수로 나타내기

$= \frac{8}{6} \div \frac{5}{6}$ → 통분하기

$= 8 \div 5 = \frac{8}{5} = 1\frac{3}{5}$

방법 2 분수의 곱셈으로 바꾸어 계산하기

$1\frac{1}{3} \div \frac{5}{6} = \frac{4}{3} \div \frac{5}{6}$ → 대분수를 가분수로 나타내기

$= \frac{4}{3} \times \frac{6}{5}$ → 분수의 곱셈으로 바꾸기

$= \frac{24}{15} = \frac{8}{5} = 1\frac{3}{5}$

대분수는 반드시 가분수로 나타낸 후 나눗셈을 해야 해.

개념 확인하기

[1~2] $\frac{7}{5} \div \frac{2}{3}$를 두 가지 방법으로 계산하려고 합니다. □ 안에 알맞은 수를 써넣으시오.

1 통분하여 계산하시오.

$\frac{7}{5} \div \frac{2}{3} = \frac{21}{15} \div \frac{10}{15} = 21 \div \square$

$= \frac{21}{\square} = \square$

2 분수의 곱셈으로 바꾸어 계산하시오.

$\frac{7}{5} \div \frac{2}{3} = \frac{7}{5} \times \frac{\square}{\square} = \frac{21}{\square} = \square$

3 분수의 곱셈으로 바꾸어 계산하려고 합니다. □ 안에 알맞은 수를 써넣으시오.

$2\frac{1}{3} \div \frac{5}{6} = \frac{\square}{3} \div \frac{5}{6} = \frac{\square}{\cancel{3}_1} \times \frac{\cancel{6}^2}{\square}$

$= \frac{\square}{\square} = \square$

4 계산을 하시오.

(1) $\frac{9}{4} \div \frac{2}{5}$

(2) $1\frac{2}{5} \div \frac{2}{3}$

개념 다지기

1 계산 결과가 맞으면 ○표, 틀리면 × 표 하시오.

$$\frac{8}{5} \div \frac{7}{8} = 1\frac{29}{35}$$

( )

2 계산을 하시오.

$$\frac{7}{6} \div \frac{8}{9}$$

( )

3 $3\frac{1}{3} \div \frac{5}{6}$를 두 가지 방법으로 계산하려고 합니다. 물음에 답하시오.

(1) 대분수를 가분수로 나타낸 후 통분하여 계산하시오.

$3\frac{1}{3} \div \frac{5}{6} =$ ______________________

____

(2) 대분수를 가분수로 나타낸 후 분수의 곱셈으로 바꾸어 계산하시오.

$3\frac{1}{3} \div \frac{5}{6} =$ ______________________

____

4 계산 결과를 찾아 선으로 이어 보시오.

$\frac{5}{3} \div \frac{5}{6}$ •

$1\frac{1}{6} \div \frac{4}{5}$ •

• 2

• $1\frac{5}{18}$

• $1\frac{11}{24}$

5 ㉮ 막대의 길이는 ㉯ 막대의 길이의 몇 배입니까?

㉮ $\frac{10}{3}$ m

㉯ $\frac{5}{8}$ m

( )

6 비누 한 개를 만드는 데 폐식용유 $\frac{3}{10}$ L가 필요합니다. 폐식용유 $2\frac{2}{5}$ L로 만들 수 있는 비누는 몇 개입니까?

식 ______________________

답 ______________________

유형 5 (자연수)÷(분수)

계산을 하시오.

$$10\div\frac{5}{6}$$

(　　　　　　)

유형 코칭

- (자연수)÷(분수)의 계산 방법

■÷$\frac{♥}{▲}$=(■÷♥)×▲

예 $6\div\frac{3}{10}=(6\div3)\times10=2\times10=20$

1 $8\div\frac{4}{7}$의 계산 결과에 ○표 하시오.

12	14
(　　)	(　　)

2 잘못 계산한 것을 찾아 기호를 쓰시오.

㉠ $12\div\frac{3}{8}=32$

㉡ $4\div\frac{2}{7}=21$

㉢ $15\div\frac{5}{6}=18$

(　　　　　　)

3 빈칸에 알맞은 수를 써넣으시오.

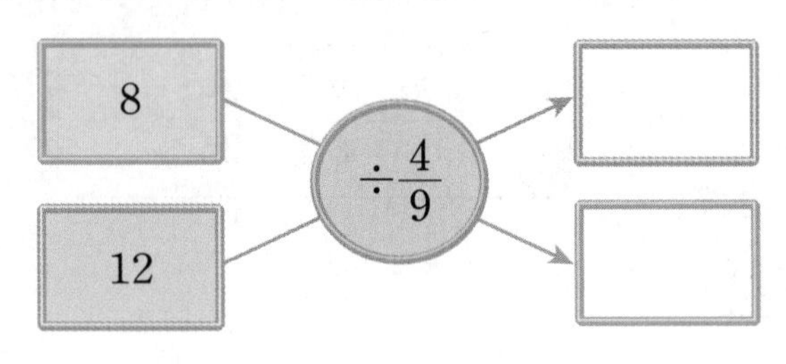

4 크기를 비교하여 ○ 안에 >, =, <를 알맞게 써넣으시오.

$3\div\frac{3}{4}$ ○ 3

5 가장 큰 수를 가장 작은 수로 나눈 값을 구하시오.

4　　$1\frac{1}{2}$　　3　　$\frac{2}{5}$

(　　　　　　)

6 지혜의 어머니께서 사 오신 천의 $\frac{3}{7}$의 넓이가 6 m^2입니다. 이 천의 전체 넓이는 몇 m^2입니까?

식 ____________________

답 ____________

유형 6 (분수)÷(분수)를 (분수)×(분수)로 계산하기

□ 안에 알맞은 수를 써넣으시오.

$$\frac{5}{6}\div\frac{7}{8}=\frac{5}{6}\times\frac{8}{7}=\square$$

유형 코칭

- 분수의 나눗셈을 분수의 곱셈으로 고쳐서 계산하기
  ① 나누어지는 분수는 그대로 씁니다.
  ② ÷를 ×로 고치고, 나누는 분수의 분모, 분자를 바꿉니다.
  ③ 분모는 분모끼리, 분자는 분자끼리 곱합니다.
  (이때, 약분이 되면 약분해도 됩니다.)

예) $\frac{2}{3}\div\frac{4}{5}=\frac{\overset{1}{\cancel{2}}}{3}\times\frac{5}{\underset{2}{\cancel{4}}}=\frac{5}{6}$

7 분수의 나눗셈식을 곱셈식으로 나타내시오.

$$\frac{3}{5}\div\frac{4}{7}=\frac{3}{5}\times\frac{1}{\square}\times7$$
$$=\frac{3}{5}\times\frac{\square}{\square}$$

8 계산을 하시오.

(1) $\frac{2}{7}\div\frac{8}{9}$

(2) $\frac{5}{8}\div\frac{10}{11}$

9 ㉠과 ㉡에 알맞은 수를 각각 구하시오.

$$\frac{4}{7}\div\frac{3}{5}=\frac{4}{7}\times\frac{㉠}{3}=\frac{㉡}{21}$$

㉠ (   )
㉡ (   )

10 넓이가 $\frac{8}{9}$ m^2인 직사각형이 있습니다. 세로가 $\frac{3}{4}$ m일 때 가로는 몇 m입니까?

$\frac{8}{9}$ m^2 / $\frac{3}{4}$ m

(   )

11 우유 $\frac{9}{14}$ L를 컵 한 개에 $\frac{3}{28}$ L씩 나누어 모두 담으려고 합니다. 컵은 몇 개 필요합니까?

식 ____________________

답 ____________________

유형 7 (가분수)÷(분수)

계산을 하시오.

$$\frac{8}{5} \div \frac{3}{4}$$

( )

유형 코칭

(가분수)÷(분수)의 계산 방법

방법 1 두 분수를 통분하여 계산하기

방법 2 분수의 곱셈으로 바꾸어 계산하기

[12~13] $\frac{7}{4} \div \frac{3}{7}$을 두 가지 방법으로 계산하려고 합니다. 물음에 답하시오.

12 두 분수를 통분하여 계산하시오.

$$\frac{7}{4} \div \frac{3}{7} = \frac{49}{28} \div \frac{\square}{28} = \square \div \square = \frac{\square}{\square} = \square$$

13 분수의 곱셈으로 바꾸어 계산하시오.

$$\frac{7}{4} \div \frac{3}{7} = \frac{7}{4} \times \frac{\square}{3} = \square = \square$$

14 계산을 하시오.

$$\frac{10}{3} \div \frac{5}{8}$$

15 빈칸에 알맞은 수를 써넣으시오.

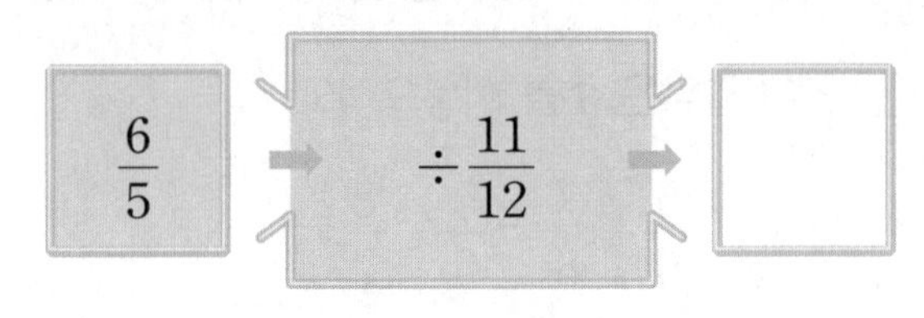

16 크기를 비교하여 ○ 안에 >, =, <를 알맞게 써넣으시오.

$$\frac{7}{6} \div \frac{5}{12} \bigcirc 3$$

17 가분수를 진분수로 나눈 몫을 구하시오.

$$\frac{11}{9} \qquad \frac{4}{5}$$

( )

18 신선 음식점에서는 간장을 하루에 $\frac{5}{8}$ L씩 사용합니다. 이 음식점에서는 간장 $\frac{25}{4}$ L를 며칠 동안 사용할 수 있습니까?

식 ______________________

답 ______________

유형 8 (대분수)÷(분수)

$3\frac{1}{5} \div \frac{3}{4}$의 몫에 ○표 하시오.

$2\frac{2}{5}$ $4\frac{4}{15}$

유형 코칭

(대분수)÷(분수)의 계산 방법

① 대분수를 가분수로 고칩니다.

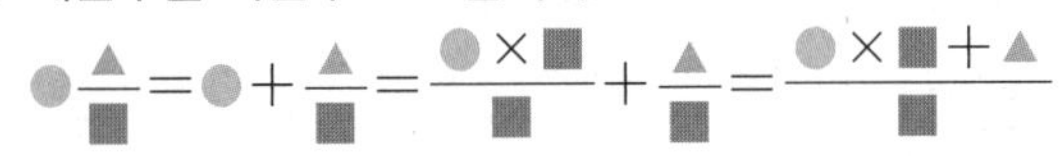

② 두 분수를 통분하거나 곱셈으로 고쳐서 계산합니다.

19 분수의 나눗셈을 곱셈으로 바르게 고친 것을 찾아 기호를 쓰시오.

㉠ $3\frac{3}{4} \div \frac{2}{3} = \frac{15}{4} \times \frac{2}{3}$

㉡ $2\frac{4}{5} \div \frac{5}{6} = \frac{14}{5} \times \frac{6}{5}$

( )

20 계산을 하시오.

(1) $1\frac{5}{9} \div \frac{1}{6}$

(2) $4\frac{2}{7} \div \frac{5}{6}$

21 빈칸에 알맞은 수를 써넣으시오.

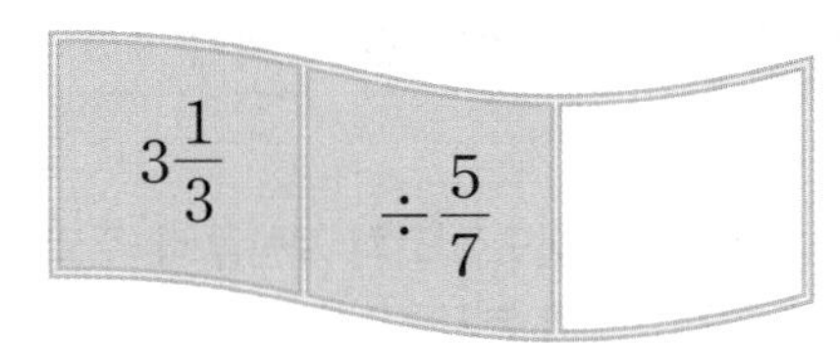

서술형

22 다음은 분수의 나눗셈을 잘못 계산한 것입니다. 계산이 잘못된 이유를 쓰고 바르게 고쳐 계산하시오.

$3\frac{5}{9} \div \frac{2}{3} = 3\frac{5}{9} \times \frac{3}{2} = 3\frac{5}{6}$

잘못된 이유

옳은 계산

23 넓이가 $1\frac{3}{8}$ m^2인 평행사변형입니다. 이 평행사변형의 높이가 $1\frac{1}{10}$ m일 때 밑변은 몇 m입니까?

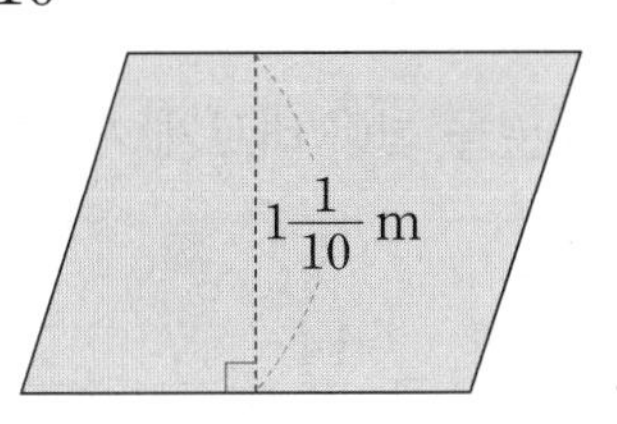

식

답

2 STEP 응용 유형의 힘

응용 유형 1 계산이 잘못된 곳 찾기

신의 한수

분수의 나눗셈을 곱셈으로 고쳐 계산할 때 주의할 점
- 나누는 수의 분모와 분자를 바꾸어 곱합니다.
- 분수의 곱셈은 분모는 분모끼리, 분자는 분자끼리 곱합니다.

[1~2] 계산이 처음으로 잘못된 곳을 찾아 기호를 쓰시오.

1

$$\frac{2}{3}\div\frac{2}{9}\underset{㉠}{=}\frac{2}{3}\times\frac{9}{2}\underset{㉡}{=}\frac{2\times2}{3\times9}\underset{㉢}{=}\frac{4}{27}$$

(　　　　　　　　)

2

$$\frac{3}{4}\div\frac{2}{7}\underset{㉠}{=}\frac{3\times7}{4\times7}\div\frac{2\times4}{7\times4}\underset{㉡}{=}\frac{3\times7}{7\times4}\underset{㉢}{=}\frac{21}{28}\underset{㉣}{=}\frac{3}{4}$$

(　　　　　　　　)

3 잘못된 부분을 찾아 바르게 계산하시오.

$$1\frac{5}{9}\div\frac{7}{12}=\frac{14}{9}\div\frac{7}{12}=\frac{\overset{7}{\cancel{14}}}{9}\times\frac{7}{\underset{6}{\cancel{12}}}=\frac{49}{54}$$

$1\frac{5}{9}\div\frac{7}{12}=$ ____________________

응용 유형 2 주어진 계산과 같은 방법으로 계산하기

신의 한수

- 분모가 같은 분수의 나눗셈 방법
  분자끼리 나누어 자연수 또는 분수로 나타냅니다.
- 분모가 다른 분수의 나눗셈 방법
  방법 1 통분하여 계산하기
  방법 2 분수의 곱셈으로 바꾸어 계산하기

[4~5] | 보기 |와 같이 계산하시오.

4

| 보기 |

$$\frac{7}{4}\div\frac{3}{4}=7\div3=\frac{7}{3}=2\frac{1}{3}$$

$\frac{19}{6}\div\frac{4}{6}=$ ____________________

5

| 보기 |

$$4\frac{4}{7}\div\frac{5}{7}=\frac{32}{7}\div\frac{5}{7}=32\div5=\frac{32}{5}=6\frac{2}{5}$$

$2\frac{1}{8}\div\frac{3}{8}=$ ____________________

[6~7] 다음에서 설명하는 방법으로 계산하시오.

6

분수의 곱셈으로 바꾸어 계산합니다.

$\frac{13}{14}\div\frac{7}{8}=$ ____________________

7

두 분수를 통분하여 계산합니다.

$2\frac{1}{5}\div\frac{3}{10}=$ ____________________

응용 유형 3 계산 결과의 크기 비교하기

나눗셈의 계산 결과를 먼저 구한 후 크기를 비교합니다.

8 크기를 비교하여 ○ 안에 >, =, <를 알맞게 써넣으시오.

$8 \div \frac{1}{2}$ ○ 15

9 계산 결과가 더 큰 것의 기호를 쓰시오.

㉠ $\frac{7}{12} \div \frac{5}{18}$　㉡ $\frac{10}{11} \div \frac{4}{5}$

( )

10 계산 결과가 더 작은 것의 기호를 쓰시오.

㉠ $8\frac{3}{4} \div 3\frac{1}{3}$　㉡ $2\frac{7}{9} \div 3\frac{5}{6}$

( )

응용 유형 4 분수의 나눗셈의 활용

문장을 읽고 나누어지는 수와 나누는 수에 맞게 나눗셈식을 세워 계산합니다.

11 굵기가 일정한 철근이 있습니다. 이 철근의 무게가 $1\frac{4}{9}$ kg이고 길이가 $\frac{4}{5}$ m일 때 철근 1 m의 무게는 몇 kg입니까?

식 ______

답 ______

12 수민이가 $3\frac{1}{5}$ km를 걸어가는 데 $\frac{2}{3}$시간이 걸렸습니다. 수민이는 한 시간에 몇 km를 걸어간 셈입니까?

식 ______

답 ______

13 가 주전자의 들이는 나 주전자의 들이의 몇 배입니까?

가 주전자의 들이	나 주전자의 들이
$3\frac{3}{5}$ L	$\frac{3}{4}$ L

식 ______

답 ______

2 STEP 응용 유형의 힘

응용 유형 5 세 분수의 나눗셈

> 신의 한수
>
> 방법 1 왼쪽에서부터 차례로 두 분수씩 계산합니다.
>
> 방법 2 분수의 곱셈으로 바꾸어 세 분수를 한꺼번에 계산합니다.
>
> 예 $\frac{2}{3} \div \frac{3}{4} \div \frac{2}{5} = \frac{2}{3} \times \frac{4}{3} \times \frac{5}{2} = \frac{2 \times 4 \times 5}{3 \times 3 \times 2}$

[14~16] 빈칸에 알맞은 수를 써넣으시오.

14

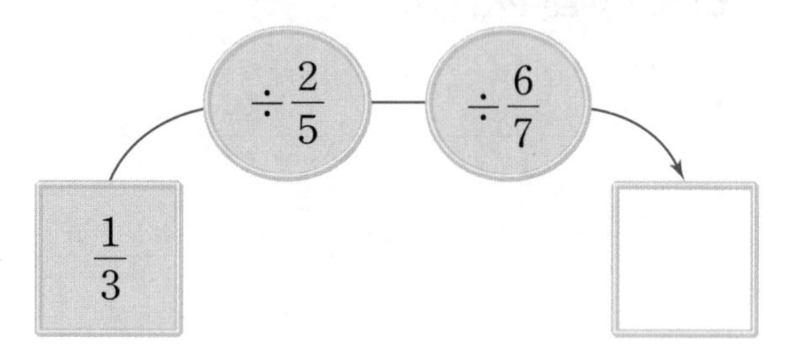

15

$\frac{3}{8}$ → $\div \frac{2}{9}$ → $\div \frac{2}{3}$ → □

16

$2\frac{2}{3}$ → $\div \frac{5}{7}$ → $\div \frac{4}{5}$ → □

응용 유형 6 삼각형에서 모르는 부분의 길이 구하기

> (삼각형의 넓이)=(밑변)×(높이)÷2
>
> → (밑변)=(삼각형의 넓이)×2÷(높이)
>
> (높이)=(삼각형의 넓이)×2÷(밑변)

17 오른쪽 도형은 넓이가 $\frac{3}{7}$ m^2인 삼각형입니다. 밑변이 $\frac{12}{13}$ m일 때 높이는 몇 m입니까?

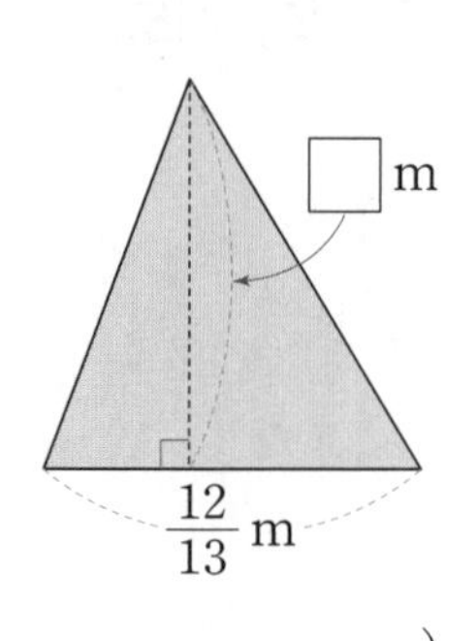

( )

18 오른쪽 도형은 넓이가 $\frac{4}{5}$ cm^2인 삼각형입니다. 높이가 $\frac{8}{9}$ cm일 때 밑변은 몇 cm입니까?

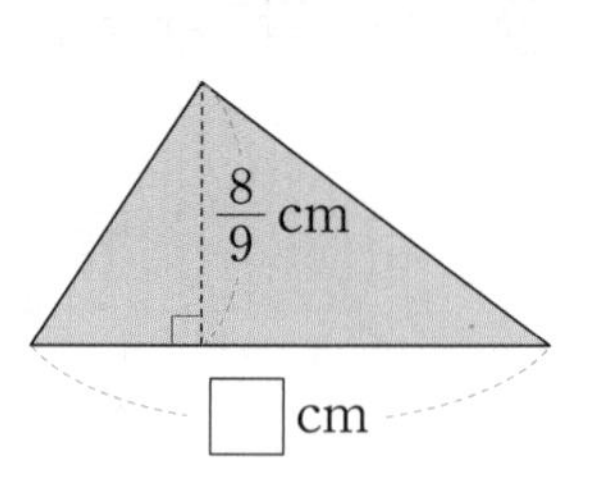

( )

19 오른쪽은 규호가 *삼각주 지형을 관찰하여 그린 삼각형입니다. 규호가 그린 삼각형의 넓이는 $\frac{5}{7}$ cm^2이고 높이가 $\frac{11}{12}$ cm일 때 밑변은 몇 cm입니까?

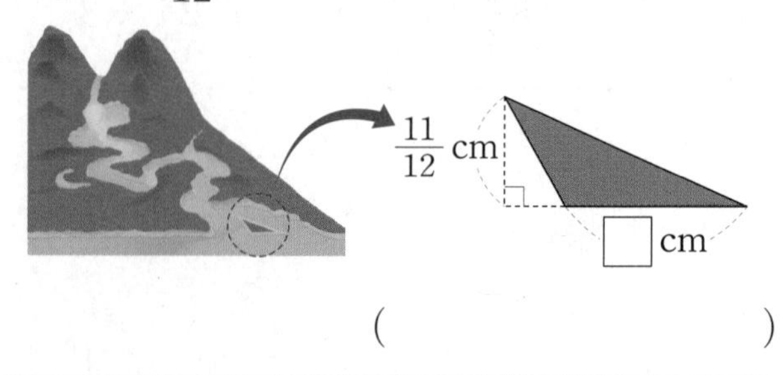

( )

*삼각주: 강, 호수의 하구에 모래나 흙이 쌓여 형성된 지형

응용 유형 7 □ 안에 들어갈 수 있는 자연수 구하기

• (자연수)÷(분수)의 계산 방법

㉠ $4\div\frac{2}{3}$의 계산

방법 1 $4\div\frac{2}{3}=(4\div2)\times3=6$

방법 2 $4\div\frac{2}{3}=4\times\frac{3}{2}=6$

• 분수보다 큰(작은) 자연수 알아보기

㉠ $2\frac{1}{3}$보다 큰 자연수: 2가 포함되지 않습니다.

$2\frac{1}{3}$보다 작은 자연수: 2가 포함됩니다.

[20~21] □ 안에 들어갈 수 있는 자연수 중에서 가장 큰 수를 구하시오.

20

$$8\div\frac{3}{5}>\square$$

( )

21

$$24\div\frac{32}{19}>\square$$

( )

22 □ 안에 들어갈 수 있는 자연수 중에서 가장 작은 수를 구하시오.

$$9\frac{1}{3}\div\frac{8}{9}<\square$$

( )

응용 유형 8 바르게 계산한 값 구하기

① 어떤 수를 □라 하여 잘못 계산한 식 세우기
② 세운 식을 이용하여 어떤 수 구하기
③ 바르게 계산하여 답 구하기

23 어떤 수를 $\frac{3}{4}$으로 나누어야 할 것을 잘못하여 $\frac{1}{4}$로 나누었더니 계산 결과가 $\frac{3}{5}$이 되었습니다. 바르게 계산한 값을 구하시오.

( )

24 어떤 수를 $1\frac{3}{4}$으로 나누어야 할 것을 잘못하여 $\frac{4}{7}$로 나누었더니 계산 결과가 $4\frac{1}{5}$이 되었습니다. 바르게 계산한 값을 구하시오.

( )

3 STEP 서술형의 힘

문제 해결력 **서술형**

1-1 소고기 $4\frac{1}{2}$ kg을 봉지 6개에 똑같이 나누어 담았습니다. 그중에서 한 봉지에 담은 소고기를 $\frac{1}{8}$ kg씩 잘랐다면 $\frac{1}{8}$ kg씩 자른 소고기는 몇 도막입니까?

(1) 봉지 한 개에 담은 소고기는 몇 kg입니까?

( )

(2) $\frac{1}{8}$ kg씩 자른 소고기는 몇 도막입니까?

( )

바로 쓰는 **서술형**

1-2 우유 $6\frac{1}{4}$ L를 통 5개에 똑같이 나누어 담았습니다. 그중에서 한 통에 담은 우유만 한 컵에 $\frac{1}{4}$ L씩 담으려고 합니다. 컵은 적어도 몇 개 필요한지 풀이 과정을 쓰고 답을 구하시오. [5점]

풀이

답

문제 해결력 **서술형**

2-1 □ 안에 들어갈 수 있는 자연수 중에서 가장 큰 수는 얼마입니까?

$$10 > 4 \div \frac{1}{\square}$$

(1) $4 \div \frac{1}{\square}$과 같은 것에 ○표 하시오.

$4 \times \square$	$4 \times \frac{1}{\square}$

(2) □ 안에 들어갈 수 있는 자연수 중에서 가장 큰 수는 얼마입니까?

( )

바로 쓰는 **서술형**

2-2 □ 안에 들어갈 수 있는 자연수 중에서 가장 큰 수는 얼마인지 풀이 과정을 쓰고 답을 구하시오. [5점]

$$3 \div \frac{1}{\square} < 11$$

풀이

답

문제 해결력 **서술형**

3-1 다음 조건을 만족하는 분수의 나눗셈을 모두 써 보시오.

조건
- $8 \div 7$을 이용하여 계산할 수 있습니다.
- 분모가 11보다 작은 진분수의 나눗셈입니다.
- 두 분수의 분모는 같습니다.

(1) 분모를 □라 하여 분수의 나눗셈식을 써 보시오.

식 ______________________

(2) □가 될 수 있는 수를 모두 구하시오.

( )

(3) 조건을 만족하는 분수의 나눗셈을 모두 써 보시오.

식 ______________________

문제 해결력 **서술형**

4-1 현수는 전체 수학 시험 문제 수의 $\frac{7}{9}$을 풀었더니 남은 문제가 8개였습니다. 수학 시험 문제는 모두 몇 개입니까?

(1) 풀고 남은 문제는 전체의 몇 분의 몇입니까?

( )

(2) 전체 수학 시험 문제를 ●개라 하여 □ 안에 알맞은 수를 써넣고 곱셈식을 만들어 보시오.

전체 수학 시험 문제(●)의 □는 8개입니다.

➜ 식 ______________________

(3) 수학 시험 문제는 모두 몇 개입니까?

( )

바로 쓰는 **서술형**

3-2 다음 조건을 만족하는 분수의 나눗셈을 모두 구하려고 합니다. 풀이 과정을 쓰고 답을 구하시오. [5점]

조건
- $9 \div 6$을 이용하여 계산할 수 있습니다.
- 분모가 12보다 작은 진분수의 나눗셈입니다.
- 두 분수의 분모는 같습니다.

풀이

답 ______________________

바로 쓰는 **서술형**

4-2 민지네 반 학생 수의 $\frac{3}{7}$은 안경을 썼습니다. 안경을 쓰지 않은 학생이 20명일 때 민지네 반 학생은 모두 몇 명인지 풀이 과정을 쓰고 답을 구하시오. [5점]

풀이

답 ______________________

점수

1 그림을 보고 □ 안에 알맞은 수를 써넣으시오.

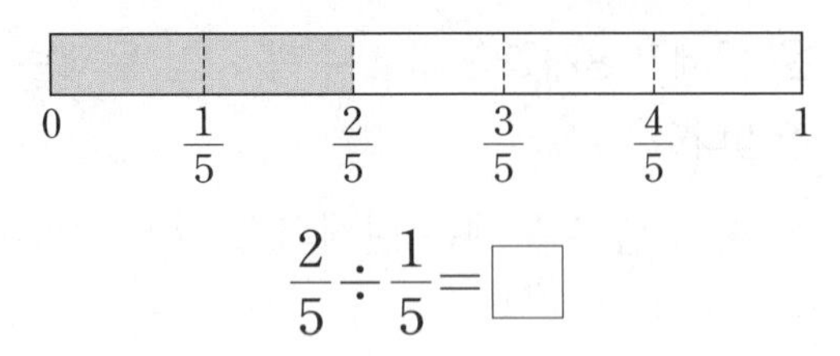

$\frac{2}{5} \div \frac{1}{5} = \square$

2 $5 \div \frac{3}{4}$과 같은 것에 ○표 하시오.

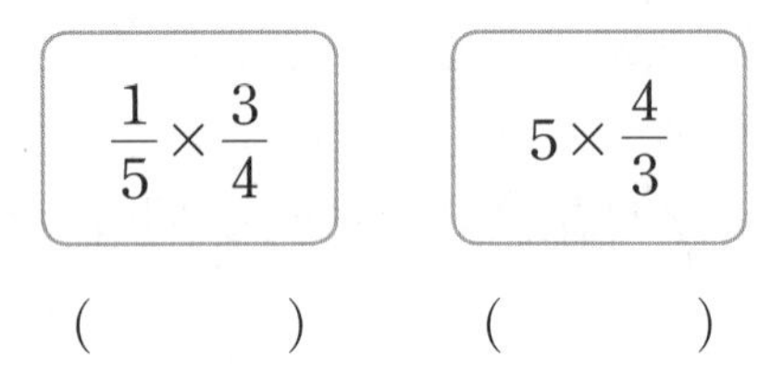

(　　　)　(　　　)

3 분수를 통분하여 계산하시오.

$\frac{5}{8} \div \frac{8}{12} = \frac{\square}{24} \div \frac{\square}{24}$

$= \square \div \square = \frac{\square}{\square}$

4 나눗셈식을 곱셈식으로 나타내어 계산하시오.

$\frac{9}{10} \div \frac{4}{7} = \square \times \square = \square$

5 빈칸에 알맞은 수를 써넣으시오.

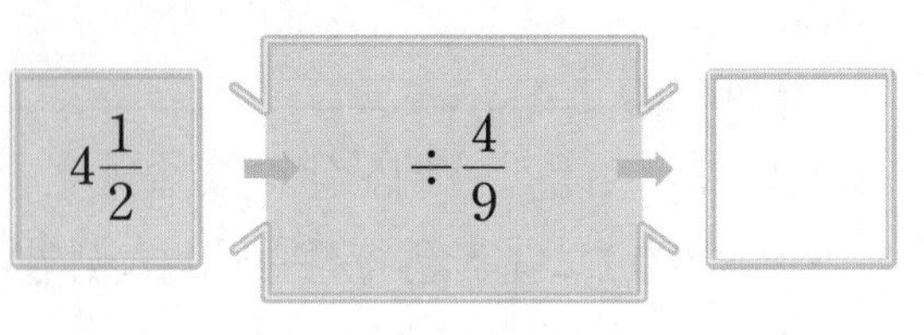

6 큰 수를 작은 수로 나눈 몫을 구하시오.

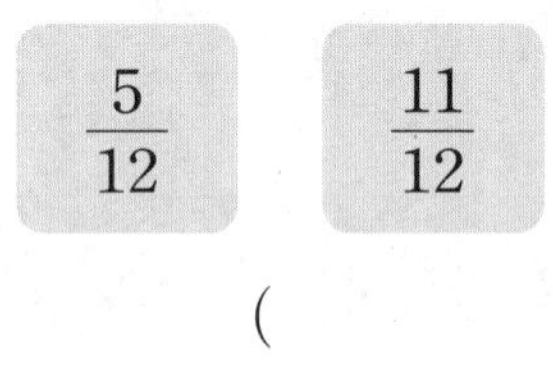

(　　　　　　　　)

7 |보기|와 같이 계산하시오.

|보기|

$\frac{3}{5} \div \frac{4}{7} = \frac{21}{35} \div \frac{20}{35} = 21 \div 20 = \frac{21}{20} = 1\frac{1}{20}$

$\frac{3}{4} \div \frac{5}{9} =$ ______________________

8 크기를 비교하여 ○ 안에 >, =, <를 알맞게 써넣으시오.

$4 \div \frac{2}{9}$ ○ 15

9 계산 결과를 찾아 선으로 이어 보시오.

$\frac{4}{7} \div \frac{2}{7}$ •

$\frac{9}{11} \div \frac{4}{11}$ •

• $\frac{36}{11}$

• $2\frac{1}{4}$

• 2

10 계산 결과가 자연수인 나눗셈식을 말한 사람은 누구인지 이름을 쓰시오.

다영: $\frac{2}{5} \div \frac{5}{6}$

준서: $10 \div \frac{2}{5}$

( )

11 효주가 기르는 강아지와 햄스터의 무게를 나타낸 것입니다. 강아지의 무게는 햄스터의 무게의 몇 배입니까?

강아지의 무게	햄스터의 무게
$\frac{12}{13}$ kg	$\frac{3}{13}$ kg

( )

12 계산 결과가 1보다 작은 것을 찾아 ○표 하시오.

$\frac{3}{5} \div \frac{4}{9}$	$\frac{7}{9} \div \frac{2}{3}$	$\frac{5}{6} \div \frac{8}{9}$
( )	( )	( )

13 주스가 $\frac{8}{5}$ L 있습니다. 이 주스를 하루에 $\frac{4}{15}$ L씩 마신다면 며칠 동안 마실 수 있습니까?

( )

14 빈칸에 알맞은 수를 써넣으시오.

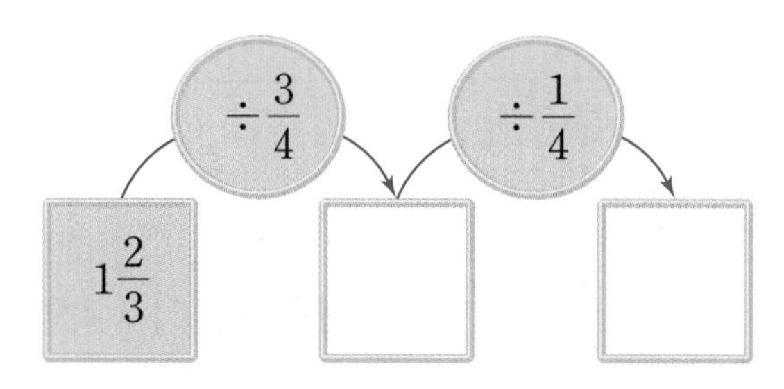

15 찰흙 한 덩어리의 $\frac{5}{8}$의 무게가 $2\frac{2}{3}$ kg입니다. 찰흙 한 덩어리의 무게는 몇 kg입니까?

( )

● 공부한 날 　월 　일

빠른 정답 5쪽, 정답 및 풀이 24쪽

16 □ 안에 알맞은 분수를 구하시오.

$$\square \times \frac{6}{7} = 1\frac{7}{8}$$

(　　　　　　　　)

17 주노는 철사 10 m 중에서 4 m를 친구에게 주었습니다. 주고 남은 철사를 $\frac{3}{8}$ m씩 모두 잘랐다면 잘린 철사는 몇 도막입니까?

(　　　　　　　　)

18 넓이가 $\frac{8}{17}$ m^2인 삼각형입니다. 이 삼각형의 높이가 $\frac{15}{17}$ m일 때 ㉠은 몇 m입니까?

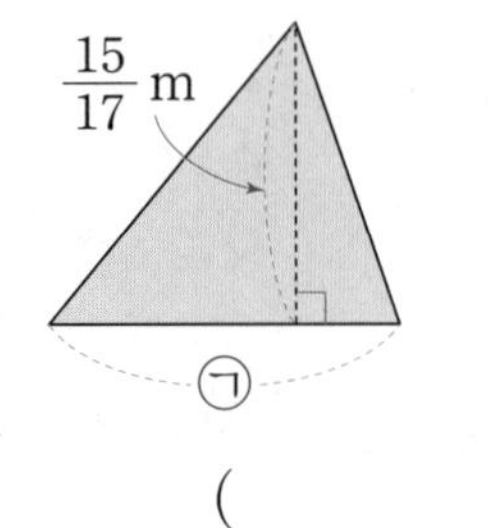

(　　　　　　　　)

서술형

19 모래가 $\frac{14}{15}$ kg 있습니다. 벽돌을 한 개 만드는 데 모래가 $\frac{2}{9}$ kg씩 필요합니다. 벽돌을 몇 개 만들 수 있는지 풀이 과정을 쓰고 답을 구하시오.

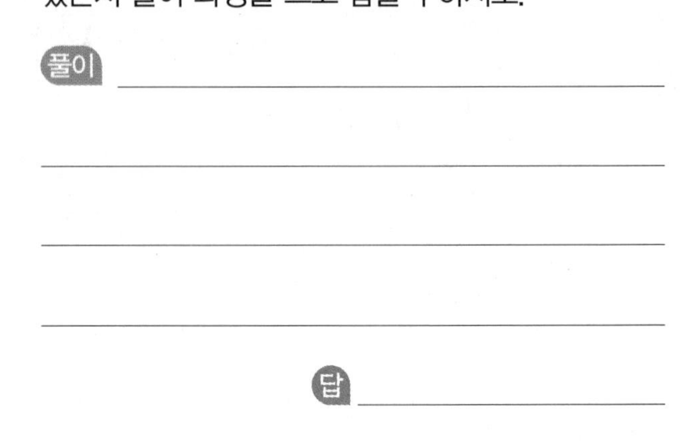

서술형

20 지현이는 조개 $5\frac{1}{3}$ kg을 캐는 데 $\frac{2}{7}$시간이 걸렸습니다. 같은 빠르기로 캔다면 2시간 동안 조개를 몇 kg 캘 수 있는지 풀이 과정을 쓰고 답을 구하시오.

풀이

답

쓰는 것이 힘이다! 수학일기

1단원

월	일	요일	이름

☆ 1단원에서 배운 내용을 친구들에게 설명하듯이 써 봐요.

☆ 1단원에서 배운 내용이 실생활에서 어떻게 쓰이고 있는지 찾아 써 봐요.

칭찬 & 격려해 주세요.

➔ QR코드를 찍으면 예시 답안을 볼 수 있어요.

2 소수의 나눗셈

교과서 개념 카툰

개념 카툰 1 (소수 한 자리 수)÷(소수 한 자리 수)

무인도에 표류한 지 벌써 한 달. 이제 물도 2.8 L밖에 남지 않았어.

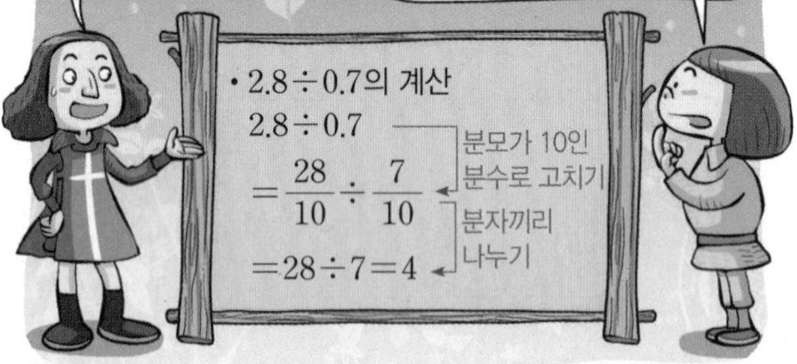

내일부터 하루에 0.7 L씩 마시자. 그럼 4일은 버틸 수 있어.
나누는 수와 나누어지는 수가 모두 소수 한 자리 수일 때는 분모가 10인 분수로 고치는군.
• 2.8÷0.7의 계산
2.8÷0.7
$=\frac{28}{10}\div\frac{7}{10}$
$=28\div7=4$
분모가 10인 분수로 고치기
분자끼리 나누기

3일 후
이제 0.7 L밖에 안 남았어. 정말 큰일이군.
좋은 생각이 났어!

앞으로 하루에 한 방울씩만 마시자.
야~ 멈춰! 두 방울 들어간다.

개념 카툰 2 (소수 두 자리 수)÷(소수 두 자리 수)

으악~ 몸무게가 1.44 kg이나 늘었어.

나처럼 30분씩 조깅을 해 봐. 하루에 0.36 kg씩 살이 빠지더라구.
그래?

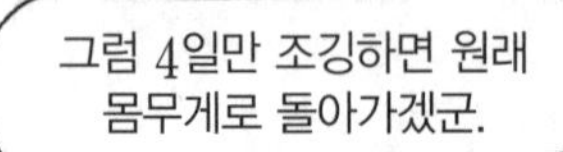

그럼 4일만 조깅하면 원래 몸무게로 돌아가겠군.

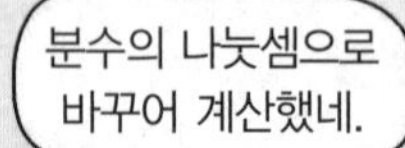

분수의 나눗셈으로 바꾸어 계산했네.

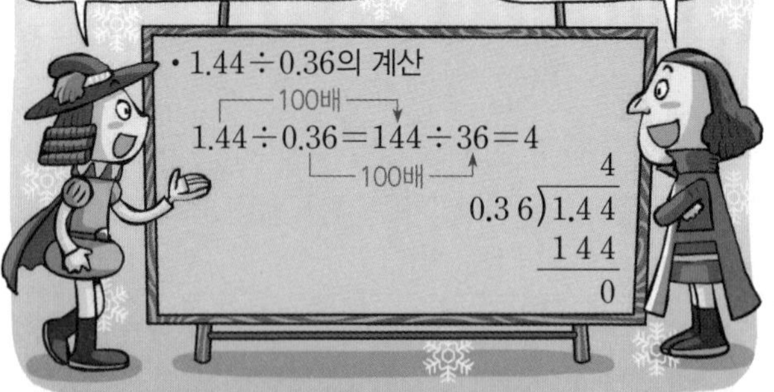

헉헉~ 너무 힘들어. 조금만 쉬자~
이제 1분도 안 뛰었다구~

이미 배운 내용

[6-1] 1. 분수의 나눗셈
[6-1] 3. 소수의 나눗셈

이번에 배우는 내용

✓ (소수)÷(소수)의 계산
✓ (자연수)÷(소수)의 계산
✓ 나눗셈의 몫을 반올림하여 나타내기
✓ 나누어 주고 남은 양 알아보기

개념 카툰 3 자릿수가 다른 두 소수의 나눗셈

개념 카툰 4 소수의 나눗셈에서 남는 수 구하기

개념 1 (소수)÷(소수)를 알아볼까요(1) — 자릿수가 같고 자연수의 나눗셈을 이용한 (소수)÷(소수)

생각의 힘

예 0.6÷0.2 알아보기

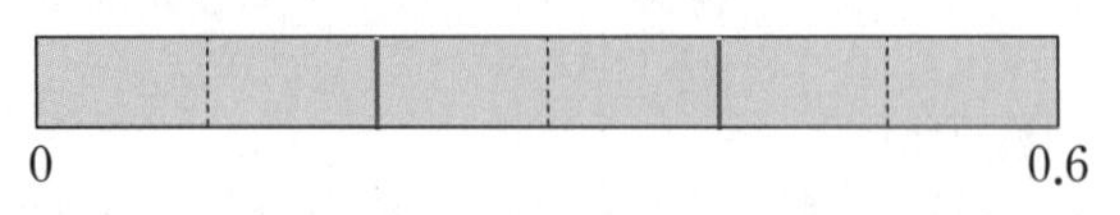

그림에 0.2씩 선을 그어 표시해 보면 3묶음이 됩니다.

➔ 0.6÷0.2=3

1. 자연수의 나눗셈을 이용하여 나눗셈하기

(1) 소수 한 자리 수끼리의 나눗셈

예 10.5÷0.3의 계산

10 mm=1 cm

10.5 cm=105 mm,
0.3 cm=3 mm입니다.

10.5 cm를 0.3 cm씩 나누는 것은
105 mm를 3 mm씩 나누는 것과 같습니다.

10.5÷0.3=105÷3

105÷3=35
10.5÷0.3=35

(2) 소수 두 자리 수끼리의 나눗셈

예 1.05÷0.03의 계산

100 cm=1 m

1.05 m=105 cm,
0.03 m=3 cm입니다.

1.05 m를 0.03 m씩 나누는 것은
105 cm를 3 cm씩 나누는 것과 같습니다.

1.05÷0.03=105÷3

105÷3=35
1.05÷0.03=35

개념의 힘

- (소수 한 자리 수)÷(소수 한 자리 수)
  두 소수를 각각 10배 하여 (자연수)÷(자연수)를 계산하는 것과 같습니다.
- (소수 두 자리 수)÷(소수 두 자리 수)
  두 소수를 각각 100배 하여 (자연수)÷(자연수)를 계산하는 것과 같습니다.

개념 확인하기

1 6.8÷0.4를 계산하려고 합니다. 물음에 답하시오.

(1) 6.8÷0.4를 계산하는 데 알맞은 자연수의 나눗셈에 ○표 하시오.

68÷0.4	68÷4	6.8÷4
( )	( )	( )

(2) 위 (1)에서 찾은 식을 계산하시오.

(   )

(3) □ 안에 알맞은 수를 써넣으시오.

68÷4=□

6.8÷0.4=□

2 1.56÷0.02를 계산하려고 합니다. □ 안에 알맞은 수를 써넣으시오.

(1) 1.56÷0.02를 자연수의 나눗셈식으로 나타내고 계산하시오.

1.56÷0.02=156÷□=□

(2) □ 안에 알맞은 수를 써넣으시오.

1.56÷0.02=□

3 계산을 하시오.

(1) 25.2÷0.7

(2) 2.58÷0.06

개념 다지기

1 □ 안에 알맞은 수를 써넣으시오.

(1) $13.8 \div 0.6 = 138 \div$ □

(2) $2.07 \div 0.09 =$ □ $\div 9$

2 □ 안에 알맞은 수를 써넣으시오.

(1)

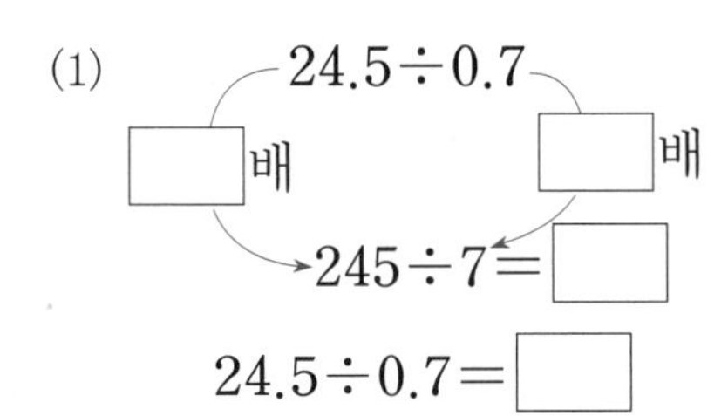

$24.5 \div 0.7 =$ □

(2)

1.56÷0.13

□배 □배

156÷13= □

$1.56 \div 0.13 =$ □

3 $23.5 \div 0.5$를 계산하는 과정입니다. □ 안에 알맞은 수를 써넣으시오.

$23.5 \div 0.5 =$ □ $\div 5$

□ $\div 5 =$ □

$23.5 \div 0.5 =$ □

4 계산을 하시오.

(1) $50.4 \div 0.8$

(2) $2.24 \div 0.14$

5 자연수의 나눗셈식을 보고 □ 안에 알맞은 수를 써넣으시오.

(1) 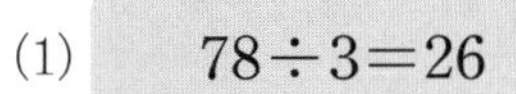

$7.8 \div 0.3 =$ □

(2) $155 \div 5 = 31$ $1.55 \div 0.05 =$ □

6 큰 수를 작은 수로 나눈 몫을 구하시오.

0.3 7.2

( )

7 시연이는 15.2 L의 주스를 친구 한 명에게 0.4 L씩 나누어 주려고 합니다. 시연이는 주스를 친구 몇 명에게 나누어 줄 수 있습니까?

( )

개념 2 (소수)÷(소수)를 알아볼까요(2) — 자릿수가 같은 (소수)÷(소수)

1. (소수 한 자리 수)÷(소수 한 자리 수)

예 5.2÷0.4의 계산

(1) 분수의 나눗셈으로 계산하기

$5.2 \div 0.4 = \frac{52}{10} \div \frac{4}{10} = 52 \div 4 = 13$

→ 소수 한 자리 수 ⇨ 분모가 10인 분수

(2) 세로로 계산하기

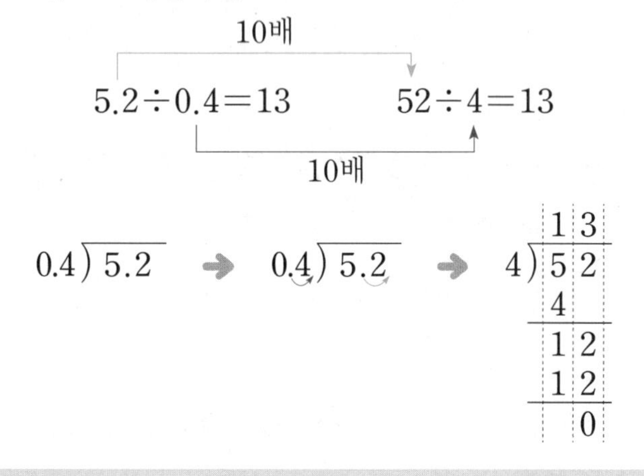

2. (소수 두 자리 수)÷(소수 두 자리 수)

예 3.75÷0.05의 계산

(1) 분수의 나눗셈으로 계산하기

$3.75 \div 0.05 = \frac{375}{100} \div \frac{5}{100} = 375 \div 5 = 75$

→ 소수 두 자리 수 ⇨ 분모가 100인 분수

(2) 세로로 계산하기

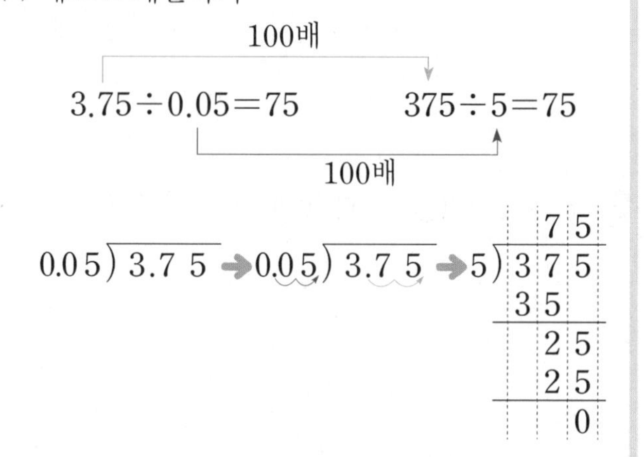

개념 확인하기

1 □ 안에 알맞은 수를 써넣으시오.

$7.2 \div 0.6 = \frac{\square}{10} \div \frac{\square}{10}$

$= \square \div \square = \square$

2 □ 안에 알맞은 수를 써넣으시오.

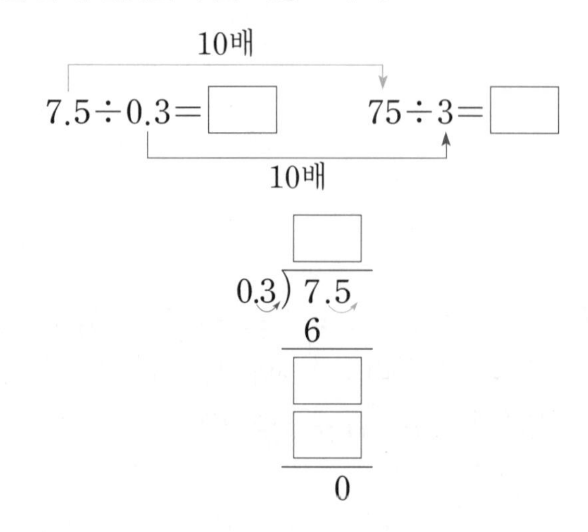

3 □ 안에 알맞은 수를 써넣으시오.

$3.78 \div 0.42 = \frac{\square}{100} \div \frac{\square}{100}$

$= \square \div \square = \square$

4 □ 안에 알맞은 수를 써넣으시오.

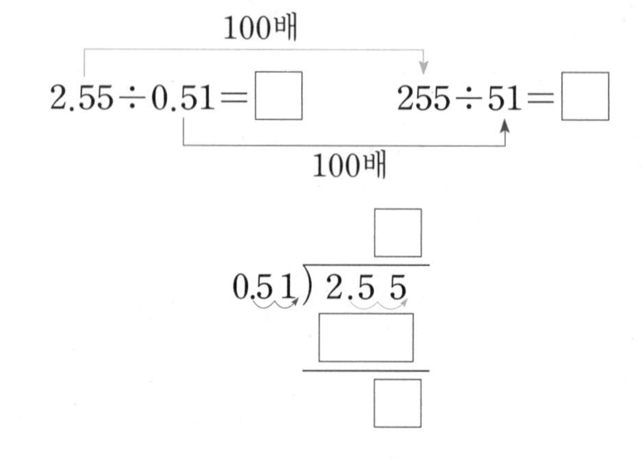

개념 다지기

1 분수의 나눗셈으로 바르게 고친 것에 ○표 하시오.

$18.9 \div 0.9 = \frac{189}{10} \div \frac{9}{100}$ (　　　)

$1.68 \div 0.28 = \frac{168}{100} \div \frac{28}{100}$ (　　　)

2 $4.2 \div 0.6$을 계산하려고 합니다. 소수점을 바르게 옮긴 것에 ○표 하시오.

$0.6\overline{)4.2}$ (　　　)　　$0.6\overline{)4.2}$ (　　　)

3 계산을 하시오.

(1) $0.8\overline{)20.8}$

(2) $0.31\overline{)4.96}$

4 | 보기 |와 같이 계산하시오.

| 보기 |

$8.74 \div 0.19 = \frac{874}{100} \div \frac{19}{100} = 874 \div 19 = 46$

$7.42 \div 0.53 =$ ________

5 빈칸에 알맞은 수를 써넣으시오.

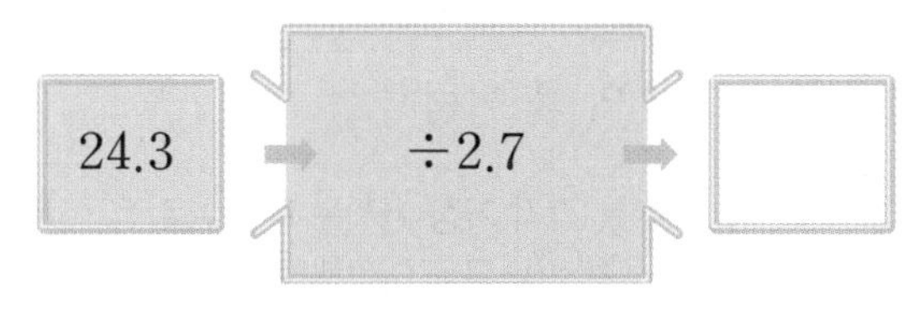

6 나눗셈의 몫을 찾아 선으로 이어 보시오.

$3.36 \div 0.56$ •　　　• 8

　　　　　　　　• 7

$6.64 \div 0.83$ •　　　• 6

7 매실액 10.8 L가 있습니다. 매실액을 병 한 개에 0.9 L씩 담는다면 필요한 병은 몇 개입니까?

 식 ________

 답 ________

2 단원 소수의 나눗셈

개념 3 (소수)÷(소수)를 알아볼까요(3) — 자릿수가 다른 (소수)÷(소수)

생각의 힘

• 7.13÷3.1의 몫 어림하기

두 소수를 각각 가장 가까운 자연수로 생각하여 몫을 어림해 봐.

7.13÷3.1 ➔ 7÷3

몫은 2에 가깝습니다. — 실제 몫의 자연수가 2임을 알 수 있습니다.

1. (소수 두 자리 수)÷(소수 한 자리 수)

예 7.13÷3.1

(1) 두 소수를 각각 100배씩 하여 계산하기

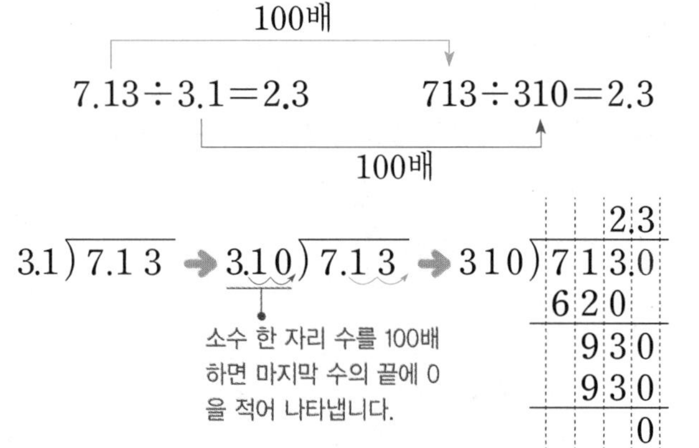

(2) 두 소수를 각각 10배씩 하여 계산하기

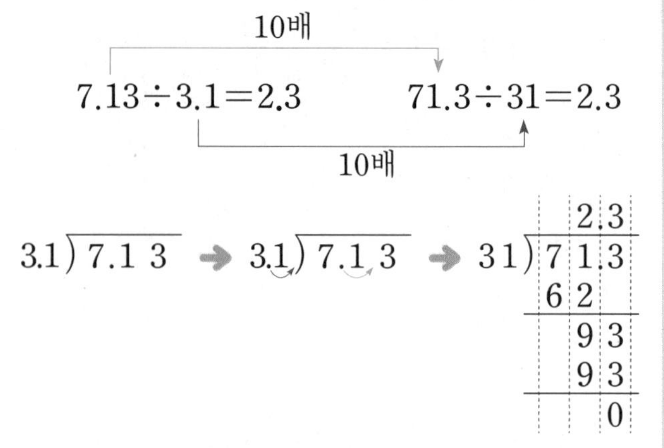

개념의 힘

(소수 두 자리 수)÷(소수 한 자리 수)의 세로셈

- 소수점을 오른쪽으로 두 자리씩 또는 한 자리씩 똑같이 옮겨서 계산합니다.
- 몫의 소수점은 나누어지는 수의 소수점의 위치와 같게 올려 찍습니다.

개념 확인하기

1 3.78÷2.7을 계산하려고 합니다. 물음에 답하시오.

(1) 두 소수를 각각 100배씩 하여 계산하시오.

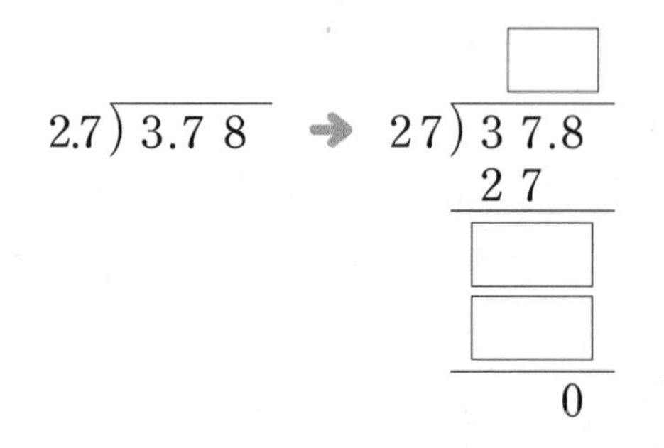

(2) 두 소수를 각각 10배씩 하여 계산하시오.

2.7)3.7 8 ➔ 27)37.8, 27, □, □, 0

2 □ 안에 알맞은 수를 써넣으시오.

(1) 100배
5.85÷1.3=585÷□
100배

(2) 10배
5.85÷1.3=58.5÷□
10배

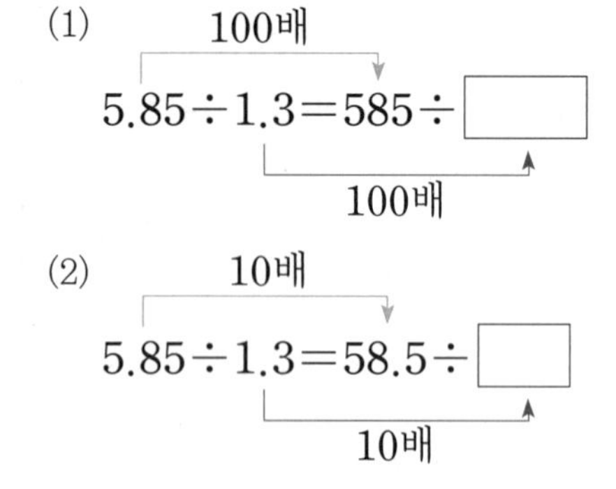

3 □ 안에 알맞은 수를 써넣으시오.

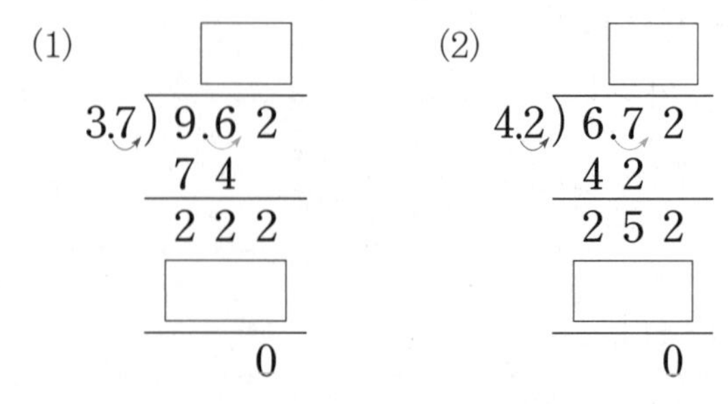

개념 다지기

1 $2.52 \div 1.4$를 계산하려고 합니다. 소수점을 바르게 옮긴 것에 ○표 하시오.

$252 \div 140$	$25.2 \div 1.4$
( )	( )

2 나눗셈식을 보고 □ 안에 알맞은 수를 써넣으시오.

$918 \div 510 = 1.8$
$91.8 \div 51 = 1.8$

$9.18 \div 5.1 = \square$

3 보기 와 같이 계산하시오.

보기

$$\begin{array}{r} 2.3 \\ 2.9{\overline{\smash{\big)}\,6.67}} \\ 58 \\ \hline 87 \\ 87 \\ \hline 0 \end{array}$$

$$2.4{\overline{\smash{\big)}\,8.88}}$$

4 빈칸에 알맞은 수를 써넣으시오.

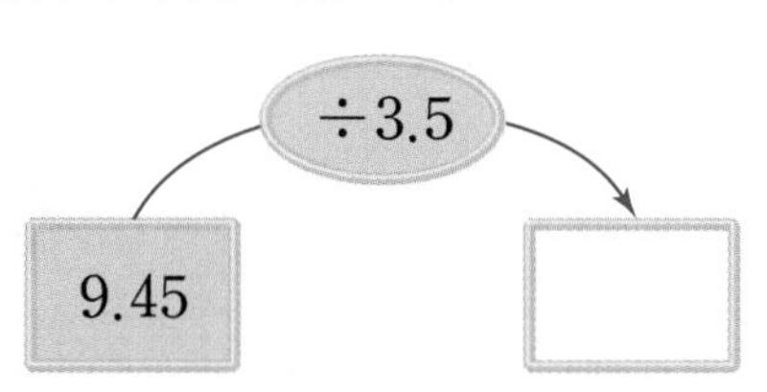

5 잘못 계산한 곳을 찾아 바르게 계산하시오.

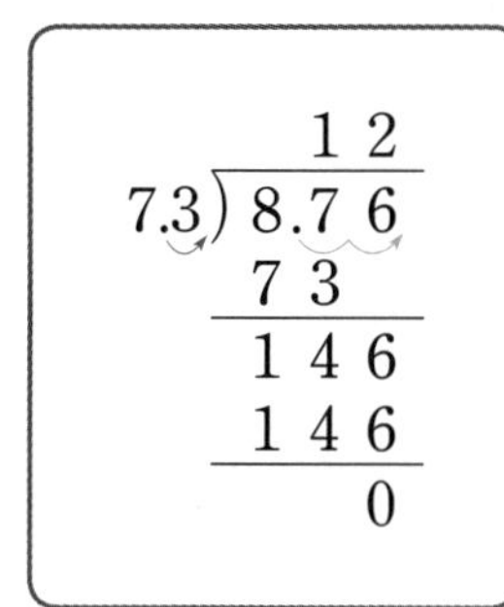

→ $7.3{\overline{\smash{\big)}\,8.76}}$

6 크기를 비교하여 ○ 안에 >, =, <를 알맞게 써넣으시오.

$6.57 \div 0.9$  7.8

7 세라가 던진 공이 날아간 거리는 성연이가 던진 공이 날아간 거리의 몇 배입니까?

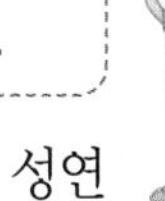

세라: 내가 던진 공은 9.88 m 날아갔어.

성연: 내가 던진 공은 3.8 m 날아갔어.

식 ______________________

답 ______________

유형 1 자연수의 나눗셈을 이용한 (소수)÷(소수)

□ 안에 알맞은 수를 써넣으시오.

10배 $36.4 \div 2.8$ 10배

$364 \div 28 =$ □

➔ $36.4 \div 2.8 =$ □

유형 코칭

- (소수 한 자리 수)÷(소수 한 자리 수)
  ➔ 나누어지는 수와 나누는 수를 각각 10배 하여 계산합니다.
  예 $24.9 \div 0.3 = 249 \div 3 = 83$
- (소수 두 자리 수)÷(소수 두 자리 수)
  ➔ 나누어지는 수와 나누는 수를 각각 100배 하여 계산합니다.
  예 $2.49 \div 0.03 = 249 \div 3 = 83$

1 □ 안에 알맞은 수를 써넣으시오.

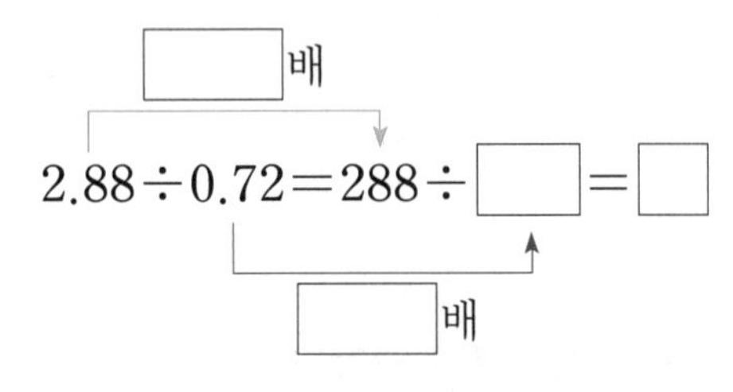

2 소수의 나눗셈식을 자연수의 나눗셈식으로 바르게 나타낸 것에 ○표 하시오.

$27.6 \div 1.2 = 276 \div 1.2$ (　　)

$7.44 \div 0.31 = 744 \div 31$ (　　)

3 |보기|와 같이 계산하시오.

|보기|
$8.45 \div 0.65 = 845 \div 65 = 13$

$5.98 \div 0.13 =$ ______________

4 $273 \div 39 = 7$임을 이용하여 □ 안에 알맞은 수를 써넣고, 계산 방법을 설명해 보시오.

$27.3 \div 3.9 =$ □

방법 나눗셈에서 나누는 수와 나누어지는 수에 같은 수를 곱하여도 몫은 변하지 않습니다.
27.3, 3.9에 각각 □을 곱하면 273, □이므로
$27.3 \div 3.9 = 273 \div$ □ $=$ □입니다.

5 빨간색 털실의 길이는 파란색 털실의 길이의 몇 배인지 구하려고 합니다. 식을 세워서 소수를 자연수로 나타내어 계산하시오.

37.5 m　　1.5 m

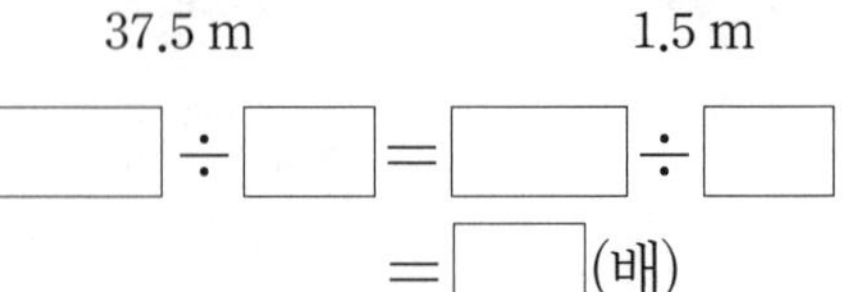

유형 2 (소수 한 자리 수)÷(소수 한 자리 수)

□ 안에 알맞은 수를 써넣으시오.

$$9.6 \div 0.6 = \frac{\square}{10} \div \frac{\square}{10}$$
$$= \square \div \square = \square$$

유형 코칭

• (소수 한 자리 수)÷(소수 한 자리 수)의 계산 방법

방법 1 분수의 나눗셈으로 계산하기

$$9.2 \div 0.4 = \frac{92}{10} \div \frac{4}{10} = 92 \div 4 = 23$$

분모가 10인 분수로 고치기

방법 2 세로로 계산하기

```
      2 3
0.4)9.2  → 소수점을 각각 오른쪽으로
    8       한 자리씩 옮깁니다.
    1 2
    1 2
      0
```

6 | 보기 |와 같이 계산하시오.

| 보기 |

$$11.2 \div 0.8 = \frac{112}{10} \div \frac{8}{10} = 112 \div 8 = 14$$

$16.2 \div 0.9 =$ ____________________

7 소수점을 오른쪽으로 한 자리씩 옮겨서 계산하는 과정입니다. □ 안에 알맞은 수를 써넣으시오.

8 계산을 하시오.

(1) $1.7\overline{)25.5}$

(2) $6.4\overline{)51.2}$

9 나눗셈의 몫을 찾아 선으로 이어 보시오.

식	몫
37.2÷0.6	6
49.8÷8.3	12
	62

10 큰 수를 작은 수로 나눈 몫을 빈칸에 써넣으시오.

50.4	
1.8	

11 15.2 kg의 설탕을 한 봉지에 0.8 kg씩 담으려고 합니다. 필요한 봉지는 몇 개입니까?

식 ____________________

답 ____________________

2 단원 소수의 나눗셈

유형 3 (소수 두 자리 수)÷(소수 두 자리 수)

□ 안에 알맞은 수를 써넣으시오.

$$2.03 \div 0.29 = \frac{\square}{100} \div \frac{\square}{100} = \square \div \square = \square$$

유형 코칭

• (소수 두 자리 수)÷(소수 두 자리 수)의 계산 방법

방법 1 분수의 나눗셈으로 계산하기

$$12.16 \div 0.64 = \frac{1216}{100} \div \frac{64}{100} = 1216 \div 64 = 19$$

분모가 100인 분수로 고치기

방법 2 세로로 계산하기

```
         1 9
0.64)1 2.1 6   ← 소수점을 각각 오른쪽으로
       6 4        두 자리씩 옮깁니다.
       5 7 6
       5 7 6
           0
```

12 □ 안에 알맞은 수를 써넣으시오.

$$2.38 \div 0.34 = 238 \div \square = \square$$

13 |보기|와 같이 계산하시오.

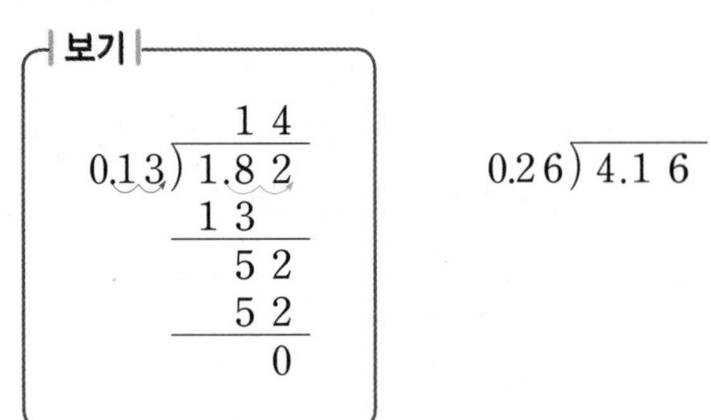

|보기|

```
          1 4
0.13)1.8 2
       1 3
         5 2
         5 2
           0
```

$0.26\overline{)4.16}$

14 |보기|와 같이 계산하시오.

|보기|

$$7.93 \div 0.61 = \frac{793}{100} \div \frac{61}{100} = 793 \div 61 = 13$$

$7.56 \div 0.42 =$ ______________________

15 계산을 하시오.

(1) $0.17\overline{)14.62}$ (2) $3.92\overline{)27.44}$

16 몫이 7인 나눗셈식을 말한 사람은 누구입니까?

( )

17 미주가 중고 장터에 내어 놓을 물품의 무게를 재어 보았더니 책이 7.36 kg, 옷이 0.92 kg이었습니다. 책의 무게는 옷의 무게의 몇 배입니까?

식 ______________________

답 ______________________

유형 4 자릿수가 다른 (소수)÷(소수)

□ 안에 알맞은 수를 써넣으시오.

$0.84 \div 0.4 = \square \div 4 = \square$

유형 코칭

• 자릿수가 다른 (소수)÷(소수)

방법 1 두 소수를 각각 100배씩 하여 계산하기

$10.58 \div 4.6$
$= 1058 \div 460$
$= 2.3$

$$\begin{array}{r} 2.3 \\ 4.60\overline{)10.58} \\ 920 \\ \hline 1380 \\ 1380 \\ \hline 0 \end{array}$$

방법 2 두 소수를 각각 10배씩 하여 계산하기

$10.58 \div 4.6$
$= 105.8 \div 46$
$= 2.3$

$$\begin{array}{r} 2.3 \\ 4.6\overline{)10.58} \\ 92 \\ \hline 138 \\ 138 \\ \hline 0 \end{array}$$

18 계산을 하시오.

$$1.9\overline{)5.89}$$

19 빈 곳에 알맞은 수를 써넣으시오.

18.05	÷9.5	

20 나눗셈의 몫을 찾아 선으로 이어 보시오.

$0.46\overline{)5.704}$ •

$9.12\overline{)11.856}$ •

• 1.3

• 3.1

• 12.4

21 큰 수를 작은 수로 나눈 몫을 구하시오.

31.08　　8.4

(　　　　　　)

22 준서가 자전거를 타고 9.86 km를 가는 데 몇 시간이 걸렸는지 소수로 나타내시오.

일정한 빠르기로
한 시간에 5.8 km씩
달렸어.
준서

식 ______________________

답 ______________

개념의 힘

개념 4 (자연수)÷(소수)를 알아볼까요

생각의 힘

딸기 1.8 kg의 가격이 9000원입니다. 딸기 1 kg의 가격은 얼마인지 알아봅니다.

식 (딸기 1 kg의 가격)
=(딸기의 가격)÷(딸기의 무게)
=9000÷1.8

1. (자연수)÷(소수 한 자리 수)

예 9000÷1.8의 계산
분수의 나눗셈으로 계산합니다.

$9000\div1.8=\frac{90000}{10}\div\frac{18}{10}$ (• 자연수 끝에 0을 1개 붙입니다.)

$=90000\div18=5000$

자연수를 소수 한 자리 수로 나눌 때는 두 수를 각각 10배 하여 계산해도 나눗셈의 몫은 변하지 않아.
9000÷1.8=90000÷18=5000

2. (자연수)÷(소수 두 자리 수)

예 2÷0.25의 계산

(1) 분수의 나눗셈으로 계산하기

$2\div0.25=\frac{200}{100}\div\frac{25}{100}=200\div25=8$

(2) 세로로 계산하기

100배
2÷0.25=8 ➔ 200÷25=8
100배

$0.25\overline{)2}$ ➔ $0.25\overline{)2.00}$ ➔ $25\overline{)200}$ = 8, 200, 0

*개념의 힘
- (자연수)÷(소수)의 계산 방법
  소수가 자연수가 되도록 소수점을 오른쪽으로 한 자리씩 또는 두 자리씩 똑같이 옮겨서 나눗셈을 합니다.

개념 확인하기

[1~2] □ 안에 알맞은 수를 써넣으시오.

1 $31\div6.2=\frac{310}{10}\div\frac{\square}{10}$
$=310\div\square=\square$

2 $12\div0.25=\frac{\square}{100}\div\frac{25}{100}$
$=\square\div25=\square$

[3~4] □ 안에 알맞은 수를 써넣으시오.

3 $3.5\overline{)14}$ ➔ $3.5\overline{)14.\square}$ 몫 □, 140, 나머지 □

4 $4.25\overline{)34}$ ➔ $4.25\overline{)34.00}$ 몫 □, □, 0

빠른 정답 6쪽, 정답 및 풀이 27쪽

개념 다지기

1 $4 \div 0.16$과 몫이 같은 것을 찾아 색칠해 보시오.

$40 \div 16$	$400 \div 16$

[2~3] □ 안에 알맞은 수를 써넣으시오.

2

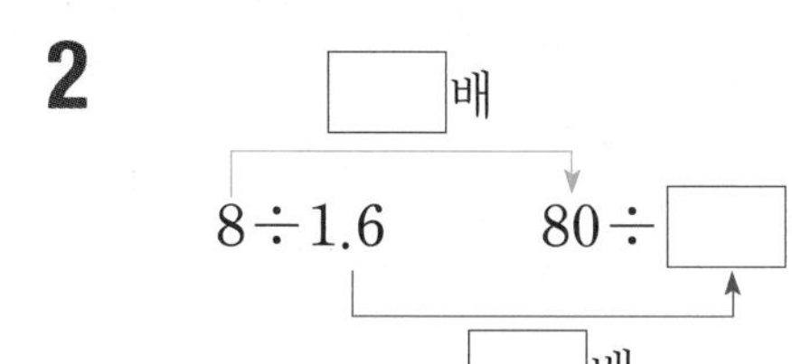

3

□배

$42 \div 0.35$　　$4200 \div$ □ $=$ □

□배

4 | 보기 |와 같이 계산하시오.

| 보기 |

$$62 \div 0.5 = \frac{620}{10} \div \frac{5}{10} = 620 \div 5 = 124$$

$13 \div 2.6 =$ ______________________

5 나눗셈 $36 \div 1.44$를 세로로 계산하시오.

$1.44\overline{)\,3\;6}$

6 □ 안에 알맞은 수를 써넣으시오.

$35 \div 7 =$ □

$35 \div 0.7 =$ □

$35 \div 0.07 =$ □

7 바르게 설명한 것을 찾아 기호를 쓰시오.

㉠ $40 \div 1.6$과 $4000 \div 16$의 몫은 같습니다.
㉡ $23 \div 4.6$과 $230 \div 46$의 몫은 같습니다.

(　　　　　　　)

8 1분 동안 0.85 km씩 달리는 자동차가 있습니다. 이 자동차가 같은 빠르기로 쉬지 않고 68 km를 달린다면 몇 분이 걸리겠습니까?

식 ______________________

답 ______________________

2 단원 소수의 나눗셈

개념 5 몫을 반올림하여 나타내어 볼까요

생각의 힘

• $3\div7$의 몫을 알아보기

```
    0.4 2 8 …… ─• 몫이 나누어떨어지지 않습니다.
 7) 3.0 0 0
    2 8
    ─────
      2 0
      1 4
    ─────
        6 0
        5 6
    ─────
          4
```

몫이 간단한 소수로 구해지지 않을 경우 버림, 반올림, 올림하여 근삿값으로 나타낼 수 있어.

1. $52\div6$의 몫을 반올림하여 자연수로 나타내기

① 몫을 소수 첫째 자리까지 구합니다.

$52\div6=8.6\cdots\cdots$

② 몫을 반올림하여 자연수로 나타냅니다.

$8.6\cdots\cdots\rightarrow9$

└• 몫의 소수 첫째 자리에서 반올림하기
소수 첫째 자리 숫자가 6이므로 자연수가 1 커집니다.

✔참고 반올림: 구하려는 자리 바로 아래 자리의 숫자가 0, 1, 2, 3, 4이면 버리고 5, 6, 7, 8, 9이면 올리는 방법

2. $52\div6$의 몫을 반올림하여 소수 첫째 자리까지 나타내기

① 몫을 소수 둘째 자리까지 구합니다.

$52\div6=8.66\cdots\cdots$

② 몫을 반올림하여 소수 첫째 자리까지 나타냅니다.

$8.66\cdots\cdots\rightarrow8.7$

└• 몫의 소수 둘째 자리에서 반올림하기

3. $52\div6$의 몫을 반올림하여 소수 둘째 자리까지 나타내기

① 몫을 소수 셋째 자리까지 구합니다.

$52\div6=8.666\cdots\cdots$

② 몫을 반올림하여 소수 둘째 자리까지 나타냅니다.

$8.666\cdots\cdots\rightarrow8.67$

└• 몫의 소수 셋째 자리에서 반올림하기

*개념의 힘

몫을 반올림하여 나타낼 때는 나타내려는 자리의 바로 아래 자리까지 몫을 구하여 끝자리 수를 반올림합니다.

개념 확인하기

[1~3] 몫을 반올림하여 소수 첫째 자리까지 나타내려고 합니다. 나눗셈식을 보고 물음에 답하시오.

$2.54\div7=0.362\cdots\cdots$

1 알맞은 말에 ○표 하시오.

소수 (둘째 , 셋째) 자리에서 반올림해야 합니다.

2 소수 둘째 자리 숫자는 무엇입니까?

(　　　　　　　)

3 몫을 반올림하여 소수 첫째 자리까지 나타내시오.

(　　　　　　　)

4 나눗셈의 몫을 반올림하여 자연수로 나타내시오.

$6.5\div3=2.16\cdots\cdots$

(　　　　　　　)

5 몫을 반올림하여 소수 둘째 자리까지 나타내시오.

(1)
```
    0.1 7 4
 9) 1.5 7
      9
    ─────
      6 7
      6 3
    ─────
        4 0
        3 6
    ─────
          4
```

(2)
```
    0.3 0 7
 7) 2.1 5
    2 1
    ─────
        5 0
        4 9
    ─────
          1
```

(1) (　　　　　　　)　(2) (　　　　　　　)

빠른 정답 6쪽, 정답 및 풀이 28쪽

개념 다지기

1 오른쪽 나눗셈의 몫을 반올림하여 나타내려고 합니다. □ 안에 알맞은 말이나 수를 써넣으시오.

$$\begin{array}{r} 1.366 \\ 3\overline{)\,4.1} \\ \underline{3} \\ 11 \\ \underline{9} \\ 20 \\ \underline{18} \\ 20 \\ \underline{18} \\ 2 \end{array}$$

(1) 몫을 자연수로 나타내기

소수 □ 자리에서 반올림합니다.

1.3⋯⋯ ➜ □

(2) 몫을 소수 둘째 자리까지 나타내기

소수 □ 자리에서 반올림합니다.

1.366⋯⋯ ➜ □

2 몫을 반올림하여 소수 첫째 자리까지 나타내시오.

$3\overline{)\,4.75}$

( )

3 몫을 반올림하여 소수 둘째 자리까지 나타내시오.

18.31÷6

( )

4 55.1÷7의 몫을 주어진 방법으로 나타낸 것입니다. 잘못된 것을 찾아 기호를 쓰시오.

㉠ 반올림하여 자연수로 나타내기 ➜ 7
㉡ 반올림하여 소수 첫째 자리까지 나타내기 ➜ 7.9

( )

5 계산 결과를 비교하여 ○ 안에 >, =, <를 알맞게 써넣으시오.

11.2÷9의 몫을 반올림하여 소수 첫째 자리까지 나타낸 수  11.2÷9

6 소나무의 높이는 밤나무의 높이의 약 몇 배인지 몫을 반올림하여 소수 첫째 자리까지 나타내시오.

소나무 높이	밤나무 높이
4.57 m	3 m

식 ______________________

답 ______________

2 단원 소수의 나눗셈

개념 6 나누어 주고 남은 양을 알아볼까요

끈 6.4 m를 한 사람에게 2 m씩 나누어 주려고 합니다. 나누어 줄 수 있는 사람 수와 남는 끈의 길이를 알아봅니다.

방법 1 뺄셈으로 알아보기

2 m	2 m	2 m	0.4 m

6.4 m

➜ 2 m씩 나누어 보면 3도막이 되고 0.4 m가 남습니다.

$6.4-2-2-2=0.4$ (3번 뺄 수 있습니다.)

- 나누어 줄 수 있는 사람 수
  ➜ 6.4에서 2를 3번까지 뺄 수 있으므로 3명입니다.
- 나누어 주고 남는 끈의 길이
  ➜ 2를 빼고 남는 수가 2보다 작을 때 0.4이므로 남는 끈의 길이는 0.4 m입니다.

방법 2 세로로 계산하여 알아보기 (나눗셈으로)

나누어 줄 수 있는 사람 수는 자연수로 답해야 하므로 나눗셈을 할 때 몫을 자연수까지 구합니다.

$$\begin{array}{r} 3 \\ 2\overline{)\,6.4} \\ 6 \\ \hline 4 \end{array} \quad ➜ \quad \begin{array}{r} 3 \\ 2\overline{)\,6.4} \\ 6 \\ \hline 0.4 \end{array}$$

(위의 소수점을 그대로 내려 씁니다.)

- 나누어 줄 수 있는 사람 수: 3명
- 나누어 주고 남는 끈의 길이: 0.4 m

계산 결과 확인하기

① 나누어 주는 끈의 길이: $2\times3=6$ (m)

② 전체 끈의 길이: $6+0.4=6.4$ (m)

➜ 계산 결과가 나누어지는 수와 같으므로 계산이 맞았습니다.

개념 확인하기

[1~3] 물 12.7 L를 병 한 개에 3 L씩 담으려고 합니다. 담을 수 있는 병의 수와 남는 물의 양은 몇 L인지 알아보려고 합니다. 그림을 보고 물음에 답하시오.

3 L	3 L	3 L	3 L	0.7 L

12.7 L

1 □ 안에 알맞은 수를 써넣으시오.

$12.7-3-3-3-3=$ □

2 몇 개의 병에 담을 수 있습니까?

(　　　　　　)

3 병에 담고 남는 물의 양은 몇 L입니까?

(　　　　　　)

[4~6] 귤 30.5 kg을 한 상자에 5 kg씩 담아서 팔려고 합니다. 팔 수 있는 귤 상자의 수와 남는 귤은 몇 kg인지 알아보려고 합니다. 물음에 답하시오.

4 몫을 자연수 부분까지 구해 보시오.

$5\overline{)\,3\,0.5}$

5 위 **4**에서 구한 몫과 남은 수를 각각 쓰시오.

몫 (　　　　　　)

남은 수 (　　　　　　)

6 귤은 몇 상자이고 남는 귤은 몇 kg입니까?

(　　　　　　), (　　　　　　)

개념 다지기

1 나눗셈의 몫을 자연수 부분까지 구할 때 남는 수에 ○표 하시오.

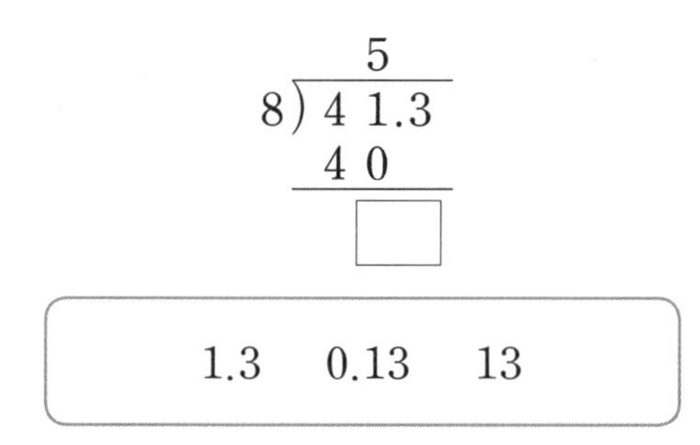

[2~4] 가구 공장에서 책상 하나에 페인트를 칠하는 데 5 L씩 사용합니다. 페인트 22.5 L로 칠할 수 있는 책상 수와 남는 페인트는 몇 L인지 알아보려고 합니다. 물음에 답하시오.

2 □ 안에 알맞은 수를 써넣으시오.

22.5−□−□−□−□=□

3 같은 책상을 몇 개 칠할 수 있습니까?

( )

4 책상을 칠하고 남는 페인트는 몇 L입니까?

( )

[5~6] 농장에서 우유 31.6 L를 한 통에 4 L씩 나누어 담으려고 합니다. 4 L씩 담는 우유 통의 수와 남는 우유는 몇 L인지 알아보려고 합니다. 물음에 답하시오.

5 □ 안에 알맞은 수를 써넣으시오.

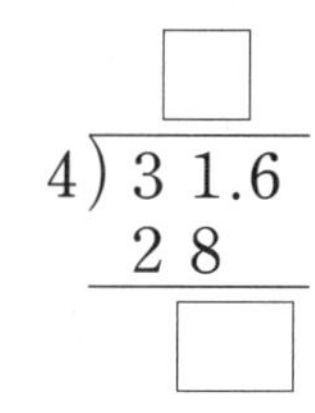

6 4 L씩 담는 우유 통의 수와 남는 우유는 몇 L인지 구하시오.

( ), ( )

7 길이가 24.2 m인 철근이 있습니다. 한 도막의 길이가 7 m가 되도록 자르면 7 m짜리 철사는 몇 도막이 되고 남는 철사는 몇 m입니까? (세로로 계산하는 식을 쓰고 계산하여 답을 구하시오.)

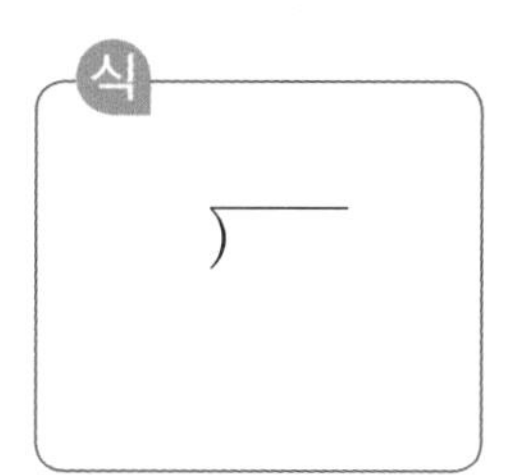

답 ______, ______

2 단원 소수의 나눗셈

유형 5 (자연수)÷(소수 한 자리 수)

□ 안에 알맞은 수를 써넣으시오.

$$18 \div 1.2 = \frac{180}{10} \div \frac{\square}{10}$$
$$= \square \div \square = \square$$

유형 코칭

• (자연수)÷(소수 한 자리 수)의 계산 방법

방법 1 분모가 10인 분수의 나눗셈으로 바꾸어 계산하기

$$27 \div 1.8 = \frac{270}{10} \div \frac{18}{10} = 270 \div 18 = 15$$

분모가 10인 분수로 고치기

방법 2 세로로 계산하기

```
      1 5
1.8)2 7.0
    1 8
      9 0
      9 0
        0
```

나누는 수가 자연수가 되도록 소수점을 오른쪽으로 한 자리씩 옮깁니다.

1 □ 안에 알맞은 수를 써넣으시오.

```
        □
3.5)1 4 7
     □
       □
       □
        0
```

2 소수의 나눗셈을 분수의 나눗셈으로 바꾸어 계산하시오.

$14 \div 0.4 =$ ______

3 계산을 하시오.

(1) $0.6 \overline{)\,2\;7}$ (2) $1.4 \overline{)\,9\;1}$

4 바르게 계산한 것을 찾아 기호를 쓰시오.

㉠ $81 \div 4.5 = 180$
㉡ $81 \div 45 = 18$
㉢ $81 \div 4.5 = 18$

( )

5 빈칸에 알맞은 수를 써넣으시오.

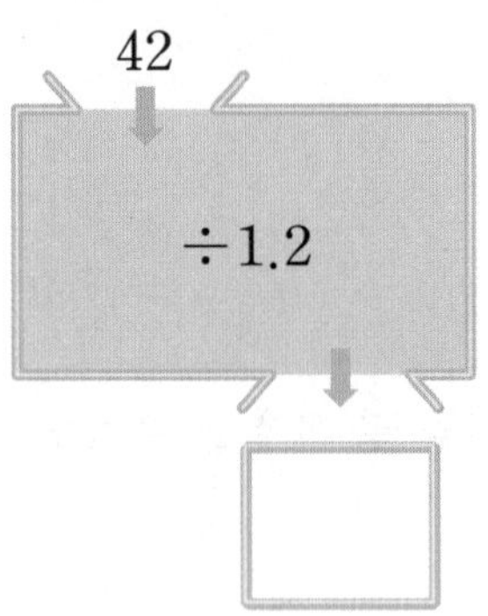

6 간장 20 L를 병 한 개에 0.8 L씩 모두 나누어 담으려고 합니다. 필요한 병은 몇 개입니까?

식 ______

답 ______

유형 6 (자연수)÷(소수 두 자리 수)

나눗셈의 몫을 구하시오.

$6\div0.25$

( )

유형 코칭

• (자연수)÷(소수 두 자리 수)의 계산 방법

방법 1 분모가 100인 분수의 나눗셈으로 바꾸어 계산하기

$18\div0.24=\frac{1800}{100}\div\frac{24}{100}=1800\div24=75$

분모가 100인 분수로 고치기

방법 2 세로로 계산하기

$$
\begin{array}{r}
75\\
0.24\overline{)\,18.00}\\
168\\
\hline
120\\
120\\
\hline
0
\end{array}
$$

→ 나누는 수가 자연수가 되도록 소수점을 오른쪽으로 두 자리 씩 옮깁니다.

7 |보기|와 같이 계산하시오.

|보기|

$4\div0.16=\frac{400}{100}\div\frac{16}{100}=400\div16=25$

$24\div0.75=$ ____________

8 □ 안에 알맞은 수를 써넣으시오.

$0.25\overline{)\,4}$ → $0.25\overline{)\,4.00}$ (몫: □, 25, □, □, 0)

9 빈 곳에 알맞은 수를 써넣으시오.

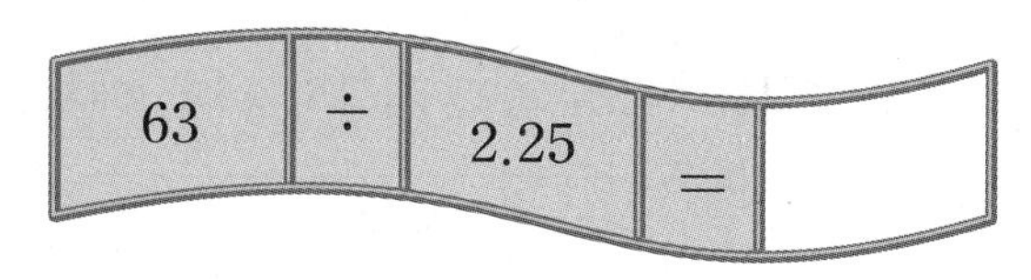

서술형

10 $7\div0.28$을 다음과 같이 계산하였습니다. 잘못 계산한 곳을 찾아 이유를 쓰고 바르게 계산하시오.

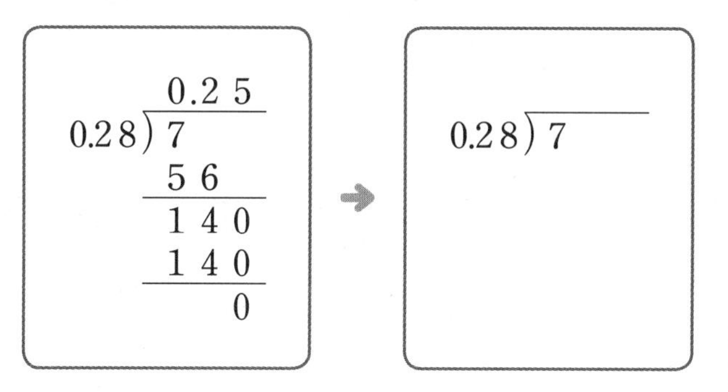

이유 ____________

11 상자 한 개를 묶는 데 끈이 6.28 m 필요합니다. 길이가 314 m인 끈으로 똑같은 상자를 몇 개까지 묶을 수 있습니까?

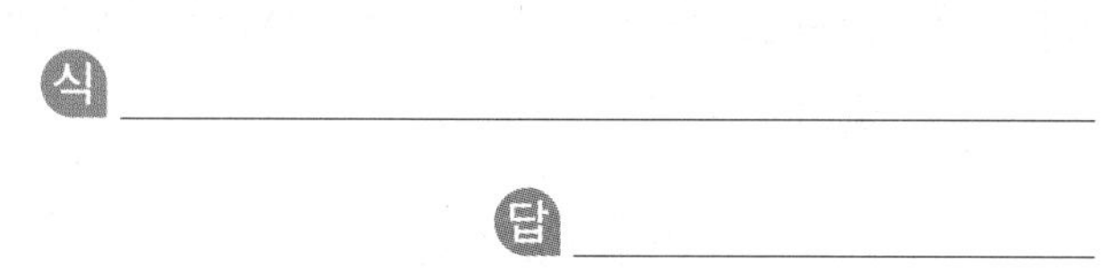

유형 7 몫을 반올림하여 나타내기

몫을 반올림하여 소수 첫째 자리까지 나타내시오.

$4.2 \div 2.7 = 1.55\cdots\cdots$

(　　　　　　　)

유형 코칭

• 몫을 반올림하여 소수 첫째 자리까지 나타내기

$6.64 \div 3 = 2.21\cdots\cdots \rightarrow 2.2$ (1이므로 버림)

몫을 소수 둘째 자리까지 구한 다음 소수 둘째 자리에서 반올림하여 나타냅니다.

12 나눗셈식을 보고 몫을 반올림하여 소수 둘째 자리까지 나타내시오.

$$\begin{array}{r} 5.171 \\ 0.7\overline{)\,3.62} \\ \underline{35} \\ 12 \\ \underline{7} \\ 50 \\ \underline{49} \\ 10 \\ \underline{7} \\ 3 \end{array}$$

(　　　　　　　)

13 몫을 반올림하여 소수 첫째 자리까지 바르게 나타낸 것을 찾아 기호를 쓰시오.

㉠ $13.3 \div 3 = 4.43\cdots\cdots \rightarrow 4.4$
㉡ $110 \div 4.3 = 25.58\cdots\cdots \rightarrow 25.5$

(　　　　　　　)

14 몫을 반올림하여 자연수로 나타내시오.

$0.9\overline{)\,8.26}$

(　　　　　　　)

[15~16] 몫을 반올림하여 각각 주어진 자리까지 나타내시오.

$12.1 \div 7$

15 소수 첫째 자리까지

(　　　　　　　)

16 소수 둘째 자리까지

(　　　　　　　)

융합형

17 망치의 무게는 가위의 무게의 약 몇 배인지 반올림하여 소수 둘째 자리까지 나타내시오.

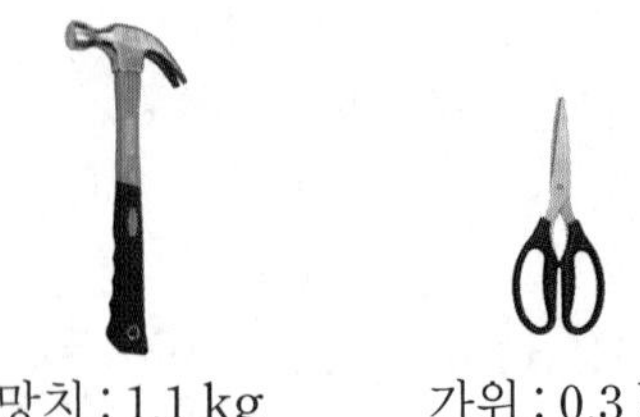

망치 : 1.1 kg　　가위 : 0.3 kg

식 ____________________

답 ____________________

유형 8 나누어 주고 남은 양 알아보기

소금 9.5 kg을 봉지 한 개에 2 kg씩 담아 팔려고 합니다. 소금은 몇 봉지가 되고 남는 소금의 양은 몇 kg인지 알아보려고 합니다. 다음 식을 보고 □ 안에 알맞은 수를 써넣으시오.

$9.5-2-2-2-2=\square$

➜ □봉지가 되고 남는 소금의 양은 □ kg입니다.

유형 코칭

- 나누어 주고 남은 양 알아보기

방법 1 뺄셈을 하여 몇 번 뺄 수 있는지 알아보고 남는 수를 구합니다.

방법 2 나눗셈을 하여 자연수 부분까지 구하고 남는 수를 구합니다.

[18~19] 끈 22.3 m를 한 사람에게 4 m씩 나누어 주려고 합니다. 나누어 줄 수 있는 사람의 수와 남는 끈의 길이를 두 가지 방법으로 알아보려고 합니다. 물음에 답하시오.

18 뺄셈식을 쓰고 □ 안에 알맞은 수를 써넣으시오.

식 ____________________

나누어 줄 수 있는 사람 수: □명

남는 끈의 길이: □ m

19 나눗셈을 세로로 하고 □ 안에 알맞은 수를 써넣으시오.

$4\overline{)\,22.3}$

나누어 줄 수 있는 사람 수: □명

남는 끈의 길이: □ m

[20~22] 쌀 25.8 kg을 하루에 3 kg씩 나누어 먹으려고 합니다. 3 kg씩 먹을 수 있는 날 수와 남는 쌀은 몇 kg인지 알기 위해 다음과 같이 계산했습니다. 물음에 답하시오.

```
      8.6
  3)25.8
    24
     18
     18
      0
```

먹을 수 있는 날 수: 8일

남는 쌀의 양: 0.6 kg

20 잘못 계산한 이유를 쓰려고 합니다. 알맞은 말에 ○표 하시오.

이유 날 수는 소수가 아닌 자연수이므로 몫을 (소수 첫째 자리 , 자연수) 부분까지 구해야 합니다.

21 쌀을 3 kg씩 며칠 동안 먹을 수 있는지 알아보기 위해 계산하는 것입니다. 바르게 계산하시오.

$3\overline{)\,25.8}$

22 3 kg씩 먹을 수 있는 날 수와 남는 쌀의 양을 구하시오.

먹을 수 있는 날 수 (　　　　　　)

남는 쌀의 양 (　　　　　　)

2 STEP 응용 유형의 힘

응용 유형 1 나눗셈의 몫에 소수점 찍기

신의 한수

몫의 소수점의 위치는 나누어지는 수의 옮겨진 소수점의 위치와 같습니다.

[1~3] 나눗셈의 몫에 소수점을 알맞게 찍어 보시오.

1

```
           5 8
12.6 ) 7 3.0 8
       6 3 0
       1 0 0 8
       1 0 0 8
             0
```

2

```
             1 4 9
4.2 4 ) 6 3.1 7 6
          4 2 4
          2 0 7 7
          1 6 9 6
            3 8 1 6
            3 8 1 6
                  0
```

3

```
          4 1 7
6.4 ) 2 6 6.8 8
      2 5 6
        1 0 8
          6 4
          4 4 8
          4 4 8
              0
```

응용 유형 2 몇 배인지 구하기

신의 한수

■는 ●의 몇 배입니까? ➔ (■ ÷ ●)배
●는 ■의 몇 배입니까? ➔ (● ÷ ■)배
예) 7.2는 2.4의 몇 배입니까? ➔ $7.2 \div 2.4 = 3$(배)

4 건물의 높이는 나무의 높이의 몇 배입니까?

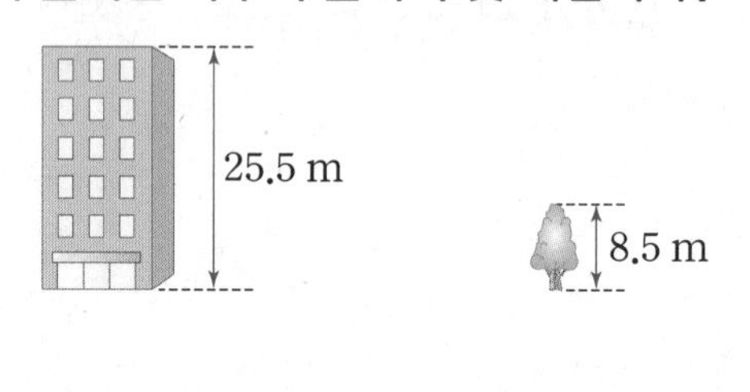

식 ______________________

답 ______________

5 탁자의 무게는 52.5 kg이고, 의자의 무게는 2.5 kg입니다. 탁자의 무게는 의자의 무게의 몇 배입니까?

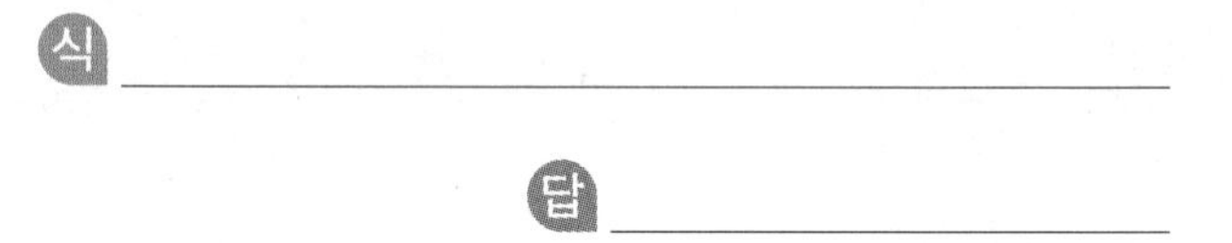

식 ______________________

답 ______________

융합형

6 세라네 가족이 펜션에 놀러 갔습니다. 펜션에 있는 수영장의 넓이는 바비큐장의 넓이의 몇 배입니까?

펜션의 수영장의 넓이는 78.08 m², 바비큐장의 넓이는 9.76 m²예요.

(   )

응용 유형 3 몫을 올림 또는 버림하여 나타내기

신의 한수

예 $7 \div 6 = 1.166\cdots\cdots$

- 버림하여 소수 첫째 자리까지 나타내기: 소수 첫째 자리 아래 숫자를 모두 버립니다. 1.16 ➔ 1.1
- 올림하여 소수 첫째 자리까지 나타내기: 소수 둘째 자리 숫자를 올립니다. 1.16 ➔ 1.2

7 $6 \div 9$의 몫을 버림하여 소수 첫째 자리까지 나타내시오.

$9\overline{)6}$

( )

8 $5 \div 6$의 몫을 올림하여 소수 둘째 자리까지 나타내시오.

$6\overline{)5}$

( )

9 수조에 들어 있는 물 8 L를 3 L짜리 양동이로 덜어 내고 있습니다. 양동이에 물을 가득 채워 덜어 내면 모두 몇 번 만에 덜어 낼 수 있는지 알아보려고 합니다. 알맞은 말에 ○표 하고, 답하시오.

몫을 소수 (첫째 , 둘째) 자리에서 (올림 , 버림) 하여 구합니다.

( )

응용 유형 4 자연수 부분까지의 몫과 남는 수 구하기

신의 한수

예 $12.3 \div 5$의 계산

```
      2  ← 자연수 부분까지의 몫
5 ) 1 2.3
    1 0
      2.3 ← 남는 수
```

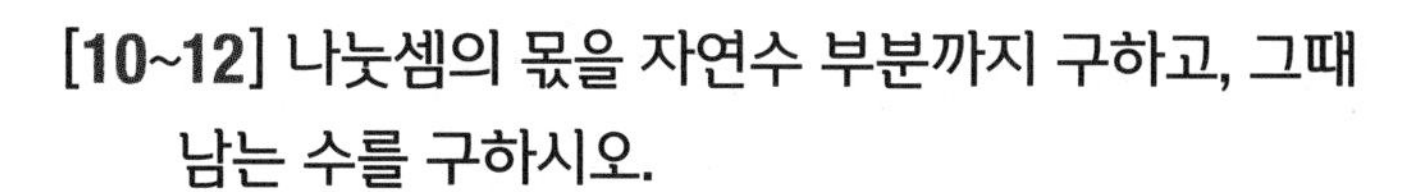

[10~12] 나눗셈의 몫을 자연수 부분까지 구하고, 그때 남는 수를 구하시오.

10 $87.8 \div 4$

자연수 부분까지의 몫 ( )

남는 수 ( )

11 $78.3 \div 6$

자연수 부분까지의 몫 ( )

남는 수 ( )

12 $88.7 \div 14$

자연수 부분까지의 몫 ( )

남는 수 ( )

2 단원 소수의 나눗셈

2 STEP 응용 유형의 힘

응용 유형 5 몫의 소수점 아래 숫자들의 규칙 찾기

① 나눗셈을 하여 몫을 구합니다.
② 몫의 소수점 아래 숫자가 반복되는 규칙을 찾습니다.
예 $10.4 \div 12 = 0.8666\cdots\cdots$
➔ 몫의 소수 둘째 자리부터 숫자 6이 반복되는 규칙입니다.

13 몫의 소수 8째 자리 숫자를 구하시오.

$7.4 \div 9$

( )

14 몫의 소수 9째 자리 숫자를 구하시오.

$1.3 \div 3.3$

( )

15 몫의 소수 20째 자리 숫자를 구하시오.

$2.45 \div 1.2$

( )

응용 유형 6 도형에서 모르는 부분의 길이 구하기

• (직사각형의 넓이)=(가로)×(세로)
➔ (가로)=(직사각형의 넓이)÷(세로)
• (평행사변형의 넓이)=(밑변의 길이)×(높이)
➔ (밑변의 길이)=(평행사변형의 넓이)÷(높이)
• (마름모의 넓이)
=(한 대각선의 길이)×(다른 대각선의 길이)÷2
➔ (다른 대각선의 길이)
=(마름모의 넓이)×2÷(한 대각선의 길이)

16 넓이가 $9.12\ cm^2$이고, 세로가 $2.4\ cm$인 직사각형이 있습니다. 이 직사각형의 가로는 몇 cm입니까?

( )

17 넓이가 $42.7\ cm^2$이고, 높이가 $6.1\ cm$인 평행사변형이 있습니다. 이 평행사변형의 밑변의 길이는 몇 cm입니까?

( )

융합형

18 넓이가 $28.88\ cm^2$인 마름모 모양 조각 여러 개로 만들어진 퀼트 이불이 있습니다. 마름모 모양 조각의 한 대각선의 길이가 $7.6\ cm$일 때 다른 대각선의 길이는 몇 cm입니까?

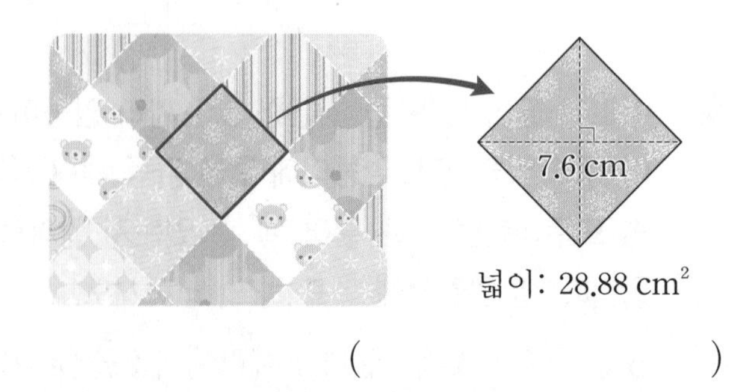

( )

* 퀼트: 이불이나 쿠션 등에 누비질을 하여 무늬를 두드러지게 하는 방법으로 박음질을 기초로 하는 바느질.

응용 유형 7 나눗셈에서 모르는 숫자 구하기

신의 한수

예 나눗셈과 곱셈의 관계를 이용하여 ㉠을 구합니다.

$$\begin{array}{r} 3 \\ 0.7\overline{)2.㉠} \\ \underline{2\square} \\ 0 \end{array}$$

➔ 몫이 3이므로 $0.7\times3=2.1$에서 ㉠$=1$입니다.

[19~21] □ 안에 알맞은 수를 써넣으시오.

19

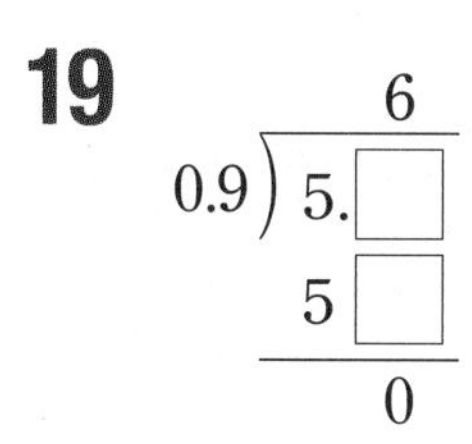

20

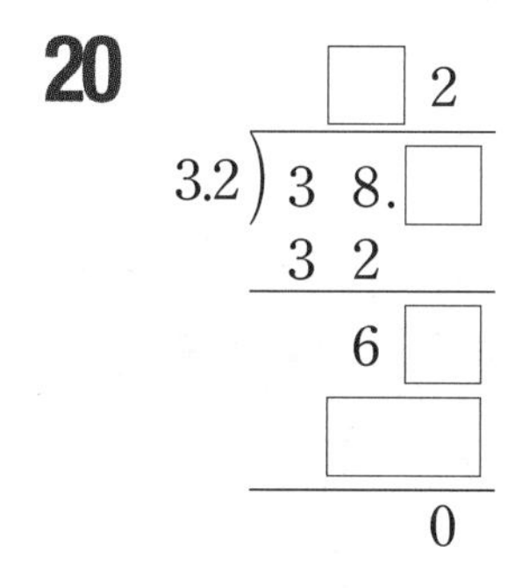

21

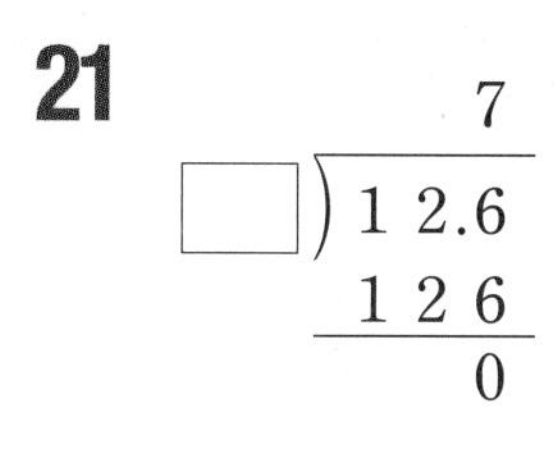

응용 유형 8 숫자 카드로 몫이 가장 크게 되는 나눗셈식을 완성하고 몫 구하기

- 몫이 가장 큰 나눗셈식 만들기
  ➔ (가장 큰 수)÷(가장 작은 수)
- 몫이 가장 작은 나눗셈식 만들기
  ➔ (가장 작은 수)÷(가장 큰 수)

22 숫자 카드 4, 2, 7을 한 번씩만 사용하여 몫이 가장 크게 되도록 나눗셈식을 완성하고 몫을 구하시오.

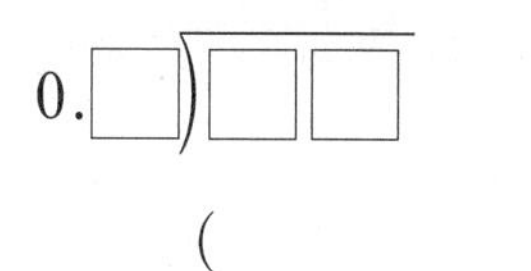

(　　　　　　　)

23 숫자 카드 3, 8, 4를 한 번씩만 사용하여 몫이 가장 크게 되도록 나눗셈식을 완성하고 몫을 구하시오.

$0.\square\overline{)\square\square}$

(　　　　　　　)

24 숫자 카드 9, 4, 6을 한 번씩만 사용하여 몫이 가장 크게 되도록 나눗셈식을 완성하고 몫을 구하시오.

$0.\square\overline{)\square.\square}$

(　　　　　　　)

3 STEP 서술형의 힘

문제 해결력 **서술형**

1-1 콩을 담은 바구니의 무게는 8.8 kg이고 바구니만의 무게는 0.4 kg입니다. 이 콩을 봉지 한 개에 0.2 kg씩 모두 나누어 담으려면 필요한 봉지는 몇 개입니까?

(1) 콩만의 무게는 몇 kg입니까?

(　　　　　　　　)

(2) 필요한 봉지는 몇 개입니까?

(　　　　　　　　)

문제 해결력 **서술형**

2-1 숯 25.3 kg을 한 상자에 3 kg씩 담아 보관하려고 합니다. 남는 숯도 상자에 담는다면 숯은 모두 몇 상자가 됩니까?

(1) $25.3 \div 3$의 몫을 소수 첫째 자리까지 구하여 나타내시오.

(　　　　　　　　)

(2) 위 (1)의 몫을 올림하여 자연수로 나타내시오.

(　　　　　　　　)

(3) 숯은 모두 몇 상자가 됩니까?

(　　　　　　　　)

바로 쓰는 **서술형**

1-2 설탕을 담은 병의 무게는 12.92 kg이고 병만의 무게는 1.3 kg입니다. 이 설탕을 그릇 한 개에 1.66 kg씩 모두 나누어 담는다면 필요한 그릇은 몇 개인지 풀이 과정을 쓰고 답을 구하시오. [5점]

풀이

답

바로 쓰는 **서술형**

2-2 귤이 73.7 kg 있습니다. 이 귤을 한 상자에 6 kg씩 담아 옮기려고 합니다. 남는 귤도 상자에 담는다면 귤은 모두 몇 상자가 되는지 풀이 과정을 쓰고 답을 구하시오. [5점]

답

문제 해결력 **서술형**

3-1 조건을 만족하는 나눗셈식을 찾아 계산하시오.

조건
- $864 \div 24$를 이용하여 풀 수 있습니다.
- 나누는 수와 나누어지는 수를 100배 하면 $864 \div 24$가 됩니다.

(1) $864 \div 24$의 몫은 얼마입니까?

( )

(2) 나누는 수와 나누어지는 수를 100배 하기 전의 나눗셈식을 쓰시오.

☐ ÷ ☐

(3) 조건을 만족하는 식을 찾아 계산하시오.

식 ☐ ÷ ☐ = ☐

문제 해결력 **서술형**

4-1 넓이가 60.75 m^2인 사다리꼴이 있습니다. 이 사다리꼴의 윗변의 길이가 6.4 m, 높이가 7.5 m일 때 아랫변의 길이는 몇 m입니까?

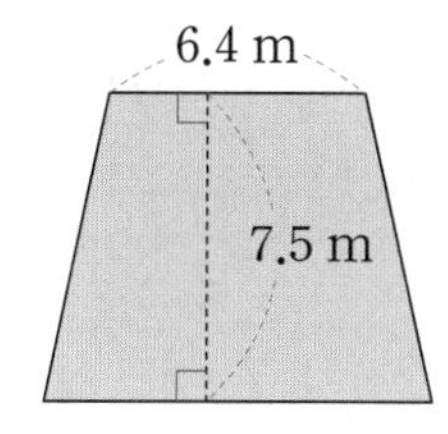

(1) 아랫변의 길이를 ● m라 하여 사다리꼴의 넓이 구하는 식을 쓰시오.

식 (☐ + ●) × ☐ ÷ ☐ = ☐

(2) ●는 얼마입니까?

( )

(3) 사다리꼴의 아랫변의 길이는 몇 m입니까?

( )

바로 쓰는 **서술형**

3-2 조건을 만족하는 나눗셈식을 찾아 계산하는 풀이 과정을 쓰고 답을 구하시오. **[5점]**

조건
- $888 \div 37$을 이용하여 풀 수 있습니다.
- 나누는 수와 나누어지는 수를 100배 하면 $888 \div 37$이 됩니다.

풀이

답

바로 쓰는 **서술형**

4-2 넓이가 15.05 m^2인 사다리꼴이 있습니다. 이 사다리꼴의 아랫변의 길이가 6.5 m, 높이가 3.5 m일 때 윗변의 길이는 몇 m인지 풀이 과정을 쓰고 답을 구하시오. **[5점]**

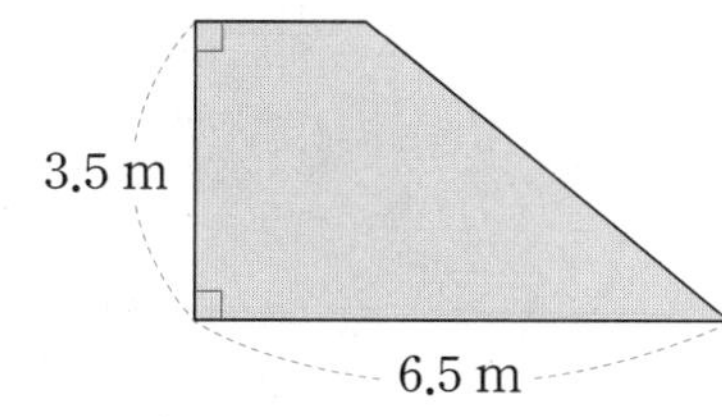

풀이

답

수학의 힘 단원평가

점수

1 □ 안에 알맞은 수를 써넣으시오.

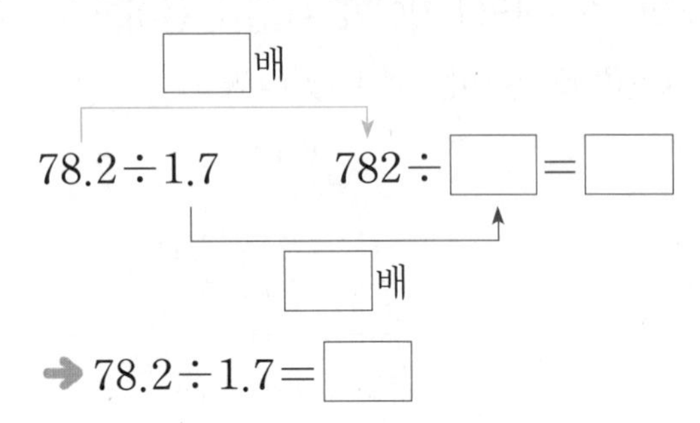

➔ 78.2÷1.7=□

2 계산이 바르면 ○표, 틀리면 ×표 하시오.

$$3.44 \div 0.43 = \frac{344}{100} \div \frac{4.3}{10} = 344 \div 4.3 = 80$$

(　　　　)

3 몫을 반올림하여 소수 첫째 자리까지 나타내시오.

```
     3.1 7
9 ) 2 8.6
    2 7
      1 6
        9
        7 0
        6 3
          7
```

(　　　　)

4 계산을 하시오.

2.04÷1.2

(　　　　)

5 5.28÷4.3과 몫이 같은 것을 찾아 기호를 쓰시오.

㉠ 528÷43　　㉡ 52.8÷4.3
㉢ 52.8÷43　　㉣ 528÷4.3

(　　　　)

6 빈칸에 알맞은 수를 써넣으시오.

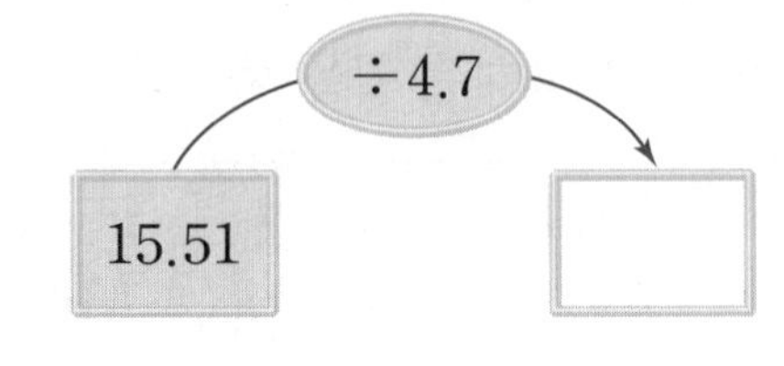

7 나눗셈의 몫이 14인 것에 ○표 하시오.

35÷2.5	51÷3.4
(　　)	(　　)

8 ㉠과 ㉡에 알맞은 수를 각각 구하시오.

36÷9=㉠
36÷0.9=40
36÷0.09=㉡

㉠ (　　　　)
㉡ (　　　　)

9 계산 결과를 비교하여 ○ 안에 $>$, $=$, $<$를 알맞게 써넣으시오.

45÷7의 몫을 반올림하여 소수 첫째 자리까지 나타낸 수	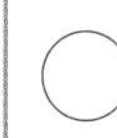	45÷7

10 3.6÷1.3의 몫을 반올림하여 주어진 자리까지 바르게 나타낸 것을 찾아 선으로 이어 보시오.

소수 첫째 자리 •   소수 둘째 자리 •

• 2.8   • 2.9   • 2.76   • 2.77

11 오징어 50.9 kg을 한 상자에 8 kg씩 담아 팔려고 합니다. 팔 수 있는 상자 수와 남는 오징어는 몇 kg인지 바르게 말한 사람의 이름을 쓰시오.

$$\begin{array}{r} 6.3 \\ 8\overline{)\,5\,0.9} \\ \underline{4\,8} \\ 2\,9 \\ \underline{2\,4} \\ 5 \end{array} \qquad \begin{array}{r} 6 \\ 8\overline{)\,5\,0.9} \\ \underline{4\,8} \\ 2.9 \end{array}$$

팔 수 있는 오징어는 6.3상자이고, 5 kg이 남아.

세라

팔 수 있는 오징어는 6상자이고, 2.9 kg이 남아.

준서

(　　　　　　　　)

12 길이가 13.5 m인 리본이 있습니다. 이 리본을 2.7 m씩 자르면 모두 몇 도막이 되겠습니까?

답 ____________

13 계산 결과가 더 작은 것을 찾아 기호를 쓰시오.

㉠ 7÷0.28   ㉡ 10.08÷2.4

(　　　　　　　　)

14 옷걸이 한 개를 만드는 데 철사가 2 m 필요합니다. 철사 9.75 m로는 옷걸이를 몇 개까지 만들 수 있고, 남는 철사는 몇 m인지 뺄셈식으로 구하시오.

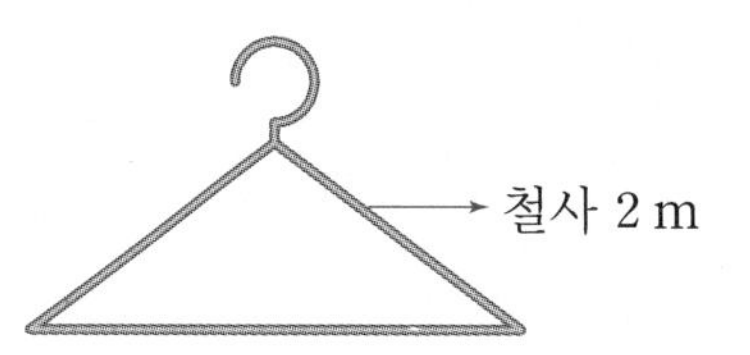

식 ____________

답 ____________, ____________

● 공부한 날  월 일

빠른 정답 7쪽, 정답 및 풀이 33쪽

15 빈칸에 알맞은 수를 써넣으시오.

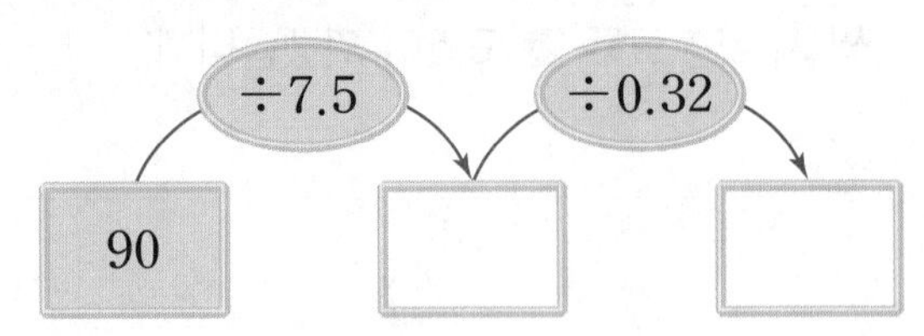

16 다음 나눗셈식의 몫보다 작은 자연수는 모두 몇 개입니까?

27.28÷4.4

( )

17 몫의 소수 13째 자리 숫자를 구하시오.

4÷11

( )

18 가 철사의 길이는 5.63 m이고 나 철사의 길이는 1.46 m입니다. 가 철사의 길이는 나 철사의 길이의 약 몇 배인지 반올림하여 소수 둘째 자리까지 나타내시오.

( )

서술형

19 밑변의 길이가 5.12 cm, 넓이가 15.36 cm^2인 평행사변형이 있습니다. 이 평행사변형의 높이는 몇 cm인지 풀이 과정을 쓰고 답을 구하시오.

풀이

답

서술형

20 소금 57.9 kg을 한 자루에 7 kg씩 담아 팔려고 합니다. 팔 수 있는 소금 자루의 수와 남는 소금은 몇 kg인지 풀이 과정을 쓰고 답을 구하시오.

풀이

답 ,

쓰는 것이 힘이다! 수학일기

2단원

월 일 요일	이름

☆ 2단원에서 배운 내용을 친구들에게 설명하듯이 써 봐요.

☆ 2단원에서 배운 내용이 실생활에서 어떻게 쓰이고 있는지 찾아 써 봐요.

칭찬 & 격려해 주세요.

➔ QR코드를 찍으면 예시 답안을 볼 수 있어요.

공간과 입체

교과서 개념 카툰

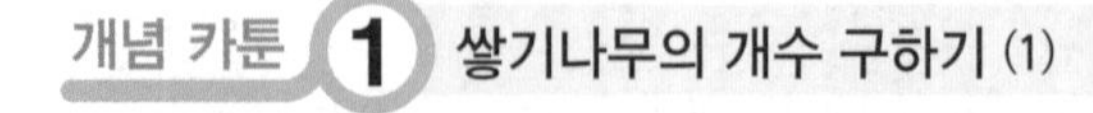

개념 카툰 1 쌓기나무의 개수 구하기 (1)

아~ 나도 왕궁 파티에 가고 싶다.

쌓기나무의 개수를 구한다면 제가 보내 드릴게요!
어머~ 정말?!

위에서 본 모양을 보면 쌓기나무는 8개야. 어서 파티에 보내줘!
위
㉠
㉡
㉢
㉣

자리	㉠	㉡	㉢	㉣
쌓기나무의 개수	3	2	2	1

→ (쌓기나무의 개수)
$=3+2+2+1=8$(개)

이걸 어쩌죠? 파티는 벌써 끝났다는데. 헤헤~
어이~ 장난하냐?

개념 카툰 2 쌓기나무의 개수 구하기 (2)

음~ 위, 앞, 옆에서 본 모양을 보고 어떻게 전체 모양을 알아낸단 말인가…….
위
앞
옆
㉠
㉡
㉢
← 옆
↑ 앞

앞에서 본 모양을 보면 ㉢ 자리에 1개, 옆에서 본 모양을 보면 ㉠ 자리에 3개 쌓여 있어요.

앞, 옆에서 본 모양을 보면 ㉡ 자리에 쌓인 쌓기나무는 1개니까 전체 모양은 이렇게 되지요.
오오~ 그대는!
위
앞
옆

잘난 척이 심하군요!
어머~ 칭찬이지요??

이미 배운 내용

[5-2] 5. 직육면체
[6-1] 6. 직육면체의 부피와 겉넓이

이번에 배우는 내용

✓ 여러 방향에서 본 모양 알아보기
✓ 쌓은 모양과 쌓기나무의 개수 알아보기
✓ 쌓기나무로 여러 가지 모양 만들기

앞으로 배울 내용

[6-2] 6. 원기둥, 원뿔, 구

개념 카툰 3 쌓기나무의 개수 구하기 (3)

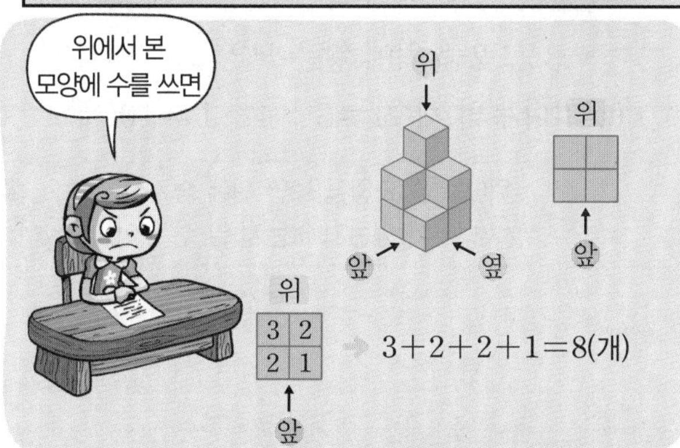

개념 카툰 4 쌓기나무로 여러 가지 모양 만들기

개념 1 어느 방향에서 보았을까요 / 쌓은 모양과 쌓기나무의 개수를 알아볼까요(1)

1. 여러 방향에서 본 모양 알아보기

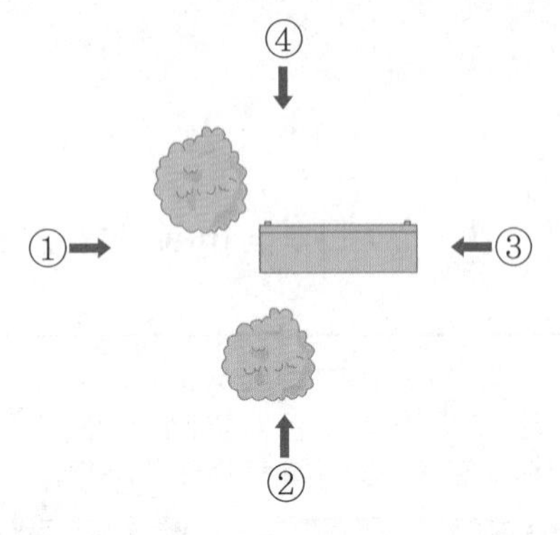

각 방향에서 찍은 사진입니다.

① 

② 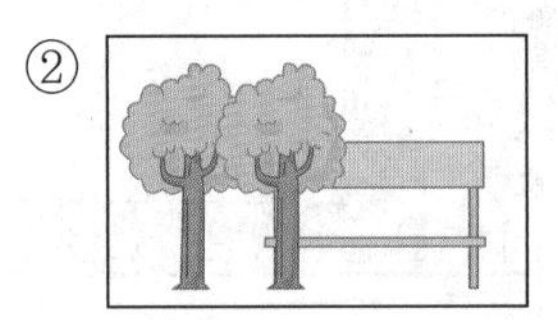

③ 

④ 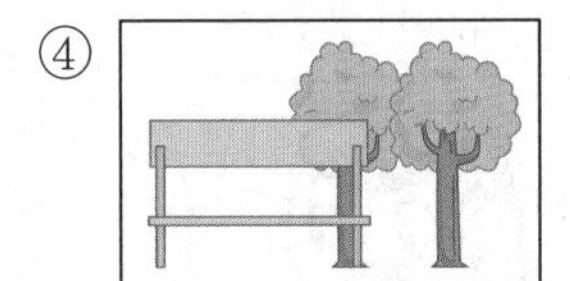

2. 쌓은 모양과 쌓기나무의 개수 구하기

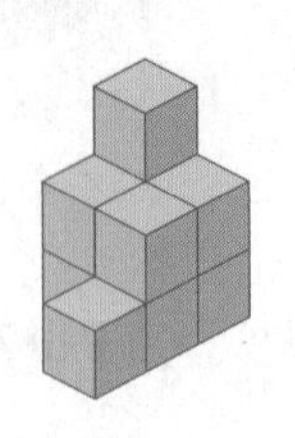

① 위에서 본 모양을 보고 숨겨진 쌓기나무가 있는지 확인합니다.

② 각 층에 있는 쌓기나무의 개수를 알아본 후 모두 더합니다.

- 각 층의 쌓기나무의 개수
  - 1층: 위에서 본 모양이 5칸 ➔ 5개
  - 2층: 1층 위에 쌓은 모양 보기 ➔ 4개
  - 3층: 2층 위에 쌓은 모양 보기 ➔ 1개
- (쌓기나무의 개수)$=5+4+1=10$(개)

위에서 본 모양을 보면 뒤에 숨겨진 쌓기나무가 있는지 없는지 알 수 있어.

개념 확인하기

1 그림을 보고 다음 사진은 어느 방향에서 찍은 것인지 번호를 쓰시오.

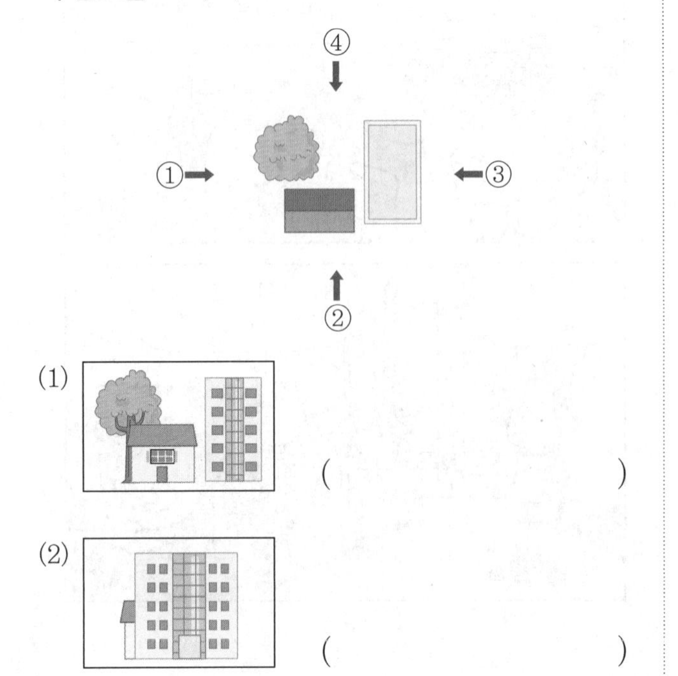

(1) (　　　　　　)

(2) (　　　　　　)

[2~3] 주어진 모양과 똑같이 쌓는 데 필요한 쌓기나무의 개수를 구하시오.

2

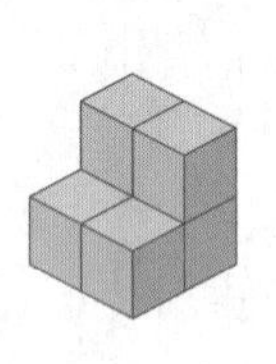

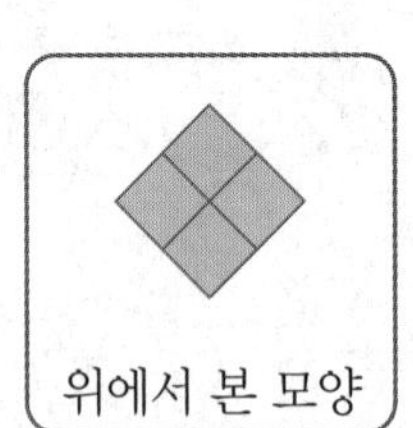

(　　　　　　)

3

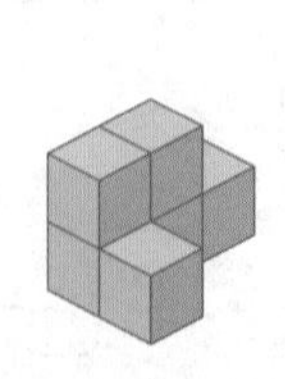

(　　　　　　)

개념 다지기

1 아령을 위에서 본 모양입니다. ① 방향에서 본 모양을 찾아 ○표 하시오.

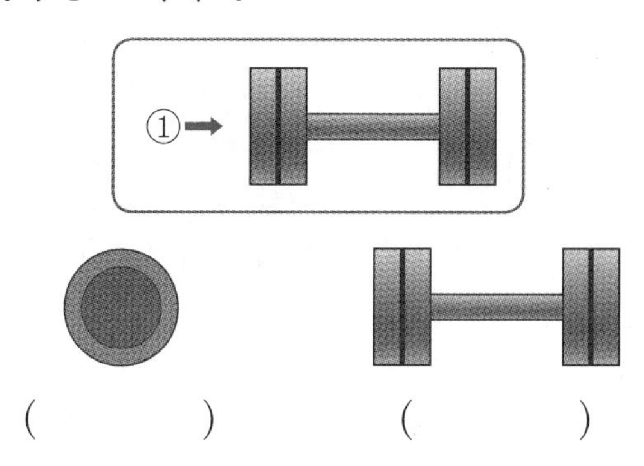

( ) ( )

[2~3] 핸드폰과 선물 상자를 책상에 놓고 위에서 본 모양입니다. 은서와 친구들이 각 방향에서 사진을 찍었습니다. 물음에 답하시오.

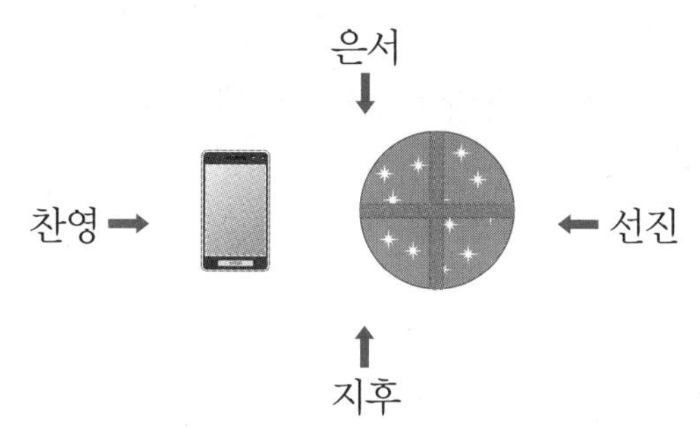

2 찍을 수 없는 사진을 찾아 기호를 쓰시오.

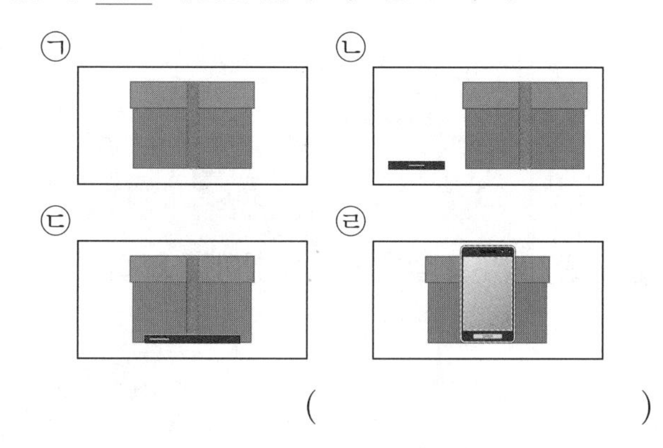

( )

3 다음 사진은 누가 찍은 것인지 이름을 쓰시오.

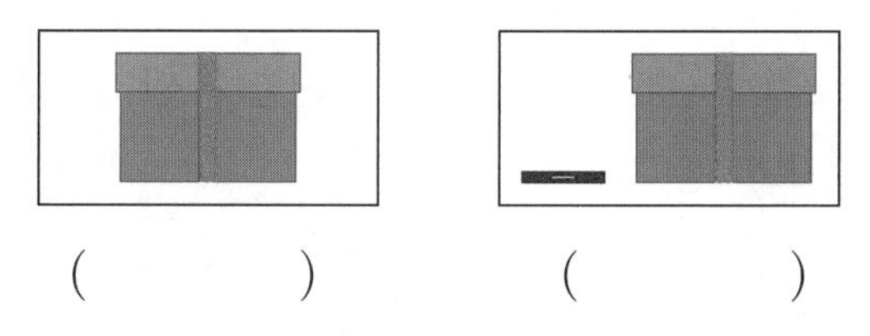

( ) ( )

4 오른쪽 쌓기나무로 쌓은 모양을 보고 위에서 본 모양을 찾아 기호를 쓰시오.

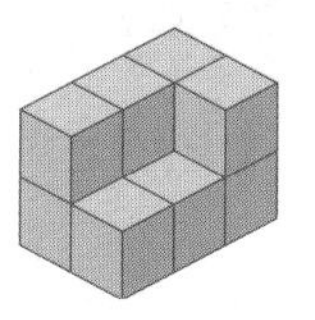

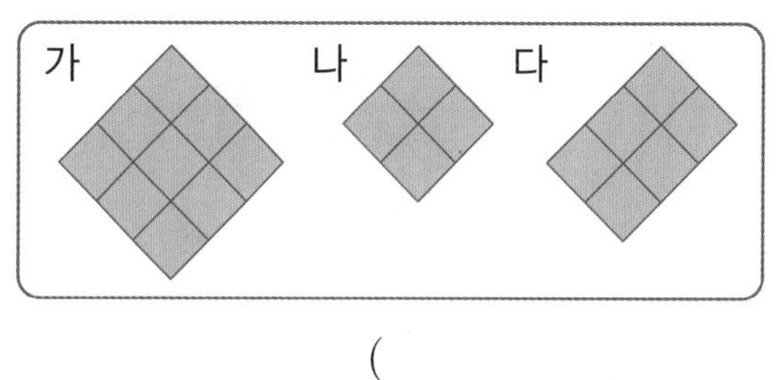

( )

5 쌓기나무로 쌓은 모양과 위에서 본 모양입니다. 똑같은 모양으로 쌓는 데 필요한 쌓기나무는 몇 개인지 예상해 보세요.

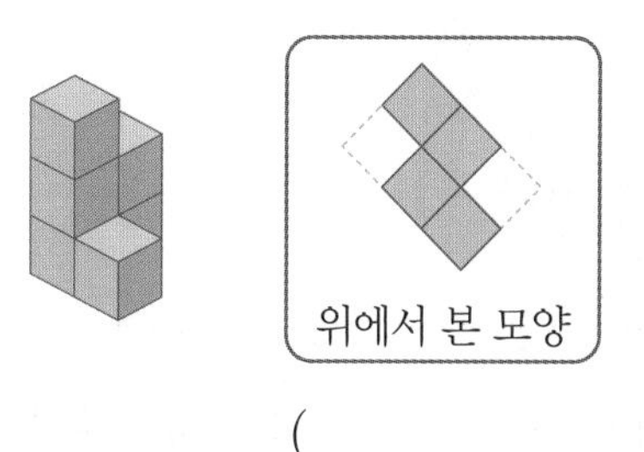

( )

6 주어진 모양과 똑같이 쌓는 데 필요한 쌓기나무는 몇 개입니까?

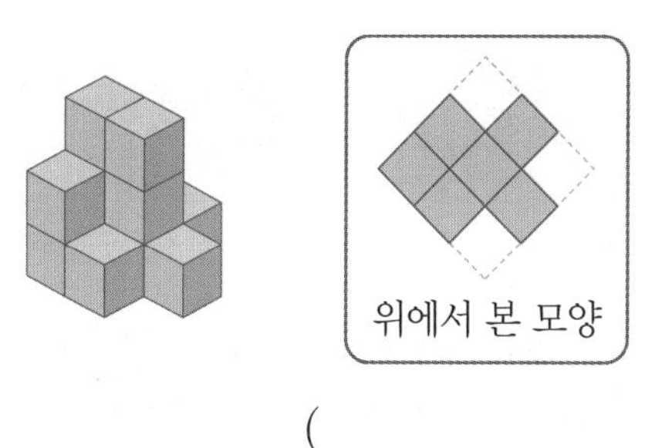

( )

개념 2 쌓은 모양과 쌓기나무의 개수를 알아볼까요(2)

1. 여러 방향에서 본 모양 그리기

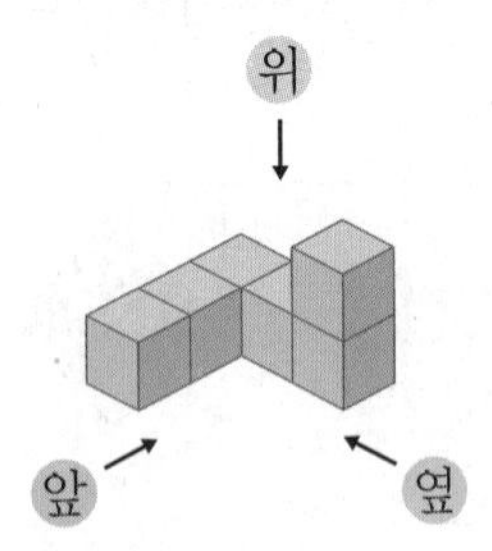

• 위에서 본 모양 그리기
1층에 쌓기나무가 있는 곳을 찾아 그립니다.

• 앞, 옆에서 본 모양 그리기
각 방향에서 각 줄이 몇 층까지 있는지 알아보고 그 층만큼 그립니다.

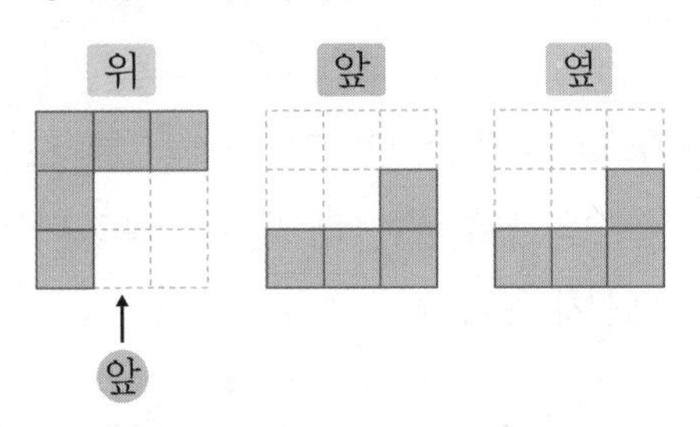

2. 위, 앞, 옆에서 본 모양을 보고 쌓기나무의 개수 구하기

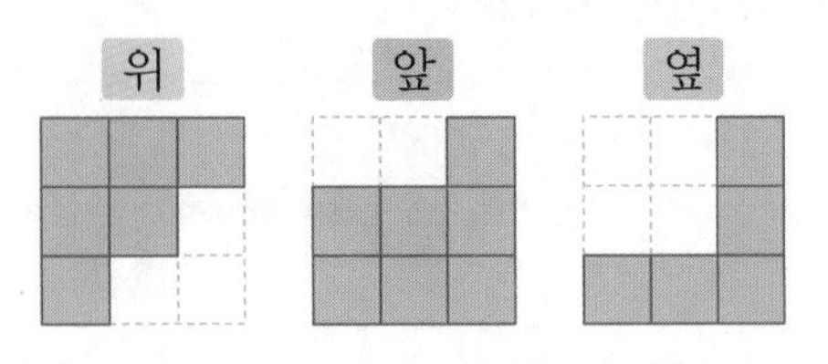

① 위에서 본 모양으로 1층에 쌓기나무를 놓습니다.

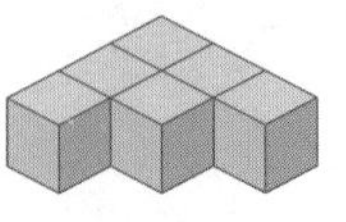

② 앞, 옆에서 본 모양을 보고 2층, 3층에 쌓기나무를 놓습니다.

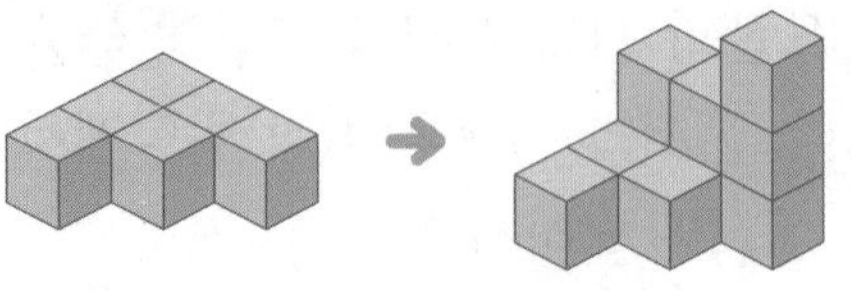

③ 쌓기나무의 개수를 구합니다.
1층에 6개, 2층에 3개, 3층에 1개
➔ $6+3+1=10$(개)

개념 확인하기

1 쌓기나무로 쌓은 모양과 위에서 본 모양입니다. 각 방향에서 본 모양을 보기에서 찾아 기호를 쓰시오.

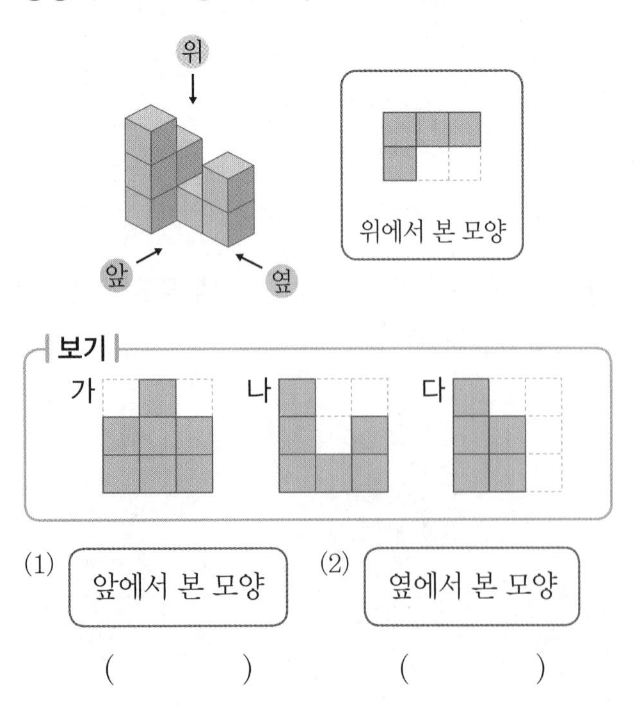

(1) 앞에서 본 모양
(   )

(2) 옆에서 본 모양
(   )

[2~3] 쌓기나무로 쌓은 모양을 위, 앞, 옆에서 본 모양입니다. 물음에 답하시오.

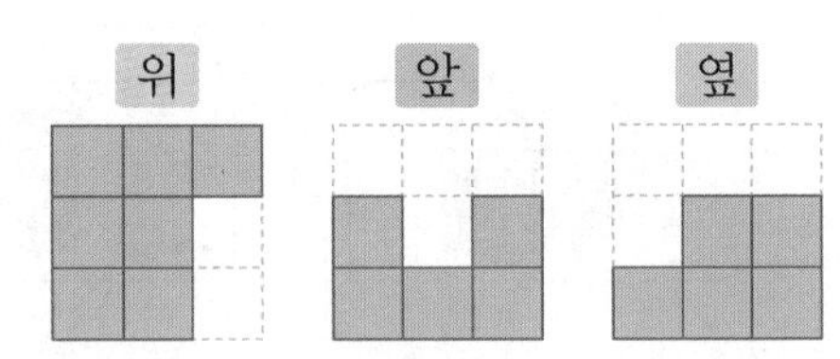

2 쌓기나무로 쌓은 모양을 찾아 ○표 하시오.

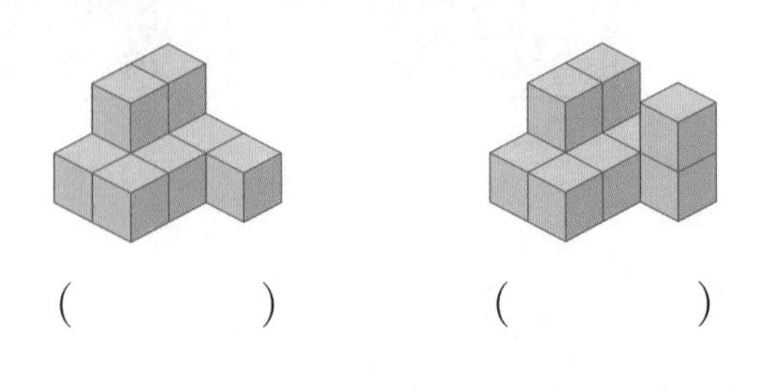

(   )   (   )

3 똑같은 모양으로 쌓는 데 필요한 쌓기나무는 몇 개입니까?

(   )

개념 다지기

1 쌓기나무로 쌓은 모양과 위에서 본 모양입니다. 앞에서 본 모양을 찾아 ○표 하시오.

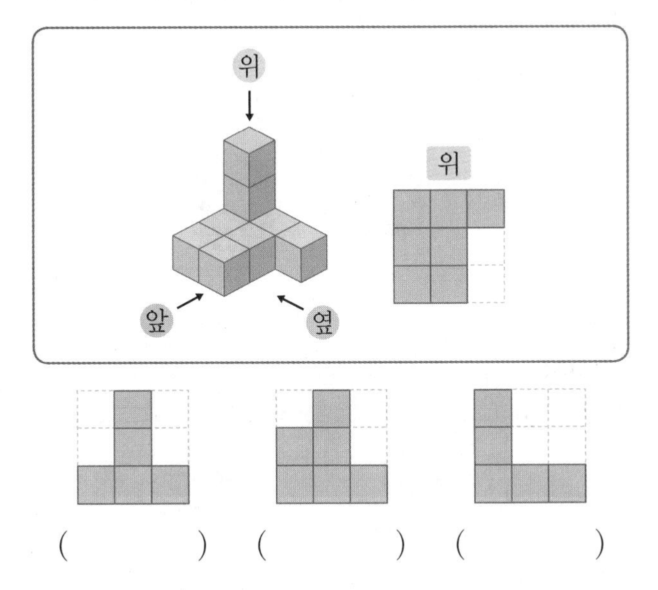

( ) ( ) ( )

[2~3] 쌓기나무로 쌓은 모양과 위에서 본 모양입니다. 물음에 답하시오.

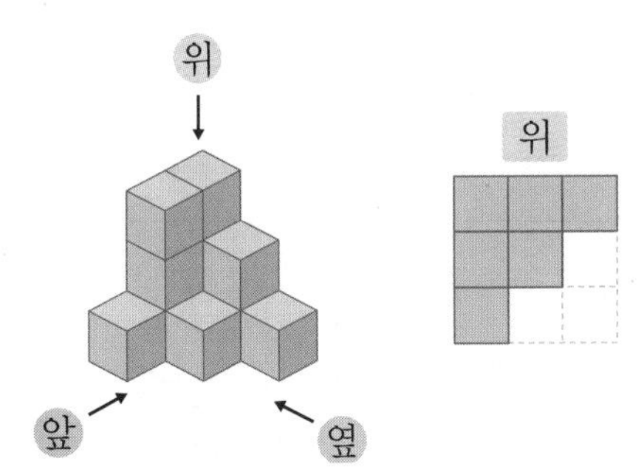

2 앞에서 본 모양을 그려 보시오.

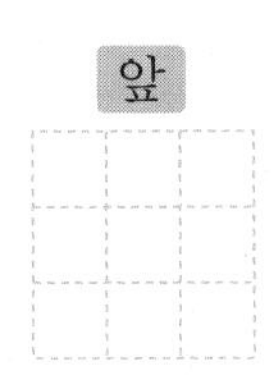

3 옆에서 본 모양을 그려 보시오.

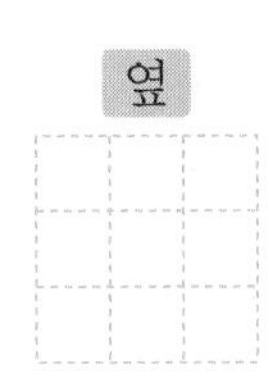

[4~5] 쌓기나무로 쌓은 모양을 위, 앞, 옆에서 본 모양입니다. 물음에 답하시오.

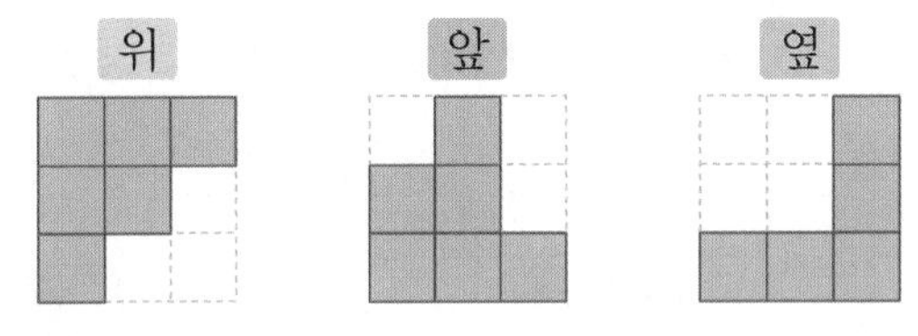

4 쌓기나무로 쌓은 모양을 찾아 기호를 쓰시오.

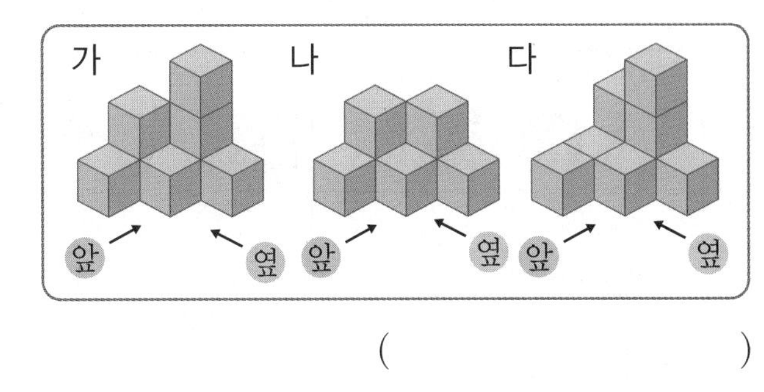

( )

5 똑같은 모양으로 쌓는 데 필요한 쌓기나무는 몇 개입니까?

( )

6 오른쪽은 쌓기나무 9개로 쌓은 모양입니다. 앞과 옆에서 본 모양을 각각 그려 보시오.

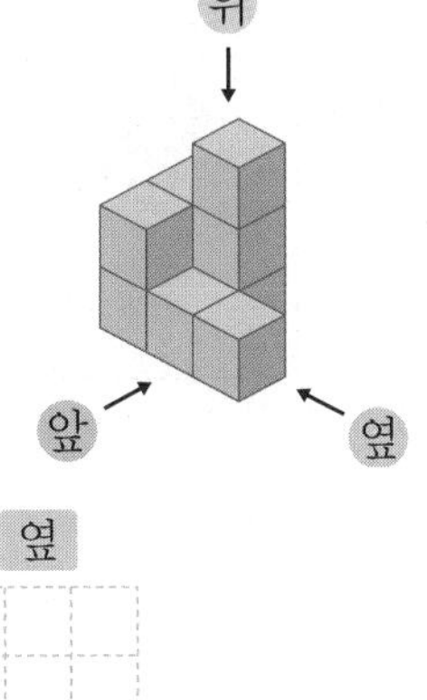

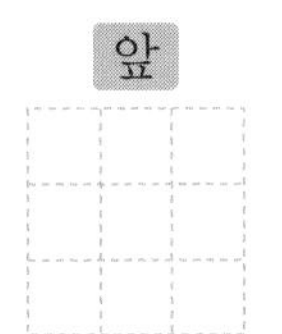

유형 1 여러 방향에서 본 모양 알아보기

은채는 상자 2개와 초록공을 놓고 사진을 찍으려고 합니다. 은채가 찍은 사진은 어느 것인지 ○표 하시오.

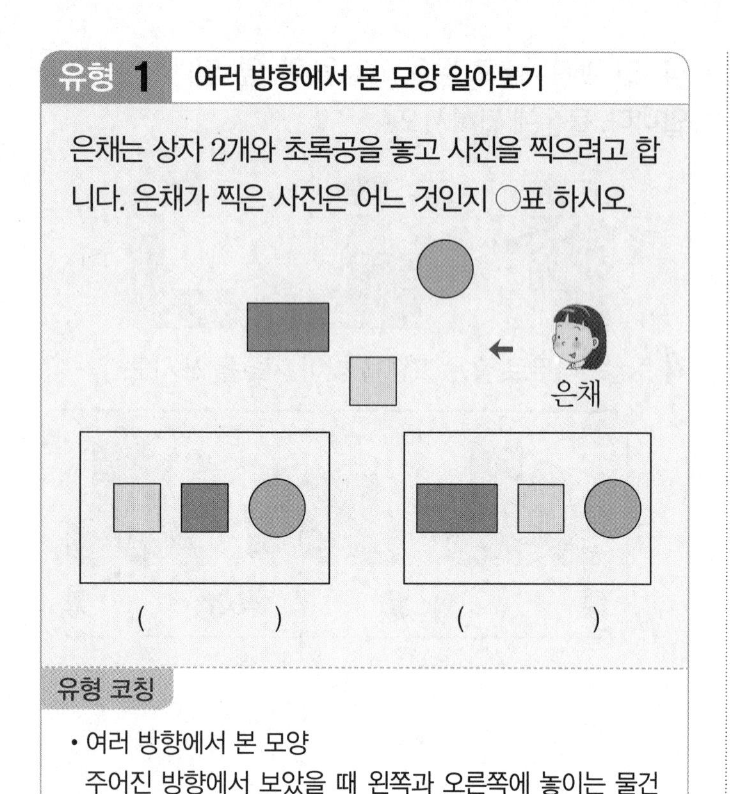

( )　　　( )

유형 코칭

- 여러 방향에서 본 모양
  주어진 방향에서 보았을 때 왼쪽과 오른쪽에 놓이는 물건이 무엇일지, 보이는 것과 안 보이는 것이 무엇일지 생각해 봅니다.

[1~2] 공원에 있는 시계탑을 보고 여러 방향에서 사진을 찍었습니다. 어느 방향에서 찍은 사진인지 번호를 쓰시오.

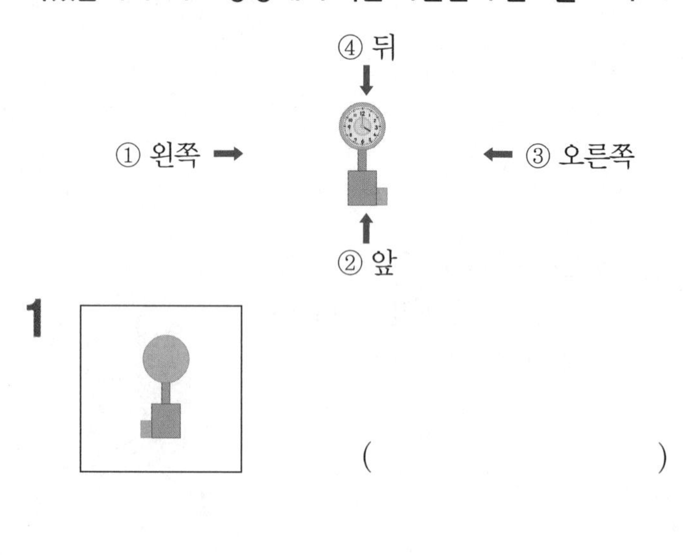

1 ( )

2 ( )

[3~5] 배구공, 야구공, 농구공을 바닥에 두고 위에서 본 모양입니다. 이 공들을 여러 방향에서 사진을 찍었습니다. 물음에 답하시오.

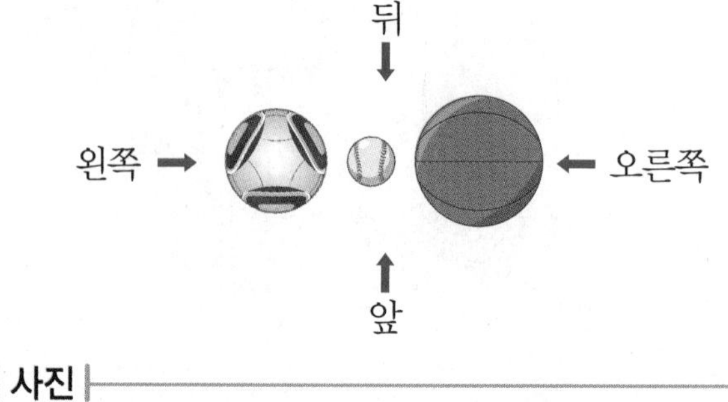

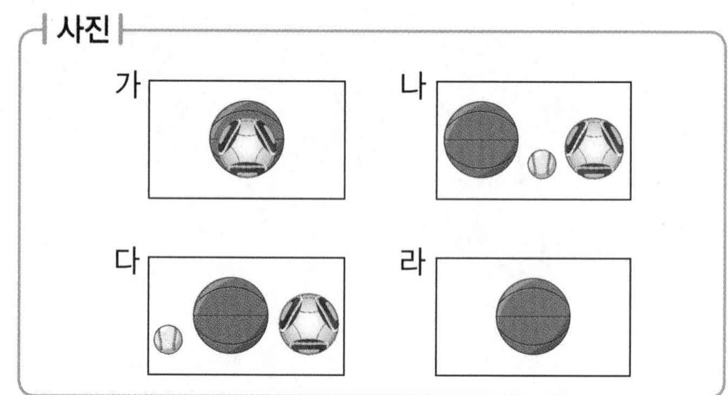

3 왼쪽에서 찍은 사진을 찾아 기호를 쓰시오.

( )

4 뒤에서 찍은 사진을 찾아 기호를 쓰시오.

( )

5 위의 네 방향에서 찍을 수 없는 사진을 찾아 기호를 쓰시오.

( )

유형 2 쌓은 모양과 위에서 본 모양을 보고 개수 구하기

주어진 모양과 똑같이 쌓는 데 필요한 쌓기나무의 개수를 구하시오.

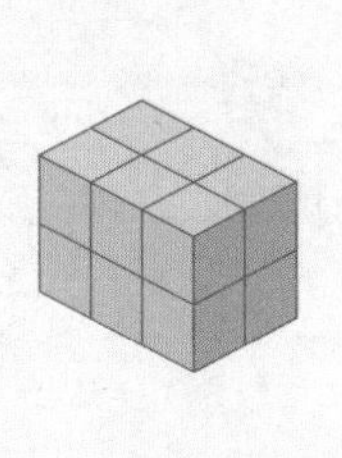
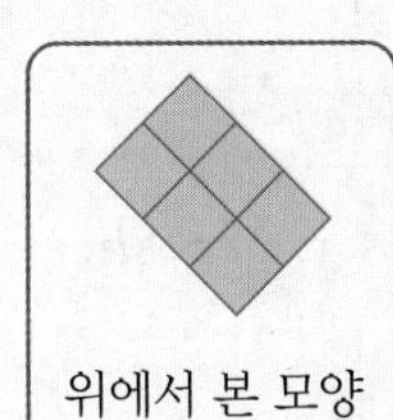
위에서 본 모양

( )

유형 코칭

• 위에서 본 모양을 이용하여 보이지 않는 부분에 숨겨진 쌓기나무가 있는지 없는지 알 수 있습니다.

6 쌓기나무를 오른쪽과 같은 모양으로 쌓았습니다. 돌렸을 때 오른쪽 그림과 같은 모양을 만들 수 없는 경우를 찾아 기호를 쓰시오.

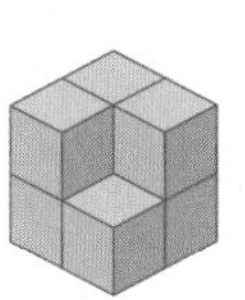

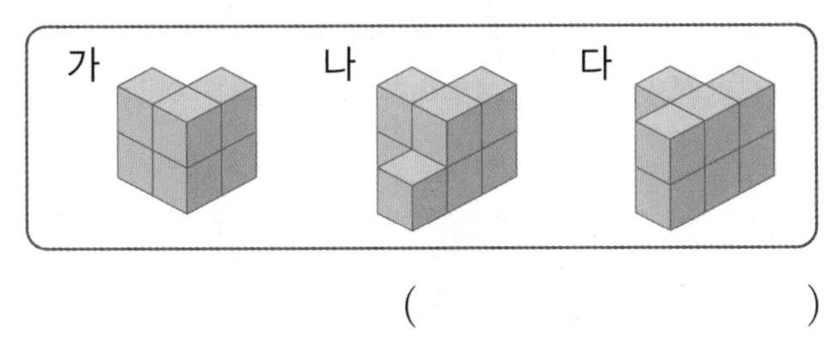

( )

7 오른쪽 쌓기나무 모양을 위에서 본 모양을 찾아 ○표 하시오.

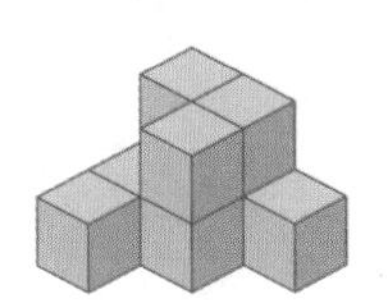

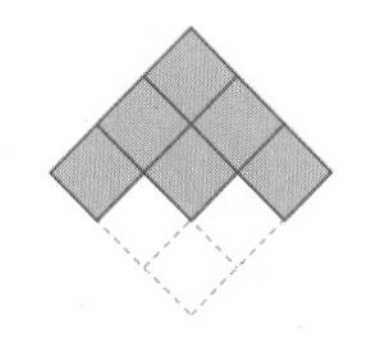
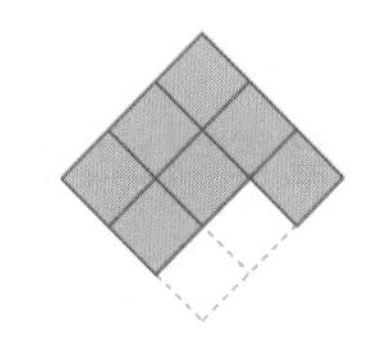
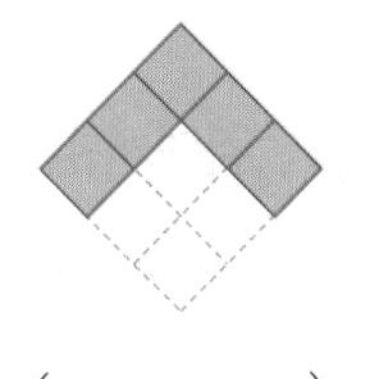

( ) ( ) ( )

[8~9] 다음 모양과 똑같이 쌓기나무를 쌓으려고 합니다. 물음에 답하시오.

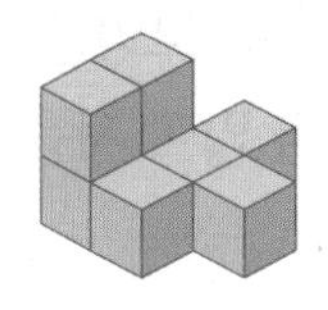

8 주어진 모양과 똑같이 쌓기 위해 필요한 쌓기나무 개수로 가능한 것에 모두 ○표 하시오.

7개	8개	9개
( )	( )	( )

9 쌓기나무 모양을 위에서 본 모양입니다. 주어진 모양과 똑같이 쌓기 위해 필요한 쌓기나무는 몇 개인지 쓰시오.

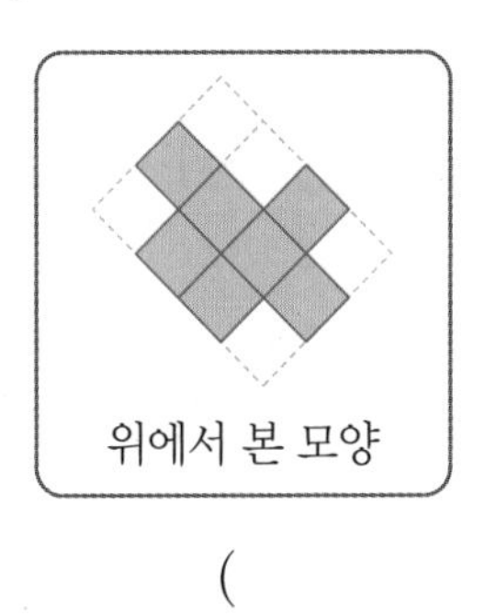
위에서 본 모양

( )

10 주어진 모양과 똑같이 쌓는 데 필요한 쌓기나무의 개수를 바르게 말한 사람의 이름을 쓰시오.

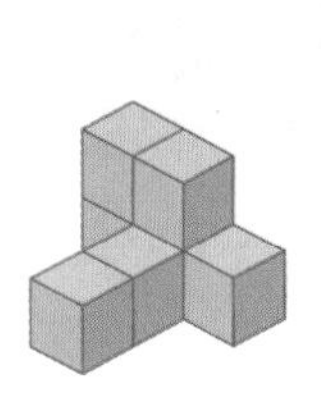

위에서 본 모양

( )

[11~12] 우진이와 수영이가 쌓은 쌓기나무 모양을 위에서 본 모양은 오른쪽과 같습니다. 다음 모양을 보고 누가 쌓기나무를 더 많이 사용했는지 알아보시오.

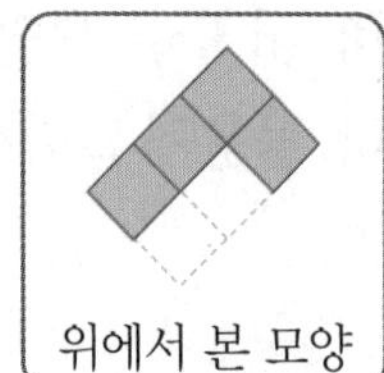
위에서 본 모양

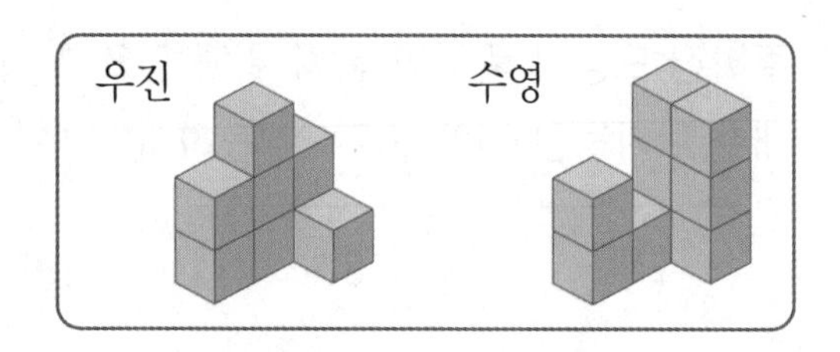

11 두 사람이 사용한 쌓기나무는 각각 몇 개입니까?

우진 (　　　　　　　　)
수영 (　　　　　　　　)

12 누가 사용한 쌓기나무의 개수가 더 많습니까?

(　　　　　　　　)

창의 · 융합

13 준영이가 쌓기나무를 이용하여 건물 모양을 만들었습니다. 사용한 쌓기나무는 몇 개입니까?

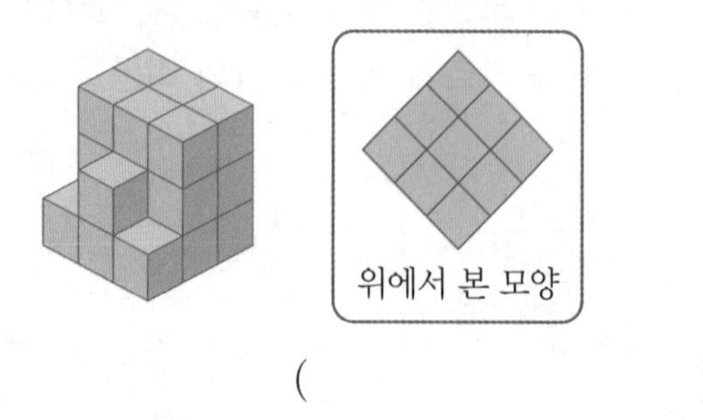

(　　　　　　　　)

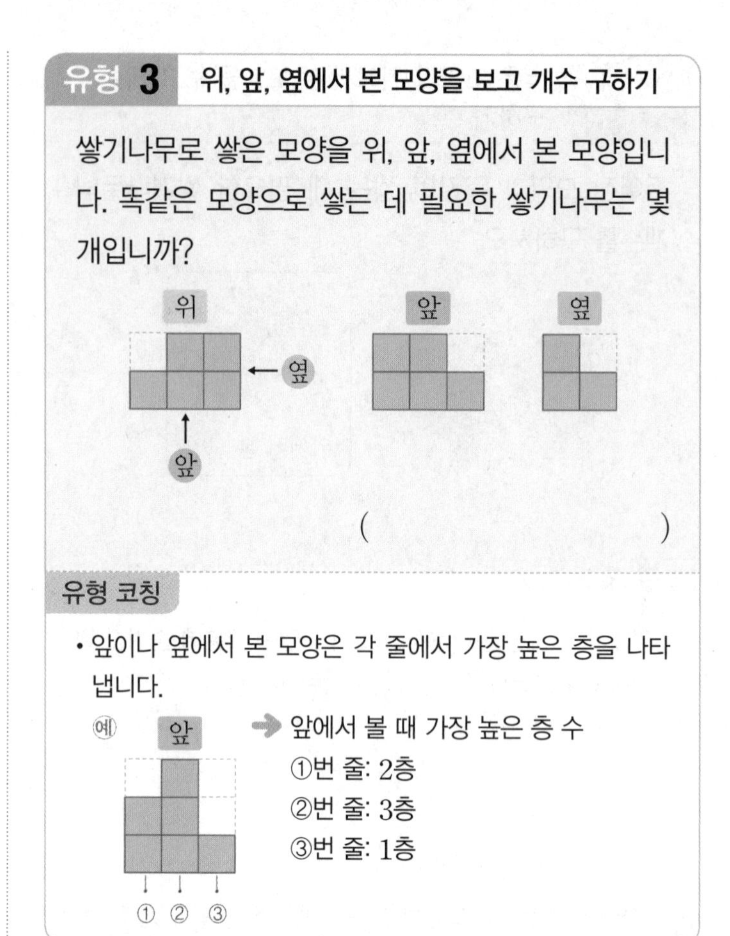

유형 3 위, 앞, 옆에서 본 모양을 보고 개수 구하기

쌓기나무로 쌓은 모양을 위, 앞, 옆에서 본 모양입니다. 똑같은 모양으로 쌓는 데 필요한 쌓기나무는 몇 개입니까?

(　　　　　　　　)

유형 코칭

• 앞이나 옆에서 본 모양은 각 줄에서 가장 높은 층을 나타냅니다.

예 앞 ➔ 앞에서 볼 때 가장 높은 층 수
①번 줄: 2층
②번 줄: 3층
③번 줄: 1층

① ② ③

[14~15] 쌓기나무로 쌓은 모양과 위에서 본 모양입니다. 앞과 옆에서 본 모양을 알아보시오.

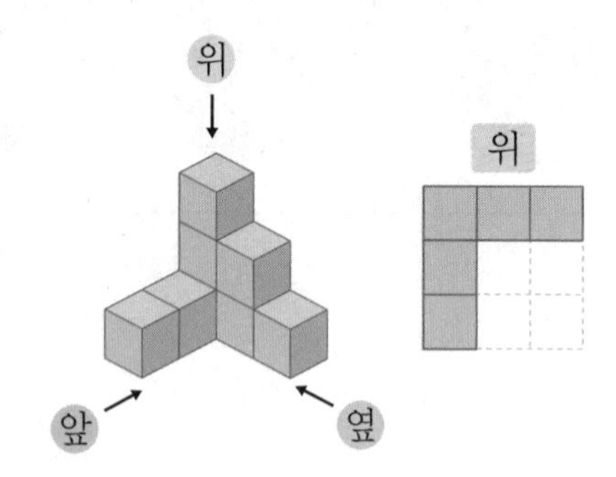

14 앞에서 본 모양을 그려 보시오.

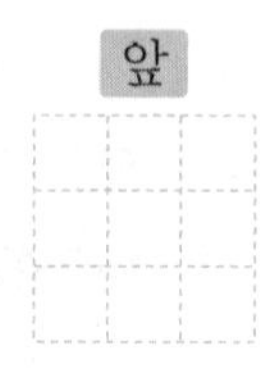

15 옆에서 본 모양을 그려 보시오.

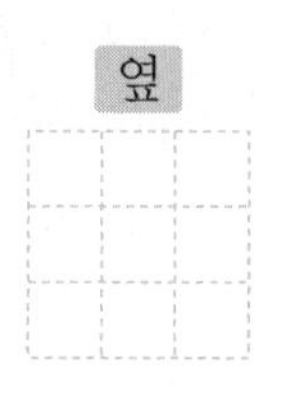

16 쌓기나무 8개로 쌓은 모양을 위와 앞에서 본 모양입니다. 옆에서 본 모양을 그려 보시오.

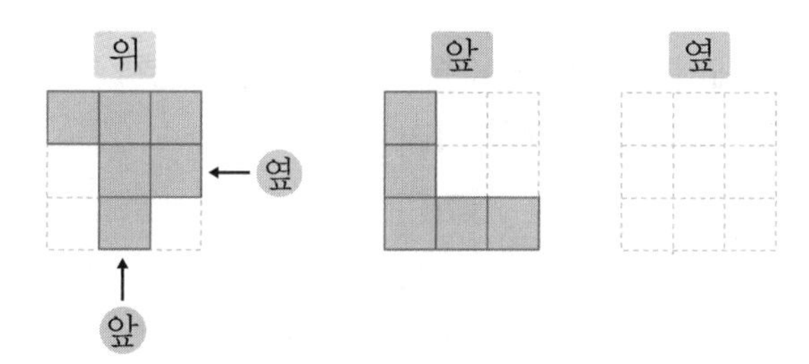

[17~19] 쌓기나무로 쌓은 모양을 보고 물음에 답하시오.

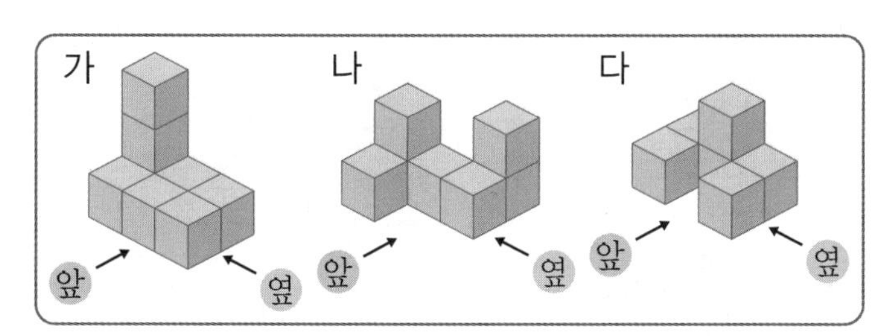

17 위, 앞, 옆에서 본 모양이 다음과 같은 모양을 찾아 기호를 쓰시오.

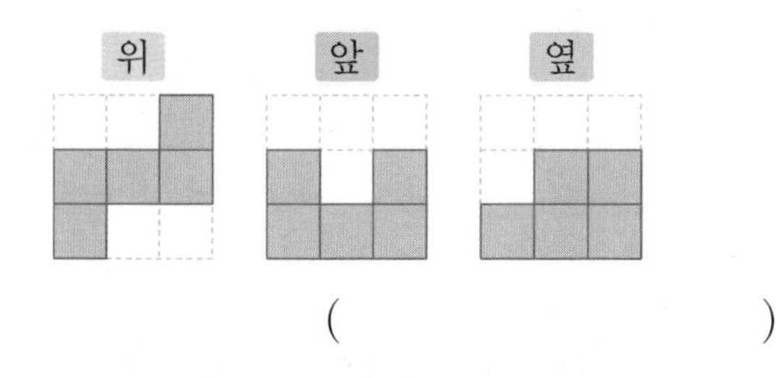

( )

18 위 **17**에서 찾은 모양과 똑같은 모양으로 쌓는 데 필요한 쌓기나무는 몇 개입니까?

( )

19 위에서 본 모양이 다음과 같은 모양은 어느 것인지 기호를 쓰고, 쌓기나무는 몇 개인지 구하시오.

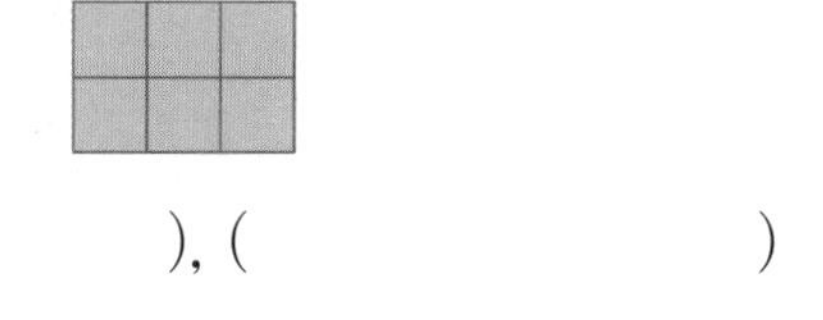

( ), ( )

[20~21] 쌓기나무를 가는 6개, 나는 7개 붙여서 만든 모양입니다. 구멍이 있는 상자에 넣을 수 있는 모양을 알아보려고 합니다. 물음에 답하시오.

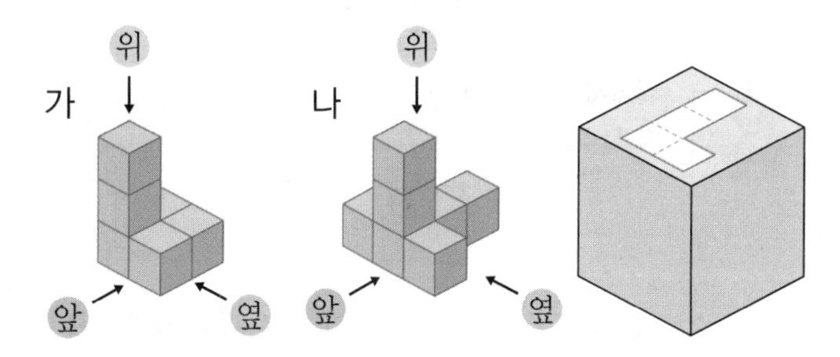

20 알맞은 말에 모두 ◯표 하시오.

(가 , 나)를 (위 , 앞 , 옆)에서 본 모양이 상자의 구멍의 모양과 같습니다.

21 구멍이 있는 상자에 넣을 수 있는 모양은 어느 것인지 기호를 쓰시오.

( )

창의력

22 쌓기나무로 쌓은 모양을 위, 앞, 옆에서 본 모양입니다. 쌓기나무 모양으로 가능한 것을 모두 찾아 기호를 쓰시오.

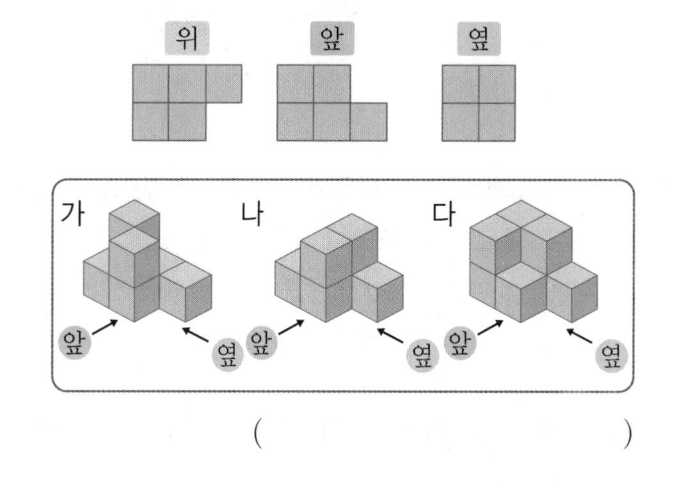

( )

개념 3 쌓은 모양과 쌓기나무의 개수를 알아볼까요(3)

1. 위에서 본 모양에 수를 써넣고 쌓기나무의 개수 구하기

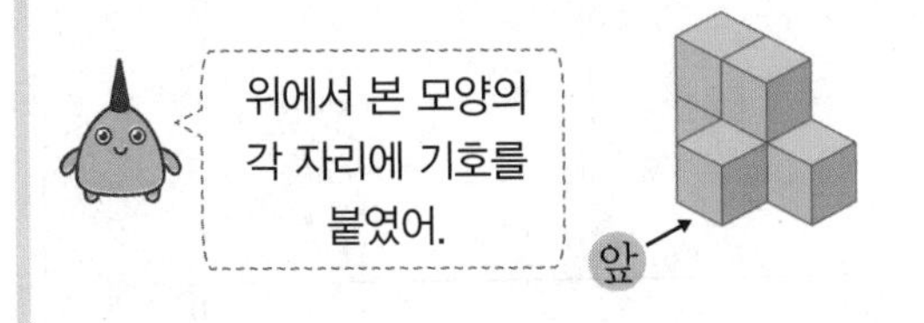

① 각 자리에 쌓은 쌓기나무의 개수를 알아봅니다.
- ㉠ 자리: 2층이므로 2개
- ㉡ 자리: 2층이므로 2개
- ㉢ 자리: 1층이므로 1개
- ㉣ 자리: 1층이므로 1개

② 위에서 본 모양의 각 자리에 쌓은 쌓기나무의 개수를 써넣습니다.

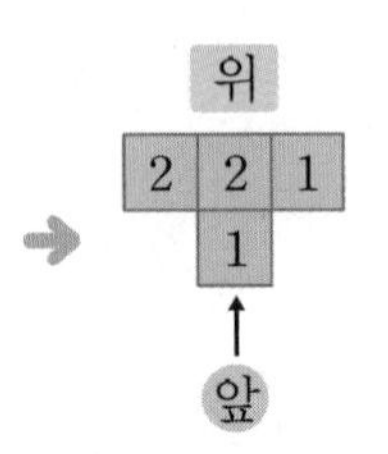

③ 위 ②에서 써넣은 쌓기나무의 개수를 모두 더합니다.
➜ 쌓기나무의 개수: $2+2+1+1=6$(개)

2. 위에서 본 모양에 수를 써넣은 것을 보고 앞, 옆에서 본 모양 그리기

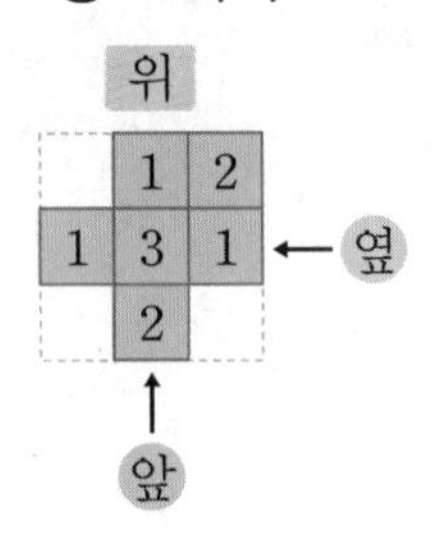

각 방향에서 각 줄의 가장 큰 수의 층만큼 그립니다.

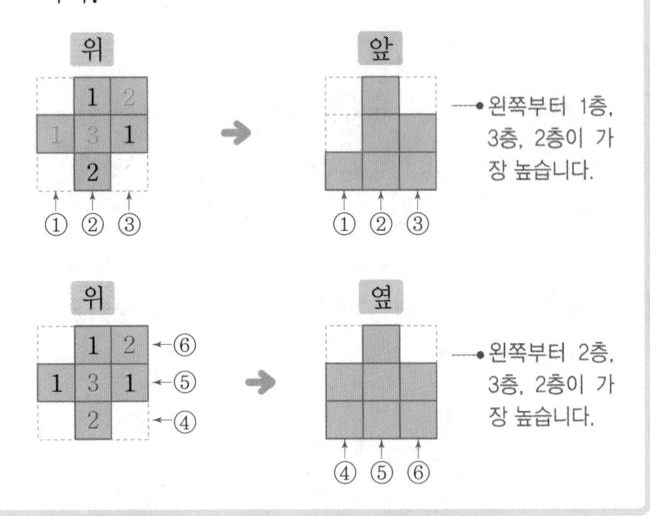

개념 확인하기

[1~2] 쌓기나무로 쌓은 모양과 위에서 본 모양입니다. 물음에 답하시오.

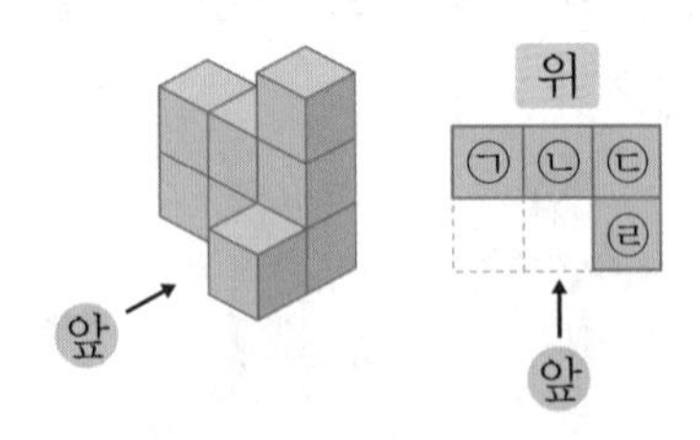

1 각 자리에는 쌓기나무가 각각 몇 개 있는지 쓰시오.

자리	㉠	㉡	㉢	㉣
쌓기나무의 개수	2	2		

2 똑같은 모양으로 쌓기 위해 필요한 쌓기나무는 몇 개입니까? (　　　　)

[3~4] 오른쪽 그림은 쌓기나무로 쌓은 모양을 위에서 본 모양에 수를 쓴 것입니다. 앞에서 본 모양을 그리려고 합니다. 물음에 답하시오.

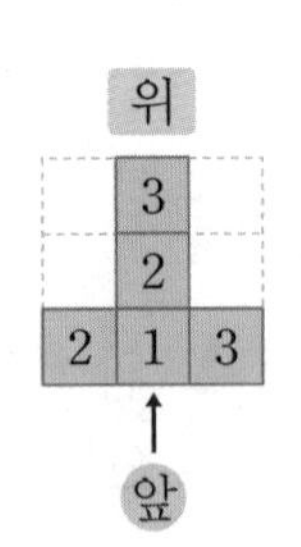

3 앞에서 볼 때 가장 높게 보이는 층을 왼쪽부터 차례로 쓰시오.

(　　　), (　　　), (　　　)

4 앞에서 본 모양을 그려 보시오.

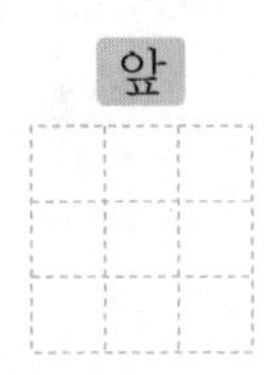

개념 다지기

1 쌓기나무로 쌓은 모양을 보고 위에서 본 모양에 수를 썼습니다. 똑같이 쌓은 모양을 찾아 ○표 하시오.

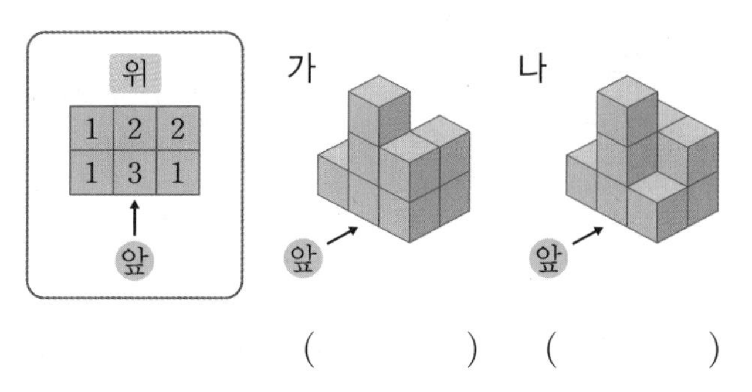

( ) ( )

4 오른쪽 그림은 쌓기나무로 쌓은 모양을 위에서 본 모양에 수를 쓴 것입니다. 앞에서 본 모양을 찾아 기호를 쓰시오.

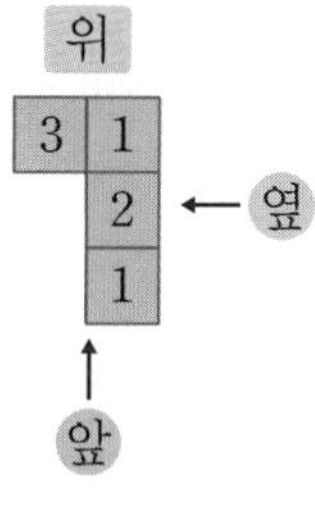

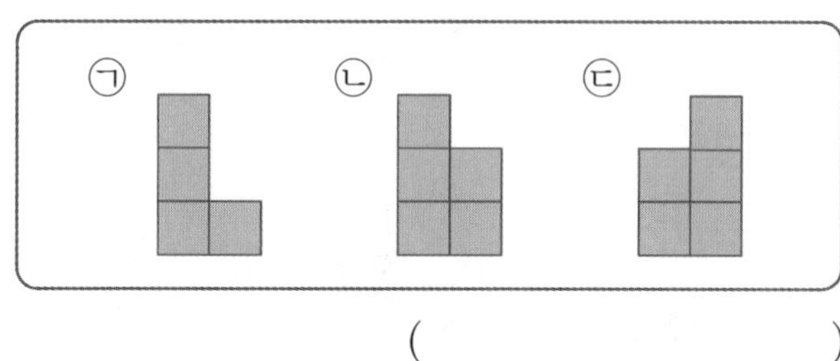

( )

[2~3] 쌓기나무로 쌓은 모양과 위에서 본 모양입니다. 물음에 답하시오.

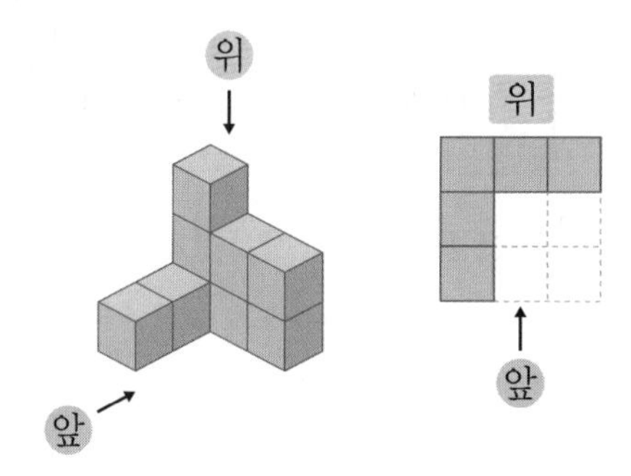

2 위에서 본 모양의 각 자리에 쌓은 쌓기나무의 개수를 써넣으시오.

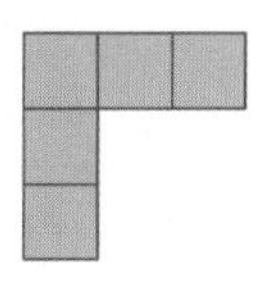

3 위 **2**의 그림을 보고 주어진 모양과 똑같이 쌓는 데 필요한 쌓기나무는 몇 개인지 구하시오.

( )

[5~6] 쌓기나무로 쌓은 모양을 위, 앞, 옆에서 본 모양입니다. 물음에 답하시오.

5 위에서 본 모양의 각 자리에 쌓은 쌓기나무의 개수를 써넣으시오.

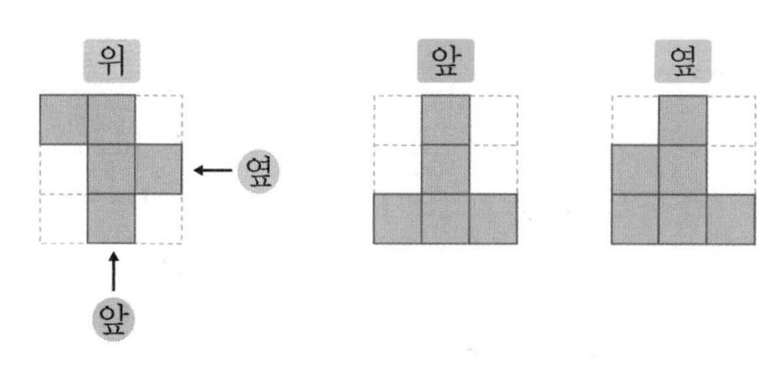

6 똑같은 모양으로 쌓는 데 필요한 쌓기나무는 몇 개입니까?

( )

개념 4 쌓은 모양과 쌓기나무의 개수를 알아볼까요(4)

1. 쌓기나무로 쌓은 모양을 보고 층별로 모양 그리기

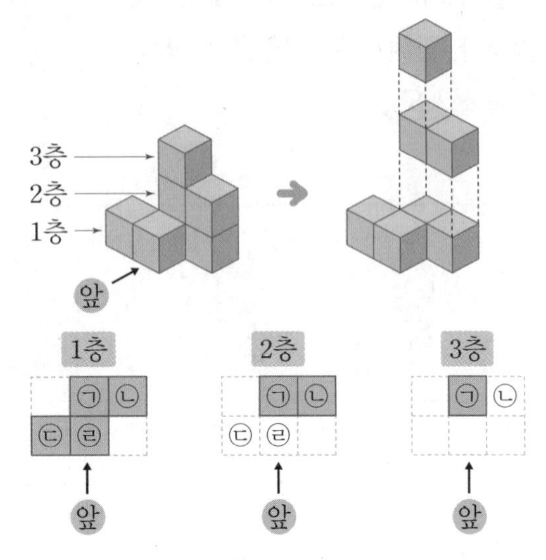

- 1층 모양: 위에서 본 모양과 같습니다.
- 2층 모양: 1층에 놓은 곳인 ㉠, ㉡, ㉢, ㉣ 중 ㉠, ㉡에 놓여 있습니다.
- 3층 모양: 2층에 놓은 곳인 ㉠, ㉡ 중 ㉠에 놓여 있습니다.
- 층별로 나타낸 모양의 좋은 점
  쌓은 모양을 정확하게 알 수 있습니다.

2. 층별로 나타낸 모양을 보고 쌓기나무의 개수 구하기

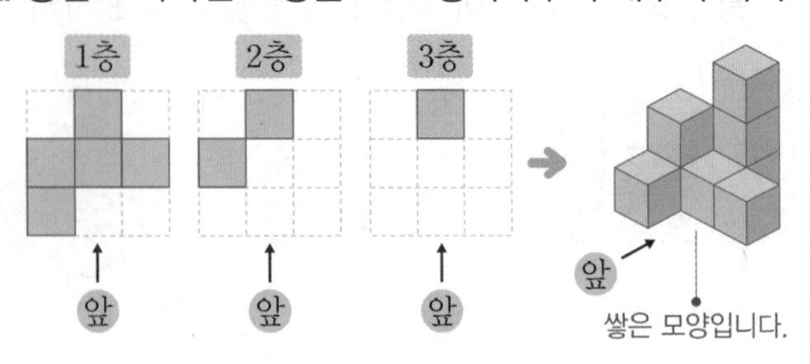

방법 1 각 층의 쌓기나무 개수를 구하여 알아보기

1층: 5개, 2층: 2개, 3층 1개
└각 층별 색칠한 모눈의 칸수입니다.

➔ $5+2+1=8$(개)

방법 2 위에서 본 모양에 개수를 써넣어 구하기

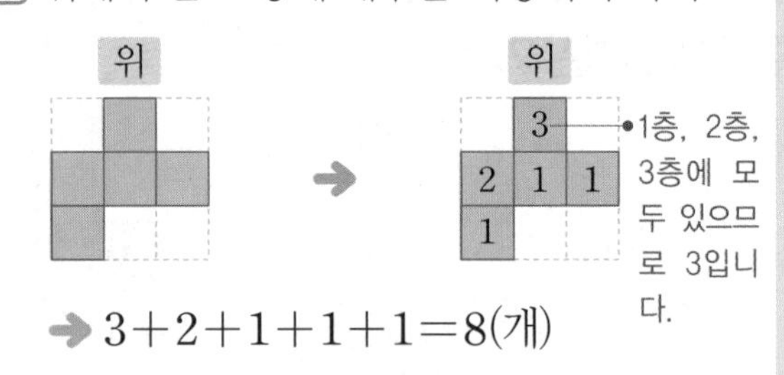

위
위
3
2 1 1
1
1층, 2층, 3층에 모두 있으므로 3입니다.

➔ $3+2+1+1+1=8$(개)

개념 확인하기

1 쌓기나무로 쌓은 모양과 1층 모양을 보고 2층과 3층 모양을 각각 그려 보시오.

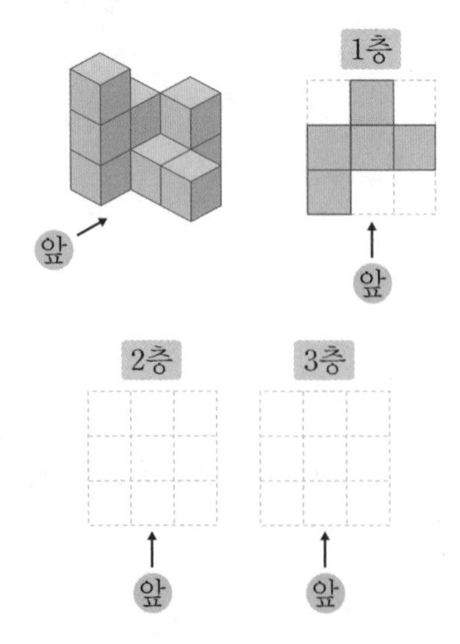

[2~3] 층별로 나타낸 모양을 보고 쌓기나무의 개수를 구하려고 합니다. 물음에 답하시오.

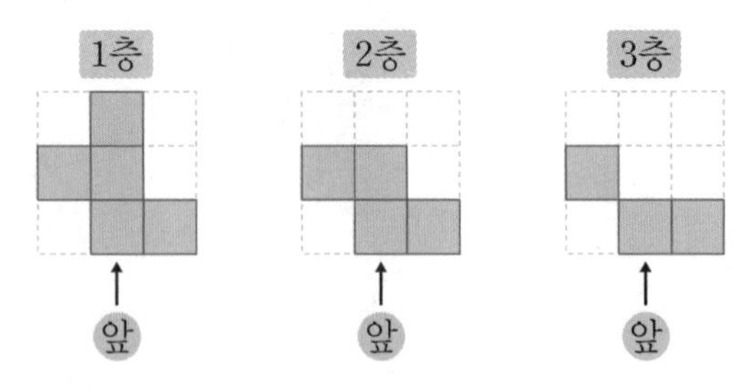

2 각 층에 쌓은 쌓기나무는 몇 개입니까?

1층: □개, 2층: □개, 3층: □개

3 똑같은 모양으로 쌓는 데 필요한 쌓기나무는 몇 개입니까?

(　　　　　　　　)

개념 다지기

1 쌓기나무 8개로 쌓은 모양입니다. 1층과 2층 모양을 각각 그려 보시오.

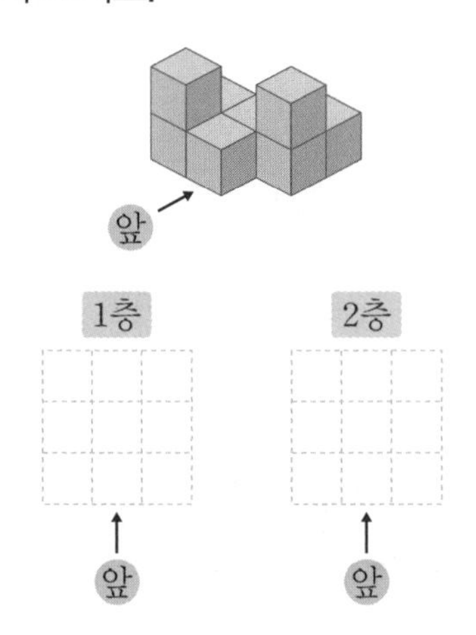

[2~3] 쌓기나무로 쌓은 모양과 1층의 모양입니다. 물음에 답하시오.

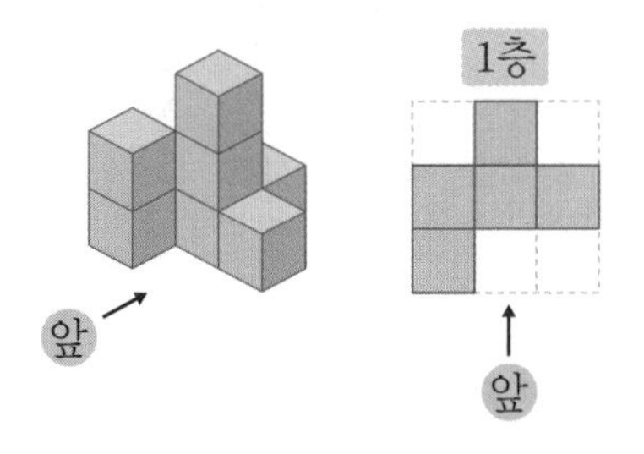

2 2층과 3층 모양을 각각 그려 보시오.

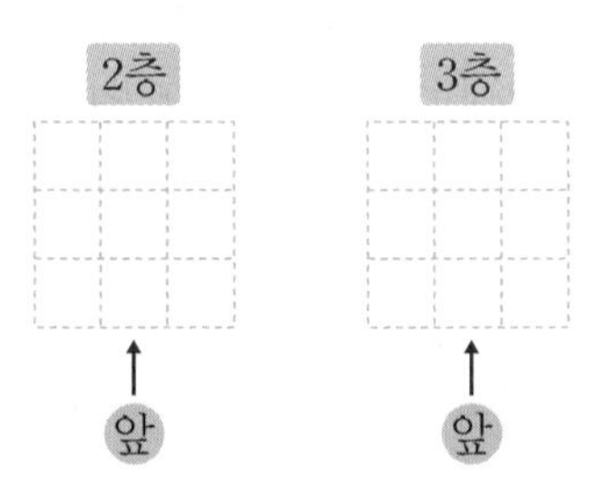

3 위에서 본 모양을 그려 보시오.

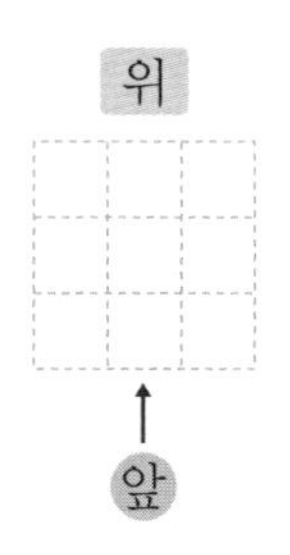

[4~7] 쌓기나무로 쌓은 모양을 층별로 나타낸 모양입니다. 물음에 답하시오.

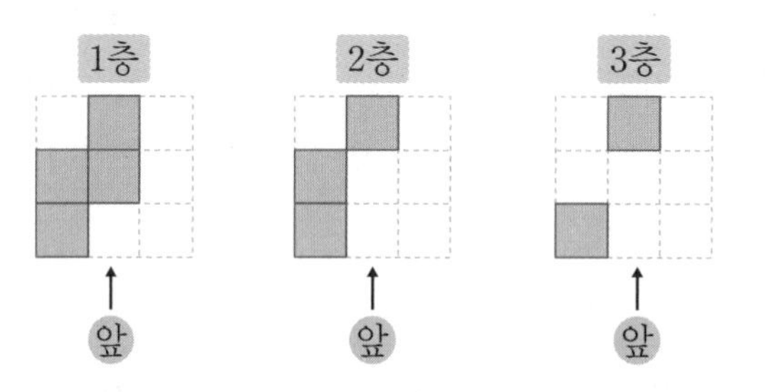

4 쌓은 모양을 찾아 기호를 쓰시오.

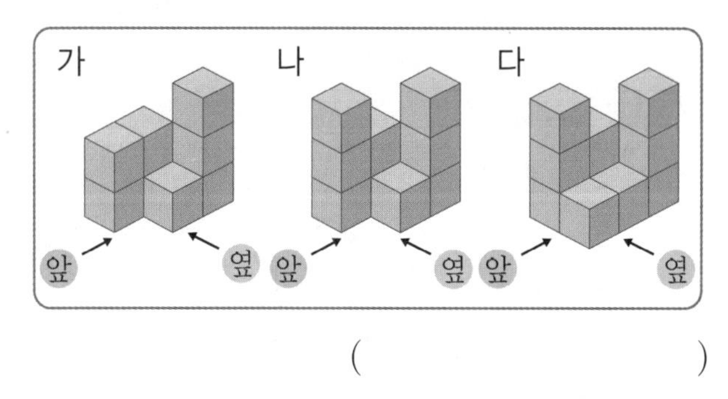

(　　　　　　　　)

5 각 층에 쌓은 쌓기나무의 개수를 보고 똑같은 모양으로 쌓는 데 필요한 쌓기나무는 몇 개인지 구하시오.

(　　　　　　　　)

6 오른쪽 그림은 위에서 본 모양입니다. 각 자리에 쌓은 쌓기나무의 개수를 써넣으시오.

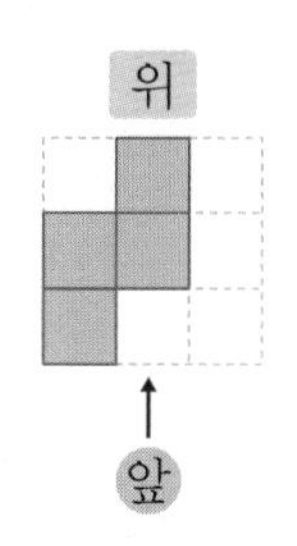

7 위 **6**을 보고 똑같은 모양으로 쌓는 데 필요한 쌓기나무의 개수를 구하시오.

(　　　　　　　　)

개념 5 여러 가지 모양을 만들어 볼까요

1. 쌓기나무 4개로 만들 수 있는 모양 찾기

쌓기나무 3개로 만든 모양에 1개를 더 붙여 가며 만들면 빠뜨리지 않고 찾을 수 있습니다.

(1) 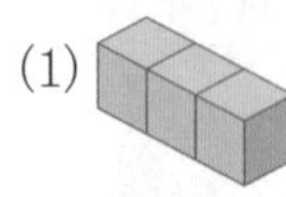 모양에 쌓기나무 1개를 더 붙이기

, 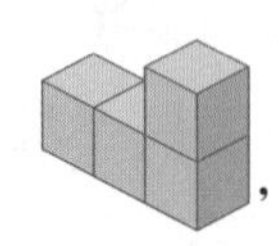, 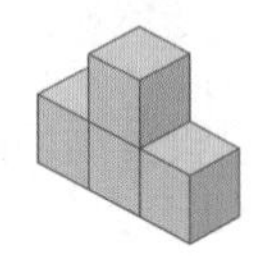

(2) 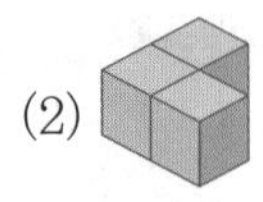 모양에 쌓기나무 1개를 더 붙이기

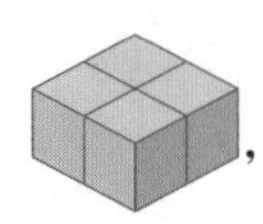, 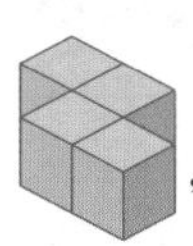, 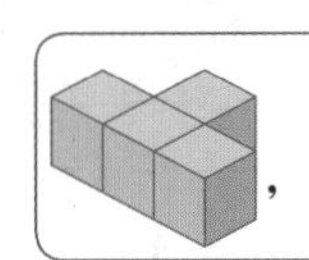, 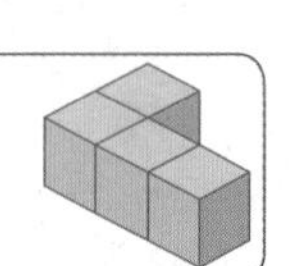

위 (1)에서 만든 모양과 같은 모양이므로 제외합니다.

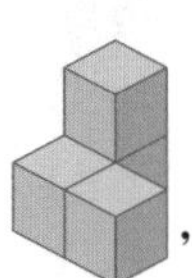, 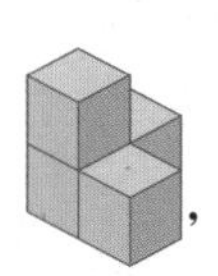, 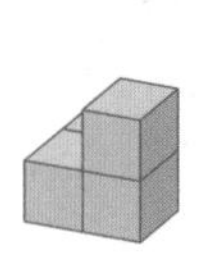

➔ 모두 8가지 모양을 만들 수 있습니다.

2. 4개짜리 쌓기나무 모양 2가지를 연결하여 새로운 모양 만들기

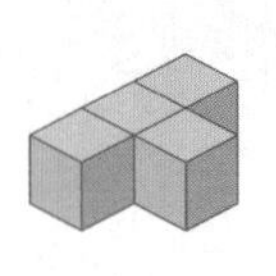 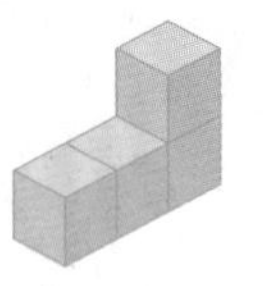

(1) 주어진 모양을 그대로 연결하기

예

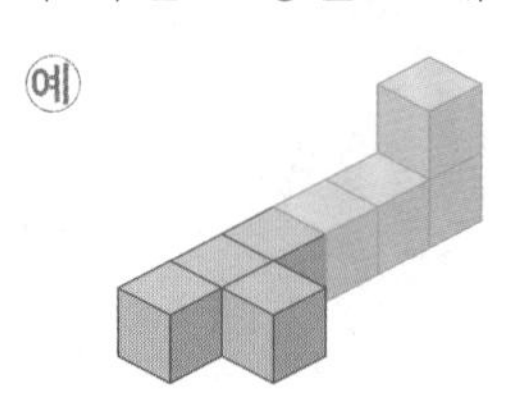

(2) 주어진 모양을 돌리거나 뒤집어서 연결하기

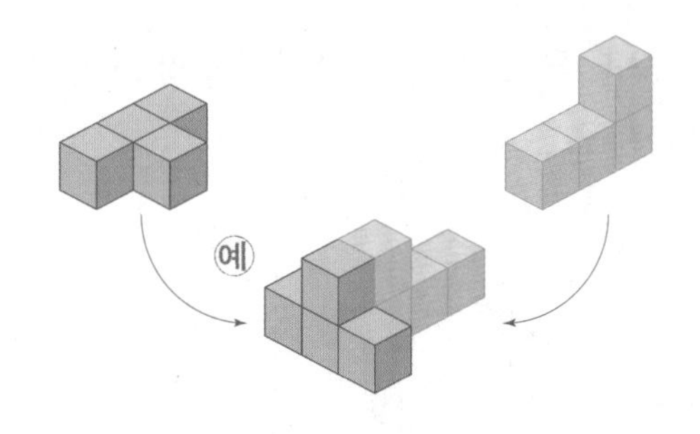

개념 확인하기

1 오른쪽 모양이 왼쪽 모양에 쌓기나무 1개를 더 붙여서 만든 모양이면 ○표, 아니면 ×표 하시오.

(1) 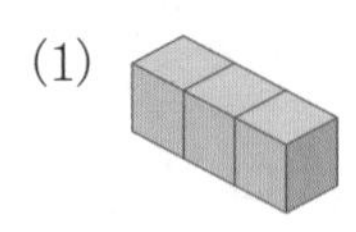 ➔ 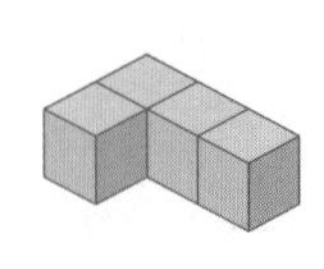

( )

(2) 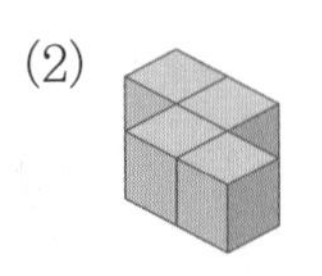 ➔ 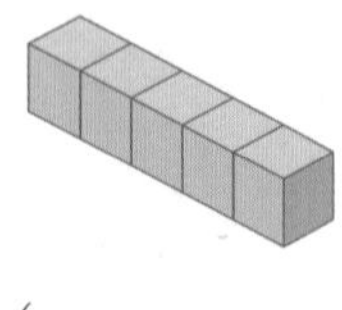

( )

(3) 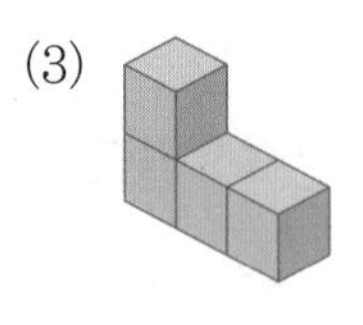 ➔ 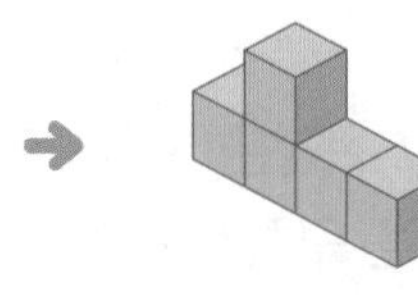

( )

2 쌓기나무를 각각 4개씩 붙여 만든 두 가지 모양을 사용하여 만든 새로운 모양이면 ○표, 아니면 ×표 하시오.

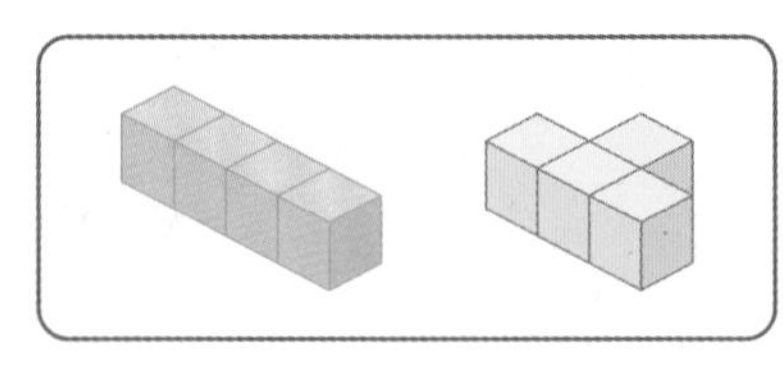

(1) 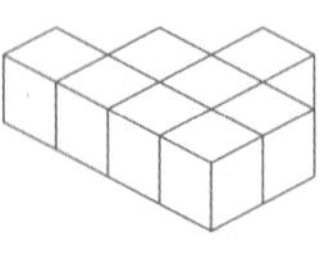

( )

(2) 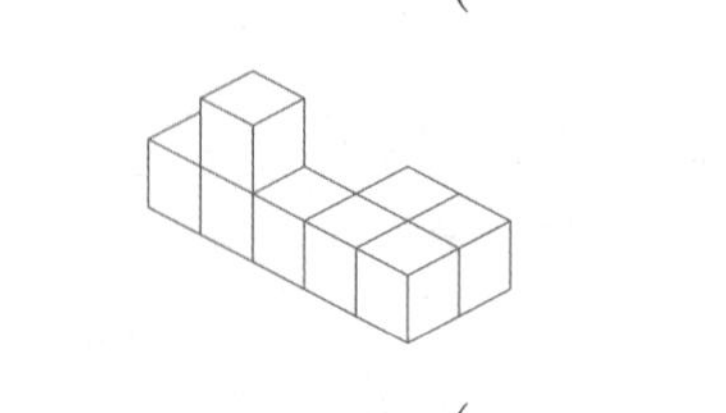

( )

개념 다지기

1 모양에 쌓기나무 1개를 더 붙여서 만들 수 있는 모양을 찾아 기호를 쓰시오.

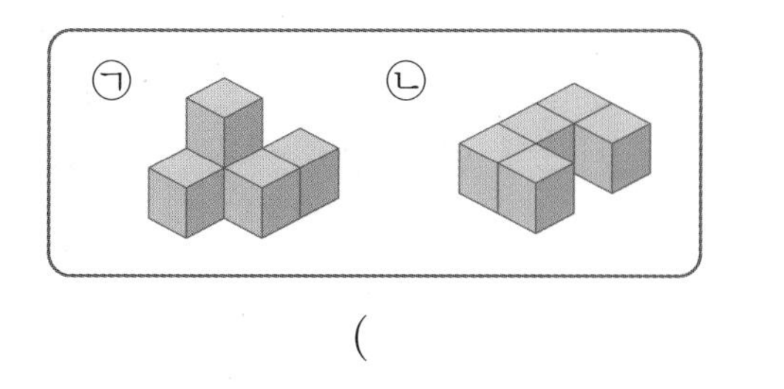

(　　　　　　　　)

2 |보기|의 모양은 어느 모양에 쌓기나무 1개를 더 붙여서 만든 것인지 기호를 쓰시오.

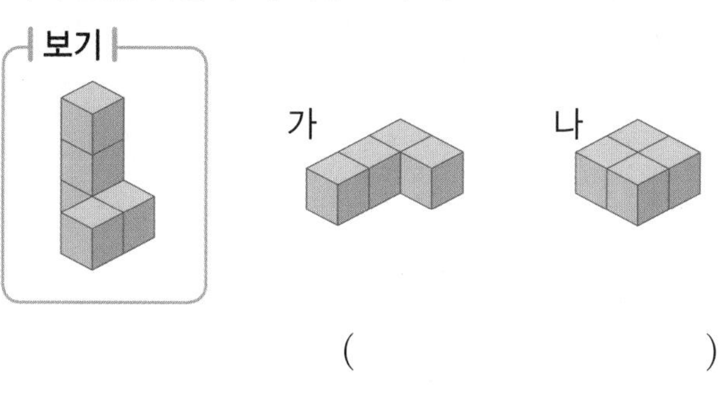

(　　　　　　　　)

3 쌓기나무 4개를 붙여서 만든 모양입니다. 서로 같은 모양끼리 선으로 이어 보시오.

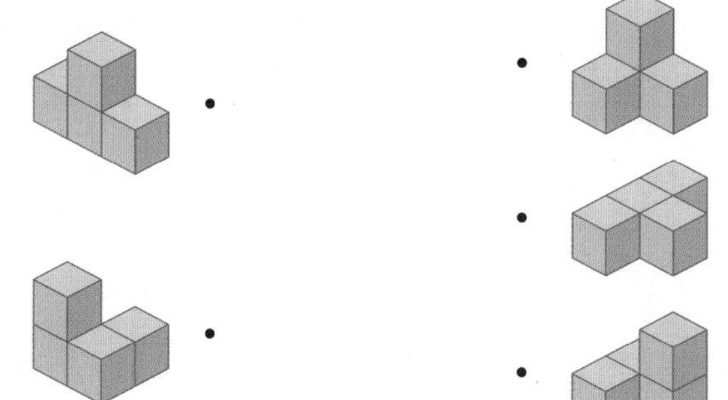

4 세라와 다영이가 가지고 있는 쌓기나무 모양을 연결하여 만들 수 있는 모양을 찾아 기호를 쓰시오.

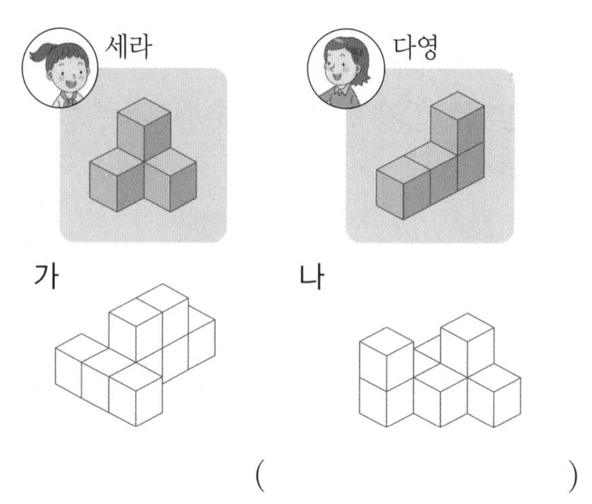

(　　　　　　　　)

5 쌓기나무를 각각 4개씩 붙여서 만든 모양 가, 나를 사용하여 새로운 모양을 만들었습니다. 나에 알맞은 모양을 찾아 기호를 쓰시오.

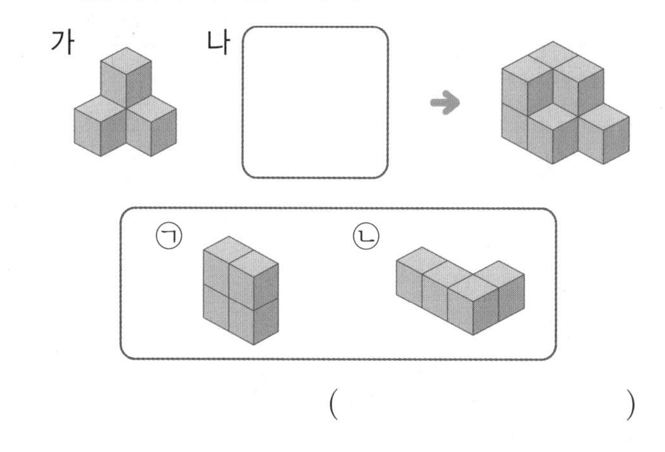

(　　　　　　　　)

6 쌓기나무를 각각 4개씩 붙여서 만든 두 가지 모양을 사용하여 새로운 모양을 만들었습니다. 어떻게 만들었는지 2가지 색으로 구분하여 색칠하시오.

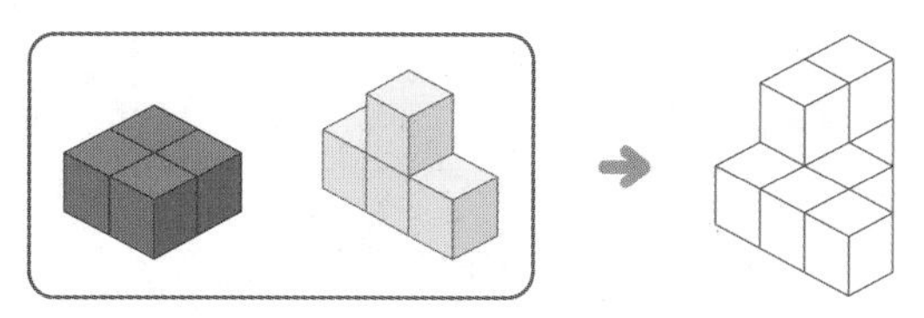

유형 4 위에서 본 모양에 수를 써넣고 개수 구하기

쌓기나무로 쌓은 모양을 위, 앞, 옆에서 본 모양입니다. 각 자리에 쌓은 쌓기나무의 개수를 쓰고, 똑같은 모양으로 쌓기 위해 필요한 쌓기나무는 몇 개인지 구하시오.

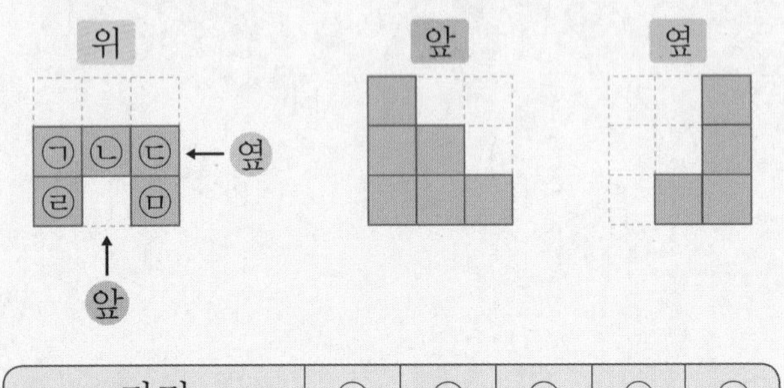

자리	㉠	㉡	㉢	㉣	㉤
쌓기나무의 개수	3				

( )

유형 코칭

• 위, 앞, 옆에서 본 모양을 보고 쌓기나무의 개수 구하기

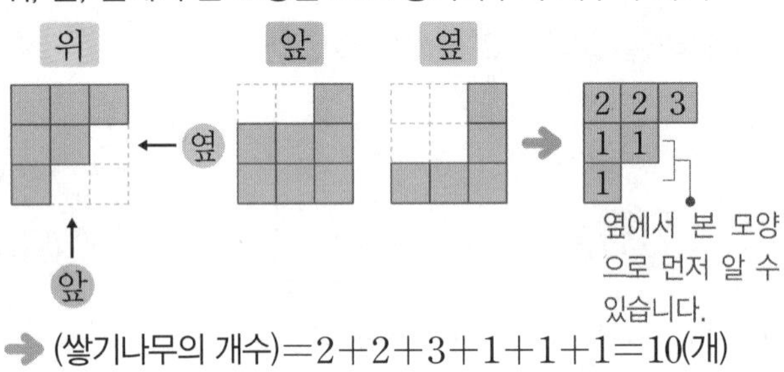

➔ (쌓기나무의 개수)$=2+2+3+1+1+1=10$(개)

1 쌓기나무로 쌓은 모양을 보고 위에서 본 모양에 수를 썼습니다. 관계있는 것끼리 선으로 이어 보시오.

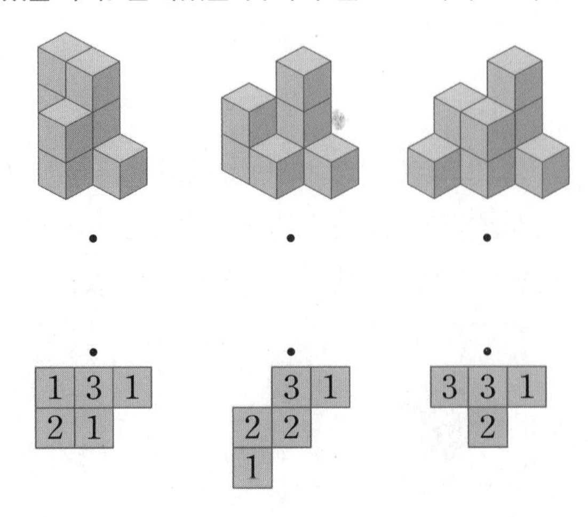

2 쌓기나무로 쌓은 모양과 위에서 본 모양입니다. 위에서 본 모양의 각 자리에 쌓은 쌓기나무의 개수를 써넣으시오.

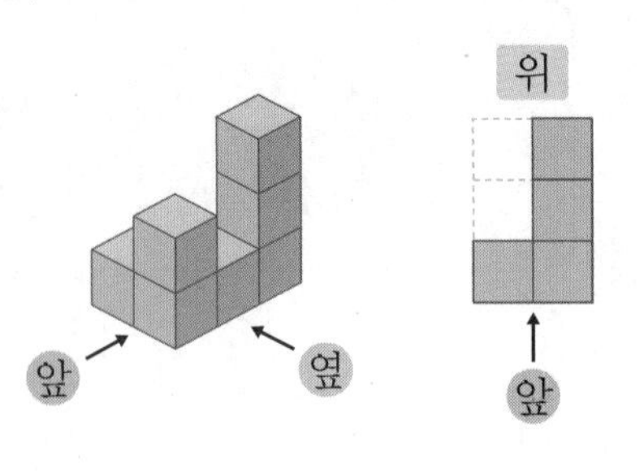

3 위 **2**의 쌓기나무 모양을 옆에서 본 모양을 그려 보시오.

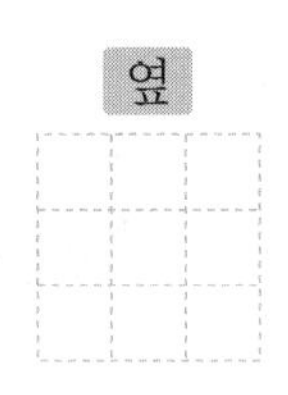

4 쌓기나무로 쌓은 모양을 위, 앞, 옆에서 본 모양입니다. 똑같은 모양으로 쌓는 데 필요한 쌓기나무는 몇 개입니까?

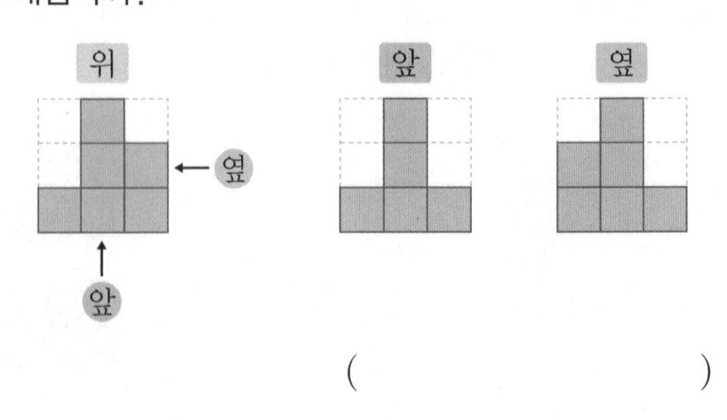

( )

유형 5 층별로 나타낸 모양을 보고 개수 구하기

쌓기나무로 쌓은 모양과 1층 모양을 보고 2층과 3층 모양을 각각 그려 보시오.

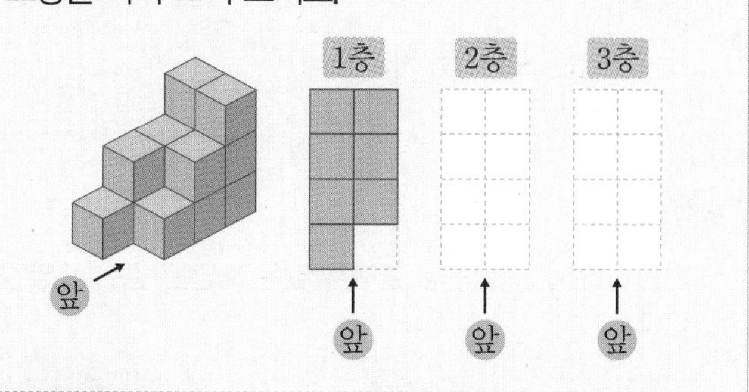

유형 코칭

- 쌓은 모양과 1층 모양을 보고 2층과 3층의 쌓기나무 모양 알아보기
  ① 2층 모양: 1층 모양의 위에 놓인 모양대로 색칠합니다.
  ② 3층 모양: 2층 모양의 위에 놓인 모양대로 색칠합니다.
  주의 아랫층의 색칠된 모눈 위치에 맞게 색칠해야 합니다.

[5~6] 쌓기나무로 쌓은 모양을 층별로 나타낸 모양을 보고 쌓은 모양을 찾아보시오.

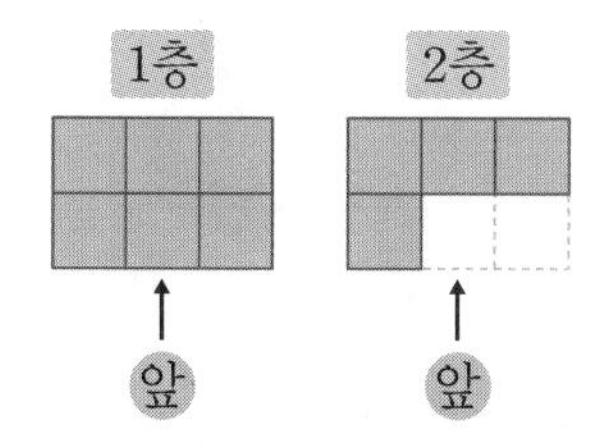

5 1층 모양이 맞는 것을 모두 찾아 기호를 쓰시오.

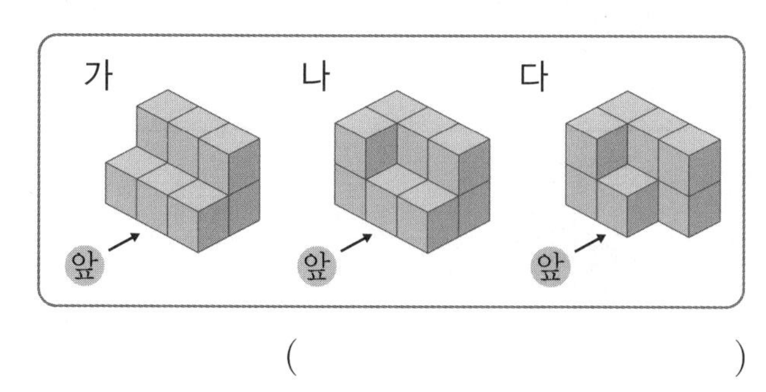

( )

6 위 **5**에서 찾은 모양 중 1층과 2층 모양이 모두 맞는 것을 찾아 기호를 쓰시오.

( )

7 쌓기나무로 쌓은 모양을 층별로 나타낸 모양입니다. 각 층에 있는 쌓기나무 개수를 알아보고, 똑같은 모양으로 쌓는 데 필요한 쌓기나무는 몇 개인지 구하시오.

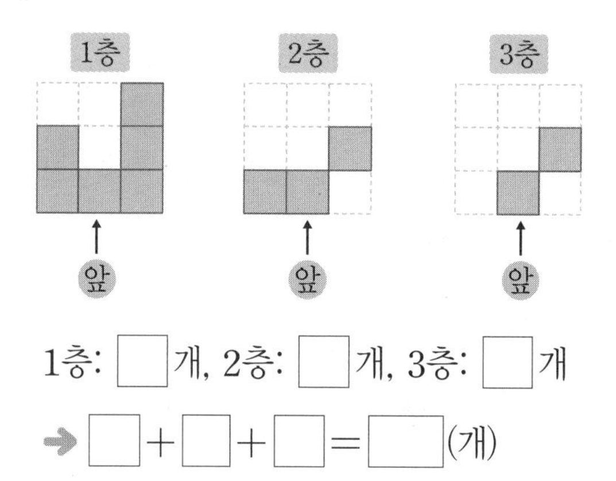

1층: □개, 2층: □개, 3층: □개

➜ □+□+□=□(개)

[8~9] 쌓기나무로 쌓은 모양을 층별로 나타낸 모양입니다. 물음에 답하시오.

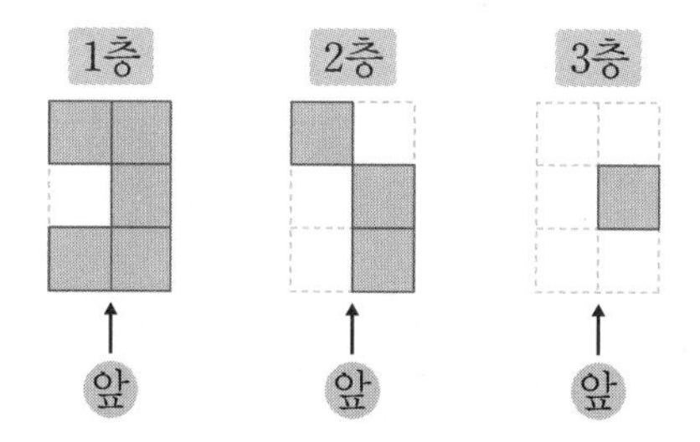

8 위에서 본 모양을 그리고, 각 자리에 쌓은 쌓기나무의 개수를 써넣으시오.

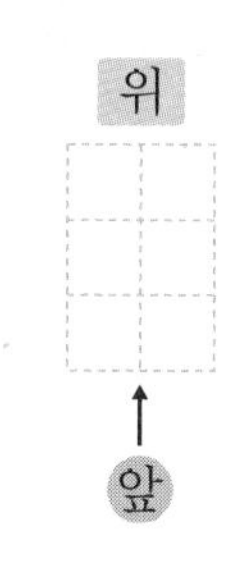

9 똑같은 모양으로 쌓는 데 필요한 쌓기나무는 몇 개입니까?

( )

10 1층 모양이 오른쪽과 같을 때 2층에 올 수 있는 모양을 찾아 ○표 하시오.

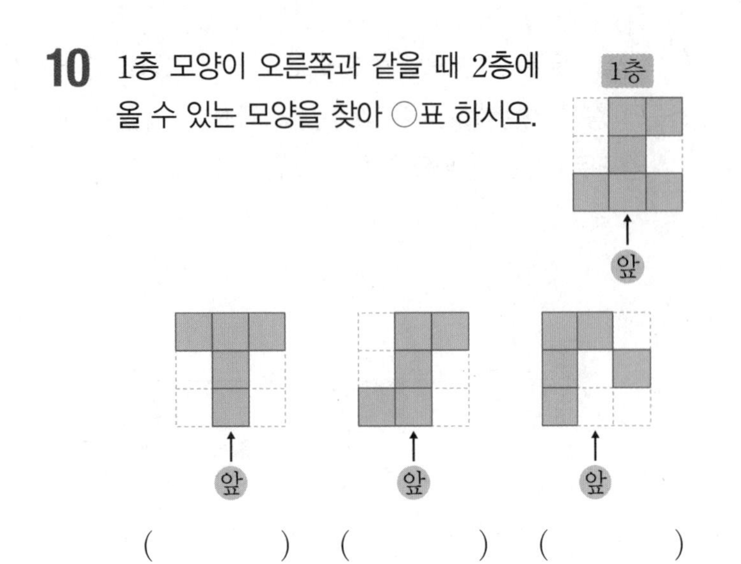

( ) ( ) ( )

[11~12] 쌓기나무로 쌓은 모양을 층별로 나타낸 모양을 보고 물음에 답하시오.

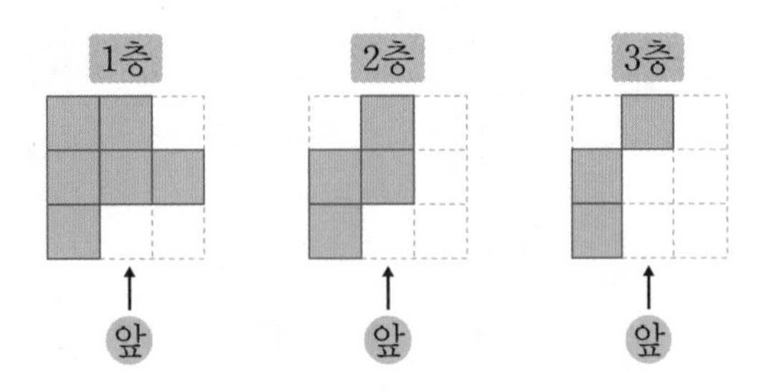

11 앞에서 본 모양을 그려 보시오.

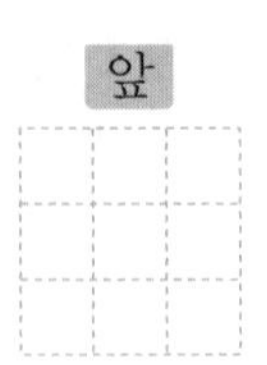

12 똑같은 모양으로 쌓는 데 필요한 쌓기나무는 몇 개입니까?

( )

유형 6 어떤 모양에 쌓기나무 1개를 더 붙여 만들 수 있는 모양의 개수 구하기

모양에 쌓기나무 1개를 더 붙여서 만들 수 있는 모양은 모두 몇 가지입니까?

( )

유형 코칭

• 만든 모양을 뒤집거나 돌려서 같은 모양은 같은 모양입니다.

[13~14] 친구들이 만든 |보기|의 모양에 쌓기나무 1개를 더 붙여서 만들 수 있는 모양을 모두 찾아 ○표 하시오.

13

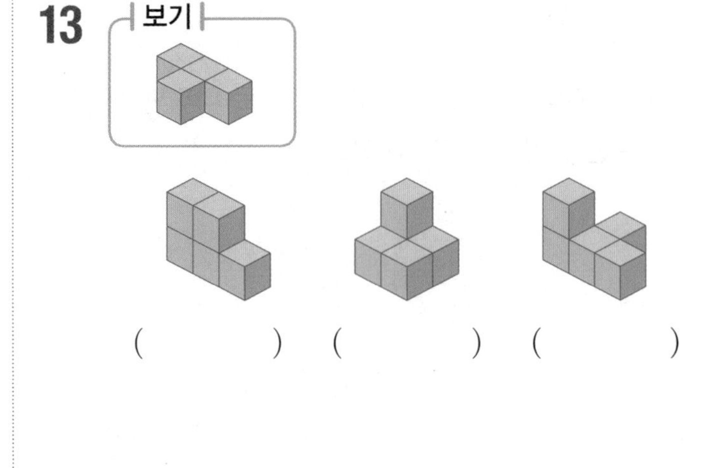

( ) ( ) ( )

14

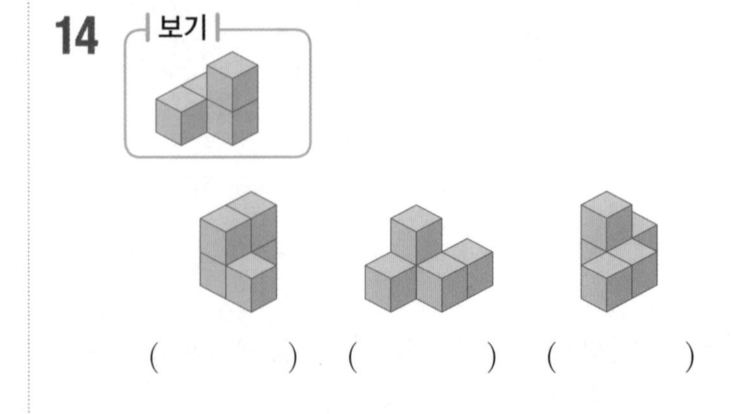

( ) ( ) ( )

15 왼쪽 모양에 쌓기나무 1개를 더 붙여서 오른쪽 모양을 만들었습니다. 어느 곳에 붙였는지 기호를 쓰시오.

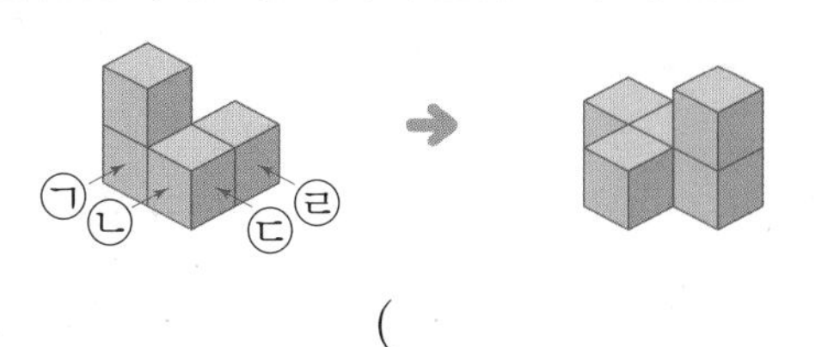

( )

16 뒤집거나 돌렸을 때 나머지 넷과 모양이 다른 것은 어느 것입니까? .... ( )

① 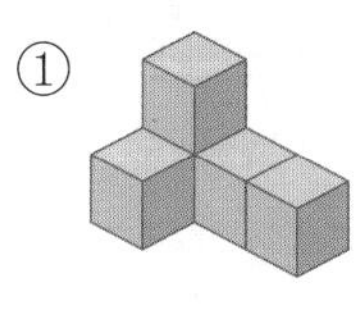

② 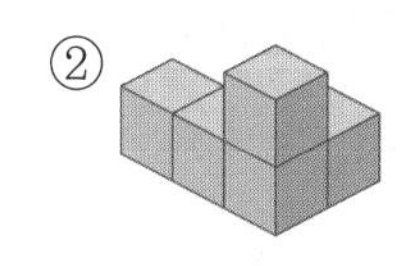

③ 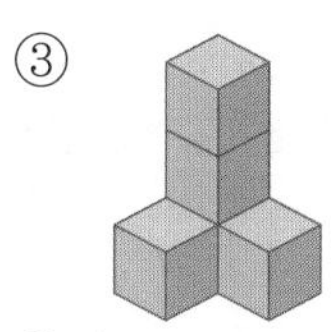

④ 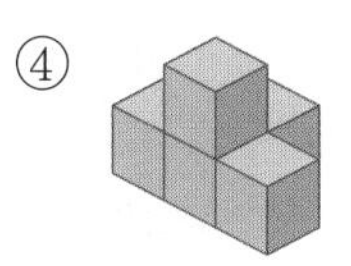

⑤ 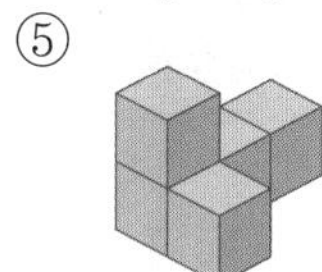

17 뒤집거나 돌렸을 때 같은 모양인 것끼리 선으로 이어 보시오.

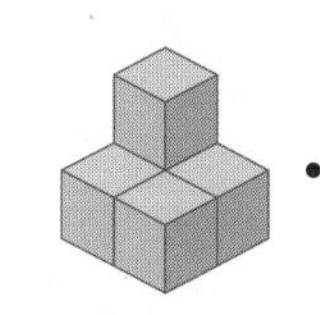 • • 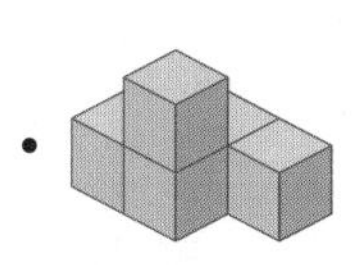

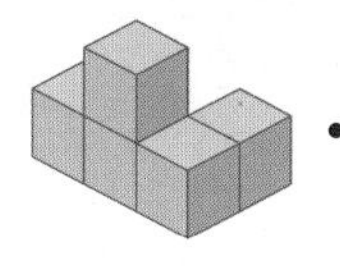 • • 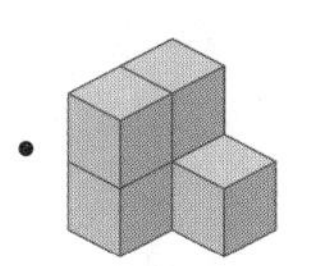

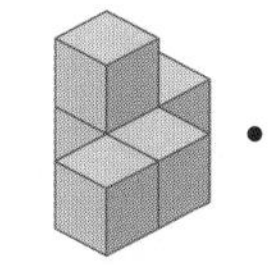 • • 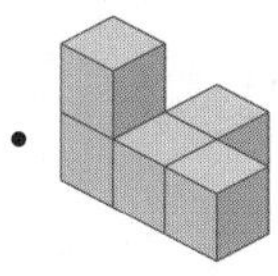

유형 7 두 가지 모양으로 다양한 모양 만들기

쌓기나무를 4개씩 붙여서 만든 두 가지 모양으로 오른쪽의 새로운 모양을 만들었습니다. 사용한 두 가지 모양에 ○표 하시오.

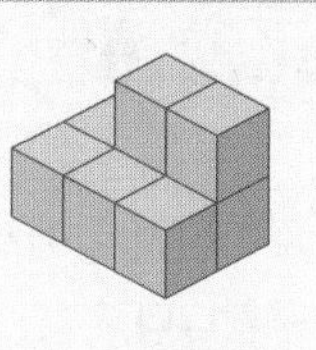

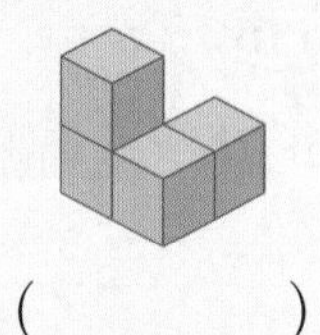 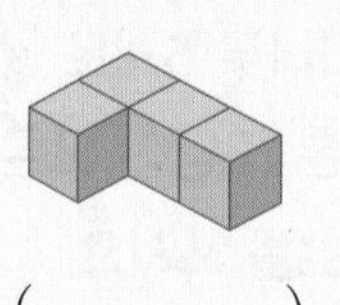 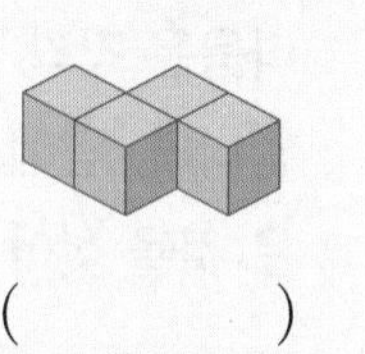

( ) ( ) ( )

유형 코칭

- 주어진 쌓기나무 모양을 연결하여 여러 가지 모양 만들기
  (1) 주어진 모양을 그대로 연결합니다.
  (2) 주어진 모양을 뒤집거나 돌려서 연결합니다.

18 유진이와 승우는 쌓기나무를 4개씩 붙여서 만든 두 가지 모양을 사용하여 새로운 모양을 만들었습니다. 왼쪽의 두 가지 모양을 사용한 사람은 누구입니까?

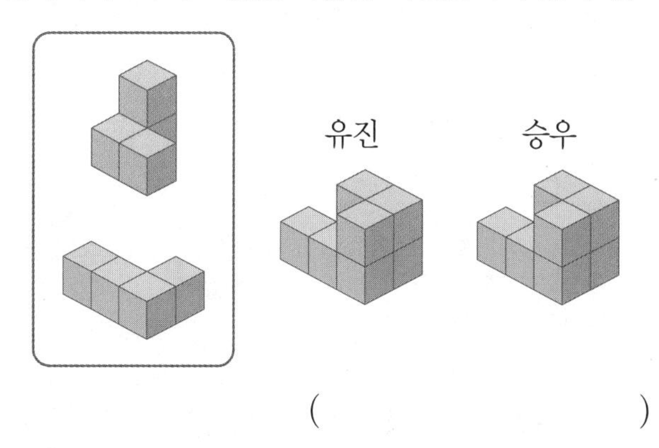

( )

창의·융합

19 쌓기나무 모양 2가지를 연결하여 다음과 같은 모양을 만들었습니다. 어떻게 만들었는지 구분하여 색칠하시오.

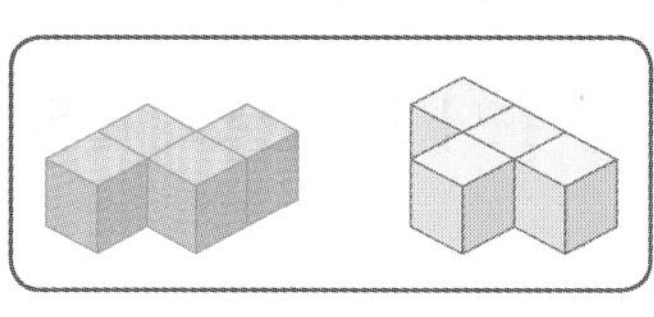

(1) 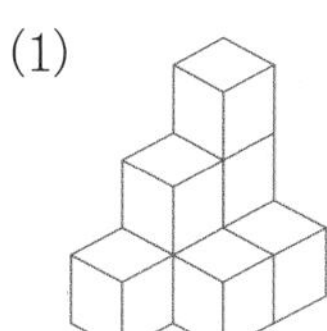

(2) 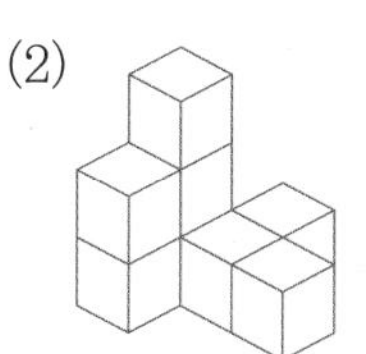

2 STEP 응용 유형의 힘

응용 유형 1 한 방향에서 본 모양을 보고 쌓은 모양 찾기

신의 한수

주어진 방향에서 각 줄에 몇 층까지 쌓았는지 알아보고 답을 구합니다.

1 다음은 각각 쌓기나무 6개로 쌓은 모양입니다. 앞에서 본 모양이 오른쪽과 같은 것을 찾아 기호를 쓰시오.

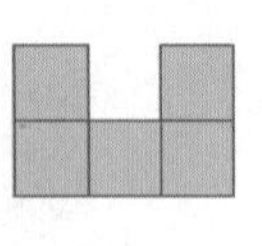

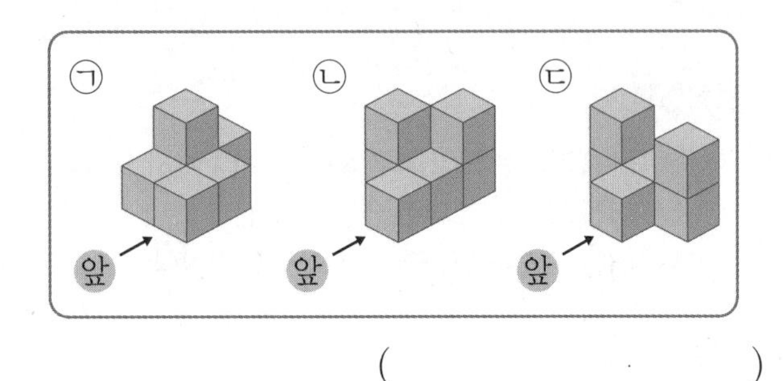

(　　　　　　　　)

[2~3] 다음은 각각 쌓기나무 7개로 쌓은 모양입니다. 물음에 답하시오.

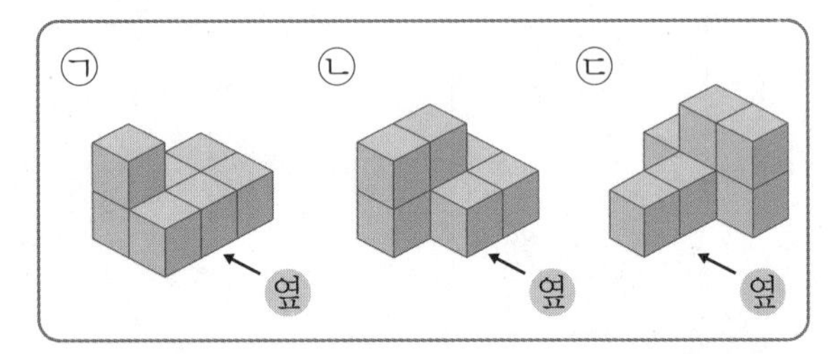

2 옆에서 본 모양이 오른쪽과 같은 것을 찾아 기호를 쓰시오.

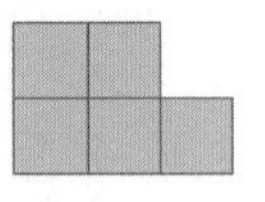

(　　　　　　　　)

3 옆에서 본 모양이 오른쪽과 같은 것을 찾아 기호를 쓰시오.

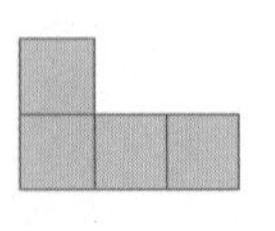

(　　　　　　　　)

응용 유형 2 구멍이 있는 상자에 들어갈 수 있는 쌓기나무 모양 찾기

신의 한수

쌓기나무 모양을 뒤집고 돌려 가며 구멍의 모양에 들어가는지 생각해 봅니다.

예 구멍의 모양이 　　 일 때

　　 모양들은 돌려서 들어갈 수 있습니다.

[4~5] 구멍이 있는 상자에 넣을 수 있는 모양을 모두 찾아 기호를 쓰시오.

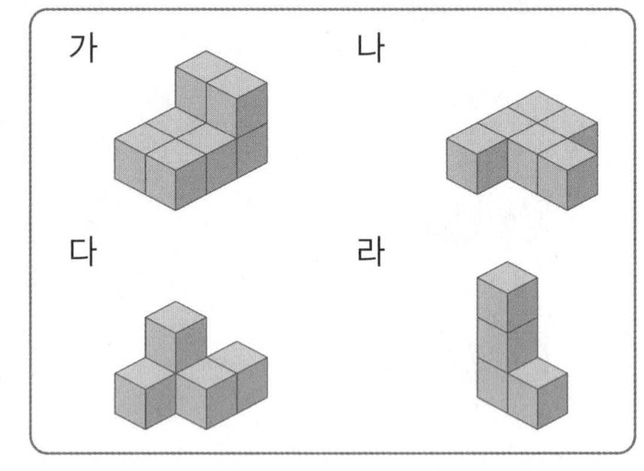

4

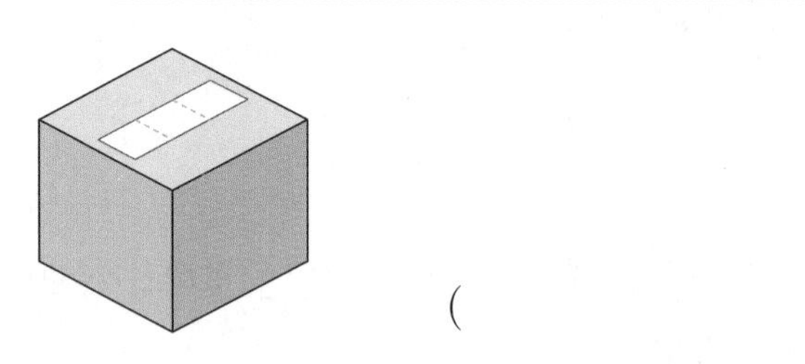

(　　　　　　　　)

5

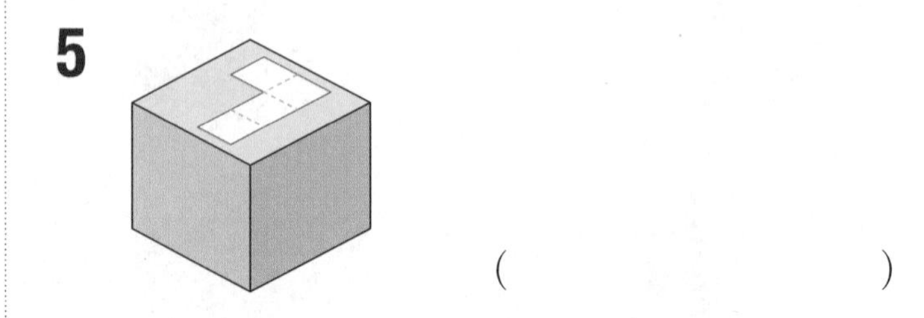

(　　　　　　　　)

응용 유형 3 위에서 본 모양에 써넣은 수를 보고 층별 쌓기나무의 개수 구하기

신의 한수

각 칸에 있는 수는 그 칸 위에 쌓아 올린 쌓기나무의 개수입니다.

- 1층에 쌓인 쌓기나무의 개수는 칸의 수와 같습니다.
- 2층에 쌓인 쌓기나무의 개수는 수가 2 이상인 칸의 수와 같습니다.

예

1	③	
②	②	1

1층에 쌓인 쌓기나무의 개수: 5개
2층에 쌓인 쌓기나무의 개수: 3개 → ○표 한 칸의 수
3층에 쌓인 쌓기나무의 개수: 1개 → △표 한 칸의 수

6 쌓기나무로 쌓은 모양을 위에서 본 모양에 수를 썼습니다. 1층에 쌓은 쌓기나무는 몇 개입니까?

2		
3	2	
	1	3

( )

7 쌓기나무로 쌓은 모양을 위에서 본 모양에 수를 썼습니다. 2층에 쌓은 쌓기나무는 몇 개입니까?

		1	
		3	2
2	3	1	

( )

8 쌓기나무로 쌓은 모양을 위에서 본 모양에 수를 썼습니다. 3층에 쌓은 쌓기나무는 몇 개입니까?

		1	
4	1	2	
	3	2	2

( )

응용 유형 4 두 가지 모양을 이어 붙여서 만들 수 있는 모양 찾기

신의 한수

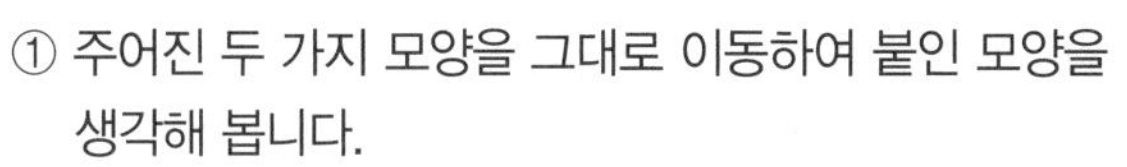

① 주어진 두 가지 모양을 그대로 이동하여 붙인 모양을 생각해 봅니다.
② ①에서 붙인 모양을 뒤집거나 돌려 봅니다.
③ ①, ②에서 찾은 모양이 없으면 각 모양을 돌리거나 뒤집어 가며 붙인 모양을 찾아봅니다.

9 쌓기나무 4개를 붙여서 만든 두 가지 모양을 사용해 만들 수 있는 모양을 찾아 기호를 쓰시오.

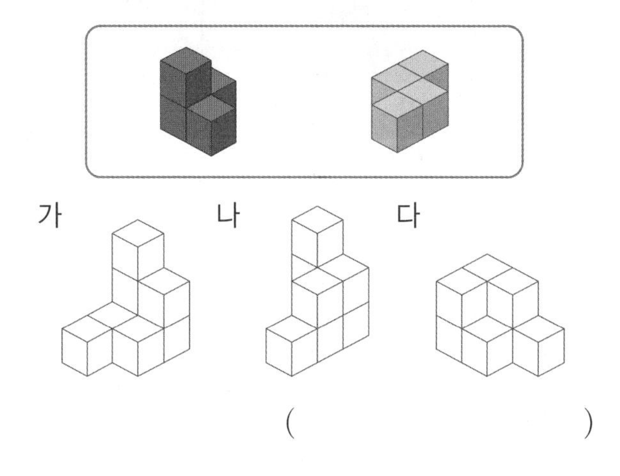

( )

10 쌓기나무 4개를 붙여서 만든 두 가지 모양을 사용해 만들 수 있는 모양을 찾아 기호를 쓰시오.

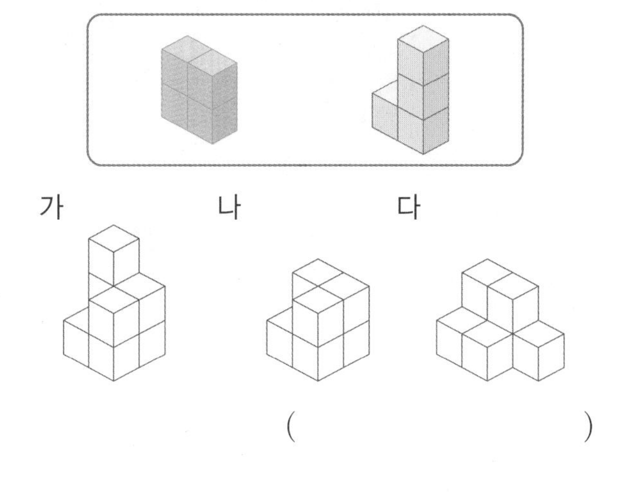

( )

응용 유형 5 옆에서 본 모양을 2가지 그리기

신의 한수

보이지 않는 부분에 쌓기나무를 몇 개 쌓을 수 있는지 알아보고 가능한 모양을 그려 봅니다.

[11~12] 쌓기나무로 쌓은 모양과 위에서 본 모양입니다. 주어진 모양과 똑같이 쌓을 때 옆에서 본 모양으로 가능한 모양을 2가지 그려 보시오.

11

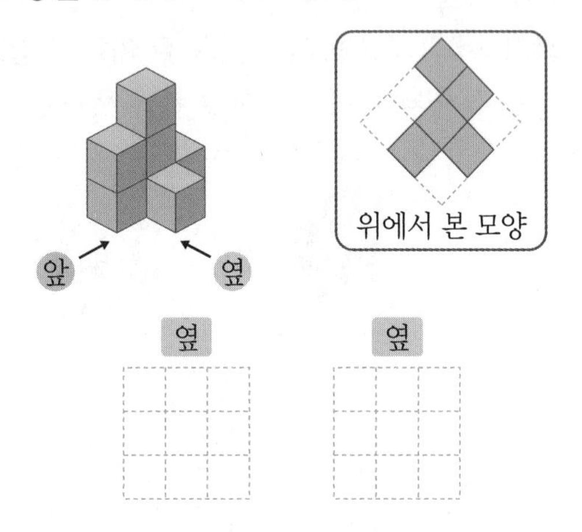

12

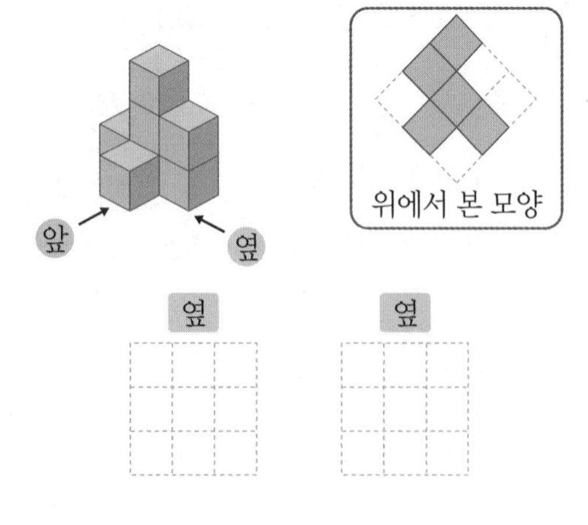

응용 유형 6 남거나 더 필요한 쌓기나무의 수 구하기

신의 한수

(남은 쌓기나무의 개수)
=(처음에 가지고 있던 쌓기나무의 개수)
−(사용한 쌓기나무의 개수)

13 경수가 쌓은 쌓기나무 모양과 위에서 본 모양입니다. 유나가 쌓기나무 13개를 가지고 경수가 쌓은 모양과 똑같이 쌓으면 쌓기나무는 몇 개 남습니까?

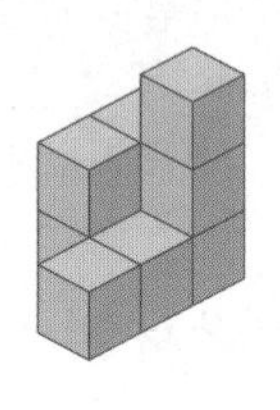

(　　　　　　　　)

14 선주가 쌓은 쌓기나무 모양과 위에서 본 모양입니다. 지석이가 쌓기나무 16개를 가지고 선주가 쌓은 모양과 똑같이 쌓으면 쌓기나무는 몇 개 남습니까?

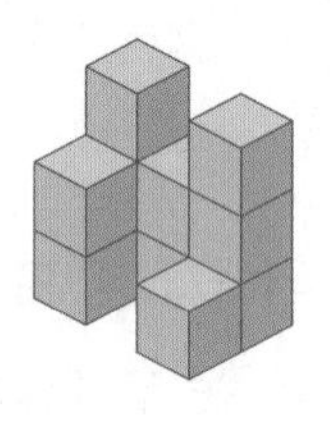

(　　　　　　　　)

15 세희가 쌓은 쌓기나무 모양과 위에서 본 모양입니다. 현성이는 쌓기나무 8개를 가지고 있습니다. 세희가 쌓은 모양과 똑같이 쌓기 위해서는 쌓기나무가 몇 개 더 필요합니까?

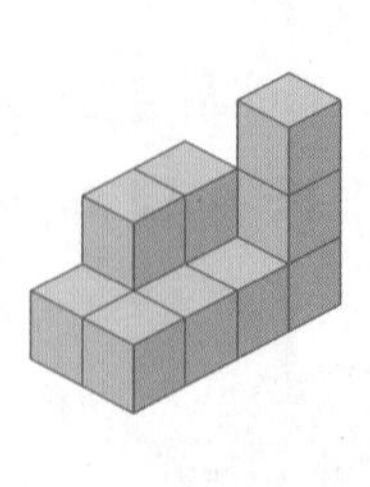

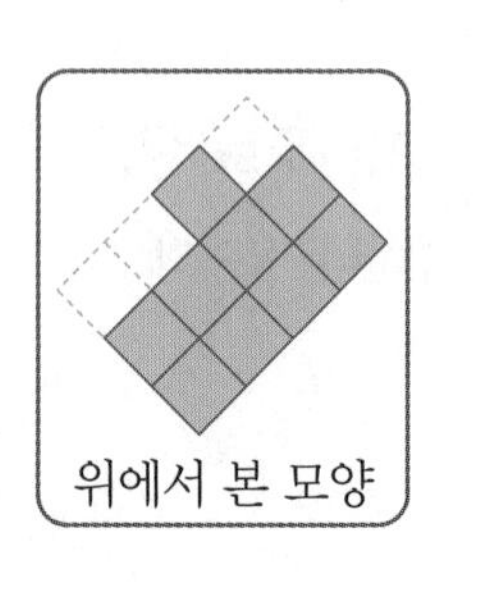

(　　　　　　　　)

응용 유형 7 쌓기나무를 1개 더 붙인 모양의 수 구하기

신의 한수
- 뒤집거나 돌렸을 때 같은 모양인 것은 1가지로 세어야 합니다.
- 빠뜨리지 않고 1개를 더 붙이려면 붙이는 위치에 규칙이 있어야 합니다.

16 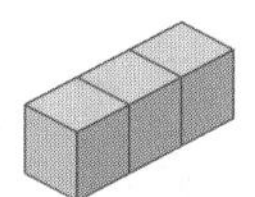 모양에 쌓기나무 1개를 더 붙여서 만들 수 있는 서로 다른 모양은 모두 몇 가지입니까?

(　　　　　　　　)

17 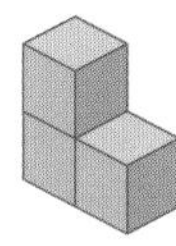 모양에 쌓기나무 1개를 더 붙여서 만들 수 있는 서로 다른 모양은 모두 몇 가지입니까?

(　　　　　　　　)

18 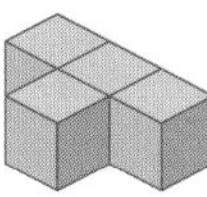 모양에 쌓기나무 1개를 더 붙여서 1층짜리 모양을 만들려고 합니다. 서로 다른 모양은 모두 몇 가지입니까?

(　　　　　　　　)

응용 유형 8 최소, 최대 쌓기나무의 개수 구하기

신의 한수
- 위, 앞, 옆에서 본 모양으로 최소, 최대 쌓기나무의 개수 알아보기
  ① 앞과 옆에서 본 모양을 보고 위에서 본 모양의 각 자리에 정확히 알 수 있는 쌓기나무의 개수를 써넣습니다.
  ② ①에서 수를 쓰고 남은 자리에 쌓을 수 있는 최소, 최대 쌓기나무의 개수를 알아봅니다.
  ➔ 각 자리에 쌓을 수 있는 최소 쌓기나무의 개수는 1개입니다.
  ③ 최소, 최대 쌓기나무의 개수를 구합니다.

19 쌓기나무로 쌓은 모양을 위, 앞, 옆에서 본 모양입니다. 쌓기나무의 개수가 가장 적은 경우와 가장 많은 경우는 각각 몇 개인지 차례로 쓰시오.

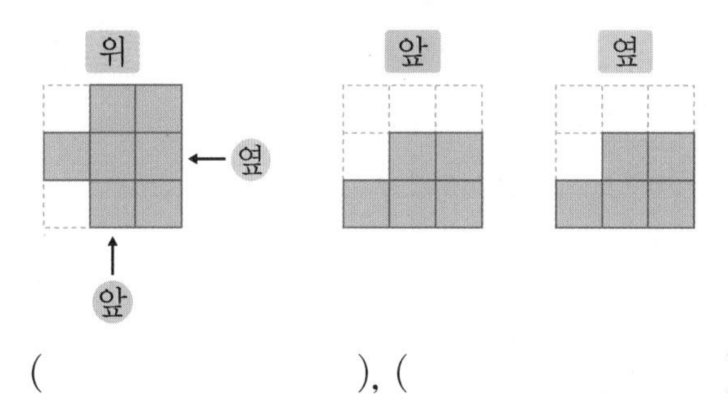

(　　　　　　　), (　　　　　　　)

20 쌓기나무로 쌓은 모양을 위, 앞, 옆에서 본 모양입니다. 쌓기나무의 개수가 가장 적은 경우와 가장 많은 경우는 각각 몇 개인지 차례로 쓰시오.

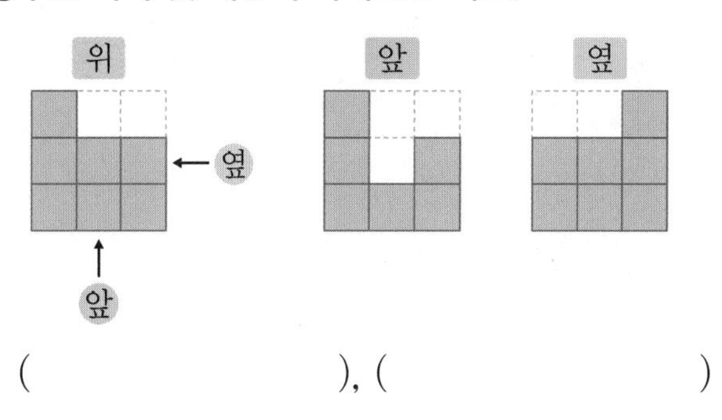

(　　　　　　　), (　　　　　　　)

문제 해결력 **서술형**

1-1 쌓기나무로 쌓은 모양을 위에서 본 모양에 수를 썼습니다. 앞에서 본 모양에는 쌓기나무가 몇 개 보입니까?

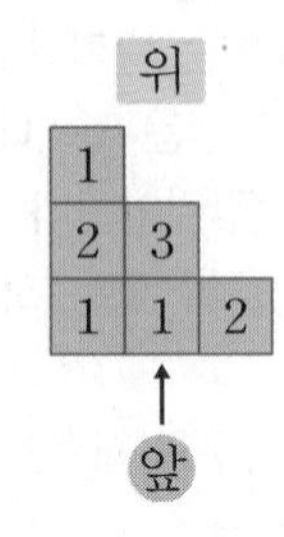

(1) 앞에서 볼 때 왼쪽부터 차례로 가장 큰 수를 쓰시오.

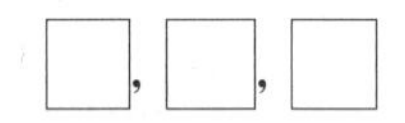

(2) 앞에서 본 모양에는 쌓기나무가 몇 개 보입니까?

( )

바로 쓰는 **서술형**

1-2 쌓기나무로 쌓은 모양을 위에서 본 모양에 수를 썼습니다. 앞에서 본 모양에는 쌓기나무가 몇 개 보이는지 풀이 과정을 쓰고 답을 구하시오. [5점]

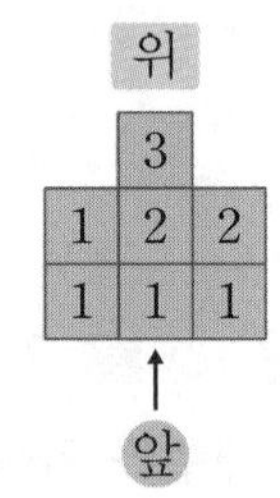

답

문제 해결력 **서술형**

2-1 쌓기나무로 쌓은 모양을 위, 앞, 옆에서 본 모양을 보고 똑같이 쌓으려고 합니다. 쌓기나무가 7개 있다면 더 필요한 쌓기나무는 몇 개입니까?

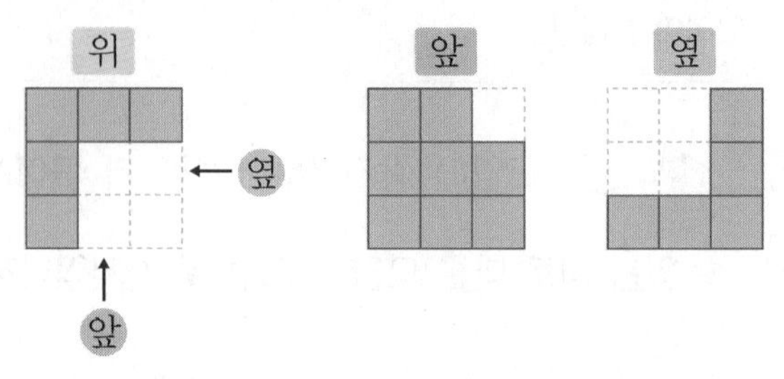

(1) 똑같이 쌓으려면 쌓기나무는 모두 몇 개 있어야 합니까?

( )

(2) 쌓기나무가 7개 있다면 더 필요한 쌓기나무는 몇 개입니까?

( )

바로 쓰는 **서술형**

2-2 쌓기나무로 쌓은 모양을 위, 앞, 옆에서 본 모양을 보고 똑같이 쌓으려고 합니다. 쌓기나무가 6개 있다면 더 필요한 쌓기나무는 몇 개인지 풀이 과정을 쓰고 답을 구하시오. [5점]

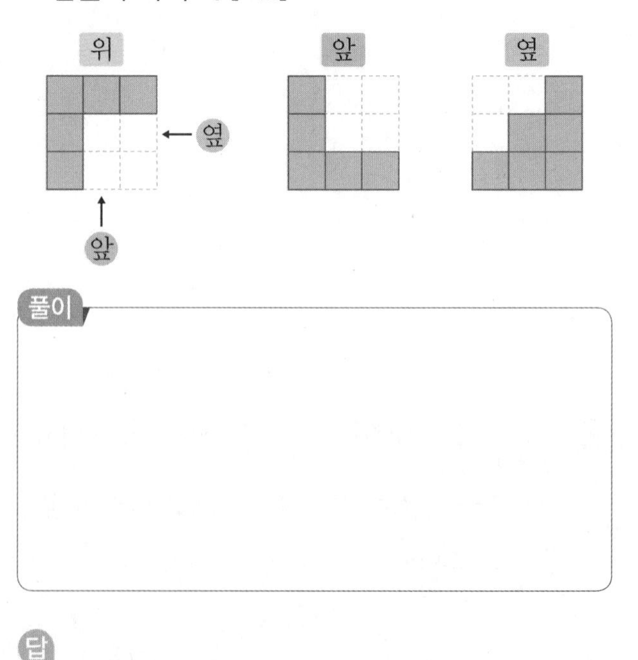

답

문제 해결력 **서술형**

3-1 쌓기나무로 쌓은 모양을 위와 앞에서 본 모양입니다. 옆에서 본 모양을 그려 보시오.

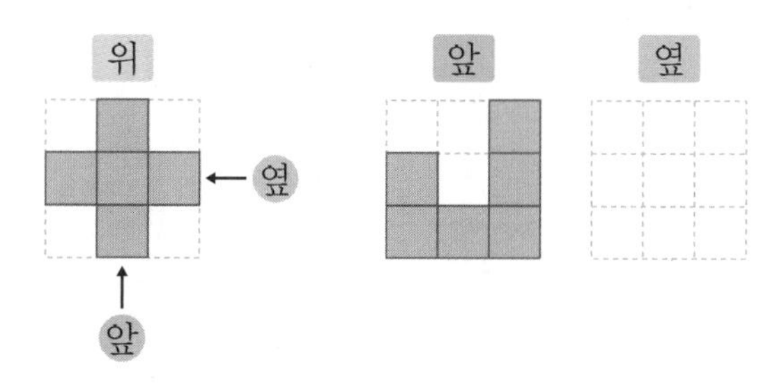

(1) 오른쪽은 위에서 본 모양입니다. 각 자리에 쌓은 쌓기나무의 개수를 써넣으시오.

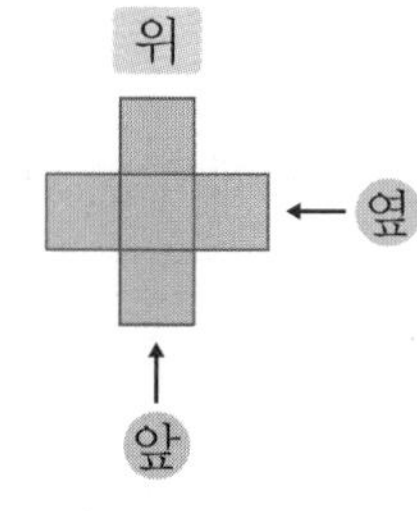

(2) 옆에서 본 모양을 위 그림에 그려 보시오.

바로 쓰는 **서술형**

3-2 쌓기나무로 쌓은 모양을 위와 앞에서 본 모양입니다. 옆에서 본 모양을 그리는 풀이 과정을 쓰고 다음 그림에 그려 보시오. [5점]

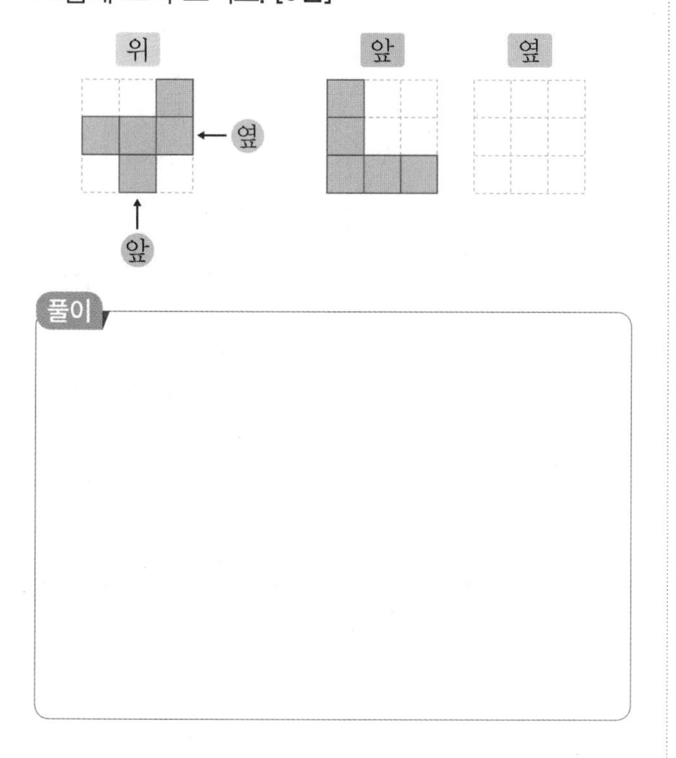

문제 해결력 **서술형**

4-1 쌓기나무를 7개씩 사용하여 쌓은 가와 나의 모양은 서로 다릅니다. 조건에 만족하도록 쌓았을 때 위에서 본 모양에 수를 쓰는 방법으로 나타내시오.

> 조건
> - 위에서 본 모양이 서로 같습니다.
> - 앞에서 본 모양이 서로 같습니다.
> - 옆에서 본 모양이 서로 같습니다.

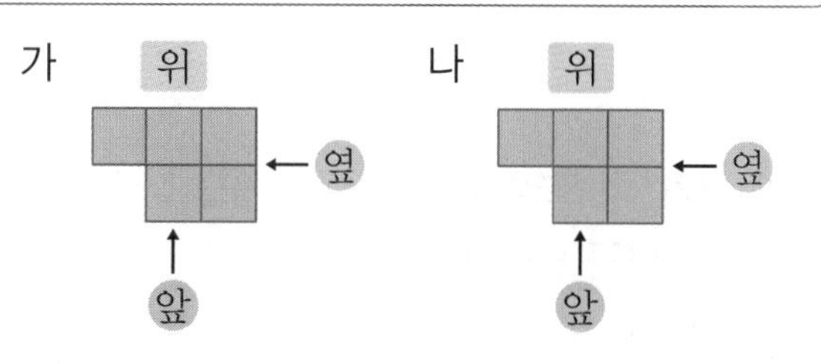

(1) 1층과 2층에 쌓은 쌓기나무는 각각 몇 개입니까?

1층 (   ), 2층 (   )

(2) 위 그림에 쌓기나무를 쌓은 모양을 위에서 본 모양에 수를 쓰는 방법으로 나타내시오.

바로 쓰는 **서술형**

4-2 쌓기나무를 8개씩 사용하여 쌓은 가와 나의 모양은 서로 다릅니다. 조건에 만족하도록 쌓았을 때 위에서 본 모양에 수를 쓰는 방법으로 풀이 과정을 쓰고 그림에 나타내시오. [5점]

> 조건
> - 위에서 본 모양이 서로 같습니다.
> - 앞에서 본 모양이 서로 같습니다.
> - 옆에서 본 모양이 서로 같습니다.

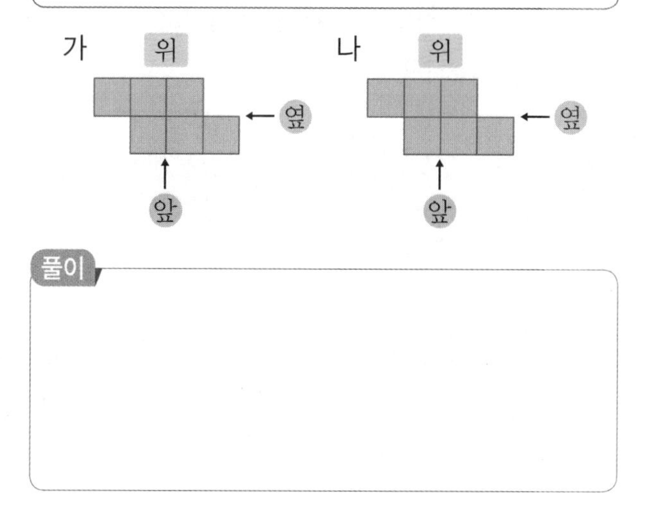

1 오른쪽과 같은 건물을 위에서 사진을 찍었을 때 가능한 사진을 찾아 ○표 하시오.

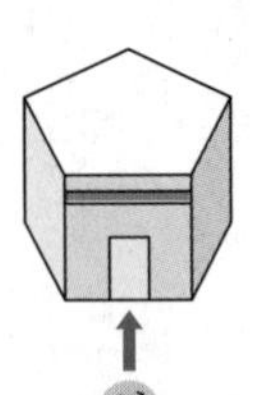

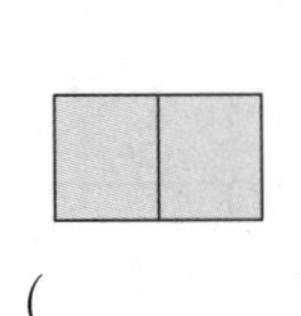 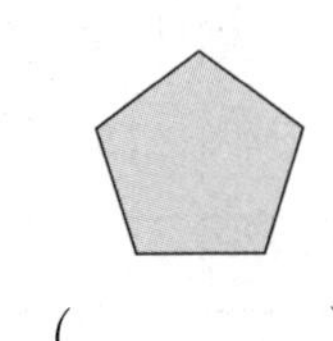 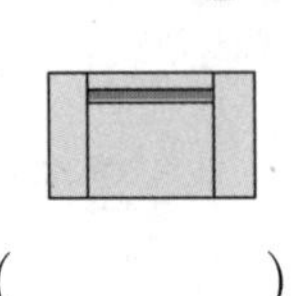

( ) ( ) ( )

2 |보기|의 모양에 쌓기나무 1개를 더 붙여서 만들 수 있는 모양을 찾아 ○표 하시오.

|보기|

 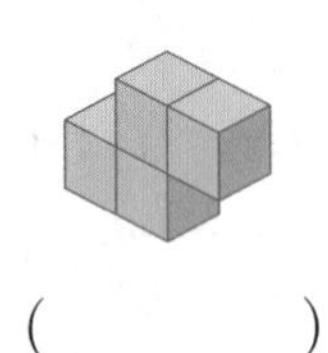 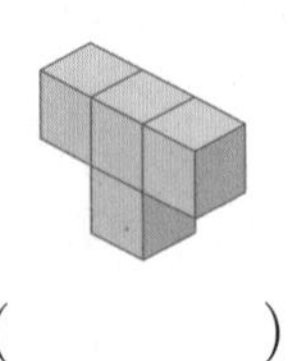

( ) ( )

3 오른쪽의 쌓기나무로 쌓은 모양을 보고 옆에서 본 모양을 찾아 ○표 하시오.

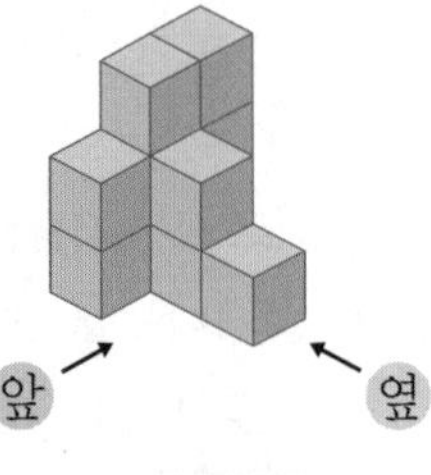

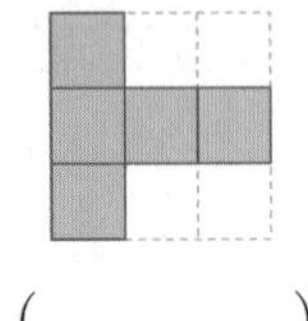 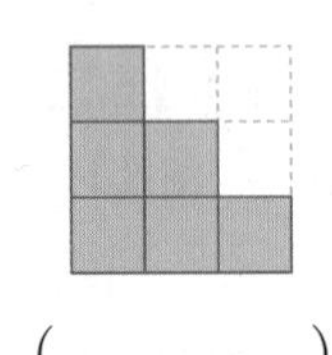 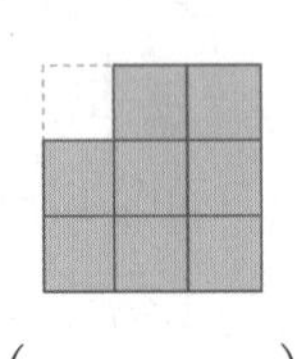

( ) ( ) ( )

4 쌓기나무로 쌓은 모양을 위에서 본 모양의 각 자리에 쌓기나무의 수를 써넣고, 쌓기나무는 모두 몇 개인지 구하시오.

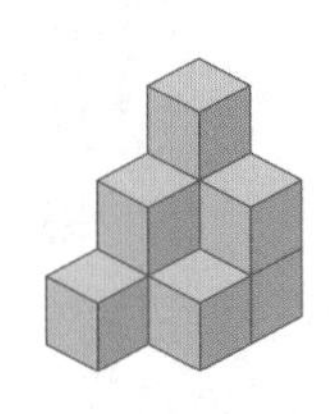

위에서 본 모양

자리	㉠	㉡	㉢	㉣	㉤
쌓기나무의 개수	3	2			1

( )

[5~6] 쌓기나무로 쌓은 모양과 위에서 본 모양입니다. 물음에 답하시오.

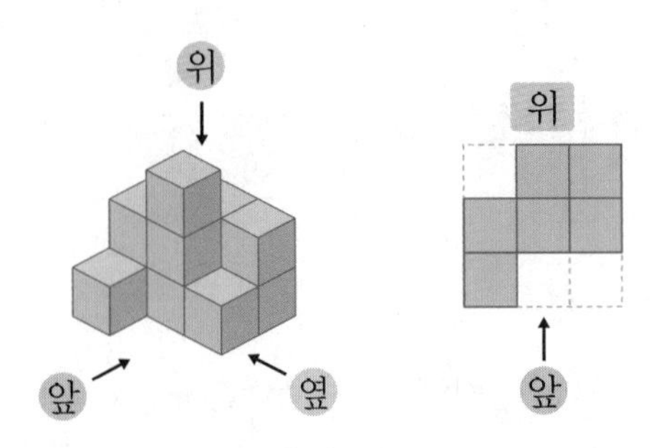

5 앞에서 본 모양을 그려 보시오.

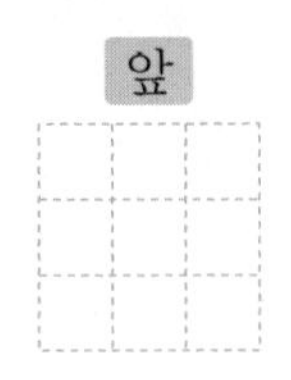

6 옆에서 본 모양을 그려 보시오.

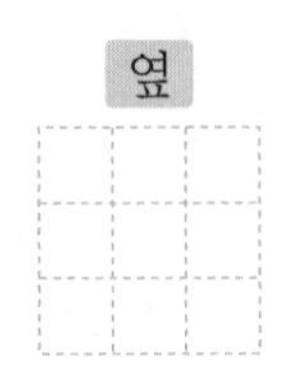

7 오른쪽은 쌓기나무로 쌓은 모양을 보고 위에서 본 모양에 수를 쓴 것입니다. 관계있는 모양을 찾아 기호를 쓰시오.

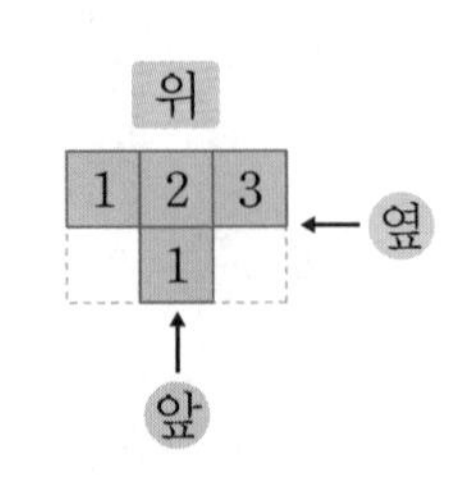

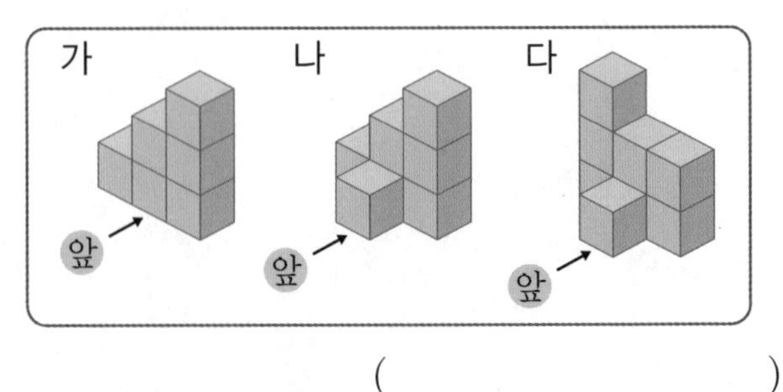

( )

[8~9] 쌓기나무로 쌓은 모양을 위, 앞, 옆에서 본 모양입니다. 물음에 답하시오.

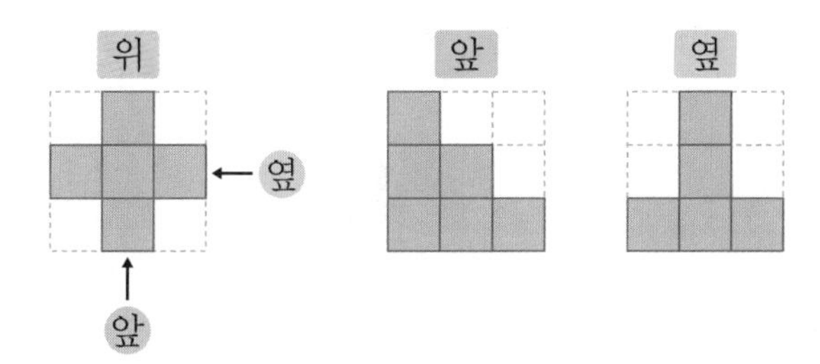

8 1층에는 쌓기나무가 몇 개 있습니까?

( )

9 똑같은 모양으로 쌓는 데 필요한 쌓기나무는 몇 개입니까?

( )

10 오른쪽 모양은 쌓기나무를 4개씩 붙여서 만든 두 가지 모양을 사용하여 만든 것입니다. 두 가지 모양을 찾아 기호를 쓰시오.

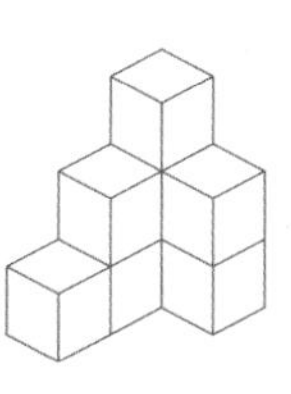

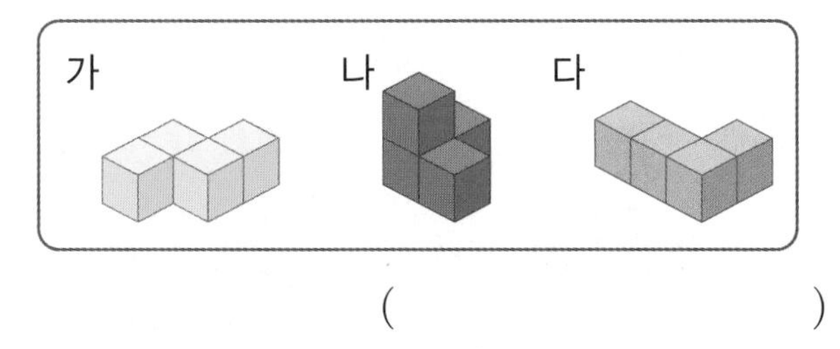

( )

11 쌓기나무로 쌓은 모양과 1층 모양을 보고 2층과 3층 모양을 각각 그려 보시오.

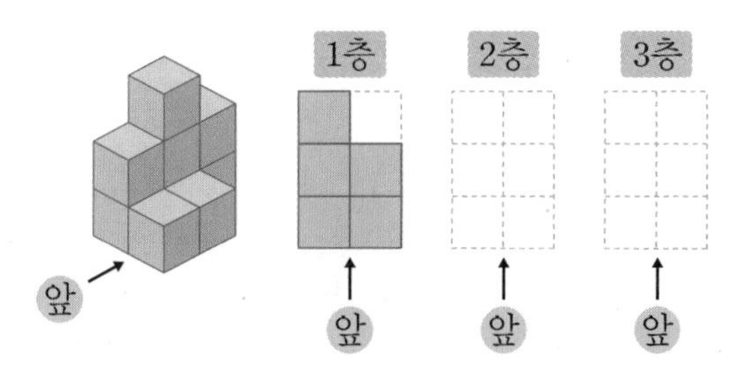

[12~13] 쌓기나무로 쌓은 모양을 층별로 나타낸 모양을 보고 물음에 답하시오.

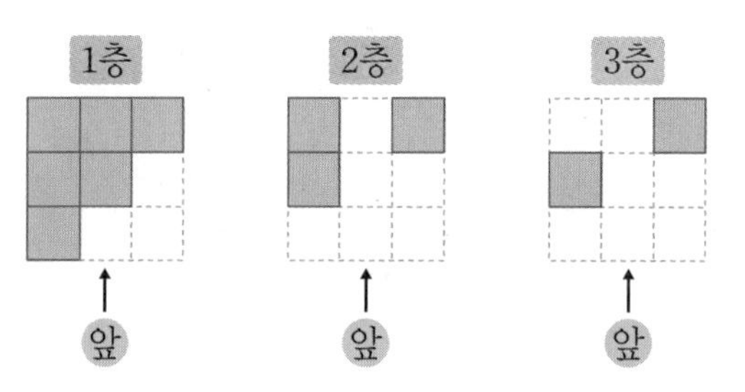

12 위에서 본 모양을 그리고, 각 자리에 쌓은 쌓기나무의 개수를 써넣으시오.

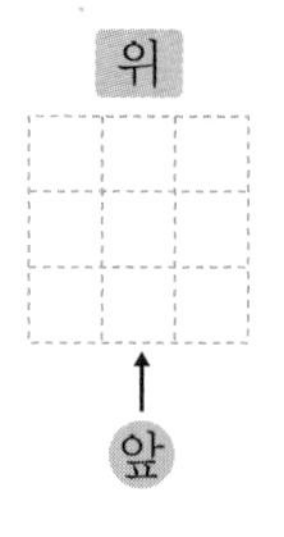

13 똑같은 모양으로 쌓는 데 필요한 쌓기나무는 몇 개입니까?

( )

14 쌓기나무를 각각 4개씩 붙여서 만든 두 가지 모양을 사용하여 오른쪽 모양을 만들었습니다. 어떻게 만들었는지 구분하여 색칠하시오.

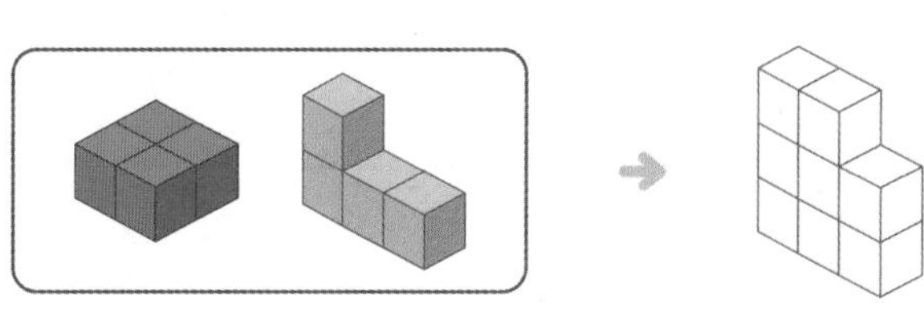

15 오른쪽 모양과 같이 쌓기나무를 쌓으려고 합니다. 필요한 쌓기나무의 수가 가장 적은 경우에는 몇 개 필요한지 구하시오.

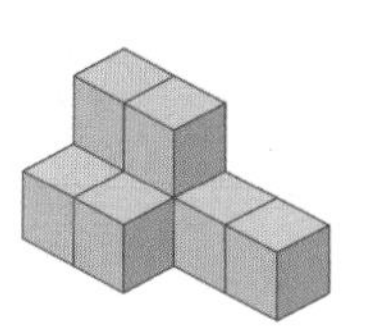

( )

● 공부한 날 월 일

빠른 정답 10쪽, 정답 및 풀이 40쪽

16 왼쪽의 구멍이 있는 상자에 쌓기나무를 붙여서 만든 모양을 넣으려고 합니다. 넣을 수 있는 모양을 모두 찾아 기호를 쓰시오.

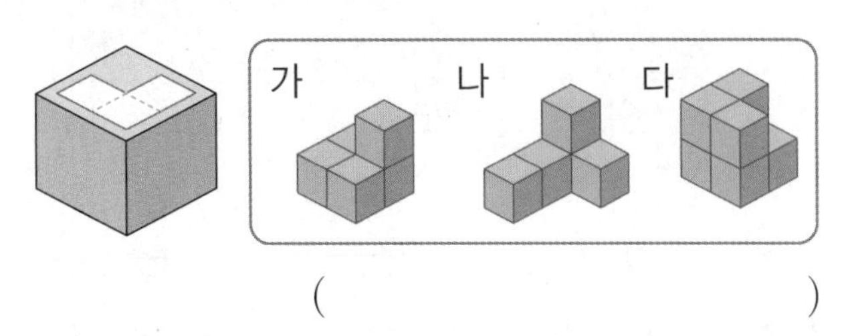

( )

17 쌓기나무로 쌓은 모양을 위, 앞, 옆에서 본 모양입니다. 쌓기나무 모양을 찾아 기호를 쓰시오.

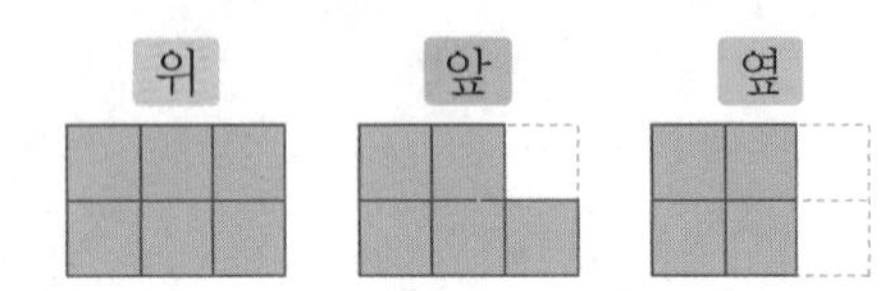

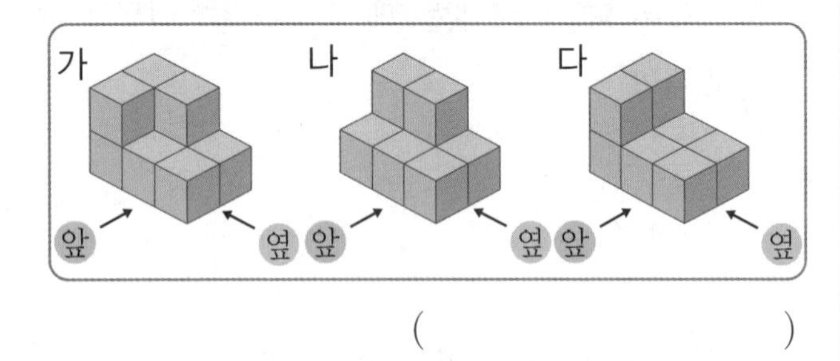

( )

18 쌓기나무로 쌓은 모양을 위, 앞, 옆에서 본 모양입니다. 쌓기나무의 개수가 가장 적을 때는 몇 개입니까?

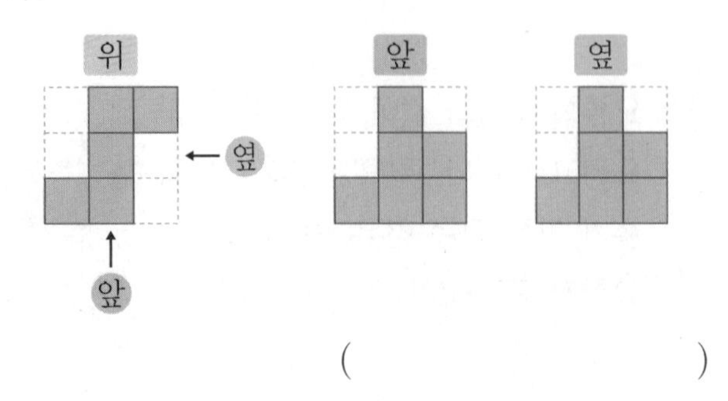

( )

서술형

19 쌓기나무로 쌓은 모양을 보고 위에서 본 모양에 수를 썼습니다. 3층에 쌓은 쌓기나무는 몇 개인지 풀이 과정을 쓰고 답을 구하시오.

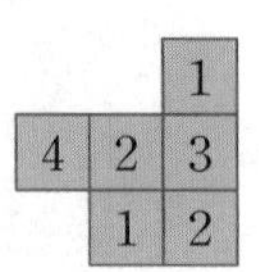

풀이

답

서술형

20 쌓기나무로 쌓은 모양을 위, 앞, 옆에서 본 모양입니다. 똑같은 모양으로 쌓았더니 쌓기나무가 3개 남았습니다. 처음에 있던 쌓기나무는 몇 개인지 풀이 과정을 쓰고 답을 구하시오.

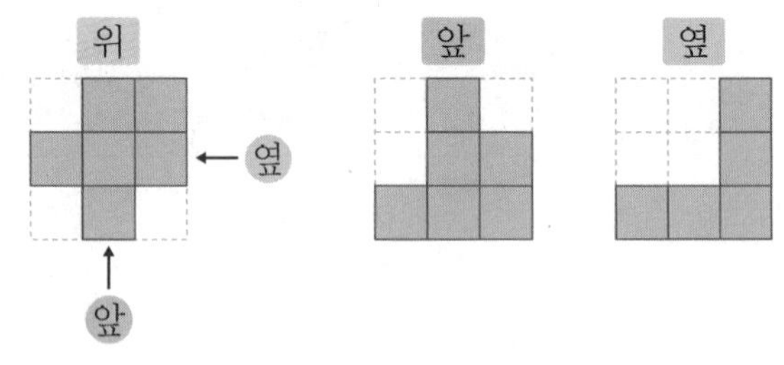

풀이

답

쓰는 것이 힘이다! 수학일기

3단원

월	일	요일	이름

☆ 3단원에서 배운 내용을 친구들에게 설명하듯이 써 봐요.

☆ 3단원에서 배운 내용이 실생활에서 어떻게 쓰이고 있는지 찾아 써 봐요.

칭찬 & 격려해 주세요.

➔ QR코드를 찍으면 예시 답안을 볼 수 있어요.

4 비례식과 비례배분

교과서 개념 카툰

개념 카툰 ① 간단한 자연수의 비로 나타내기

응? 웬
종이지?

1/4 : 5/6를 간단한 자연수의 비로 나타내면 엄청난 일이 일어날 것이다!
진짜?

이렇게 나타내면 되겠네.
과연 어떤 엄청난 일이 일어날까?

$$\frac{1}{4} : \frac{5}{6}$$
$$=\left(\frac{1}{4}\times 12\right) : \left(\frac{5}{6}\times 12\right)$$
$$=3 : 10$$

쏴아아..
정말 엄청난 일이구나.
맙소사.

개념 카툰 ② 비례식

이렇게 물과 밀가루를 1 : 3으로 섞어 반죽하면 맛있는 빵을 만들 수 있지.

난 2 : 6으로 반죽을 했어.

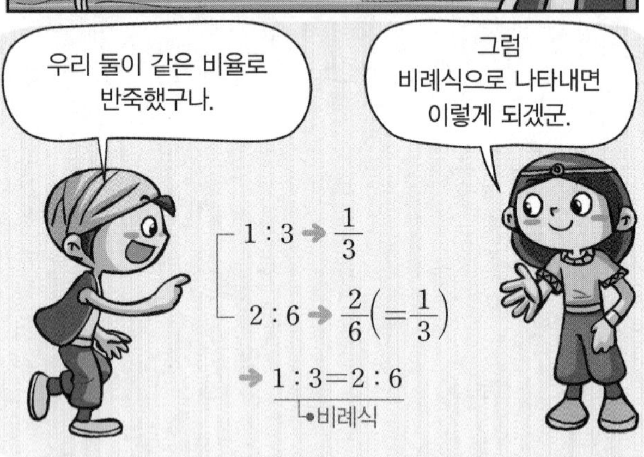

우리 둘이 같은 비율로 반죽했구나.
그럼 비례식으로 나타내면 이렇게 되겠군.

$1 : 3 \rightarrow \frac{1}{3}$

$2 : 6 \rightarrow \frac{2}{6}\left(=\frac{1}{3}\right)$

$\rightarrow 1 : 3 = 2 : 6$ ← 비례식

반죽만 하면 뭐하나? 빵을 구울 곳이 없는데!!!
흐흑~

이미 배운 내용

[6-1] 4. 비와 비율

이번에 배우는 내용

- ✓ 비의 성질
- ✓ 간단한 자연수의 비로 나타내기
- ✓ 비례식, 비례식의 성질
- ✓ 비례배분

앞으로 배울 내용

[중학교] 정비례와 반비례

개념 카툰 3 비례식의 성질

비례식에서 외항의 곱과 내항의 곱은 같아!

그럼 정답은 27이야!!

$4 : 9 = 12 : \square$

$\rightarrow 4 \times \square = 9 \times 12$

$4 \times \square = 108$

$\square = 27$

개념 카툰 4 비례배분

그럼 신밧드가 6개, 내가 4개구나.

음~ 정말 맛있다.

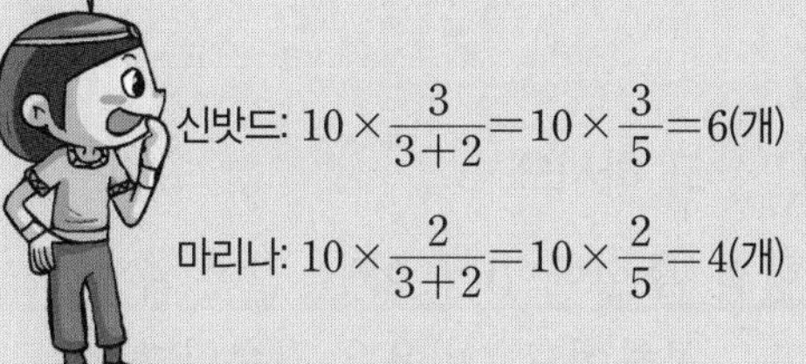

신밧드: $10 \times \frac{3}{3+2} = 10 \times \frac{3}{5} = 6$(개)

마리나: $10 \times \frac{2}{3+2} = 10 \times \frac{2}{5} = 4$(개)

개념의 힘

개념 1 비의 성질을 알아볼까요 / 간단한 자연수의 비로 나타내어 볼까요

1. 비의 성질 알아보기 (1)

비 2 : 8에서 기호 ':' 앞에 있는 2를 **전항**, 뒤에 있는 8을 **후항**이라고 해.

비의 전항과 후항에 0이 아닌 같은 수를 곱하여도 비율은 같습니다.

예 1 : 4와 비율$\left(=\frac{1}{4}\right)$이 같은 비는 1 : 4의 전항과 후항에 2를 곱한 2 : 8$\left(\text{비율: } \frac{2}{8}=\frac{1}{4}\right)$, 3을 곱한 3 : 12$\left(\text{비율: } \frac{3}{12}=\frac{1}{4}\right)$ 등이 있습니다.

2. 비의 성질 알아보기 (2)

비의 전항과 후항을 0이 아닌 같은 수로 나누어도 비율은 같습니다.

예 12 : 16과 비율$\left(=\frac{12}{16}\right)$이 같은 비는 12 : 16의 전항과 후항을 2로 나눈 6 : 8$\left(\text{비율: } \frac{6}{8}=\frac{12}{16}\right)$, 4로 나눈 3 : 4$\left(\text{비율: } \frac{3}{4}=\frac{12}{16}\right)$ 등이 있습니다.

3. 간단한 자연수의 비로 나타내기

(1) 소수의 비를 간단한 자연수의 비로 나타내기
전항과 후항이 소수 한 자리 수일 때는 전항과 후항에 각각 10을 곱합니다.

예 0.2 : 0.3 → (×10) → 2 : 3

(2) 분수의 비를 간단한 자연수의 비로 나타내기
전항과 후항에 각각 두 분모의 최소공배수를 곱합니다.
- 두 분모의 공배수를 곱하여도 됩니다.

예 $\frac{1}{2} : \frac{1}{3}$ → (×6) → 3 : 2

(3) 자연수의 비를 간단한 자연수의 비로 나타내기
전항과 후항을 각각 두 수의 공약수로 나눕니다.

예 20 : 30 → (÷10) → 2 : 3

개념 확인하기

1 알맞은 말에 ○표 하시오.

비의 전항과 후항에 0이 아닌 같은 수를 (더하여도 , 곱하여도) 비율은 같습니다.

2 비의 성질을 이용하여 15 : 9와 비율이 같은 비에 ○표 하시오.

30 : 27	5 : 3
(　　)	(　　)

3 0.4 : 0.3의 각 항에 10을 곱하여 간단한 자연수의 비로 나타내시오.

(　　　　　　)

4 □ 안에 알맞은 수를 써넣어 간단한 자연수의 비로 나타내시오.

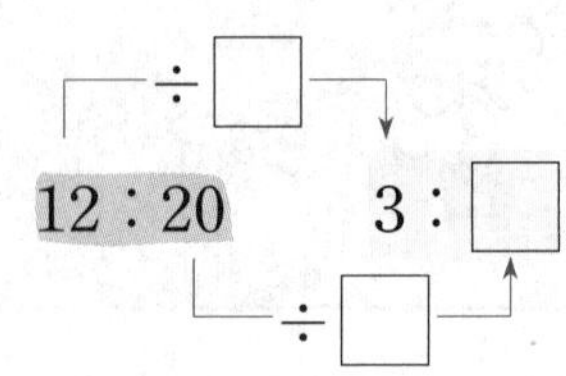

개념 다지기

1 2 : 11에서 전항과 후항을 각각 쓰시오.

전항 ( )
후항 ( )

2 □ 안에 알맞은 수를 써넣어 간단한 자연수의 비로 나타내시오.

(1) 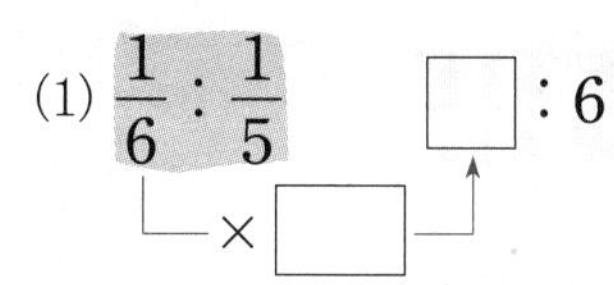
$\frac{1}{6} : \frac{1}{5}$ → □ : 6 (× □)

(2) 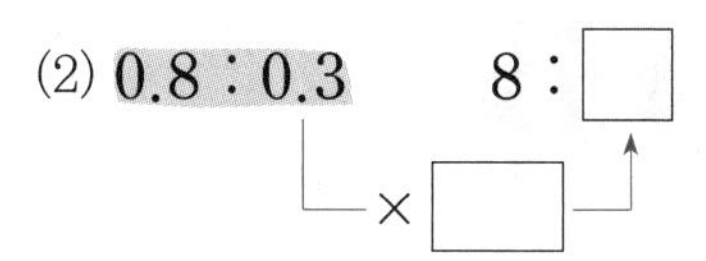
0.8 : 0.3 → 8 : □ (× □)

(3) 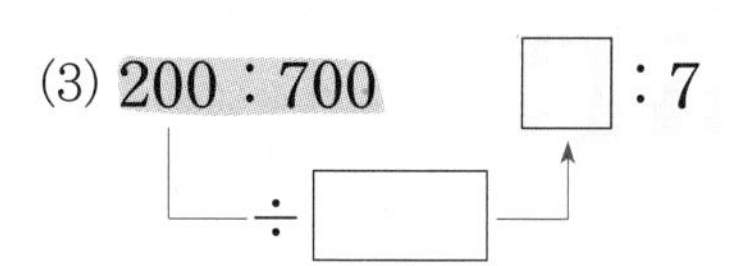
200 : 700 → □ : 7 (÷ □)

(4) 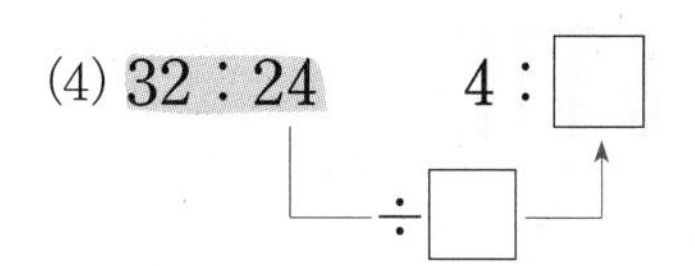
32 : 24 → 4 : □ (÷ □)

3 다음 비의 전항과 후항에 각각 같은 수를 곱하여 비율이 같은 비를 만들려고 합니다. 곱할 수 없는 수는 어느 것입니까? ( )

7 : 5

① 0 ② 1 ③ 2
④ 5 ⑤ 7

4 간단한 자연수의 비로 나타내시오.

(1) 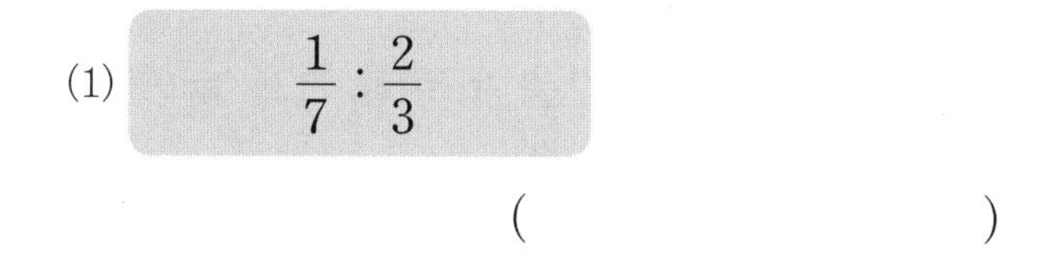
$\frac{1}{7} : \frac{2}{3}$

( )

(2) 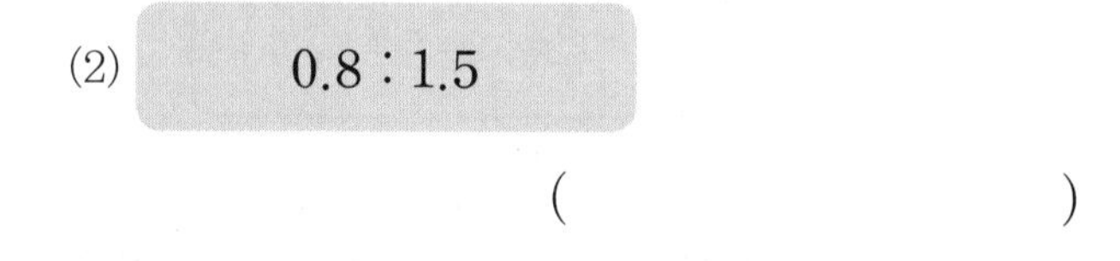
0.8 : 1.5

( )

5 $\frac{3}{5}$: 1.1을 간단한 자연수의 비로 나타낸 것입니다. ㉠은 얼마입니까?

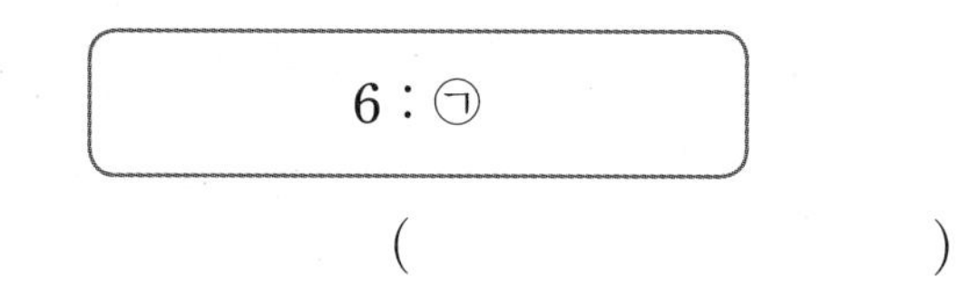
6 : ㉠

( )

6 비의 전항과 후항에 0이 아닌 같은 수를 곱하여도 비율이 같다는 비의 성질을 이용하여 4 : 7과 비율이 같은 비를 2개 쓰시오.

( )

7 연필과 볼펜이 다음과 같이 있습니다. 연필 수와 볼펜 수의 비를 간단한 자연수의 비로 나타내시오.

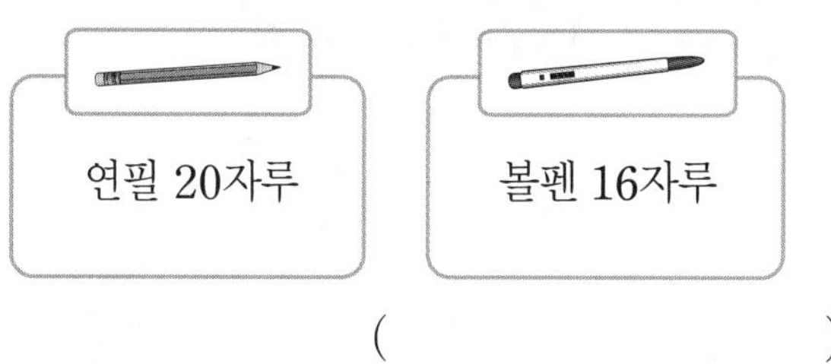

( )

개념 2 비례식을 알아볼까요

1. 비례식 알아보기

비례식: 비율이 같은 두 비를 기호 '='를 사용하여 나타낸 식

예) $1:3=2:6$

비율: $\frac{1}{3}$　비율: $\frac{2}{6}=\frac{1}{3}$

참고 비 $1:3$에서 1은 비교하는 양, 3은 기준량이고 비 $2:6$에서 2는 비교하는 양, 6은 기준량입니다.

2. 외항과 내항 알아보기

외항: 비례식에서 바깥쪽에 있는 두 항

내항: 비례식에서 안쪽에 있는 두 항

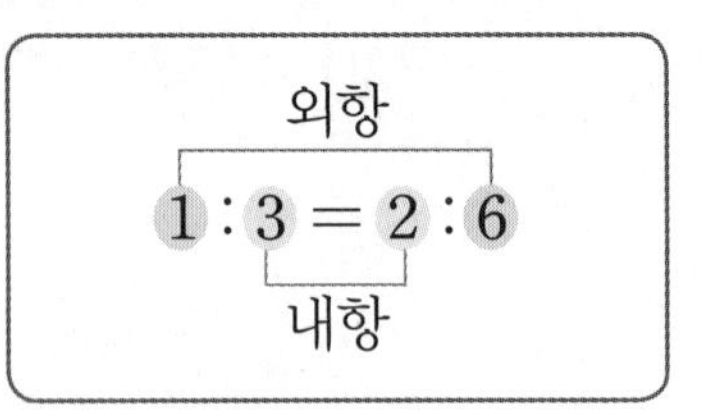

비례식에서 항의 이름은 자리에 따라 정해져.

개념 확인하기

1 □ 안에 알맞은 말을 써넣으시오.

비율이 같은 두 비를 기호 '='를 사용하여 $2:3=4:6$과 같이 나타낼 수 있으며 이와 같은 식을 □(이)라고 합니다.

2 비례식인 것에 ○표, 비례식이 아닌 것에 ×표 하시오.

(1) $10+25=7\times5$

(　　　　)

(2) $4:2=6:3$

(　　　　)

3 □ 안에 알맞은 말을 써넣으시오.

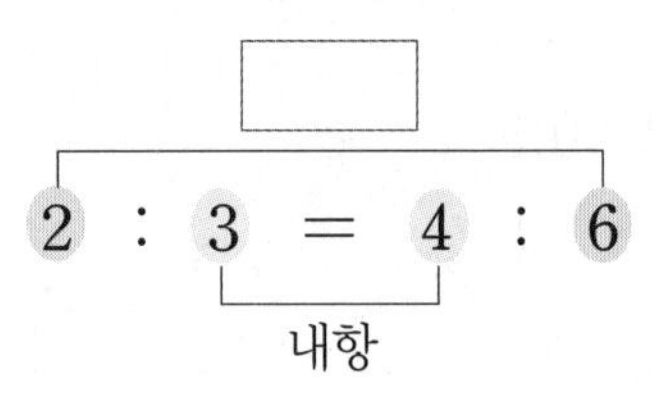

4 외항에 △표, 내항에 ○표 하시오.

$6:5=12:10$

5 비 $2:5$와 $4:10$으로 비례식을 세워 보시오.

$2:5=$ □ $:$ □

개념 다지기

[1~2] 두 비를 보고 물음에 답하시오.

3 : 4　　6 : 8

1 두 비의 비율을 각각 구하시오.

$3:4 \rightarrow \frac{\square}{\square}$, $6:8 \rightarrow \frac{\square}{8}=\frac{\square}{4}$

2 두 비를 비례식으로 바르게 세운 것의 기호를 쓰시오.

㉠ 3 : 4=6 : 8　　㉡ 3 : 4=8 : 6

(　　　　　)

3 비례식에서 외항과 내항을 각각 쓰시오.

5 : 6=15 : 18

외항 (　　　　　)

내항 (　　　　　)

4 비례식에서 내항이면서 전항인 수를 찾아 쓰시오.

32 : 12=8 : 3

(　　　　　)

5 10 : 45와 비율이 같은 비를 찾아 비례식을 세워 보시오.

1 : 4　　5 : 8　　2 : 9

$10:45=\square:\square$

6 비례식이 바르게 적힌 표지판을 따라가면 진짜 보물이 나옵니다. 길을 따라 선을 긋고 도착한 진짜 보석 상자에 ○표 하시오.

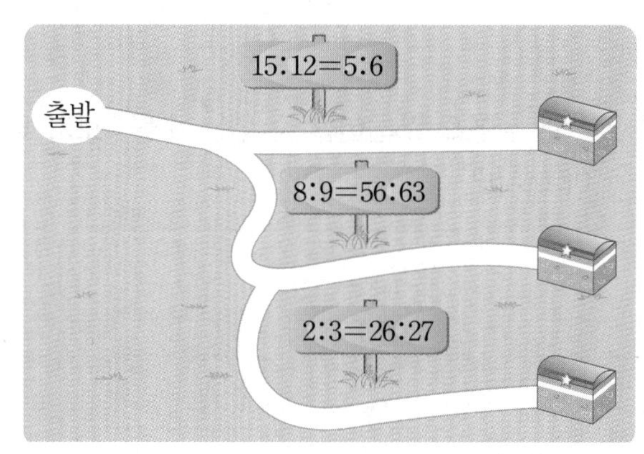

7 두 비율을 보고 | 보기 |와 같이 비례식을 세워 보시오.

| 보기 |

$\frac{4}{9}=\frac{8}{18} \rightarrow 4:9=8:18$

$\frac{8}{11}=\frac{16}{22} \rightarrow$ (　　　　　)

4 단원 비례식과 비례배분

유형 1 비의 성질

비의 성질을 이용하여 □ 안에 알맞은 수를 써넣으시오.

×□
1 : 8   3 : 24
×□

유형 코칭

- 비의 전항과 후항에 0이 아닌 같은 수를 곱하여도 비율은 같습니다.
- 비의 전항과 후항을 0이 아닌 같은 수로 나누어도 비율은 같습니다.

1 ㉠에 공통으로 들어갈 수 없는 수를 |보기|에서 찾아 쓰시오.

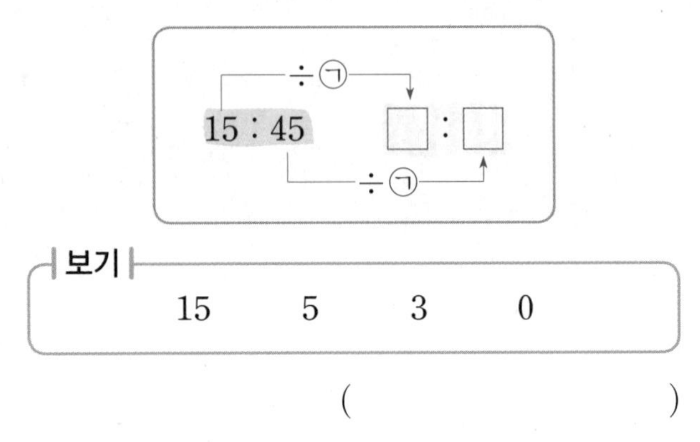

|보기|
15   5   3   0

(   )

2 비의 성질을 이용하여 3 : 2와 비율이 같은 비의 기호를 쓰시오.

㉠ 9 : 4   ㉡ 15 : 10

(   )

3 비의 성질을 이용하여 세 비의 비율이 모두 같도록 ㉠과 ㉡에 알맞은 수를 각각 구하시오.

9 : 13   18 : ㉠   ㉡ : 39

㉠ (   )
㉡ (   )

4 비의 성질을 이용하여 50 : 10과 비율이 같은 비를 2개 쓰시오.

(   )

창의 · 융합

5 가로와 세로의 비가 2 : 3과 비율이 같은 동화책의 제목을 쓰시오.

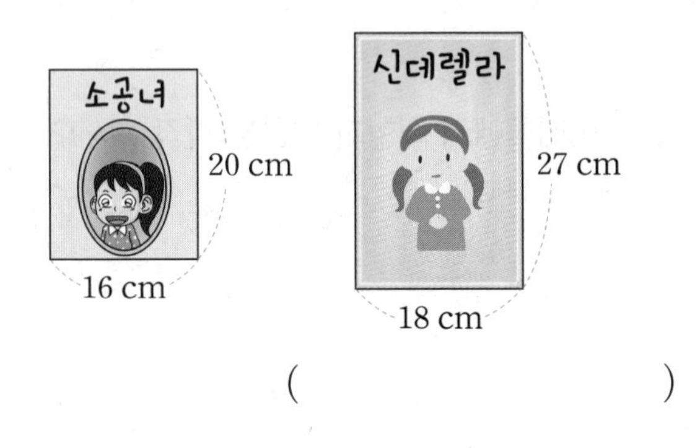

(   )

6 수 카드 중에서 2장을 뽑아 한 번씩만 사용하여 5 : 8과 비율이 같은 비를 비의 성질을 이용하여 만들어 보시오.

20   10   32   14

(   )

유형 2 소수의 비를 간단한 자연수의 비로 나타내기

간단한 자연수의 비로 나타내시오.

0.6 : 0.5

( )

유형 코칭

- 소수 한 자리 수일 때는 전항과 후항에 10을 곱합니다.
- 소수 두 자리 수일 때는 전항과 후항에 100을 곱합니다.

7 0.9 : 0.4를 간단한 자연수의 비로 나타내려고 합니다. 방법을 바르게 쓴 것의 기호를 쓰시오.

㉠ 각 항을 3으로 나눕니다.
㉡ 각 항에 10을 곱합니다.

( )

8 2.5 : 1.5를 간단한 자연수의 비로 나타내시오.

( )

9 빨간색 테이프와 파란색 테이프의 길이의 비를 간단한 자연수의 비로 나타내시오.

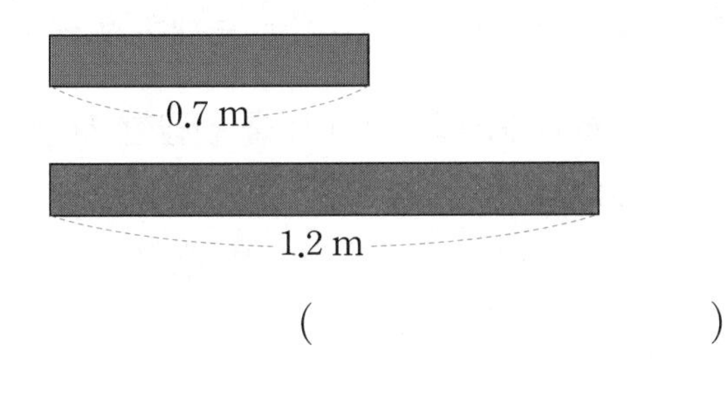

( )

유형 3 분수의 비를 간단한 자연수의 비로 나타내기

간단한 자연수의 비로 나타내시오.

$\frac{2}{3} : \frac{3}{4}$

( )

유형 코칭

각 항에 두 분모의 최소공배수를 곱합니다.

10 $\frac{5}{6} : \frac{4}{9}$를 간단한 자연수의 비로 나타내려고 합니다. ㉠, ㉡, ㉢에 알맞은 수를 각각 구하시오.

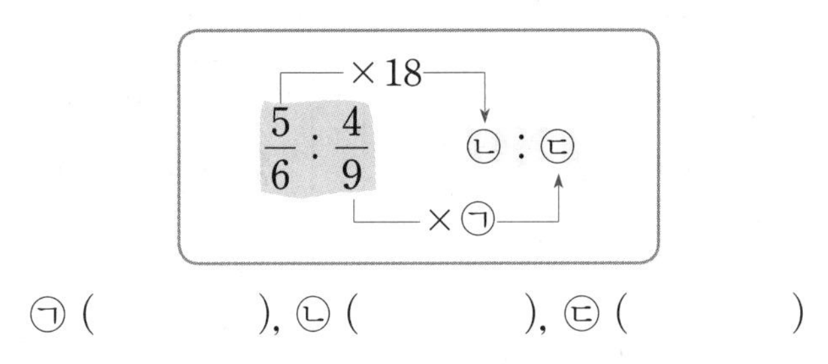

㉠ ( ), ㉡ ( ), ㉢ ( )

11 $2\frac{1}{3} : 1\frac{3}{5}$을 간단한 자연수의 비로 나타내시오.

( )

12 유라와 태서가 같은 책을 1시간 동안 읽었는데, 유라는 전체의 $\frac{1}{5}$, 태서는 전체의 $\frac{1}{2}$을 읽었습니다. 유라와 태서가 각각 1시간 동안 읽은 책의 양을 간단한 자연수의 비로 나타내시오.

( )

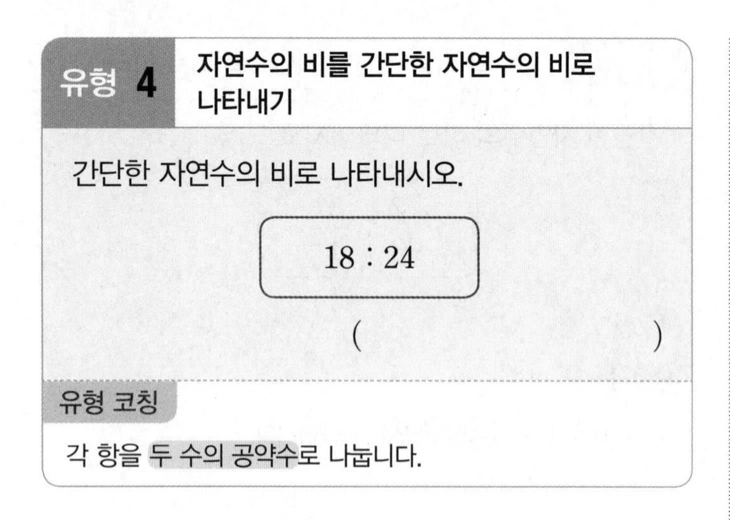

유형 4 자연수의 비를 간단한 자연수의 비로 나타내기

간단한 자연수의 비로 나타내시오.

18 : 24

(　　　　　　　　　　)

유형 코칭

각 항을 두 수의 공약수로 나눕니다.

13 간단한 자연수의 비로 바르게 나타낸 것에 ○표 하시오.

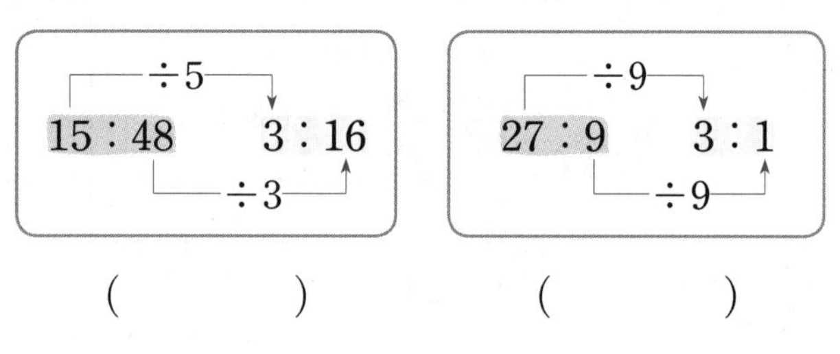

(　　　　)　　(　　　　)

14 72 : 32를 간단한 자연수의 비로 나타낸 것은 어느 것입니까? ······ (　　　)

① 8 : 4　② 18 : 7　③ 9 : 4
④ 4 : 9　⑤ 6 : 5

15 딱지를 민석이는 28장, 아영이는 42장 모았습니다. 민석이와 아영이가 모은 딱지 수의 비를 간단한 자연수의 비로 나타내시오.

(　　　　　　　　　　)

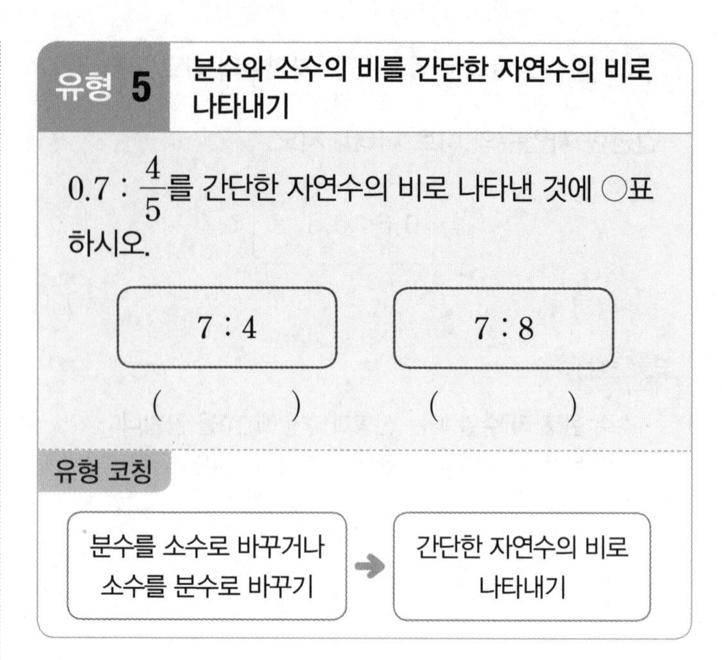

유형 5 분수와 소수의 비를 간단한 자연수의 비로 나타내기

$0.7 : \frac{4}{5}$를 간단한 자연수의 비로 나타낸 것에 ○표 하시오.

7 : 4　　7 : 8

(　　　　)　(　　　　)

유형 코칭

분수를 소수로 바꾸거나 소수를 분수로 바꾸기 → 간단한 자연수의 비로 나타내기

창의 · 융합

16 식혜의 양과 수정과의 양의 비를 간단한 자연수의 비로 나타내시오.

(　　　　　　　　　　)

17 민호의 키는 1.5 m이고 동생의 키는 $\frac{4}{5}$ m입니다. 민호와 동생의 키의 비를 간단한 자연수의 비로 나타내시오.

(　　　　　　　　　　)

유형 6 비례식

2 : 9와 비율이 같은 비를 찾아 비례식을 세워 보시오.

3 : 10	6 : 18	16 : 72

2 : 9= □ : □

유형 코칭

비례식: 비율이 같은 두 비를 기호 '='를 사용하여 나타낸 식

18 비례식에서 외항과 내항을 각각 쓰시오.

(1) 6 : 7=30 : 35

외항 ( )
내항 ( )

(2) 15 : 11=60 : 44

외항 ( )
내항 ( )

19 은채와 경호가 비례식 9 : 4=18 : 8을 보고 한 생각입니다. 알맞은 말에 ○표 하고, □ 안에 알맞은 수를 써넣으시오.

은채: 두 비의 비율이 같으니 비례식 9 : 4=18 : 8로 나타낼 수 (있어 , 없어).

경호: 비례식 9 : 4=18 : 8에서 외항은
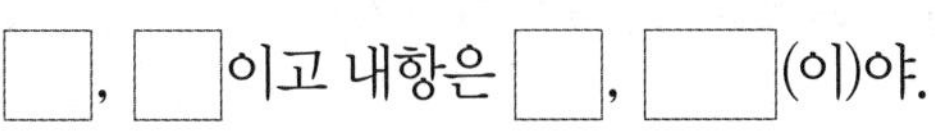
□, □이고 내항은 □, □(이)야.

20 비례식을 찾아 기호를 쓰시오.

㉠ 4 : 5=8 : 15
㉡ 6 : 3=2 : 1
㉢ 7 : 9=28 : 27

( )

21 비율이 같은 두 비를 찾아 비례식을 세워 보시오.

5 : 2	7 : 8	14 : 24	30 : 12

□ : □=□ : □

22 비례식을 세우려고 합니다. ㉠에 알맞은 수를 구하시오.

$\frac{1}{4} : \frac{1}{3}=6 :$ ㉠

( )

개념 3 비례식의 성질을 알아볼까요 / 비례식을 활용해 볼까요

1. 비례식의 성질

개념의 힘: 비례식에서 외항의 곱과 내항의 곱은 같습니다.

예 $3:4=6:8$ (바깥 두 항은 3×8, 안쪽 두 항은 4×6) ➔ 외항의 곱: $3\times8=24$, 내항의 곱: $4\times6=24$

2. 비례식의 성질을 이용하여 □의 값 구하기

외항의 곱과 내항의 곱을 각각 곱셈식으로 나타내기

두 곱셈식을 이용하여 □의 값 구하기

예 비례식 $7:4=14:\square$에서 □의 값 구하기

외항의 곱: $7\times\square$,

내항의 곱: 4×14

➔ $7\times\square=4\times14$, $7\times\square=56$, $\square=8$

3. 비례식을 활용하여 생활 속 문제 해결하기

어느 과일 가게에서 사과 4개를 2000원에 팔고 있습니다. 사과 3개의 값은 얼마입니까?

① 구하려는 것을 □라 하고 비례식 세우기

사과 3개의 값을 □원이라 하고 비례식을 세우면 $4:3=2000:\square$입니다. (2000: 사과 4개의 값, □: 사과 3개의 값)

② 비례식의 성질을 이용하여 □의 값 구하기

$4:3=2000:\square$ ➔ $4\times\square=3\times2000$

$4\times\square=6000$

$\square=1500$

③ 답 구하기

사과 3개의 값은 1500원입니다.

참고 비례식을 $4:2000=3:\square$라고 세워서 사과 3개의 값을 구할 수도 있습니다.

$4\times\square=2000\times3$, $4\times\square=6000$, $\square=1500$

개념 확인하기

1 □ 안에 알맞은 수를 써넣으시오.

$8:10=4:5$

외항의 곱: $8\times5=$ □

내항의 곱: $10\times4=$ □

2 비례식의 성질을 이용하여 ■의 값을 구하려고 합니다. □ 안에 알맞은 수를 써넣으시오.

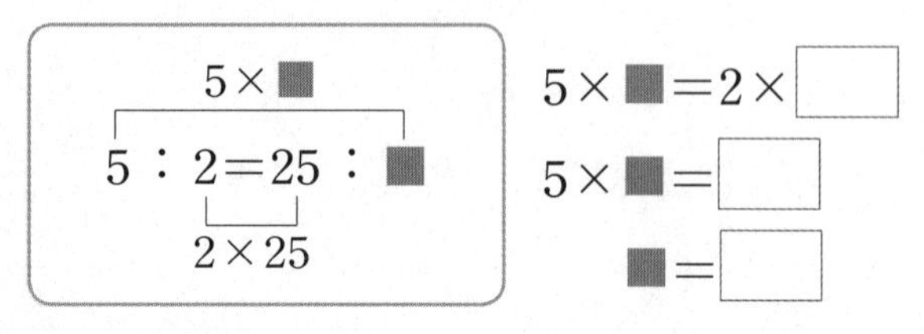

$5:2=25:■$ (외항의 곱 $5\times■$, 내항의 곱 2×25)

$5\times■=2\times$ □

$5\times■=$ □

$■=$ □

[3~5] 어머니께서 쌀과 콩의 비를 $7:2$로 섞어 콩밥을 지었습니다. 쌀을 280g 넣었다면 콩은 몇 g 넣었는지 구하시오.

3 넣은 콩을 ▲g이라 하고 비례식을 세워 보시오.

$7:2=$ □ $:$ ▲

4 비례식의 성질을 이용하여 ▲의 값을 구하시오.

$7\times$▲$=2\times$ □

$7\times$▲$=$ □

▲$=$ □

5 콩은 몇 g 넣었습니까?

(　　　　　　)

개념 다지기

1 비례식에서 외항의 곱과 내항의 곱을 구하고, 알맞은 말에 ◯표 하시오.

$3:8=6:16$

외항의 곱: $3\times$ □ $=$ □

내항의 곱: $8\times$ □ $=$ □

➔ 비례식에서 외항의 곱과 내항의 곱은 (같습니다 , 다릅니다).

2 옳은 비례식을 찾아 ◯표 하시오.

$6:5=18:10$ (　　　)

$2:9=\frac{1}{9}:\frac{1}{2}$ (　　　)

3 비례식의 성질을 이용하여 □ 안에 알맞은 수를 써넣으시오.

(1) $8:7=$ □ $:35$

(2) □ $:3=66:18$

4 비례식의 성질을 이용하여 ㉠에 알맞은 수를 소수로 나타내시오.

$1.2:5=$ ㉠ $:20$

(　　　　　)

[5~6] 어느 복사기는 9초에 7장을 복사할 수 있습니다. 이 복사기로 42장을 복사하려면 몇 초가 걸리는지 구하시오.

5 42장을 복사하는 데 걸리는 시간을 □초라 하였을 때 비례식을 바르게 세운 것의 기호를 쓰시오.

㉠ $9:$ □ $=42:7$
㉡ $9:7=$ □ $:42$

(　　　　　)

6 42장을 복사하려면 몇 초가 걸립니까?

(　　　　　)

7 할머니 댁에서 생산한 감자와 옥수수의 양의 비는 다음과 같습니다. 감자의 생산량이 180 kg일 때 옥수수의 생산량은 몇 kg입니까?

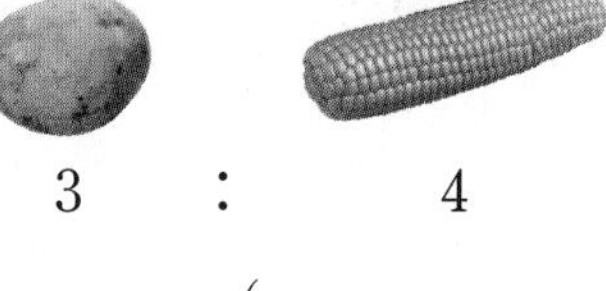

3 : 4

(　　　　　)

8 200 mL 우유 3통은 2400원입니다. 우유 7통을 사려면 얼마가 필요합니까?

(　　　　　)

개념 4 비례배분을 해 볼까요

1. 비례배분 알아보기

비례배분: 전체를 주어진 비로 배분하는 것

예 10을 3 : 2로 나누기

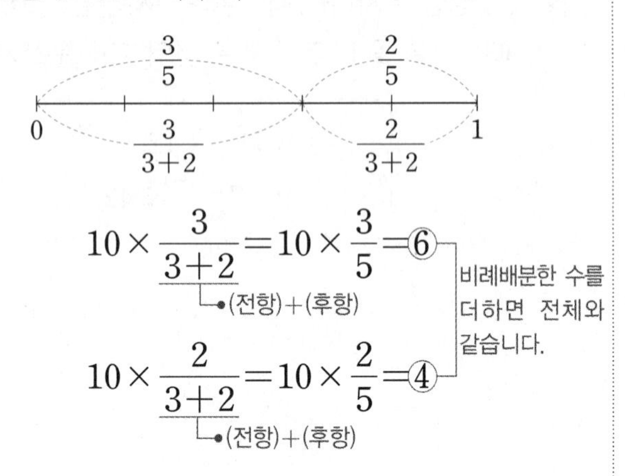

$10\times\frac{3}{3+2}=10\times\frac{3}{5}=⑥$

$10\times\frac{2}{3+2}=10\times\frac{2}{5}=④$

전항과 후항의 합을 분모로 하는 분수의 비로 나타내면 $\frac{3}{5}:\frac{2}{5}$야.

2. 생활 속에서 비례배분하기

사탕 18개를 수애와 형호에게 2 : 7로 나누어 주려고 합니다. 수애와 형호는 사탕을 각각 몇 개씩 가지게 됩니까?

① 수애와 형호가 가질 수 있는 사탕의 수는 전체의 몇 분의 몇이 되는지 식으로 나타내기

수애: $\frac{2}{2+7}=\frac{2}{9}$

형호: $\frac{7}{2+7}=\frac{7}{9}$

② 수애와 형호는 사탕을 각각 몇 개씩 가지게 되는지 구하기

수애: $18\times\frac{2}{9}=4$(개)

형호: $18\times\frac{7}{9}=14$(개)

개념 확인하기

1 구슬 25개를 2 : 3으로 나누면 10개, 15개로 나눌 수 있습니다. □ 안에 알맞은 수를 써넣으시오.

25개
- 10개: $\frac{10}{25}=\frac{\square}{5}$ ➜ 전체의 $\frac{\square}{5}$
- 15개: $\frac{15}{25}=\frac{\square}{5}$ ➜ 전체의 $\frac{\square}{5}$

2 21을 4 : 3으로 나누려고 합니다. □ 안에 알맞은 수를 써넣으시오.

$21\times\frac{4}{\square+\square}=21\times\frac{\square}{\square}=\square$

$21\times\frac{3}{\square+\square}=21\times\frac{\square}{\square}=\square$

[3~4] 연석이와 재민이가 딱지 35장을 5 : 2로 나누어 가지려고 합니다. 물음에 답하시오.

3 연석이와 재민이가 가질 수 있는 딱지의 수는 전체의 몇 분의 몇이 되는지 식으로 나타내시오.

연석: $\frac{5}{\square+\square}=\frac{\square}{\square}$

재민: $\frac{\square}{\square+\square}=\frac{\square}{\square}$

4 연석이와 재민이는 딱지를 각각 몇 장씩 가지게 됩니까?

연석: $35\times\frac{\square}{\square}=\square$(장)

재민: $35\times\frac{\square}{\square}=\square$(장)

개념 다지기

1 24를 3 : 5로 나눈 것입니다. □ 안에 공통으로 들어가는 수를 구하시오.

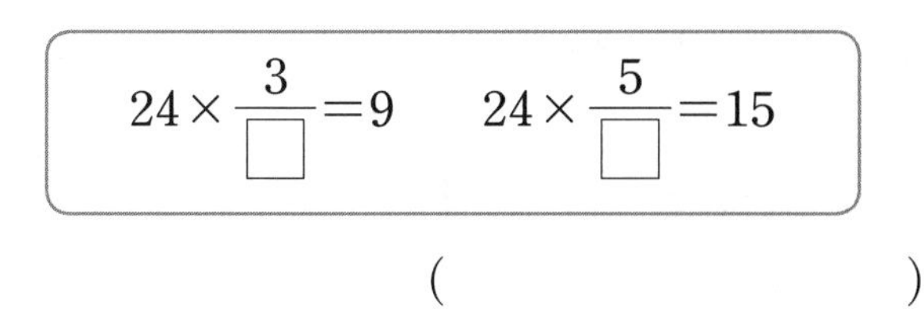

( )

2 붕어빵 6개를 지후와 한결이에게 2 : 1로 나누어 ○로 나타내고 □ 안에 알맞은 수를 써넣으시오.

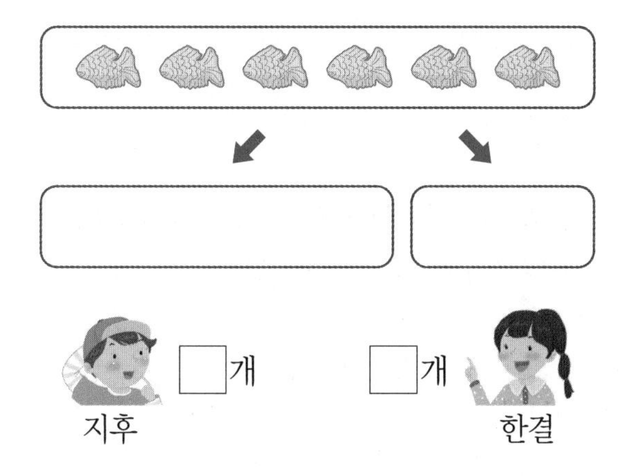

3 6000원을 준서와 다영이에게 5 : 1로 나누어 줄 때 두 사람이 각각 갖게 되는 용돈을 구하시오.

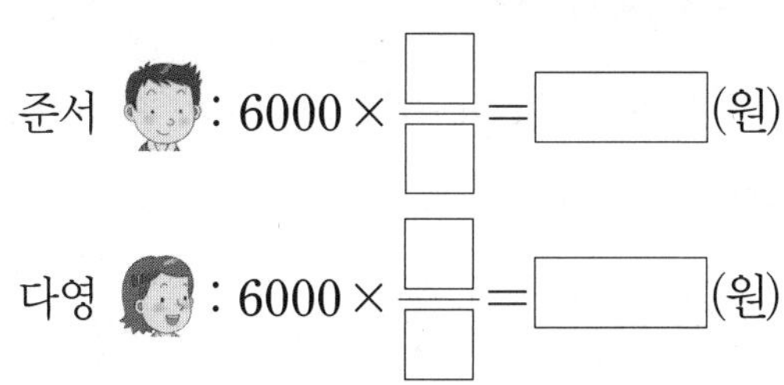

4 39를 주어진 비로 나누어 보시오.

5 : 8

(,)

[5~6] 밀가루 반죽 980 g을 2 : 5로 나누어 각각 빵과 쿠키를 만들려고 합니다. 쿠키를 만드는 데 사용되는 반죽양은 얼마인지 구하시오.

5 비례배분하여 구하시오.

쿠키 반죽양은 전체 반죽양의 $\frac{5}{7}$이니까

$980 \times \frac{5}{7} = \square$입니다.

➜ 쿠키 반죽양: □ g

6 비례식을 세워 비의 성질을 이용하여 구하시오.

쿠키 반죽양을 ●g이라 하면

$7 : 5 = 980 : ●$ (×140) ➜ ● $= 5 \times 140$입니다.

➜ 쿠키 반죽양: □ g

7 공책 40권을 형과 동생에게 7 : 3으로 나누어 주려고 합니다. 형과 동생은 공책을 각각 몇 권씩 가지게 됩니까?

형 ( )

동생 ( )

유형 7 비례식의 성질

다음 비례식에서 외항의 곱과 내항의 곱은 같습니까, 다릅니까?

$7:3=21:9$

( )

유형 코칭

비례식에서 외항의 곱과 내항의 곱은 같습니다.

1 옳은 비례식을 모두 찾아 기호를 쓰시오.

㉠ $8:5=56:35$
㉡ $10:20=\frac{1}{10}:\frac{1}{20}$
㉢ $0.2:0.5=4:10$

( )

2 비례식의 성질을 이용하여 □ 안에 알맞은 수를 찾아 선으로 이어 보시오.

$6:\square=12:10$ •

$\square:4=15:20$ •

• 3

• 4

• 5

3 비례식의 성질을 이용하여 □ 안에 알맞은 수를 써넣으시오.

(1) $9:4=3.6:\square$

(2) $3:\square=\frac{1}{7}:\frac{1}{3}$

4 어떤 비례식에서 내항의 곱이 72입니다. 이 비례식의 한 외항이 6이라면 다른 외항은 얼마입니까?

( )

5 다음 비례식에서 외항의 곱이 240일 때 ㉠과 ㉡에 알맞은 수를 각각 구하시오.

$12:5=$ ㉠ $:$ ㉡

㉠ ( )
㉡ ( )

창의·융합

6 세라의 방법대로 다음 수 카드 중에서 4장을 골라 비례식을 세워 보시오.

세라: 두 수의 곱이 같은 카드를 찾아 외항과 내항에 놓아 비례식을 만들 거야.

2	7	8	1	24	6

식 $2:\square=\square:\square$

유형 8 비례식을 이용하여 문제 해결하기

수지와 난주의 키의 비는 $6:7$입니다. 수지의 키가 126 cm일 때 난주의 키는 몇 cm인지 난주의 키를 ◆ cm라 하여 비례식을 세우고 답을 구하시오.

$6:7=\square:◆$

( )

유형 코칭

① 문제 속의 조건을 이용하여 비례식을 세웁니다.
② 비례식의 성질을 이용하여 답을 구합니다.

[7~8] 맞물려 돌아가는 두 톱니바퀴가 있습니다. 톱니바퀴 ㉮가 4바퀴 도는 동안에 톱니바퀴 ㉯는 5바퀴 돕니다. 톱니바퀴 ㉮가 52바퀴 도는 동안에 톱니바퀴 ㉯는 몇 바퀴 도는지 구하시오.

7 톱니바퀴 ㉮가 52바퀴 도는 동안에 톱니바퀴 ㉯가 도는 수를 □바퀴라 하여 비례식을 세워 보시오.

8 톱니바퀴 ㉮가 52바퀴 도는 동안에 톱니바퀴 ㉯는 몇 바퀴 돌게 됩니까?

( )

9 높이가 3 m인 탑의 그림자 길이가 1 m입니다. 같은 시각에 생긴 옆 건물의 그림자 길이가 2 m라면 옆 건물의 높이는 몇 m인지 옆 건물의 높이를 □m라 하여 비례식을 바르게 세운 것의 기호를 쓰고 답을 구하시오.

㉠ $3:1=2:\square$ ㉡ $3:1=\square:2$

( ), ( )

10 소금과 물의 양의 비를 $3:7$로 섞어 소금물을 만들려고 합니다. 물을 140 g 넣을 때 소금은 몇 g 넣어야 하는지 넣어야 할 소금의 양을 ■ g이라 하여 비례식을 세워 답을 구하시오.

식 ____________________

답 ____________

11 새롬이는 2분 동안 15 L의 물이 나오는 수도로 빈 욕조에 22분 동안 물을 받았습니다. 욕조에 받은 물은 몇 L입니까?

( )

12 같은 일의 양을 민수는 12시간 해야 끝나고 주희는 9시간 해야 끝난다고 합니다. 민수가 4시간 일한만큼 일을 하려면 주희는 몇 시간 일해야 합니까?

(단, 일하는 빠르기는 각각 일정합니다.)

( )

유형 9 비례배분

35를 2 : 3으로 나누어 보시오.

(,)

유형 코칭

비례배분: 전체를 주어진 비로 배분하는 것

13 28을 3 : 4로 나누려고 합니다. ㉠과 ㉡에 알맞은 수를 각각 구하시오.

$$28\times\frac{3}{㉠+4}=28\times\frac{3}{7}=12$$
$$28\times\frac{4}{3+4}=28\times\frac{4}{7}=㉡$$

㉠ ( )
㉡ ( )

14 왼쪽 수를 3 : 5로 나눈 것을 찾아 선으로 이어 보시오.

	•	24, 40
72 •	•	15, 25
40 •	•	27, 45

15 주어진 비로 바르게 나눈 것의 기호를 쓰시오.

㉠ 20을 4 : 1로 나누기 → 16, 4
㉡ 56을 5 : 2로 나누기 → 32, 24

( )

[16~17] 엽서 90장을 단아와 혜주가 나누어 가지려고 합니다. 물음에 답하시오.

16 단아와 혜주가 엽서를 2 : 3으로 나누어 가진다면 각각 몇 장씩 가질 수 있는지 차례로 쓰시오.

( ), ( )

17 단아와 혜주가 엽서를 6 : 9로 나누어 가진다면 각각 몇 장씩 가질 수 있는지 차례로 쓰시오.

( ), ( )

창의 · 융합

18 ▢ 안의 수를 주어진 비로 나누어 [,] 안에 나타내었습니다. 아래에서 결과를 찾아 해당하는 자음과 모음을 빈칸에 써넣어 낱말을 완성해 보시오.

32 1 : 7 → [ㄱ, ㄴ]
88 9 : 2 → [ㅁ, ㅗ]

4	16	72
▢	▢	▢

( )

유형 10 비례배분을 이용하여 문제 해결하기

구슬 60개를 언니와 동생이 2 : 1로 나누어 가졌습니다. 언니가 가져 간 구슬의 수를 구하는 식을 찾아 기호를 쓰시오.

㉠ $60\times\frac{1}{2}$ ㉡ $60\times\frac{2}{3}$ ㉢ $60\times\frac{1}{3}$

( )

유형 코칭

전체 양을 주어진 비로 나누기

예 1000원을 형과 준서가 3 : 2로 나누어 가지기

형: $1000\times\frac{3}{3+2}=1000\times\frac{3}{5}=600$(원)

준서: $1000\times\frac{2}{3+2}=1000\times\frac{2}{5}=400$(원)

[19~20] 찹쌀떡 140개를 빨간색 상자와 파란색 상자에 5 : 2로 나누어 담으려고 합니다. 물음에 답하시오.

19 140을 5 : 2로 나누어 보시오.

$140\times\frac{5}{\square}=\square$

$140\times\frac{2}{\square}=\square$

20 빨간색 상자와 파란색 상자에 찹쌀떡을 각각 몇 개씩 담아야 합니까?

빨간색 상자 ( )

파란색 상자 ( )

21 길이가 91 cm인 철사를 승규와 보라가 4 : 3으로 나누어 가지려고 합니다. 승규는 철사를 몇 cm 가지게 됩니까?

( )

[22~23] 지연이와 혜성이는 3300원짜리 떡볶이를 먹고 떡볶이 값을 7 : 4로 나누어 내려고 합니다. 물음에 답하시오.

22 지연이와 혜성이는 각각 얼마를 내야 합니까?

지연 ( )

혜성 ( )

23 누가 얼마를 더 내야 하는지 차례로 쓰시오.

( ), ( )

24 어느 날 낮과 밤의 길이의 비가 3 : 5라면 밤은 몇 시간인지 구하시오.

( )

2 STEP 응용 유형의 힘

응용 유형 1 간단한 자연수의 비로 나타내기

먼저 분수를 소수로 바꾸거나 소수를 분수로 바꿉니다.

[1~2] 간단한 자연수의 비로 나타내시오.

1 $\frac{4}{5} : 1.7$

(　　　　　　　　　　)

2 $2.5 : 3\frac{3}{4}$

(　　　　　　　　　　)

3 $\frac{3}{8} : 1.5$를 후항이 4인 간단한 자연수의 비로 나타냈을 때의 전항을 쓰시오.

(　　　　　　　　　　)

4 $0.6 : 2\frac{2}{3}$를 후항이 40인 간단한 자연수의 비로 나타냈을 때의 전항을 쓰시오.

(　　　　　　　　　　)

응용 유형 2 비례식에서 □ 안의 수의 크기 비교하기

비례식의 성질 ➔ (외항의 곱)=(내항의 곱)

5 □ 안의 수가 가장 큰 비례식을 찾아 기호를 쓰시오.

㉠ $6 : \square = 30 : 55$
㉡ $8 : 5 = \square : 10$
㉢ $21 : 27 = 7 : \square$

(　　　　　　　　　　)

6 □ 안의 수가 가장 큰 비례식을 찾아 기호를 쓰시오.

㉠ $\square : 3 = 35 : 15$
㉡ $32 : 12 = \square : 3$
㉢ $4 : \square = \frac{1}{5} : \frac{1}{2}$

(　　　　　　　　　　)

7 □ 안의 수가 가장 큰 비례식을 찾아 기호를 쓰시오.

㉠ $9 : \square = 72 : 64$
㉡ $0.5 : 1.5 = \square : 18$
㉢ $\square : 1 = 10 : \frac{1}{10}$

(　　　　　　　　　　)

빠른 정답 11쪽, 정답 및 풀이 45쪽

응용 유형 3 도형의 변의 길이 구하기

신의 한수

① 구하려는 것을 □라 하고 비례식 세우기
② 비례식의 성질을 이용하여 □의 값 구하기

8 가로와 세로의 비가 $5:3$인 직사각형을 그리려고 합니다. 가로를 30 cm로 그리면 세로는 몇 cm로 그려야 합니까?

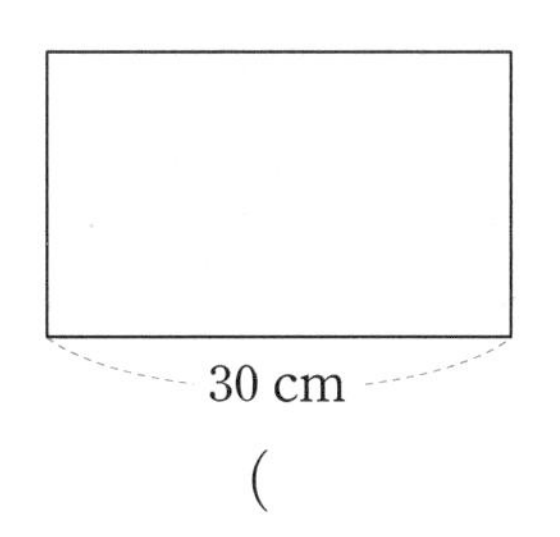

(　　　　　　　　　)

9 가로와 세로의 비가 $4:7$인 직사각형을 그리려고 합니다. 세로를 28 cm로 그리면 가로는 몇 cm로 그려야 합니까?

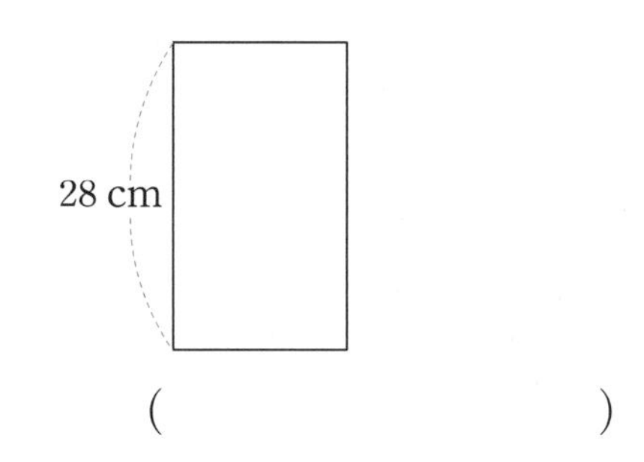

(　　　　　　　　　)

10 삼각형의 밑변의 길이와 높이의 비는 $3:2$입니다. 밑변의 길이가 54 cm이면 높이는 몇 cm입니까?

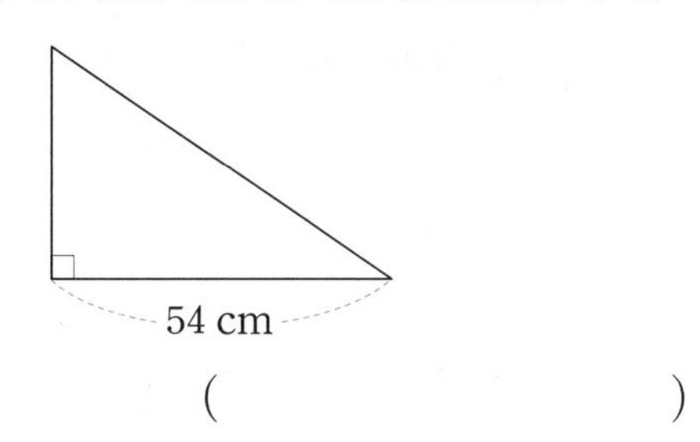

(　　　　　　　　　)

응용 유형 4 부분의 양을 알 때 전체의 양 구하기

① 전체의 비율은 100 %입니다.
② 구하려는 것을 □라 하고 비례식을 세워 문제를 해결합니다.

11 주차장에 주차되어 있는 자동차 중에서 45 %가 검은색이라고 합니다. 검은색 자동차가 27대라면 주차장에 주차되어 있는 자동차는 모두 몇 대입니까?

(　　　　　　　　　)

12 준하네 과수원의 20 %에는 배나무가 심어져 있습니다. 배나무가 심어져 있는 과수원의 넓이가 $900\ \mathrm{m}^2$라면 과수원의 전체 넓이는 몇 m^2입니까?

(　　　　　　　　　)

13 윤서네 학교 학생의 15 %가 6학년 학생이라고 합니다. 윤서네 학교 6학년 학생이 75명이라면 윤서네 학교 전체 학생은 몇 명입니까?

(　　　　　　　　　)

2 STEP 응용 유형의 힘

응용 유형 5 비율을 이용하여 비례배분하기

신의 한수

- 비율을 비로 나타낼 때는 분자를 전항에, 분모를 후항에 씁니다.
- 대분수로 나타낸 비율은 가분수로 고친 후 비로 나타냅니다.

예 $\frac{4}{5}$ ➔ 4 : 5　　$1\frac{4}{5}=\frac{9}{5}$ ➔ 9 : 5

14 비율이 다음과 같은 가와 나가 있습니다. 49를 가 : 나로 나누어 보시오.

가와 나의 비율 ➔ $\frac{3}{4}$

가 (　　　　　　)
나 (　　　　　　)

15 비율이 다음과 같은 가와 나가 있습니다. 88을 가 : 나로 나누어 보시오.

가와 나의 비율 ➔ $1\frac{2}{3}$

가 (　　　　　　)
나 (　　　　　　)

16 비율이 다음과 같은 가와 나가 있습니다. 92를 가 : 나로 나누어 보시오.

가와 나의 비율 ➔ $2\frac{5}{6}$

가 (　　　　　　)
나 (　　　　　　)

응용 유형 6 직사각형의 둘레를 알 때 가로와 세로 구하기

신의 한수

① 직사각형의 가로와 세로의 길이의 합 구하기
② ①을 가로와 세로의 비로 나누기

17 가로와 세로의 비가 5 : 3이고 둘레가 96 cm인 직사각형이 있습니다. 이 직사각형의 가로와 세로는 각각 몇 cm입니까?

가로 (　　　　　　)
세로 (　　　　　　)

18 가로와 세로의 비가 2 : 7이고 둘레가 108 cm인 직사각형이 있습니다. 이 직사각형의 가로와 세로는 각각 몇 cm입니까?

가로 (　　　　　　)
세로 (　　　　　　)

19 132 cm 길이의 철사를 겹치지 않게 모두 사용하여 가로와 세로의 비가 6 : 5인 직사각형 모양을 만들려고 합니다. 직사각형의 가로와 세로를 각각 몇 cm로 해야 합니까?

가로 (　　　　　　)
세로 (　　　　　　)

응용 유형 7 조건에 맞게 비례식 완성하기

신의 한수

① 비율을 만족하는 비를 구합니다.
② 비례식의 성질을 이용하여 조건을 모두 만족하는 비례식을 세웁니다.

[20~22] | 조건 |에 맞는 비례식을 완성하시오.

20 | 조건 |
- 비율은 $\frac{1}{4}$입니다.
- 내항의 곱은 32입니다.

$2 : \square = \square : \square$

21 | 조건 |
- 비율은 $\frac{2}{3}$입니다.
- 내항의 곱은 36입니다.

$4 : \square = \square : \square$

22 | 조건 |
- 비율은 $\frac{1}{5}$입니다.
- 내항의 곱은 90입니다.

$6 : \square = \square : \square$

응용 유형 8 느려지는 시계의 시각 구하기

① 정확히 시계를 맞춘 시각부터 구하려는 시각까지는 몇 시간인지 구하기
② ①에서 구한 시간 동안 느려진 시간을 □라 하고 비례식을 세워 □의 값 구하기
③ (시계가 가리키는 시각)=(실제 시각)−□

23 한 시간에 3분씩 느려지는 시계가 있습니다. 오늘 오전 9시에 시계를 정확히 맞추었다면 다음 날 오전 10시에 이 시계가 가리키는 시각은 오전 몇 시 몇 분입니까?

( )

24 한 시간에 5분씩 느려지는 시계가 있습니다. 오늘 오후 3시에 시계를 정확히 맞추었다면 다음 날 오후 2시에 이 시계가 가리키는 시각은 오후 몇 시 몇 분입니까?

( )

문제 해결력 **서술형**

1-1 진유네 학교 6학년 전체 학생은 330명이고 이 중 안경을 쓴 학생은 195명입니다. 안경을 쓴 학생 수와 안경을 쓰지 않은 학생 수의 비를 간단한 자연수의 비로 나타내시오.

(1) 안경을 쓰지 않은 학생은 몇 명입니까?

( )

(2) 안경을 쓴 학생 수와 안경을 쓰지 않은 학생 수의 비를 간단한 자연수의 비로 나타내시오.

( )

바로 쓰는 **서술형**

1-2 색종이 280장 중 빨간색 색종이는 152장이고 나머지는 노란색 색종이입니다. 빨간색 색종이 수와 노란색 색종이 수의 비를 간단한 자연수의 비로 나타내는 풀이 과정을 쓰고 답을 구하시오. **[5점]**

풀이

답

문제 해결력 **서술형**

2-1 평행사변형 가와 나의 넓이의 합은 192 cm^2입니다. 평행사변형 가의 넓이는 몇 cm^2입니까?

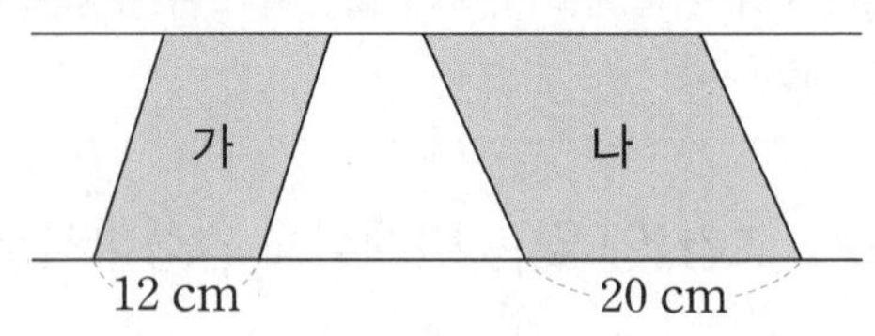

(1) 평행사변형 가와 나의 밑변의 길이의 비를 간단한 자연수의 비로 나타내시오.

( )

(2) 평행사변형 가와 나의 넓이의 비를 간단한 자연수의 비로 나타내시오.

( )

(3) 평행사변형 가의 넓이는 몇 cm^2입니까?

( )

바로 쓰는 **서술형**

2-2 평행사변형 가와 나의 넓이의 합은 720 cm^2입니다. 평행사변형 나의 넓이는 몇 cm^2인지 풀이 과정을 쓰고 답을 구하시오. **[5점]**

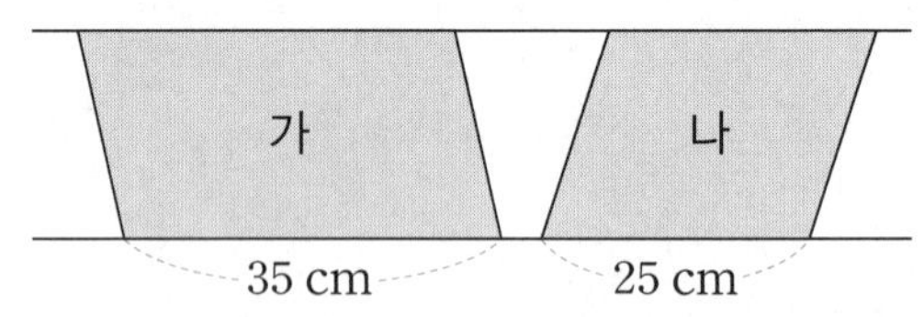

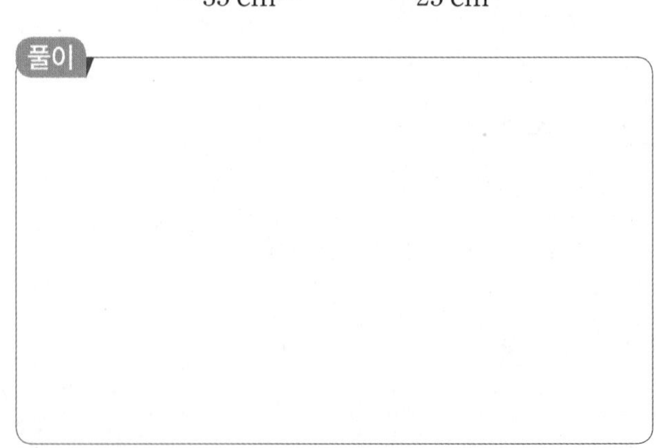

답

빠른 정답 11쪽, 정답 및 풀이 47쪽

문제 해결력 **서술형**

3-1 맞물려 돌아가는 두 톱니바퀴 가와 나가 있습니다. 가의 톱니 수는 36개이고 나의 톱니 수는 45개입니다. 가가 20바퀴 도는 동안 나는 몇 바퀴 돕니까?

(1) 가와 나의 톱니 수의 비를 간단한 자연수의 비로 나타내시오.

( )

(2) 가와 나가 도는 수의 비를 간단한 자연수의 비로 나타내시오.

( )

(3) 가가 20바퀴 도는 동안 나는 몇 바퀴 돕니까?

( )

바로 쓰는 **서술형**

3-2 맞물려 돌아가는 두 톱니바퀴 가와 나가 있습니다. 가의 톱니 수는 28개, 나의 톱니 수는 16개입니다. 나가 35바퀴 도는 동안 가는 몇 바퀴 도는지 풀이 과정을 쓰고 답을 구하시오. [5점]

풀이

답

문제 해결력 **서술형**

4-1 어머니께서 동생과 언니에게 밤을 똑같이 나누어 주려다가 잘못하여 동생과 언니에게 2 : 3으로 나누어 주었습니다. 언니가 받은 밤이 18개일 때 어머니께서 똑같이 나누어 주었다면 동생이 받을 수 있었던 밤은 몇 개입니까?

(1) 어머니께서 잘못 나누어 주었을 때 동생이 받은 밤은 몇 개입니까?

( )

(2) 나누어 주기 전 처음에 있던 밤은 몇 개입니까?

( )

(3) 어머니께서 밤을 똑같이 나누어 주었다면 동생이 받을 수 있었던 밤은 몇 개입니까?

( )

바로 쓰는 **서술형**

4-2 선생님께서 태희와 민기에게 사탕을 똑같이 나누어 주려다가 잘못하여 태희와 민기에게 3 : 5로 나누어 주었습니다. 태희가 받은 사탕이 21개일 때 선생님께서 똑같이 나누어 주었다면 민기가 받을 수 있었던 사탕은 몇 개인지 풀이 과정을 쓰고 답을 구하시오. [5점]

풀이

답

점수

1 비의 성질을 이용하여 □ 안에 알맞은 수를 써넣으시오.

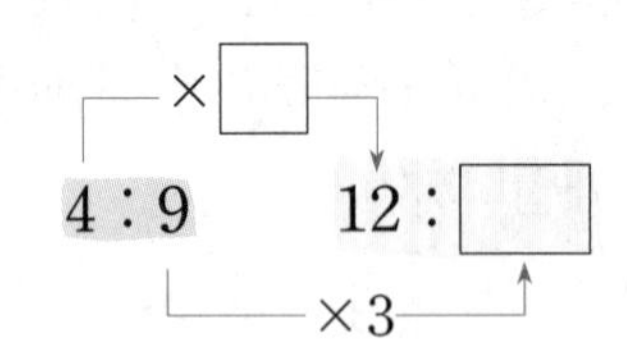

2 비례식에서 외항과 내항을 각각 쓰시오.

7 : 2=21 : 6

외항 (   )
내항 (   )

3 비의 전항과 후항을 같은 수로 나누어 비율이 같은 비를 만들려고 합니다. 나눌 수 없는 수를 찾아 기호를 쓰시오.

㉠ 0　㉡ 10　㉢ 3.5

(   )

4 간단한 자연수의 비로 나타내시오.

0.3 : 1.6

(   )

5 비의 성질을 이용하여 30 : 24와 비율이 같은 비를 2개 쓰시오.

(   )

6 옳은 비례식이 적힌 표지판을 모두 찾아 ○표 하시오.

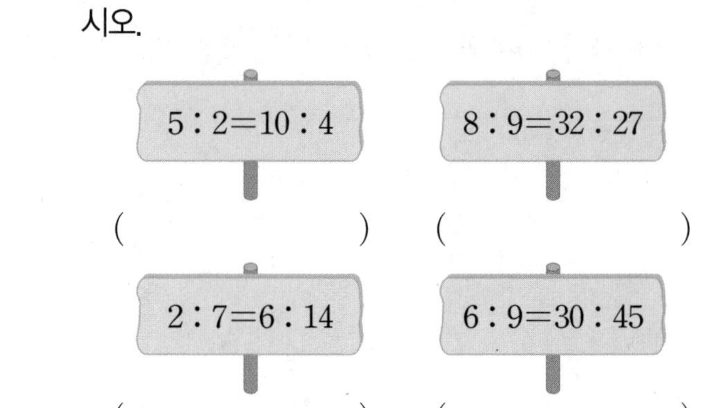

7 왼쪽 비를 간단한 자연수의 비로 나타낸 것을 오른쪽에서 찾아 선으로 이어 보시오.

$\frac{2}{5}$: 0.8 •	• 2 : 3
$1 : 1\frac{1}{2}$ •	• 1 : 2
	• 4 : 3

8 안의 수를 주어진 비로 나누어 [,] 안에 써넣으시오.

63 2 : 7 → [,]

9 평행사변형의 밑변의 길이와 높이의 비를 간단한 자연수의 비로 나타내시오.

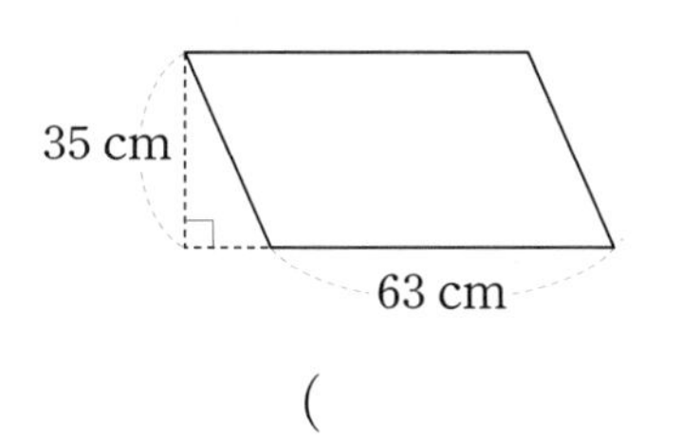

( )

10 비례식에서 □ 안에 알맞은 수를 써넣으시오.

7 : □ = 49 : 63

11 진주네 학교 6학년 학생은 240명입니다. 6학년 남학생과 여학생 수의 비가 7 : 5일 때 남학생은 몇 명입니까?

( )

12 문제를 해결하기 위한 지아의 생각이 옳은지 알맞은 것에 ○표 하시오.

문제
종이꽃 2개를 만들려면 색종이 5장이 필요합니다. 종이꽃 6개를 만들려면 색종이가 몇 장 필요합니까?

필요한 색종이 수를 □장이라 하면
2 : 5 = 6 : □야.
내항의 곱인 30과 외항의 곱인 2 × □가 같으니까 □의 값은 15지.
그래서 색종이는 15장 필요해.

(○ , ×)

13 오렌지가 3개에 4500원입니다. 오렌지 8개는 얼마인지 오렌지 8개의 값을 □원이라 하고 비례식을 세워 답을 구하시오.

식 ____________________

답 ____________________

14 비율이 같은 두 비를 찾아 비례식을 세워 보시오.

$\frac{1}{3} : \frac{1}{8}$ 5 : 9 24 : 12 2 : 3.6

식 ____________________

4 단원 비례식과 비례배분

15 동화책 72권을 학생 수의 비로 나누어 주려고 합니다. 가 모둠은 5명, 나 모둠은 3명이라면 각 모둠에 동화책을 몇 권씩 나누어 주어야 합니까?

가 모둠 (　　　　　　　　)

나 모둠 (　　　　　　　　)

16 비례식에서 □ 안에 알맞은 수를 소수로 나타내시오.

$6:4=(\square+3):4.8$

(　　　　　　　　)

17 직사각형의 가로와 세로의 비는 $8:7$입니다. 가로가 32 cm일 때 직사각형의 둘레는 몇 cm입니까?

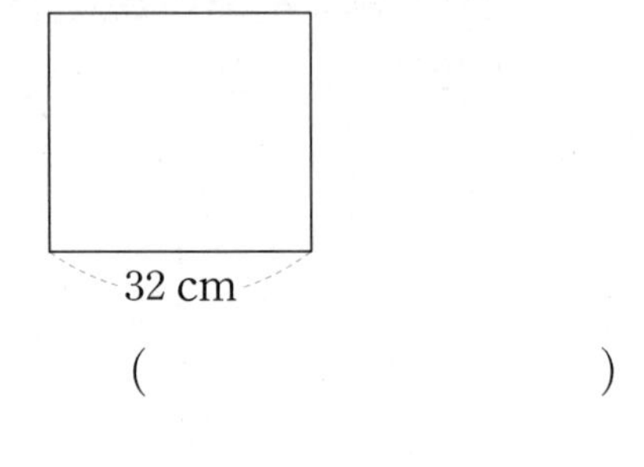

(　　　　　　　　)

18 4시간에 5분씩 빨리 가는 시계를 오전 6시에 정확히 맞추어 놓았습니다. 같은 날 오후 10시에 이 시계가 가리키는 시각은 오후 몇 시 몇 분입니까?

(　　　　　　　　)

서술형

19 세라와 준서는 꿀물을 만들었습니다. 꿀물을 만들 때 각각 사용한 꿀의 양과 물의 양의 비를 간단한 자연수의 비로 나타내고, 두 꿀물의 진하기를 비교하시오.

세라: 난 꿀 0.3 L, 물 0.8 L를 넣었어.

준서: 난 종이컵으로 꿀 $\frac{3}{10}$컵, 물 $\frac{4}{5}$컵을 넣었어.

풀이

답

서술형

20 어느 정육점의 소고기 판매량과 돼지고기 판매량의 비가 $\frac{2}{7}:\frac{2}{5}$라고 합니다. 소고기와 돼지고기 판매량의 합이 240 kg이라면 소고기 판매량은 몇 kg인지 풀이 과정을 쓰고 답을 구하시오.

풀이

답

수학일기

월 일 요일 | 이름

☆ 4단원에서 배운 내용을 친구들에게 설명하듯이 써 봐요.

☆ 4단원에서 배운 내용이 실생활에서 어떻게 쓰이고 있는지 찾아 써 봐요.

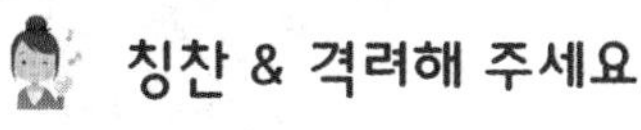

→ QR코드를 찍으면 예시 답안을 볼 수 있어요.

5 원의 넓이

교과서 개념 카툰

개념 카툰 1 원주율

개념 카툰 2 원주 구하기

이번에 배우는 내용

이미 배운 내용

[3-2] 3. 원
[5-1] 6. 다각형의 둘레와 넓이

✓ 원주와 지름의 관계 알아보기
✓ 원주율 알아보기
✓ 원주, 지름 구하기
✓ 원의 넓이 구하기

앞으로 배울 내용

[6-2] 6. 원기둥, 원뿔, 구

개념 카툰 3 지름 구하기

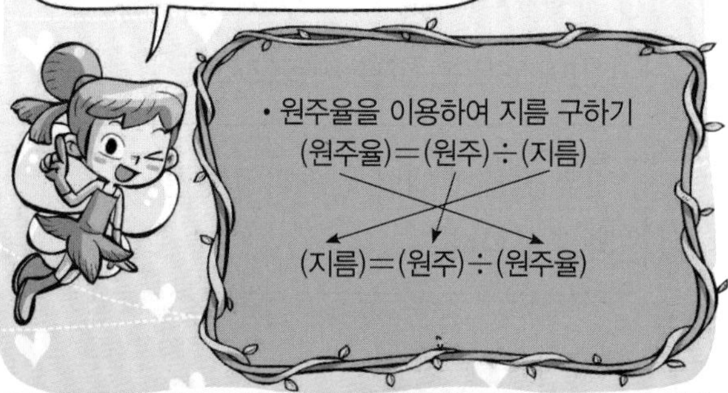

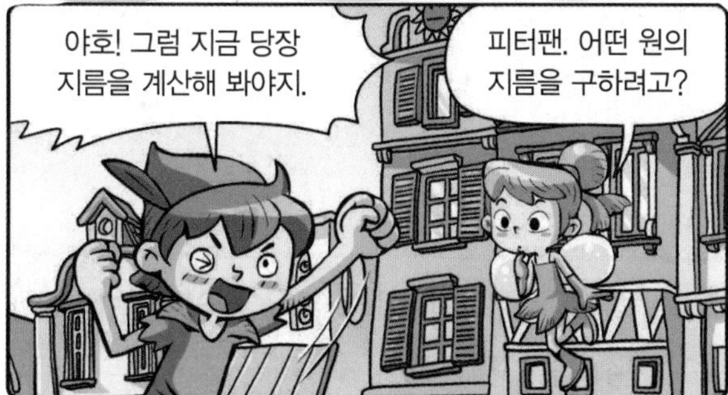

개념 카툰 4 원의 넓이 구하기

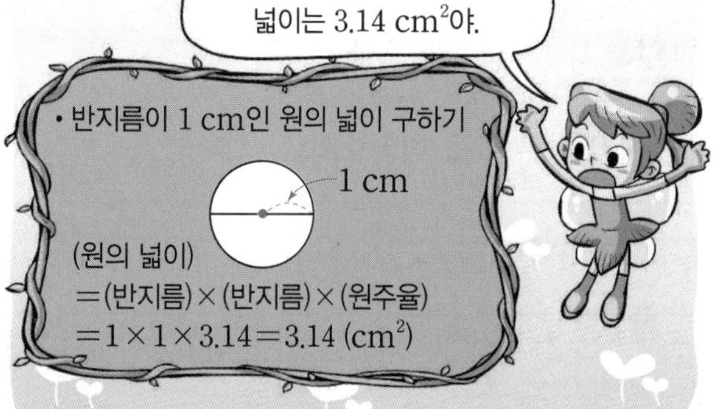

개념의 힘

개념 1 원주와 지름의 관계를 알아볼까요 / 원주율을 알아볼까요

1. 원주 알아보기
   원주: 원의 둘레

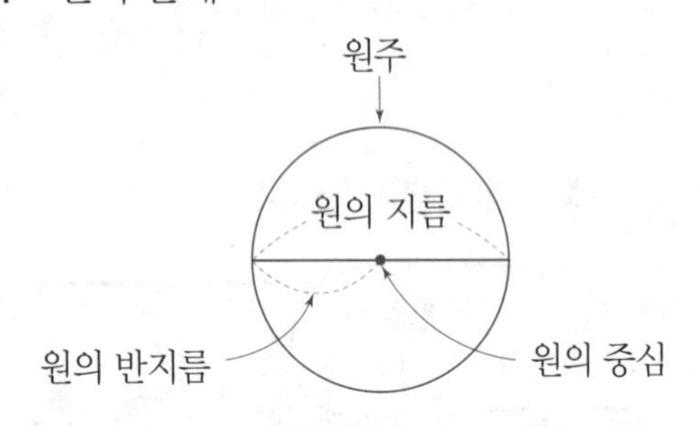

2. 원주와 지름의 관계 알아보기
   ① 원의 지름이 길어지면 원주도 길어집니다.
   ② 원주가 길어지면 원의 지름도 길어집니다.

지름이 ■배가 되면 원주도 ■배가 돼.

3. 원주율 알아보기
   원주율: 원의 지름에 대한 원주의 비율

(원주율)=(원주)÷(지름)

원의 크기와 상관없이 (원주)÷(지름)의 값은 일정해.

4. 원주율의 값 알아보기
   원주율을 소수로 나타내면 3.1415926535897932……와 같이 끝없이 이어집니다.
   따라서 필요에 따라 3, 3.1, 3.14 등으로 어림하여 사용하기도 합니다.

개념 확인하기

1 □ 안에 알맞은 말을 써넣으시오.

원의 둘레를 □(이)라고 합니다.

2 원에 지름과 원주를 표시하시오.

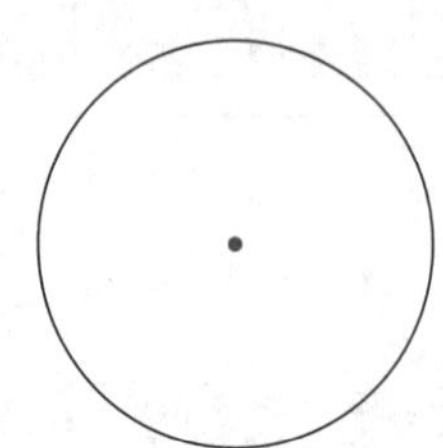

3 □ 안에 알맞은 말을 써넣으시오.

원의 지름에 대한 원주의 비율을 □(이)라고 합니다.

4 원주와 지름이 다음과 같은 원이 있습니다. 이 원의 원주율을 구하시오.

원주: 21.98 cm
지름: 7 cm

(원주율)=21.98÷□=□

개념 다지기

1 □ 안에 알맞은 말을 써넣으시오.

(원주율)=(□)÷(지름)

[2~3] 설명이 맞으면 ○표, 틀리면 ×표 하시오.

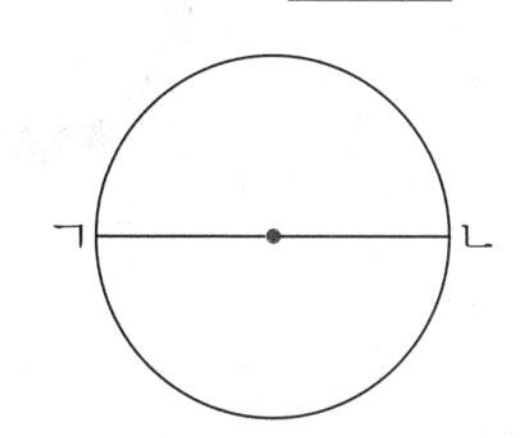

2 원의 중심을 지나는 선분 ㄱㄴ은 원의 반지름입니다.

(　　　　　)

3 원의 지름이 길어지면 원주도 길어집니다.

(　　　　　)

4 지름이 3 cm인 원을 만들고 자 위에서 한 바퀴 굴렸습니다. 원주가 얼마쯤 될지 자에 표시하시오.

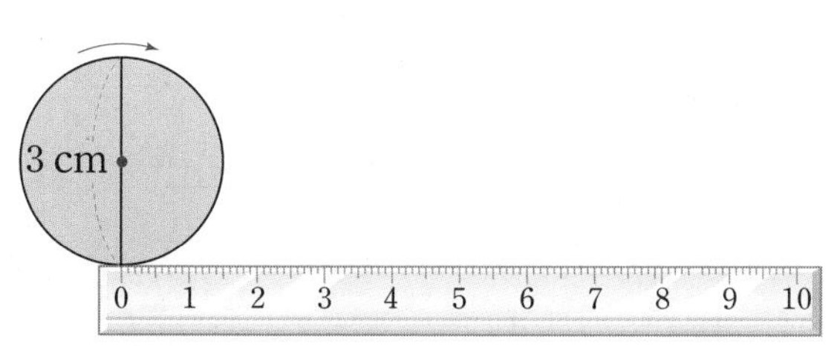

[5~6] 한 변의 길이가 1 cm인 정육각형, 지름이 2 cm인 원, 한 변의 길이가 2 cm인 정사각형을 보고 물음에 답하시오.

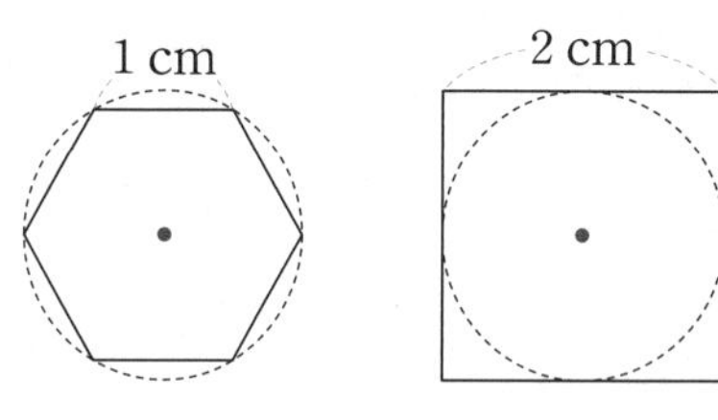

5 정사각형의 둘레를 그림에 표시하고, 원주가 얼마쯤 될지 그림에 표시하시오.

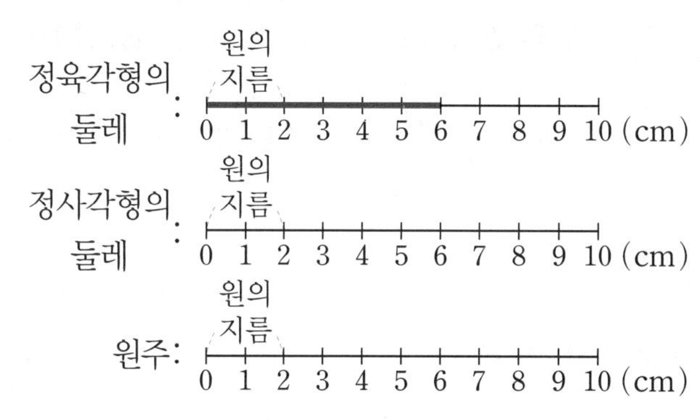

6 □ 안에 알맞은 수를 써넣으시오.

(원의 지름)×□<(원주)
정육각형의 둘레

(원주)<(원의 지름)×□
정사각형의 둘레

7 지름이 10 cm인 원 모양의 쟁반이 있습니다. 이 쟁반의 원주가 31.4 cm라면 쟁반의 원주율은 얼마입니까?

식 ______________________

답 ______________

개념 2 원주와 지름을 구해 볼까요

1. 지름을 알 때 원주율을 이용하여 원주 구하기

(원주율)=(원주)÷(지름)
➔ (원주)=(지름)×(원주율)

(1) 원의 지름이 주어진 경우(원주율: 3.14)

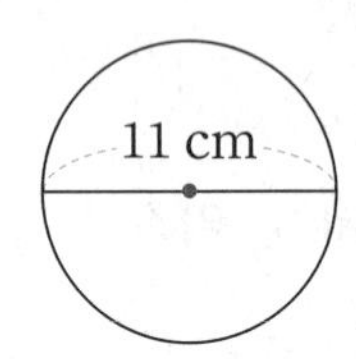

(원주)=(지름)×(원주율)

(원주)=11×3.14=34.54 (cm)

(2) 원의 반지름이 주어진 경우(원주율: 3.14)

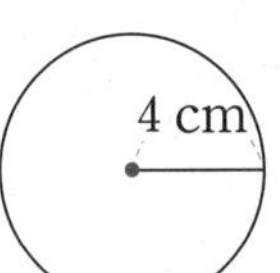

(원주)=(반지름)×2×(원주율)

(원주)=4×2×3.14=25.12 (cm)

2. 원주를 알 때 원주율을 이용하여 지름 구하기

(원주율)=(원주)÷(지름)
➔ (지름)=(원주)÷(원주율)

예 원주가 주어진 물건의 지름 구하기

(원주율: 3.14)

병뚜껑 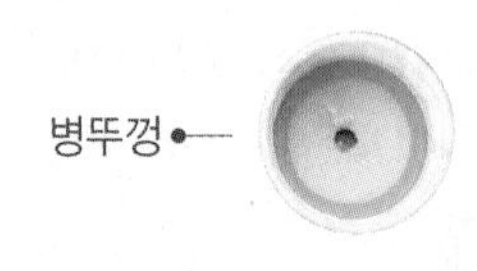 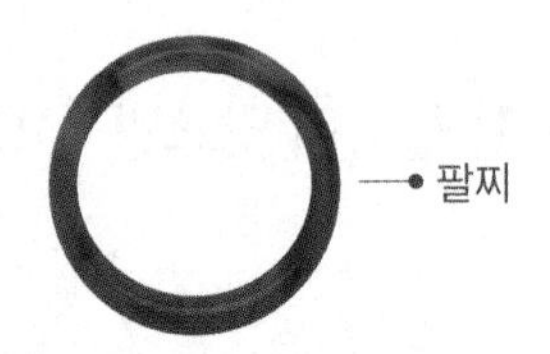 팔찌

물건 이름	원주(cm)	지름(cm)
병뚜껑	12.56	12.56÷3.14=4
팔찌	21.98	21.98÷3.14=7

개념 확인하기

1 □ 안에 알맞은 말을 써넣으시오.

(원주)=(지름)×(원주율)
=(□)×2×(원주율)

2 원주는 몇 cm입니까? (원주율: 3.14)

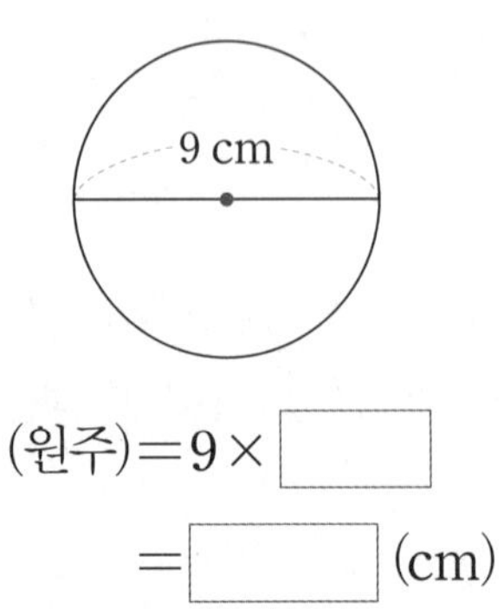

(원주)=9×□
=□ (cm)

3 □ 안에 알맞은 말을 써넣으시오.

(지름)=(□)÷(원주율)

4 원주가 18 cm인 원입니다. 지름은 몇 cm입니까?

(원주율: 3)

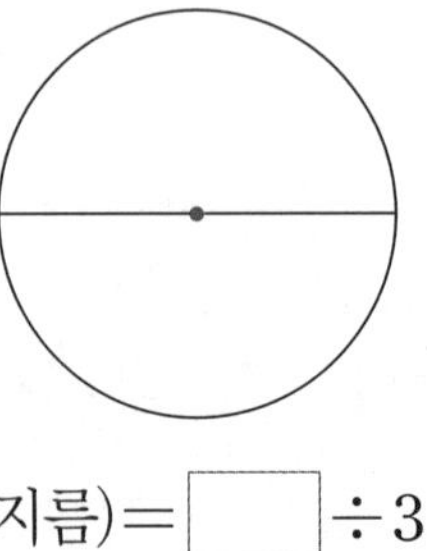

(지름)=□÷3
=□ (cm)

개념 다지기

1 원주율을 이용하여 원주를 구하는 방법으로 옳은 것에 ○표 하시오.

(지름)×(원주율) ( )

(반지름)×(원주율) ( )

2 빈칸에 알맞게 써넣으시오. (원주율: 3.14)

지름(cm)	(지름)×(원주율)	원주(cm)
5		

3 원주를 바르게 구한 식의 기호를 쓰시오. (원주율: 3.1)

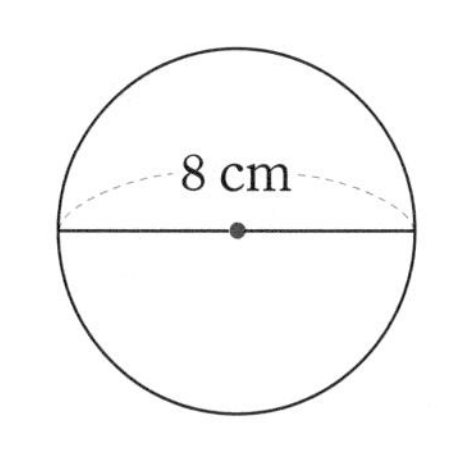

㉠ $8 \times 3.1 = 24.8$ (cm)
㉡ $8 \times 2 \times 3.1 = 49.6$ (cm)

( )

4 원주가 다음과 같을 때 지름은 몇 cm입니까? (원주율: 3)

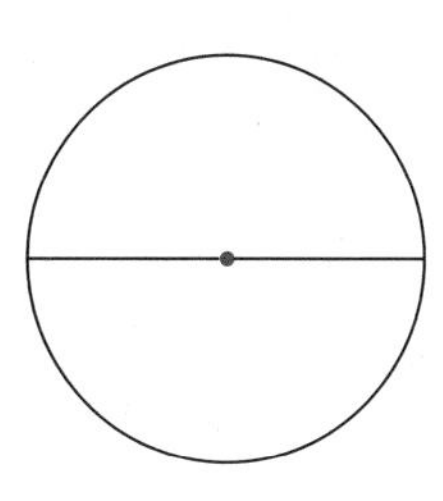

원주: 48 cm

( )

5 원주는 몇 cm입니까?

(1)

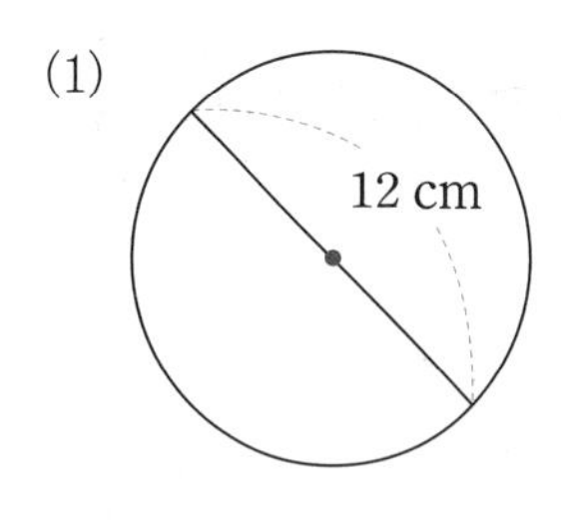

원주율: 3.14

( )

(2)

원주율: 3.1

( )

6 원주가 43.4 cm일 때 □ 안에 알맞은 수를 써넣으시오. (원주율: 3.1)

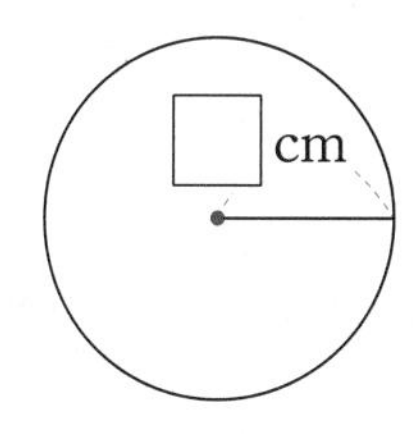

7 길이가 93 cm인 종이띠를 겹치지 않게 붙여서 원을 만들었습니다. 만들어진 원의 지름은 몇 cm입니까? (원주율: 3)

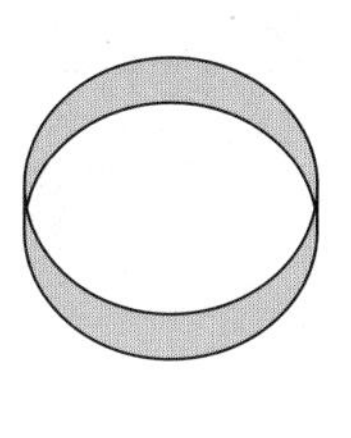

식 ______________________

답 ______________________

유형 1 원주와 지름의 관계

원주를 빨간색 선으로 바르게 표시한 것에 ○표 하시오.

( ) ( )

유형 코칭

- 원주: 원의 둘레

1 설명이 맞으면 ○표, 틀리면 ×표 하시오.

원주는 지름보다 더 깁니다. ( )

원의 지름이 길어져도 원주는 변하지 않습니다. ( )

원주와 지름의 길이는 같습니다. ( )

2 그림을 보고 원주가 지름의 약 몇 배인지 알아보려고 합니다. □ 안에 알맞은 수를 써넣으시오.

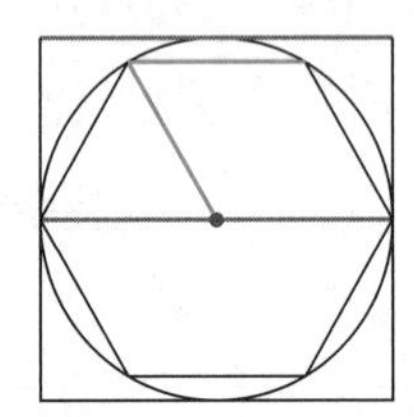

(정육각형의 둘레) < (원주) < (정사각형의 둘레)

➔ (원의 지름) × □ < (원주) < (원의 지름) × □

[3~4] 지름과 원주의 관계를 나타낸 표입니다. 물음에 답하시오.

지름(cm)	3	6	9
원주(cm)	9	18	27

3 □ 안에 알맞은 수를 써넣으시오.

지름이 2배, 3배가 되면 원주도 □배, □배가 됩니다.

4 □ 안에 알맞은 수를 써넣으시오.

원주가 2배, 3배가 되면 지름도 □배, □배가 됩니다.

5 지름이 2 cm인 원의 원주와 가장 비슷한 길이를 찾아 ○표 하시오.

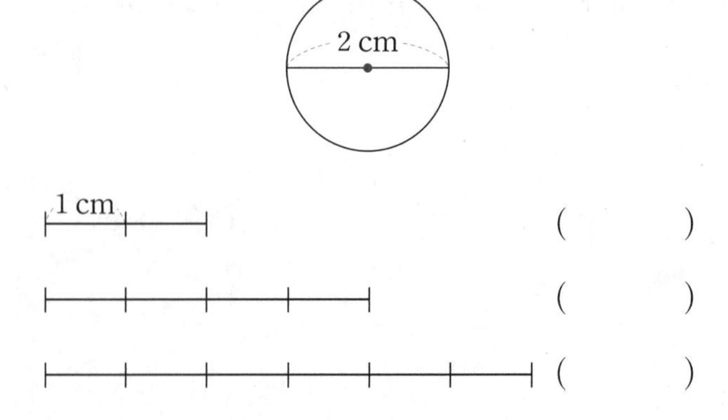

유형 2 원주율

원주율을 바르게 나타낸 것의 기호를 쓰시오.

㉠ (원주)÷(지름) ㉡ (원주)×(지름)

( )

유형 코칭

- 원주율: 원의 지름에 대한 원주의 비율

(원주율)=(원주)÷(지름)

6 원주와 지름의 관계를 나타낸 표입니다. 빈칸에 알맞은 수를 써넣으시오.

원주(cm)	지름(cm)	(원주)÷(지름)
9.42	3	
25.12	8	

7 세라와 수호가 원 모양이 있는 여러 가지 물건의 원주와 지름을 재어 보았습니다. 바르게 말한 사람을 찾아 이름을 쓰시오.

세라: 원주율은 끝없이 이어지기 때문에 3, 3.1, 3.14 등으로 어림해서 사용해.

수호: 원주는 지름의 약 4배야.

( )

[8~9] 지민이는 접시의 원주와 지름을 재어 보았습니다. 물음에 답하시오.

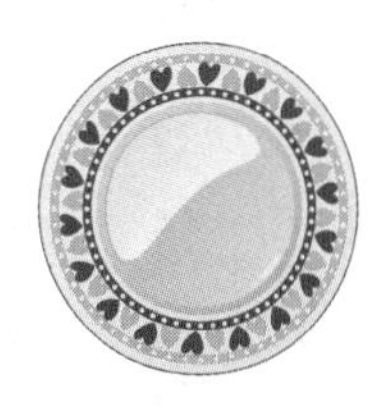

원주: 44 cm
지름: 14 cm

8 (원주)÷(지름)을 반올림하여 주어진 자리까지 나타내시오.

반올림하여 소수 첫째 자리까지	반올림하여 소수 둘째 자리까지

9 위와 같이 원주율을 어림하여 사용하는 이유를 쓰시오.

( )÷( )을 계산하면 나누어떨어지지 않고, 끝없이 이어지기 때문입니다.

10 여러 가지 원 모양이 들어있는 악기가 있습니다. (원주)÷(지름)을 계산해 보고 원주율에 대해 알 수 있는 것을 쓰시오.

캐스터네츠 소고 심벌즈

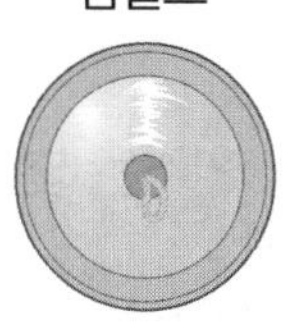

캐스터네츠	소고	심벌즈
지름: 6 cm	지름: 16 cm	지름: 30 cm
원주: 18.84 cm	원주: 50.24 cm	원주: 94.2 cm

캐스터네츠, 소고, 심벌즈의 원주율은 모두 [ ]로 같으므로 원의 크기가 달라도 원주율은 (같습니다 , 다릅니다).

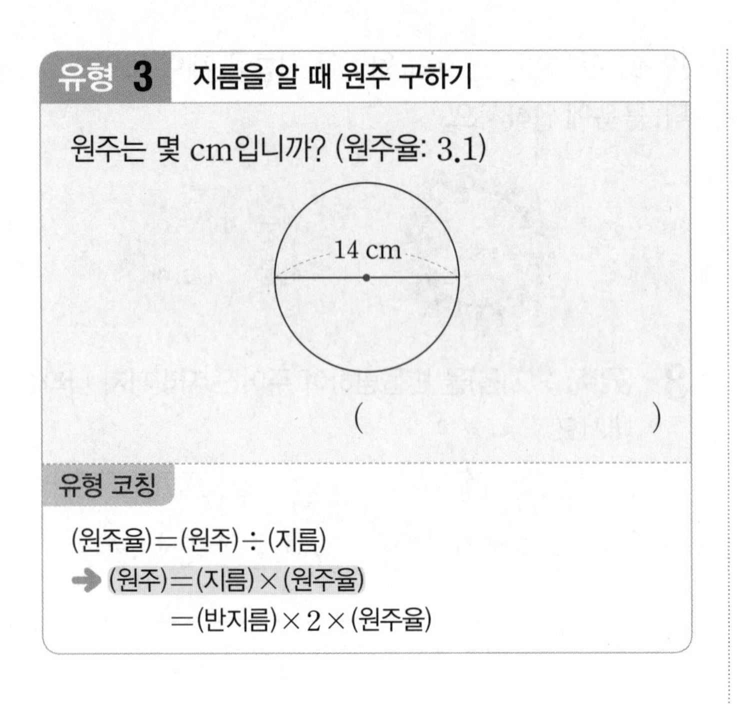

유형 3 지름을 알 때 원주 구하기

원주는 몇 cm입니까? (원주율: 3.1)

(　　　　　　　　)

유형 코칭

(원주율)=(원주)÷(지름)

➜ (원주)=(지름)×(반지름)×(원주율)

=(반지름)×2×(원주율)

11 오른쪽 원의 원주를 바르게 구한 식의 기호를 쓰시오.

(원주율: 3.14)

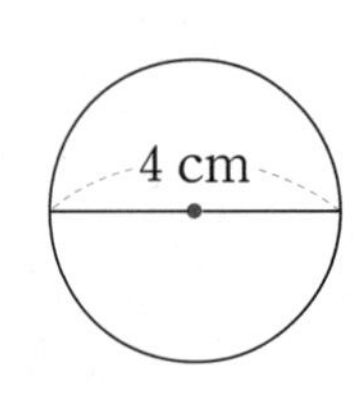

㉠ $4\times2\times3.14=25.12$ (cm)

㉡ $4\times3.14=12.56$ (cm)

(　　　　　　　　)

12 원주는 몇 cm입니까? (원주율: 3.1)

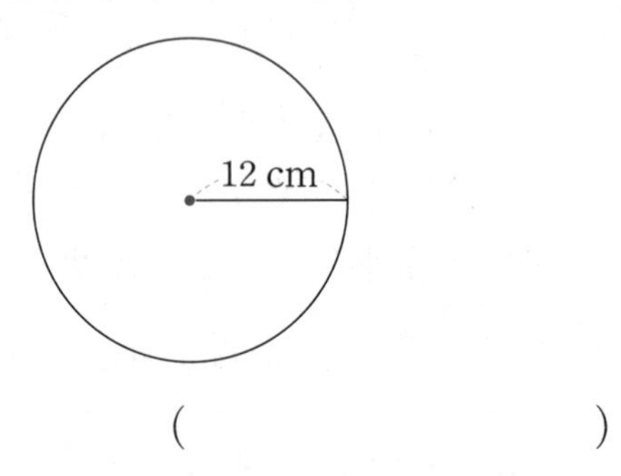

(　　　　　　　　)

13 작은 원의 지름이 7 cm일 때 큰 원의 원주는 몇 cm입니까? (원주율: 3.14)

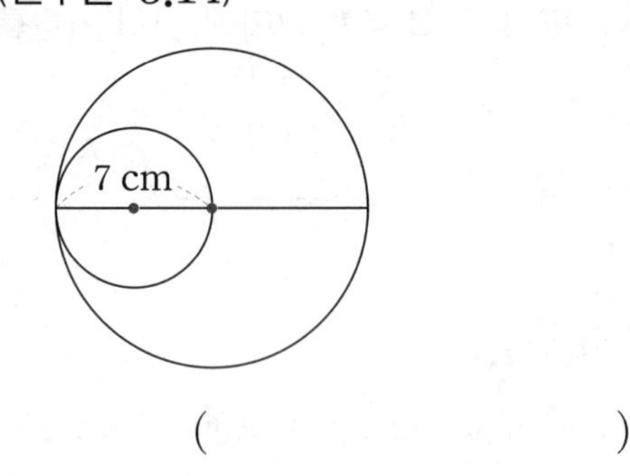

(　　　　　　　　)

14 프로펠러의 길이가 8 cm인 드론이 있습니다. 프로펠러 한 개가 돌 때 생기는 원의 원주는 몇 cm입니까? (원주율: 3.14)

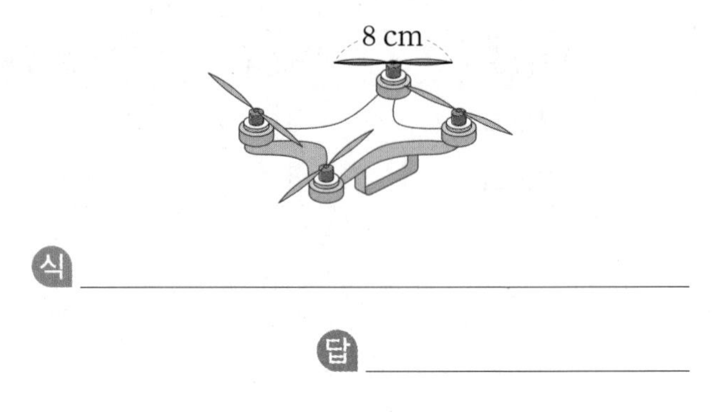

식 ______________________

답 ______________

15 지름이 25 m인 원 모양의 호수 둘레에 5 m 간격으로 가로등이 있습니다. 모두 몇 개의 가로등이 있습니까? (단, 가로등의 두께는 생각하지 않습니다.)

(원주율: 3)

(　　　　　　　　)

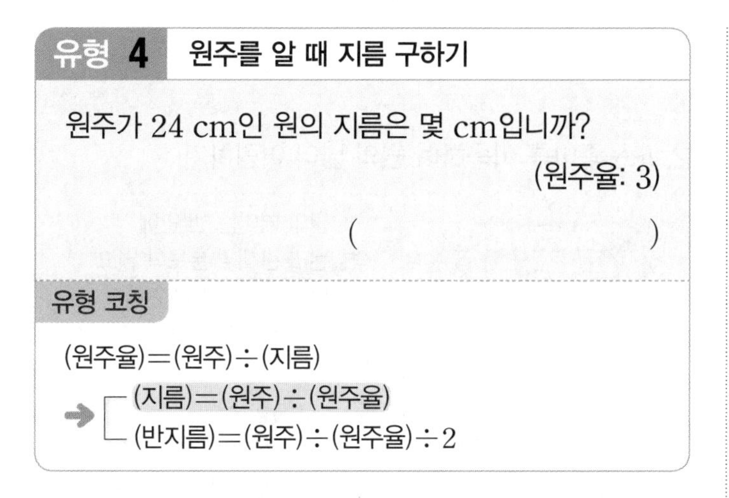

유형 4 원주를 알 때 지름 구하기

원주가 24 cm인 원의 지름은 몇 cm입니까? (원주율: 3)

( )

유형 코칭

(원주율)=(원주)÷(지름)

➜ (지름)=(원주)÷(원주율)
　 (반지름)=(원주)÷(원주율)÷2

16 원주가 다음과 같을 때 ㉠의 길이는 몇 cm입니까? (원주율: 3.14)

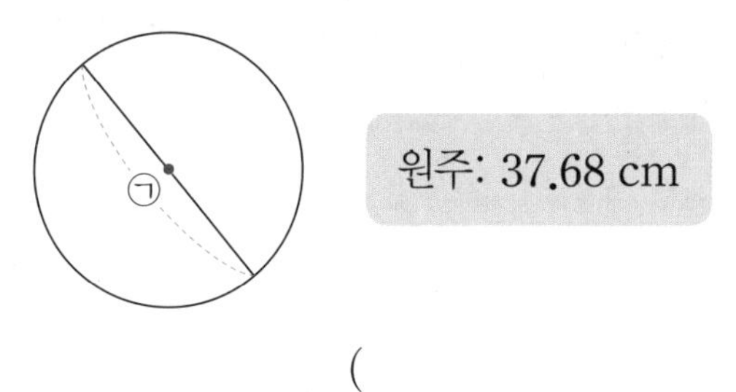

( )

17 원주가 30 cm일 때 □ 안에 알맞은 수를 써넣으시오. (원주율: 3)

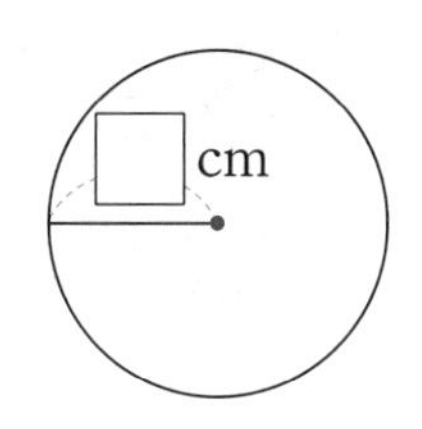

18 원주가 50.24 cm인 원의 반지름은 몇 cm입니까? (원주율: 3.14)

( )

19 두 원의 지름을 비교하여 ○ 안에 $>$, $=$, $<$를 알맞게 써넣으시오. (원주율: 3.14)

반지름이 9 cm인 원	○	원주가 56.52 cm인 원

20 원주가 40.82 cm인 접시를 밑면이 정사각형 모양인 사각기둥 모양의 상자에 담으려고 합니다. 상자의 밑면의 한 변의 길이는 적어도 몇 cm이어야 합니까? (원주율: 3.14)

식 ____________________

답 ____________________

21 세발자전거의 뒷바퀴 하나의 원주는 120 cm입니다. 앞바퀴의 원주가 뒷바퀴 원주의 2배일 때 앞바퀴의 반지름은 몇 cm입니까? (원주율: 3)

( )

개념의 힘

개념 3 원의 넓이를 어림해 볼까요

1. 마름모와 정사각형의 넓이를 이용하여 원의 넓이 어림하기

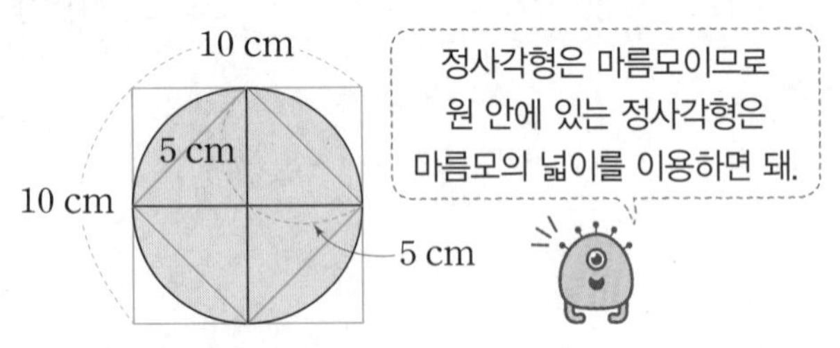

10 cm
10 cm
5 cm
5 cm
정사각형은 마름모이므로
원 안에 있는 정사각형은
마름모의 넓이를 이용하면 돼.

(1) (원 안에 있는 정사각형의 넓이)

$=10\times10\div2=$ 50 (cm²)

(2) (원 밖에 있는 정사각형의 넓이)

$=10\times10=$ 100 (cm²)

(3) 지름이 10 cm인 원의 넓이 어림하기:

50 cm² < (원의 넓이) < 100 cm²

➜ 원의 넓이는 예 75 cm²라고 어림할 수 있습니다.

2. 모눈종이를 이용하여 원의 넓이 어림하기

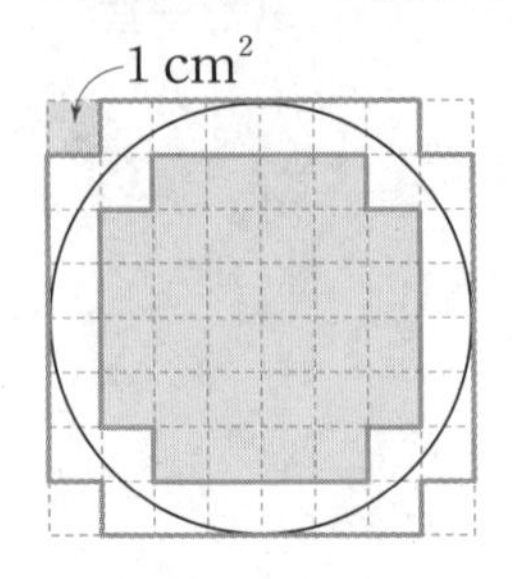

원의 넓이는 원 안에 색칠된 노란색 부분보다 넓고 원 밖의 초록색 선 안쪽 부분보다 좁아.

(1) 원 안에 색칠된 노란색 모눈의 수는 32칸이므로 넓이는 32 cm²입니다.

(2) 원 밖의 초록색 선 안쪽 모눈의 수는 60칸이므로 넓이는 60 cm²입니다.

(3) 반지름이 4 cm인 원의 넓이 어림하기:

32 cm² < (원의 넓이) < 60 cm²

➜ 원의 넓이는 예 50 cm²라고 어림할 수 있습니다.

개념 확인하기

1 반지름이 6 cm인 원의 넓이를 어림하려고 합니다. □ 안에 알맞은 수를 써넣으시오.

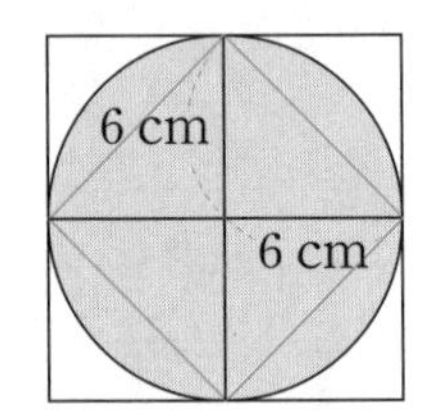

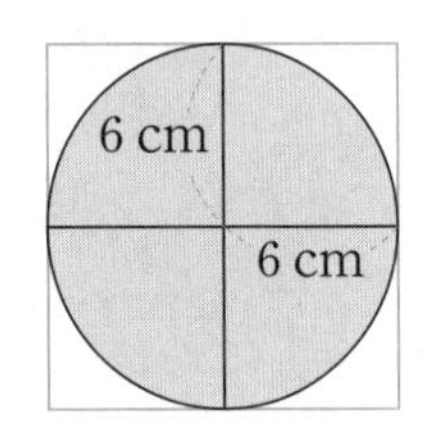

(1) (원 안에 있는 정사각형의 넓이)

$=12\times12\div2=$ □ (cm²)

(2) (원 밖에 있는 정사각형의 넓이)

$=12\times12=$ □ (cm²)

(3) 위 (1)과 (2)를 이용하여 반지름이 6 cm인 원의 넓이 어림하기:

➜ □ cm² < (원의 넓이) < □ cm²

2 모눈종이를 이용하여 지름이 10 cm인 원의 넓이를 어림하려고 합니다. 물음에 답하시오.

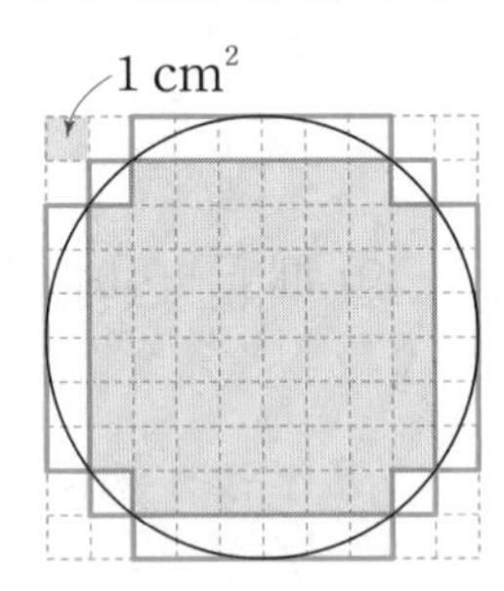

(1) 원 안에 색칠된 노란색 부분의 넓이는 몇 cm²입니까? ( )

(2) 원 밖의 초록색 선 안쪽 부분의 넓이는 몇 cm²입니까? ( )

(3) 위 (1)과 (2)를 이용하여 □ 안에 알맞은 수를 써넣으시오.

□ cm² < (원의 넓이) < □ cm²

개념 다지기

[1~3] 반지름이 7 cm인 원의 넓이를 어림하려고 합니다. 물음에 답하시오.

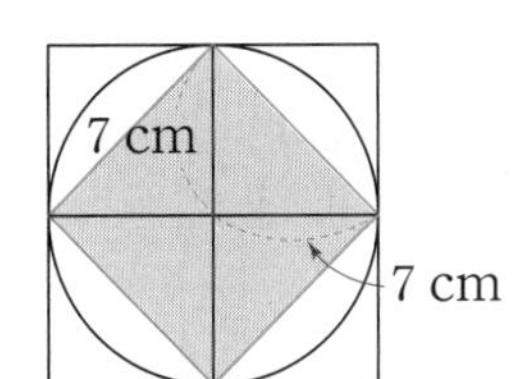

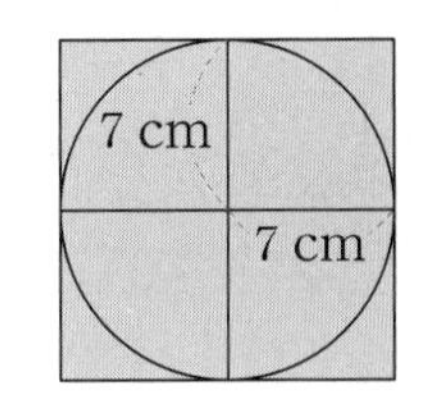

1 위 그림을 보고 ○ 안에 $>$, $=$, $<$를 알맞게 써넣으시오.

(원 안의 정사각형의 넓이) ○ (원의 넓이)
(원 밖의 정사각형의 넓이) ○ (원의 넓이)

2 □ 안에 알맞은 수를 써넣으시오.

(원 안의 정사각형의 넓이)
$= \square \times \square \div 2 = \square$ (cm^2)
(원 밖의 정사각형의 넓이)
$= \square \times \square = \square$ (cm^2)

3 위 **2**를 이용하여 원의 넓이를 어림해 보시오.

□ $cm^2 <$ (원의 넓이)
(원의 넓이) $<$ □ cm^2

[4~7] 그림과 같이 한 변이 12 cm인 정사각형에 지름이 12 cm인 원을 그리고 1 cm 간격으로 점선을 그렸습니다. 물음에 답하시오.

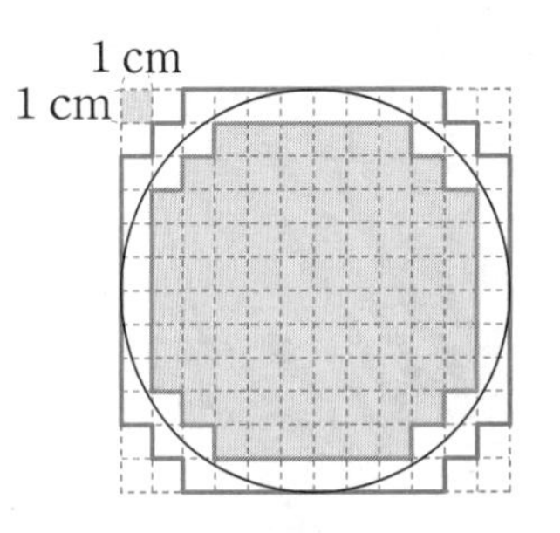

4 원 안에 노란색으로 색칠된 부분의 넓이는 몇 cm^2입니까?

( )

5 원 밖의 초록색 선 안쪽 부분의 넓이는 몇 cm^2입니까?

( )

6 위 **4**와 **5**를 이용하여 지름이 12 cm인 원의 넓이를 어림하려고 합니다. ㉠과 ㉡에 알맞은 수를 각각 구하시오.

㉠ $cm^2 <$ (원의 넓이) $<$ ㉡ cm^2

㉠ ( )
㉡ ( )

7 원의 넓이는 몇 cm^2인지 어림해 보시오.

( )

개념 4 원의 넓이를 구하는 방법을 알아볼까요

생각의 힘

1. 원의 넓이 구하는 방법 알아보기

원을 한없이 잘라 이어 붙이면 점점 직사각형에 가까워집니다.

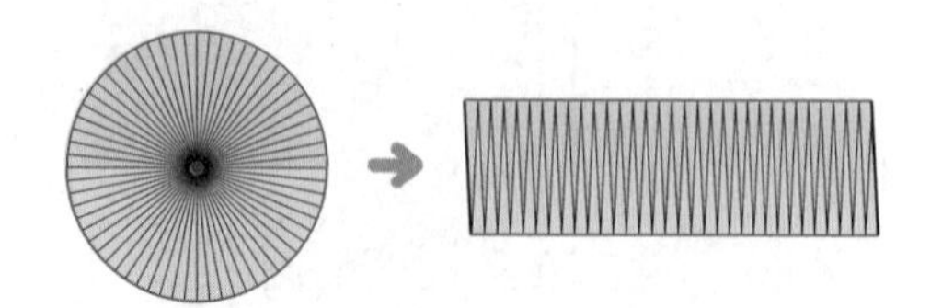

원의 넓이를 직사각형의 넓이 구하는 방법을 이용하여 구하면 되겠네.

잠깐! 직사각형의 가로는 원주의 $\frac{1}{2}$과 길이가 같고 직사각형의 세로는 원의 반지름과 길이가 같아.

2. 원의 넓이 구하기

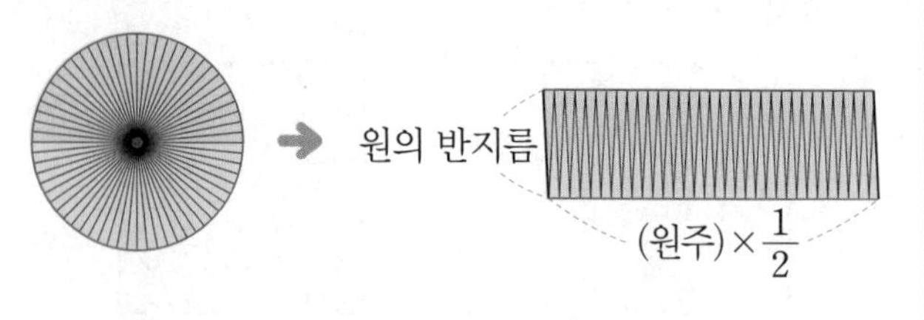

(원의 넓이) → 직사각형의 넓이를 이용합니다.

$=$(원주)$\times\frac{1}{2}\times$(반지름)

$=$(원주율)$\times$(지름)$\times\frac{1}{2}\times$(반지름)

$=$(반지름)$\times$(반지름)$\times$(원주율)

(원의 넓이)$=$(반지름)$\times$(반지름)$\times$(원주율)

개념 확인하기

1 그림을 보고 알맞은 말에 ○표 하시오.

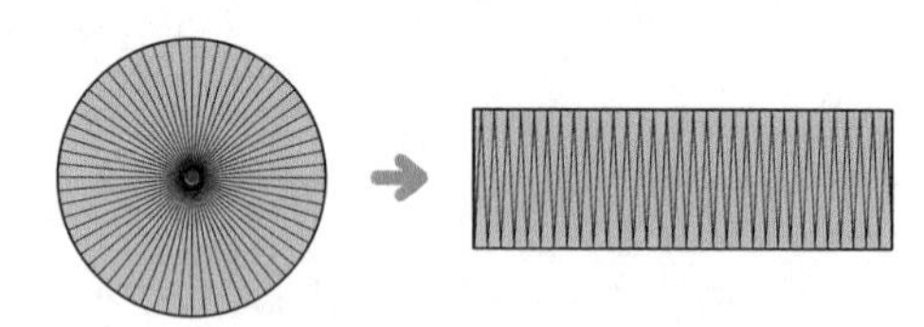

원을 그림과 같이 한없이 잘라 이어 붙이면 점점 (정삼각형 , 직사각형)에 가까워집니다.

2 원을 한없이 잘라 이어 붙여서 점점 직사각형에 가까워지는 도형의 가로는 원의 무엇과 같은지 ○표 하시오.

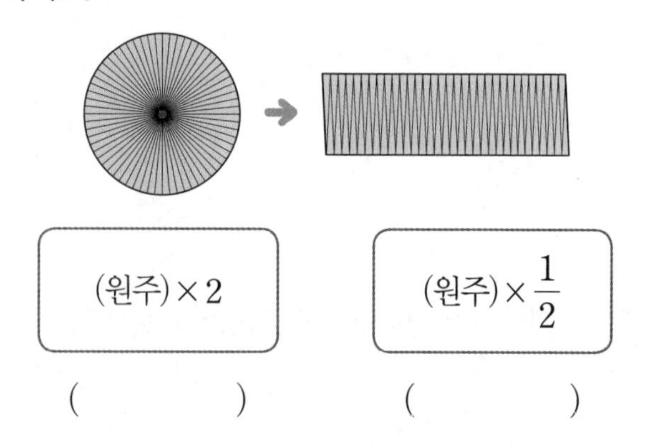

(원주)×2	(원주)×$\frac{1}{2}$
(　　　)	(　　　)

3 □ 안에 알맞은 말을 써넣으시오.

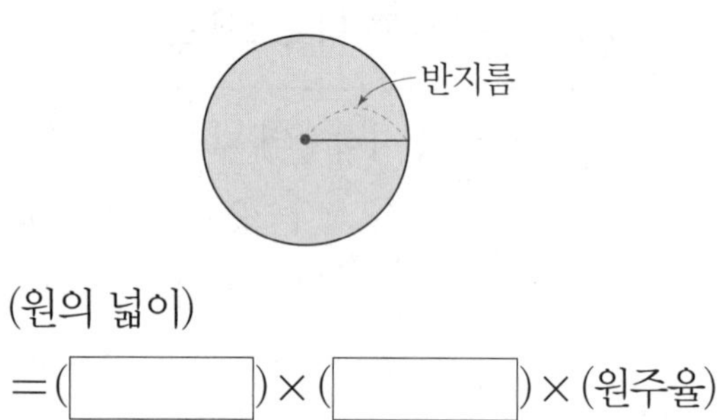

(원의 넓이)

$=$(□)$\times$(□)$\times$(원주율)

4 원의 넓이는 몇 cm^2입니까? (원주율: 3.14)

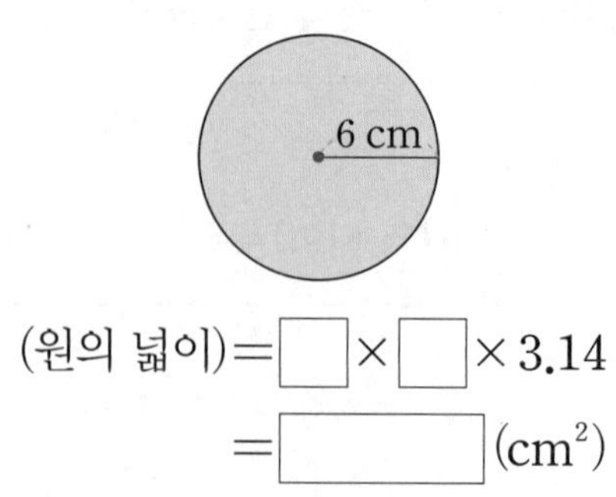

(원의 넓이)$=$□$\times$□$\times3.14$

$=$□(cm^2)

개념 다지기

[1~2] 원을 한없이 잘라 이어 붙여서 점점 직사각형에 가까워지는 도형을 만들었습니다. 물음에 답하시오.

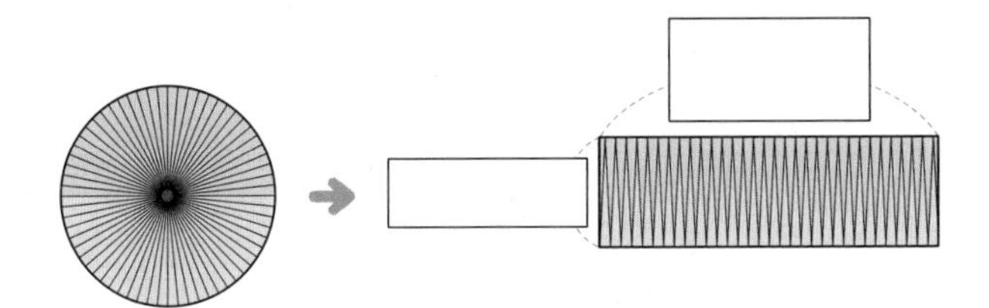

1 위 도형의 □ 안에 알맞게 써넣으시오.

2 | 보기 |를 보고 □ 안에 알맞은 말을 골라 써넣으시오.

| 보기 |
원주 반지름 지름 원주율

(원의 넓이)

$=(\text{원주})\times\frac{1}{2}\times(\square)$

$=(\text{원주율})\times(\square)\times\frac{1}{2}\times(\square)$

$=(\square)\times(\square)\times(\text{원주율})$

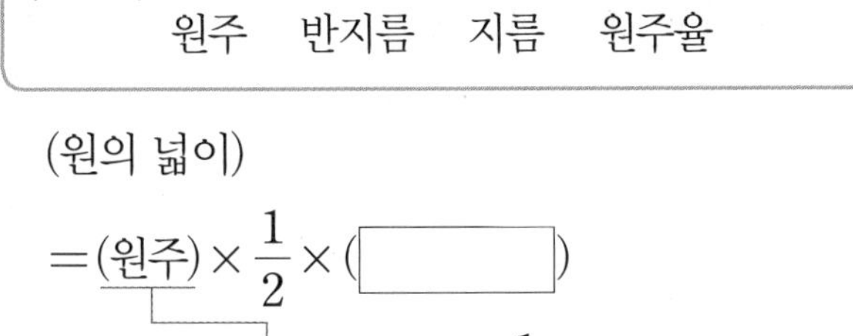

3 반지름이 20 cm인 원을 한없이 잘라 이어 붙여 직사각형에 가까워지는 도형을 만들었습니다. □ 안에 알맞은 수를 써넣으시오. (원주율: 3)

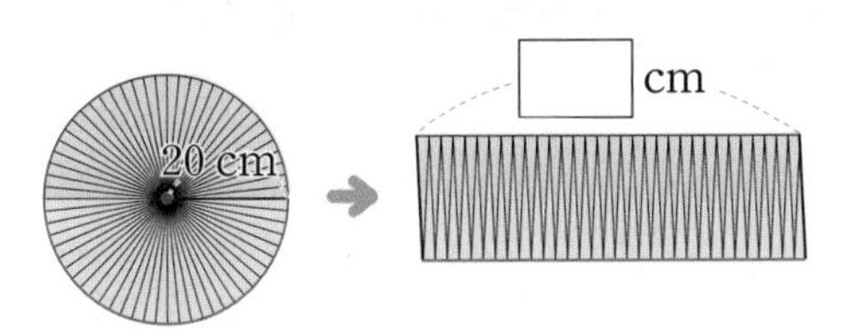

4 원의 넓이는 몇 cm^2입니까? (원주율: 3.14)

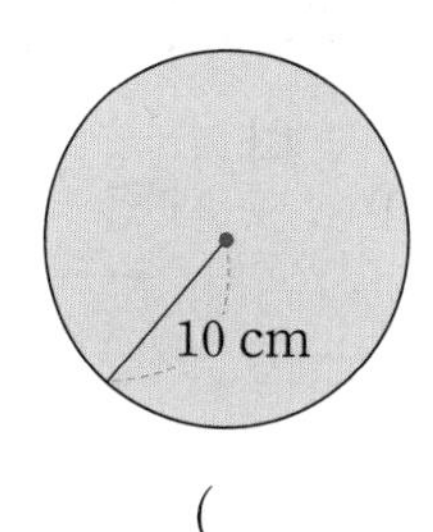

( )

5 원의 반지름을 이용하여 원의 넓이를 구하는 표입니다. 빈칸에 알맞게 써넣으시오. (원주율: 3)

반지름 (cm)	원의 넓이를 구하는 식	원의 넓이 (cm^2)
5	$5\times5\times3$	
7		

6 원의 넓이는 몇 cm^2입니까? (원주율: 3.1)

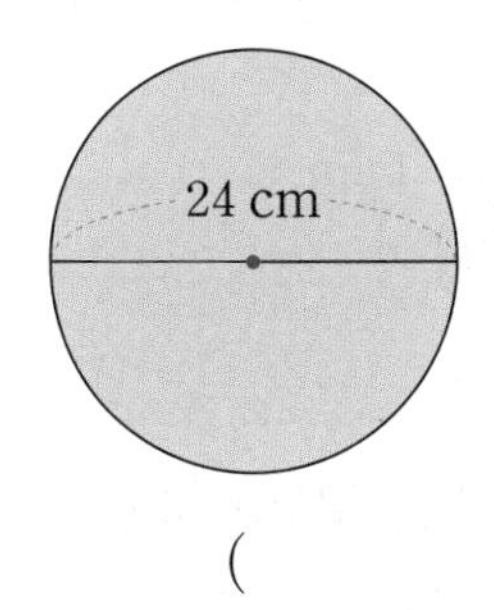

( )

7 원 모양의 거울이 있습니다. 거울의 반지름이 9 cm일 때 거울의 넓이는 몇 cm^2입니까? (원주율: 3.14)

식 ______

답 ______

개념 5 여러 가지 원의 넓이를 구해 볼까요

1. 반지름과 원의 넓이의 관계(원주율: 3.1)

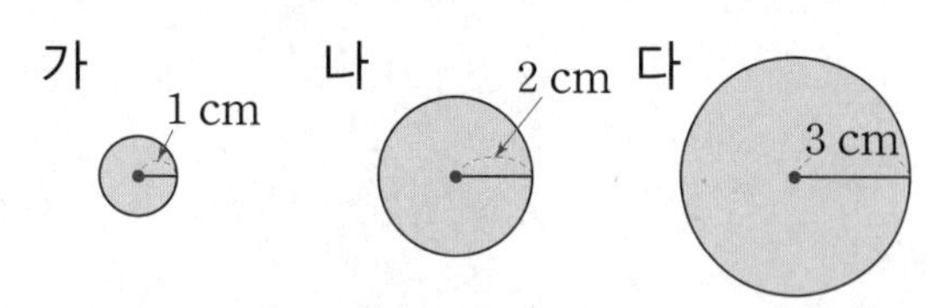

원	가	나	다
반지름(cm)	1	2	3
넓이(cm^2)	3.1	12.4	27.9

개념의 힘

반지름이 길어지면 원의 넓이도 넓어집니다.

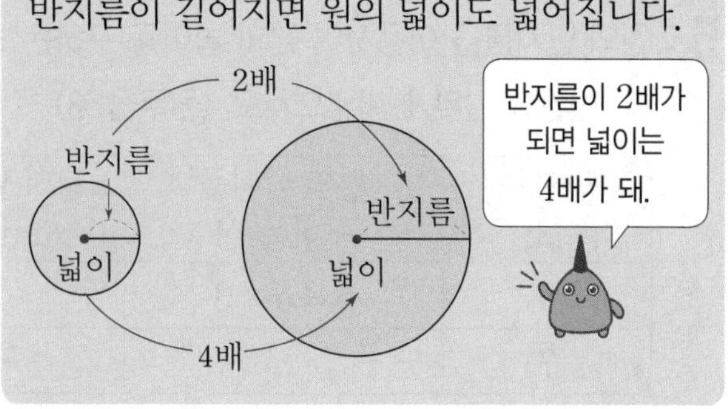

2. 색칠한 부분의 넓이 구하기 (원주율: 3.14)

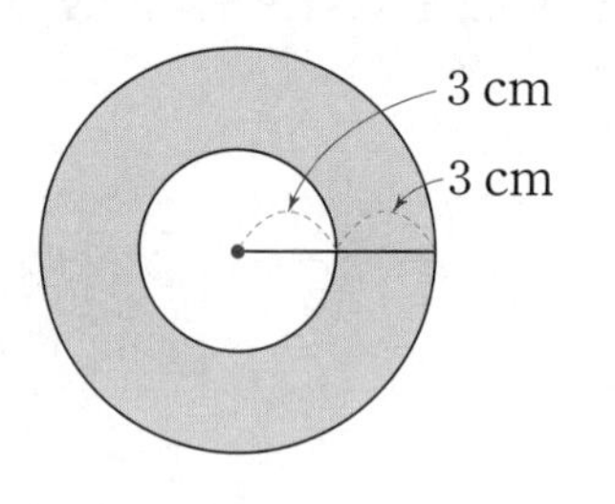

큰 원의 넓이에서 작은 원의 넓이를 빼면 돼.

① (큰 원의 넓이)

$=6\times6\times3.14=113.04$ (cm^2)

② (작은 원의 넓이)

$=3\times3\times3.14=28.26$ (cm^2)

③ (색칠한 부분의 넓이)

$=$①$-$②

$=113.04-28.26$

$=84.78$ (cm^2)

개념 확인하기

[1~3] 반지름과 원의 넓이의 관계를 알아보려고 합니다. 물음에 답하시오. (원주율: 3)

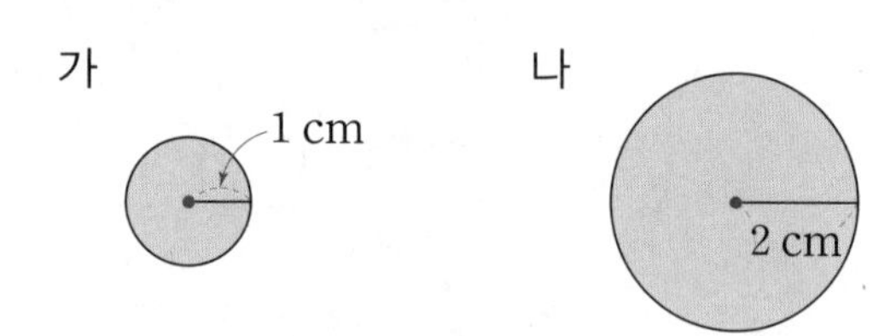

1 가 원의 넓이는 몇 cm^2입니까?

$\square\times\square\times3=\square$ (cm^2)

2 나 원의 넓이는 몇 cm^2입니까?

$\square\times\square\times3=\square$ (cm^2)

3 나 원의 넓이는 가 원의 넓이의 몇 배입니까?

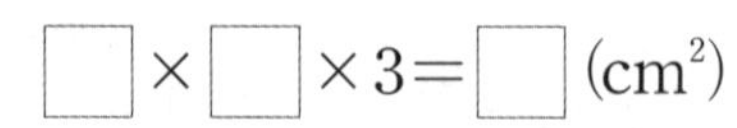

( )

[4~6] 그림에서 색칠한 부분의 넓이를 구하려고 합니다. 물음에 답하시오. (원주율: 3)

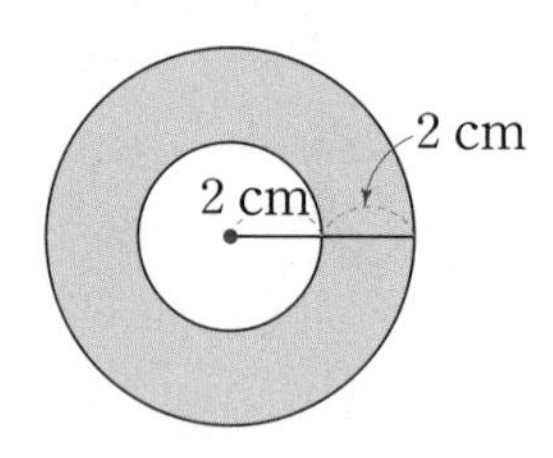

4 큰 원의 넓이는 몇 cm^2입니까?

$\square\times\square\times3=\square$ (cm^2)

5 작은 원의 넓이는 몇 cm^2입니까?

$\square\times\square\times3=\square$ (cm^2)

6 색칠한 부분의 넓이는 몇 cm^2입니까?

( )

개념 다지기

[1~2] 색칠한 부분의 넓이를 구하려고 합니다. 물음에 답하시오. (원주율: 3.1)

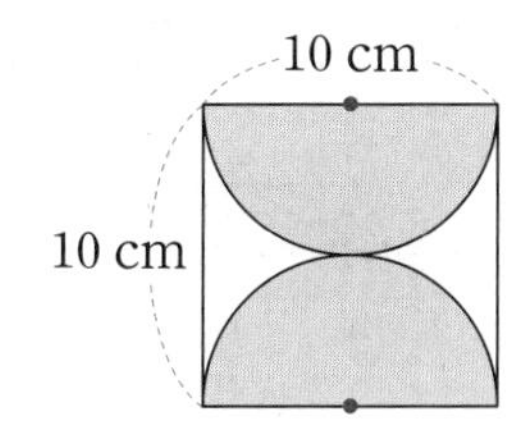

1 □ 안에 알맞은 수를 써넣으시오.

> 색칠한 부분의 넓이는 지름이 □ cm인 원의 넓이와 같습니다.

2 색칠한 부분의 넓이는 몇 cm^2입니까?

( )

[3~5] 색칠한 부분의 넓이를 구하려고 합니다. 물음에 답하시오. (원주율: 3.14)

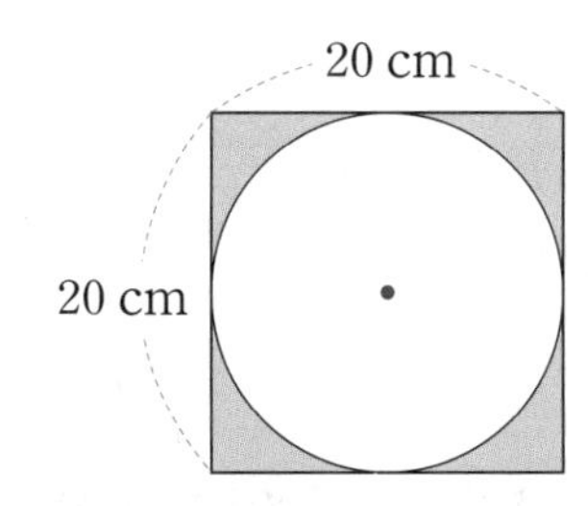

3 정사각형의 넓이는 몇 cm^2입니까?

( )

4 원의 넓이는 몇 cm^2입니까?

( )

5 색칠한 부분의 넓이는 몇 cm^2입니까?

( )

6 민재는 어머니와 함께 포도잼을 만들고 원기둥 모양의 병에 옮겨 담았습니다. 병에 꼭 맞는 크기의 뚜껑으로 닫을 때 뚜껑 윗부분의 넓이는 몇 cm^2입니까? (원주율: 3.1)

( )

[7~9] 미술 시간에 종이를 오려서 부채를 만들었습니다. 부채의 넓이를 구하시오. (원주율: 3)

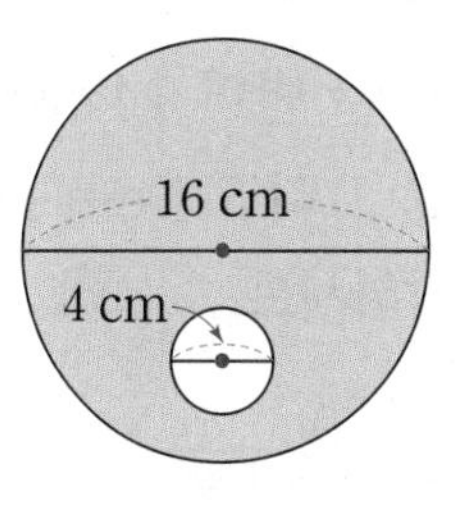

7 지름이 16 cm인 원의 넓이는 몇 cm^2입니까?

( )

8 지름이 4 cm인 원의 넓이는 몇 cm^2입니까?

( )

9 부채의 넓이는 몇 cm^2입니까?

( )

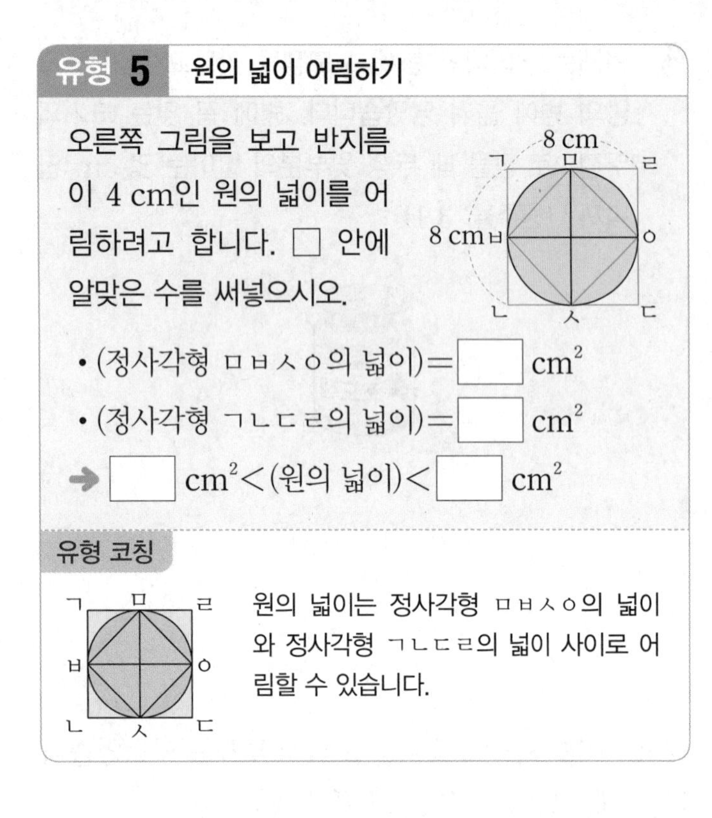

유형 5 원의 넓이 어림하기

오른쪽 그림을 보고 반지름이 4 cm인 원의 넓이를 어림하려고 합니다. □ 안에 알맞은 수를 써넣으시오.

- (정사각형 ㅁㅂㅅㅇ의 넓이)=□ cm^2
- (정사각형 ㄱㄴㄷㄹ의 넓이)=□ cm^2

➜ □ cm^2<(원의 넓이)<□ cm^2

유형 코칭

원의 넓이는 정사각형 ㅁㅂㅅㅇ의 넓이와 정사각형 ㄱㄴㄷㄹ의 넓이 사이로 어림할 수 있습니다.

[1~2] 그림과 같이 한 변이 14 cm인 정사각형에 지름이 14 cm인 원을 그리고 1 cm 간격으로 점선을 그렸습니다. 물음에 답하시오.

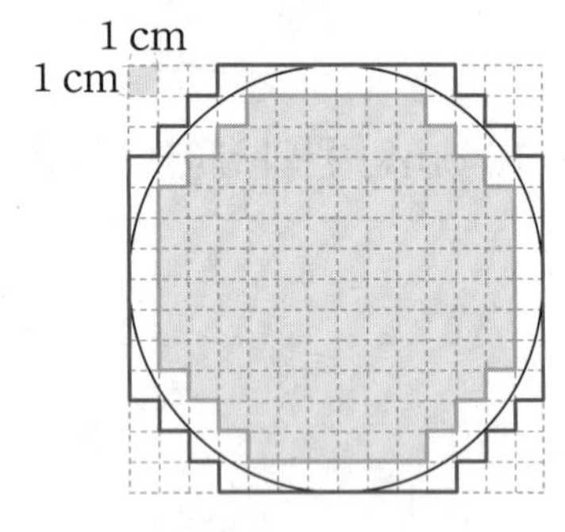

1 원 안에 노란색으로 색칠된 부분의 넓이와 원 밖의 빨간색 선 안쪽 부분의 넓이는 각각 몇 cm^2인지 차례로 쓰시오.

( ), ( )

2 위 **1**에서 구한 넓이를 이용해 □ 안에 알맞은 수를 써넣으시오.

□ cm^2<(원의 넓이)

(원의 넓이)<□ cm^2

[3~4] 정육각형의 넓이를 이용하여 원의 넓이를 어림하려고 합니다. 삼각형 ㄱㅇㄷ의 넓이가 16 cm^2, 삼각형 ㄹㅇㅂ의 넓이가 12 cm^2일 때 물음에 답하시오.

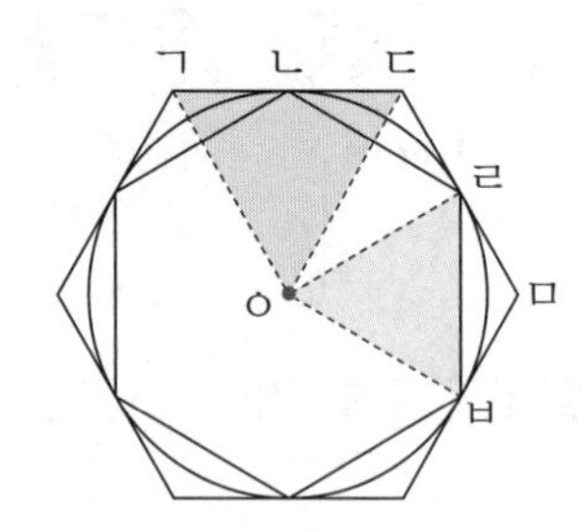

3 원 밖의 정육각형의 넓이와 원 안의 정육각형의 넓이는 각각 몇 cm^2인지 차례로 쓰시오.

( ), ( )

4 원의 넓이는 몇 cm^2인지 어림해 보시오.

( )

5 직육면체 모양의 상자 안에 원 모양의 피자가 꼭 맞게 들어 있습니다. 피자의 넓이는 몇 cm^2인지 어림해 보시오.

피자의 넓이는 마름모보다는 넓고 정사각형보다는 좁아.
28 cm
28 cm

( )

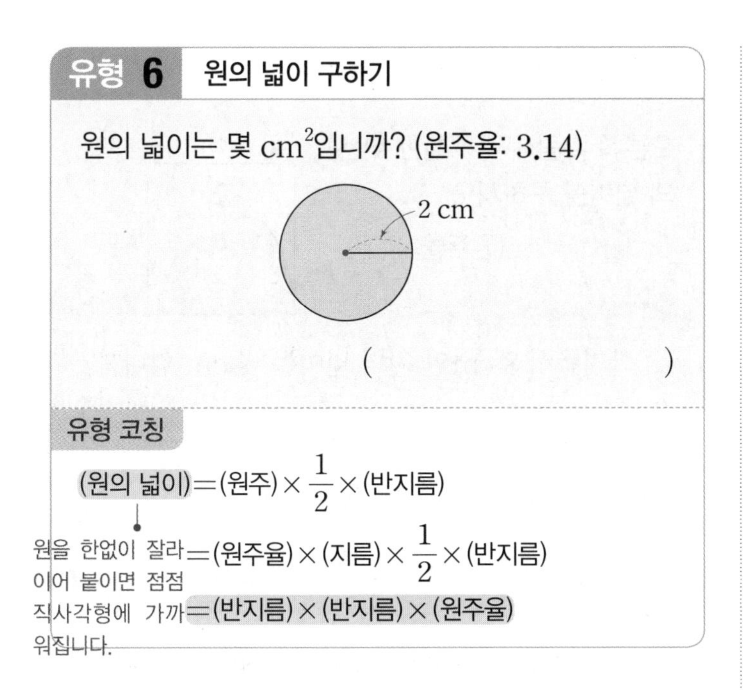

유형 6 원의 넓이 구하기
원의 넓이는 몇 cm^2입니까? (원주율: 3.14)
2 cm
( )

유형 코칭

(원의 넓이)$=$(원주)$\times\frac{1}{2}\times$(반지름)

원을 한없이 잘라 이어 붙이면 점점 직사각형에 가까워집니다.

$=$(원주율)$\times$(지름)$\times\frac{1}{2}\times$(반지름)

$=$(반지름)$\times$(반지름)$\times$(원주율)

6 원을 한없이 잘라 이어 붙여서 직사각형에 가까워지는 도형을 만들었습니다. □ 안에 공통으로 들어갈 말을 쓰시오.

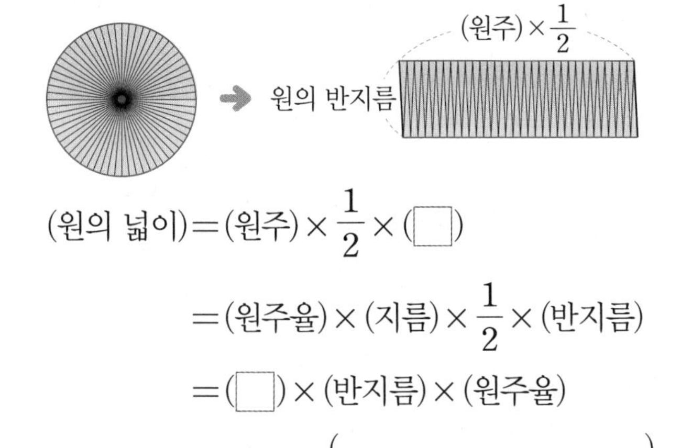

(원의 넓이)$=$(원주)$\times\frac{1}{2}\times$(□)

$=$(원주율)$\times$(지름)$\times\frac{1}{2}\times$(반지름)

$=$(□)$\times$(반지름)$\times$(원주율)

( )

7 오른쪽 원의 넓이를 바르게 구한 식의 기호를 쓰시오. (원주율: 3.1)

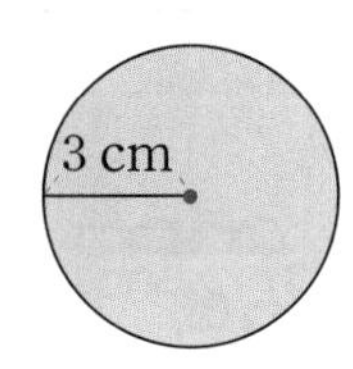

㉠ $3\times3\times3.1=27.9\ (cm^2)$
㉡ $3\times2\times3.1=18.6\ (cm^2)$

( )

8 원의 지름을 이용하여 원의 넓이를 구하는 표입니다. 빈칸에 알맞게 써넣으시오. (원주율: 3.14)

지름(cm)	10	30
반지름(cm)		
원의 넓이를 구하는 식	$5\times5\times3.14$	
원의 넓이(cm^2)		

9 원의 넓이는 몇 cm^2입니까? (원주율: 3)

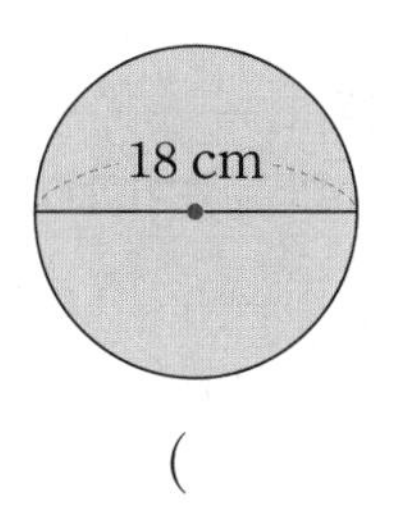

( )

10 지아는 실의 길이를 반지름으로 하는 원을 운동장에 그렸습니다. 그린 원의 넓이는 몇 cm^2입니까? (원주율: 3.1)

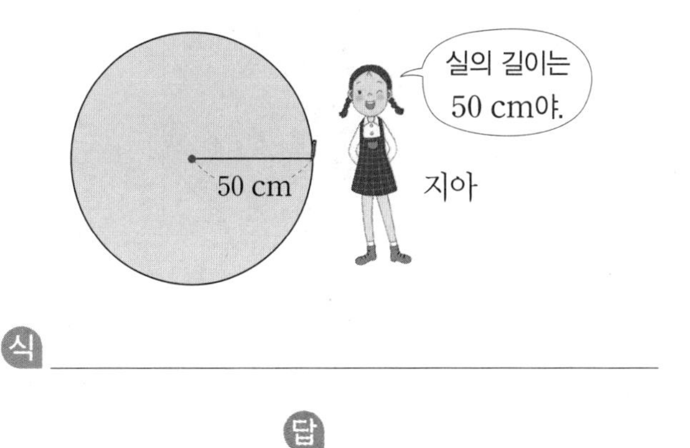

식 ________________

답 ________________

11 두 원의 넓이의 차는 몇 cm^2입니까? (원주율: 3.1)

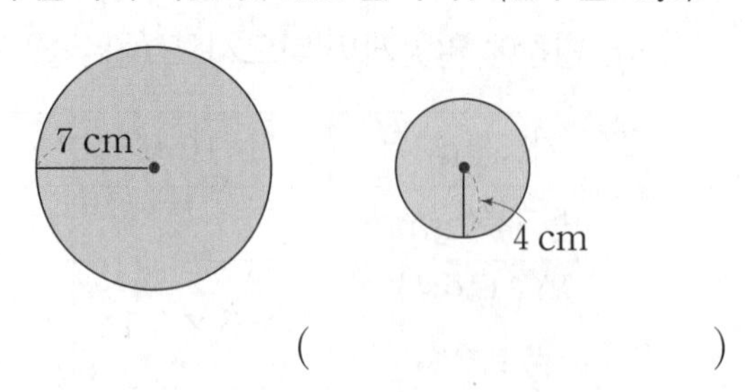

( )

12 솔비네 집에는 넓이가 서로 다른 원 모양의 시계가 있습니다. **| 보기 |**를 보고 넓이가 큰 시계부터 차례로 기호를 쓰시오. (원주율: 3)

| 보기 |
- ㉠ 반지름이 16 cm인 시계
- ㉡ 지름이 20 cm인 시계
- ㉢ 넓이가 588 cm^2인 시계

( )

13 한 변이 26 cm인 정사각형에 들어가는 가장 큰 원의 넓이는 몇 cm^2입니까? (원주율: 3.14)

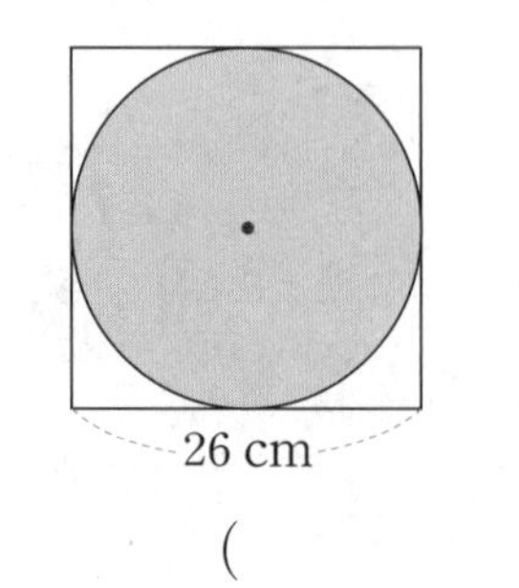

( )

유형 7 여러 가지 원의 넓이 구하기

오른쪽 그림에서 색칠한 부분의 넓이를 구하시오.
(원주율: 3.14)

8 cm
8 cm

(1) 반지름이 8 cm인 원의 넓이는 몇 cm^2입니까?

( )

(2) 색칠한 부분의 넓이는 몇 cm^2입니까?

( )

유형 코칭

색칠한 부분의 넓이는 전체에서 일부분을 빼거나 일부분을 옮겨서 구할 수 있습니다.

[14~15] 그림을 보고 물음에 답하시오. (원주율: 3)

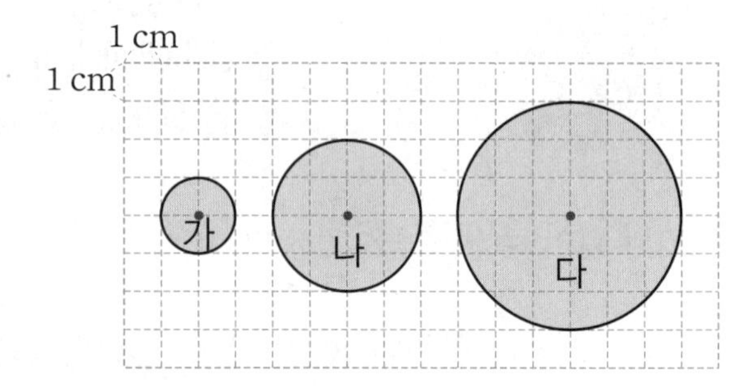

14 표를 완성하시오.

원	가	나	다
반지름(cm)	1	2	3
넓이(cm^2)	3		

15 □ 안에 알맞은 수를 써넣으시오.

반지름이 2배, 3배가 되면 원의 넓이는 □배, □배가 됩니다.

[16~17] 혜민이는 두꺼운 종이 두 장을 오려서 다음과 같이 만들었습니다. 물음에 답하시오.

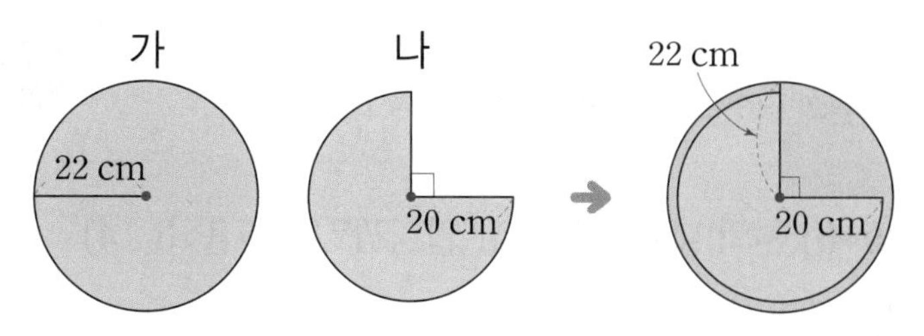

16 가 종이를 만드는 데 사용한 종이의 넓이는 몇 cm^2입니까? (원주율: 3)

( )

17 나 종이를 만드는 데 사용한 종이의 넓이는 몇 cm^2입니까? (원주율: 3)

( )

18 원의 일부분을 옮겨 색칠한 부분의 넓이는 몇 cm^2인지 구하시오. (원주율: 3.1)

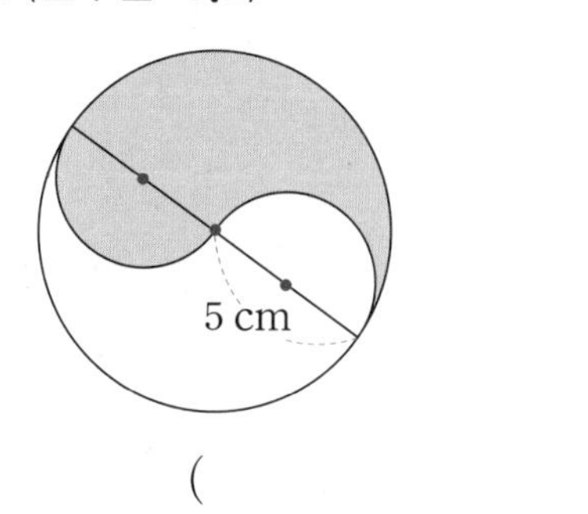

( )

[19~20] 꽃밭의 넓이는 몇 m^2입니까? (원주율: 3.14)

19

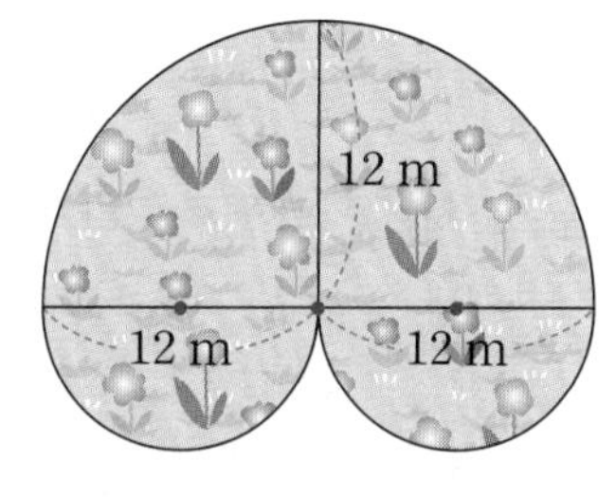

( )

20

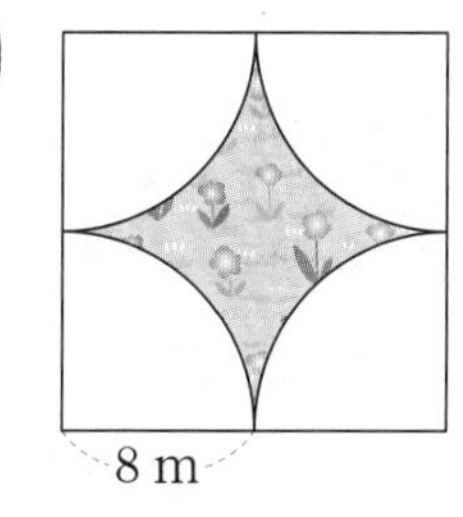

( )

21 양궁 과녁 그림을 보고 각각의 색깔이 차지하는 넓이는 몇 cm^2인지 구하시오. (원주율: 3.1)

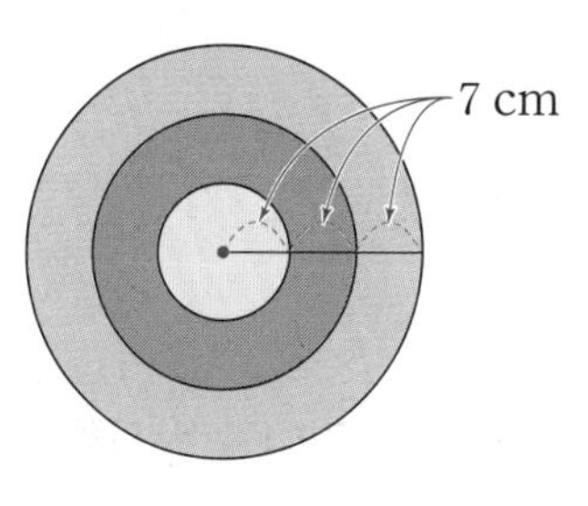

노란색 넓이 ( )

빨간색 넓이 ( )

2 STEP 응용 유형의 힘

응용 유형 1 그린 원의 원주 구하기

신의 한수

길이가 ■ cm인 끈을 반지름으로 하는 원의 원주 구하기
➜ (원주)=(■ × 2 × (원주율)) cm

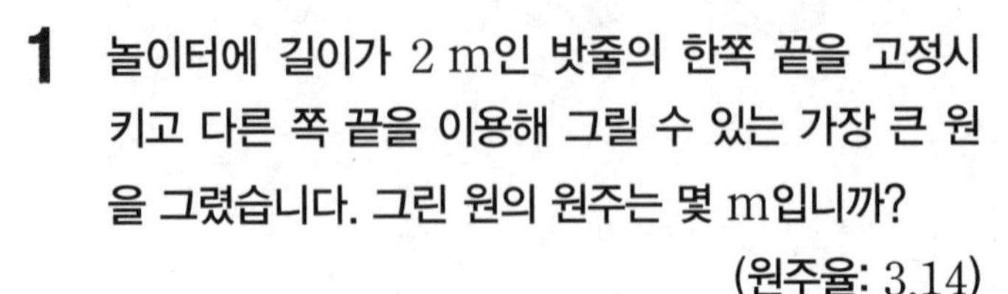

1 놀이터에 길이가 2 m인 밧줄의 한쪽 끝을 고정시키고 다른 쪽 끝을 이용해 그릴 수 있는 가장 큰 원을 그렸습니다. 그린 원의 원주는 몇 m입니까?

(원주율: 3.14)

(　　　　　　　　)

2 운동장에 길이가 3 m인 밧줄의 한쪽 끝을 고정시키고 다른 쪽 끝을 이용해 그릴 수 있는 가장 큰 원을 그렸습니다. 그린 원의 원주는 몇 m입니까?

(원주율: 3)

(　　　　　　　　)

3 다음과 같은 실의 길이를 반지름으로 하는 원을 도화지에 그렸습니다. 그린 원의 원주는 몇 cm입니까?

(원주율: 3.14)

10 cm

(　　　　　　　　)

4 다음과 같은 실의 길이를 반지름으로 하는 원을 도화지에 그렸습니다. 그린 원의 원주는 몇 cm입니까?

(원주율: 3.1)

16 cm

(　　　　　　　　)

응용 유형 2 원의 넓이 구하기

신의 한수

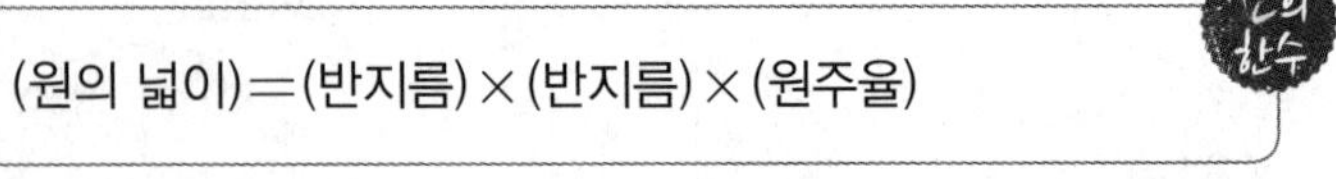

(원의 넓이)=(반지름)×(반지름)×(원주율)

[5~6] 원의 넓이는 몇 cm^2입니까? (원주율: 3.14)

5

15 cm

(　　　　　　　　)

6

24 cm

(　　　　　　　　)

7 지름이 36 cm인 원의 넓이는 몇 cm^2입니까?

(원주율: 3.1)

(　　　　　　　　)

8 지름이 44 cm인 원의 넓이는 몇 cm^2입니까?

(원주율: 3)

(　　　　　　　　)

응용 유형 3 원주율을 이용하여 원의 지름 구하기

(원주율)=(원주)÷(지름)
➔ (지름)=(원주)÷(원주율)

[9~10] 원주가 다음과 같을 때 □ 안에 알맞은 수를 써넣으시오. (원주율: 3.14)

9

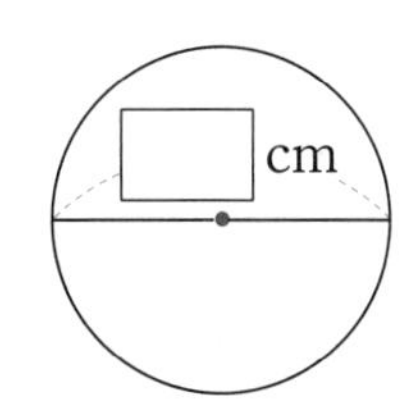

원주: 31.4 cm

10

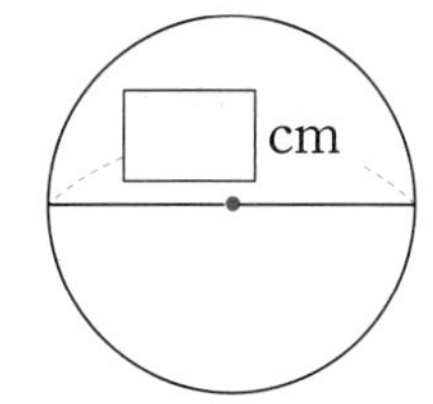

원주: 40.82 cm

11 원주가 56.52 cm인 원이 있습니다. 이 원의 지름은 몇 cm입니까? (원주율: 3.14)

( )

12 원주가 96 cm인 원이 있습니다. 이 원의 지름은 몇 cm입니까? (원주율: 3)

( )

응용 유형 4 몇 바퀴 굴렸는지 구하기

(굴러간 거리)=(바퀴의 원주)×(굴린 바퀴 수)
➔ (굴린 바퀴 수)=(굴러간 거리)÷(바퀴의 원주)

13 시후가 지름이 50 cm인 원 모양의 굴렁쇠를 일직선으로 굴렸더니 471 cm 굴러갔습니다. 굴렁쇠를 몇 바퀴 굴렸습니까? (원주율: 3.14)

( )

14 찬욱이가 지름이 60 cm인 원 모양의 훌라후프를 일직선으로 굴렸더니 930 cm 굴러갔습니다. 훌라후프를 몇 바퀴 굴렸습니까? (원주율: 3.1)

( )

15 지성이가 반지름이 20 cm인 원 모양의 바퀴를 일직선으로 굴렸더니 1884 cm 굴러갔습니다. 바퀴를 몇 바퀴 굴렸습니까? (원주율: 3.14)

( )

2 STEP 응용 유형의 힘

응용 유형 5 원의 크기 비교하기

방법 1 지름을 모두 구하여 비교하기
방법 2 반지름을 모두 구하여 비교하기
방법 3 원주를 모두 구하여 비교하기
방법 4 넓이를 모두 구하여 비교하기

16 가장 큰 원을 찾아 기호를 쓰시오. (원주율: 3)

㉠ 반지름이 5 cm인 원
㉡ 지름이 8 cm인 원
㉢ 원주가 36 cm인 원

(　　　　　　　　)

17 가장 큰 원을 찾아 기호를 쓰시오. (원주율: 3.14)

㉠ 지름이 20 cm인 원
㉡ 반지름이 7 cm인 원
㉢ 원주가 47.1 cm인 원

(　　　　　　　　)

18 큰 원부터 차례로 기호를 쓰시오. (원주율: 3)

㉠ 지름이 14 cm인 원
㉡ 반지름이 10 cm인 원
㉢ 원주가 54 cm인 원

(　　　　　　　　)

응용 유형 6 색칠한 부분의 넓이 구하기

방법 1 전체에서 일부분을 빼서 넓이 구하기
방법 2 일부분을 옮겨 넓이 구하기

19 색칠한 부분의 넓이는 몇 cm^2입니까? (원주율: 3)

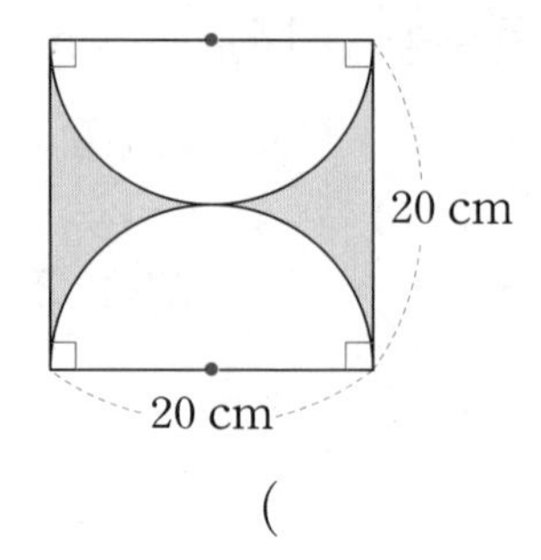

(　　　　　　　　)

20 색칠한 부분의 넓이는 몇 cm^2입니까? (원주율: 3.1)

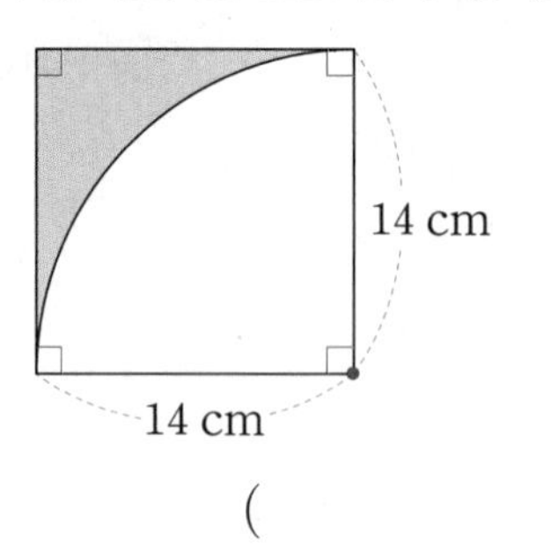

(　　　　　　　　)

21 색칠한 부분의 넓이는 몇 cm^2입니까?
(원주율: 3.14)

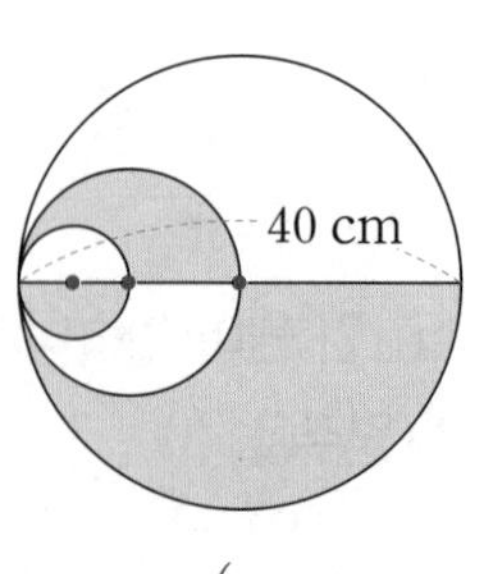

(　　　　　　　　)

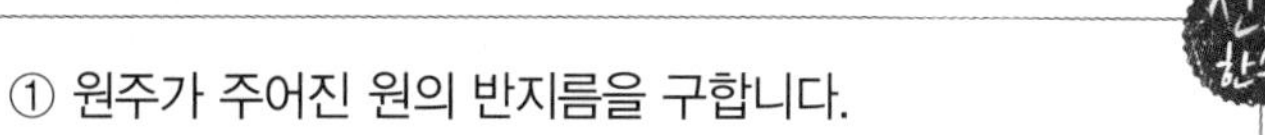

응용 유형 7 색칠한 부분의 둘레 구하기

신의 한수

색칠한 부분의 둘레를 원주, 다각형의 둘레 등으로 나눈 후 각각의 길이를 구하여 더합니다.

22 색칠한 부분의 둘레는 몇 cm입니까? (원주율: 3.14)

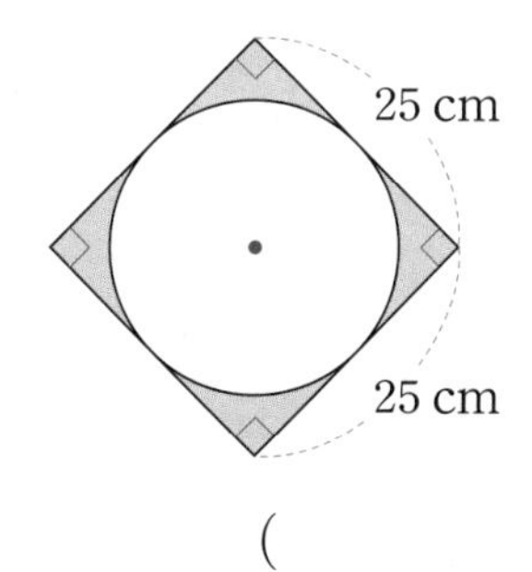

( )

23 태극 문양에서 빨간색 부분의 둘레는 몇 cm입니까? (원주율: 3.1)

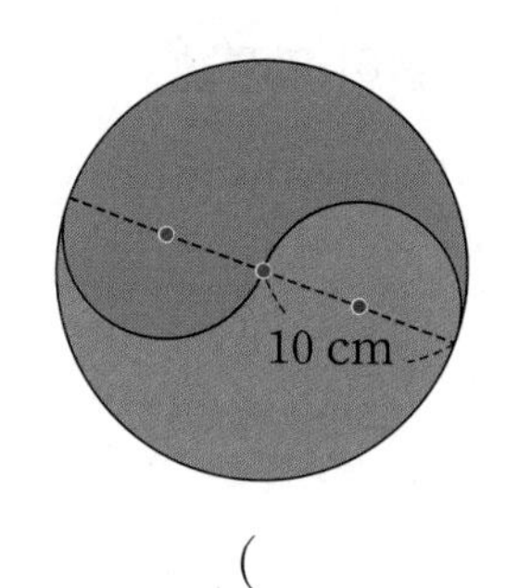

( )

응용 유형 8 큰 원의 원주를 이용하여 두 원의 반지름의 합 구하기

신의 한수

① 원주가 주어진 원의 반지름을 구합니다.
② 나머지 원의 반지름을 구합니다.
③ 두 원의 반지름의 합을 구합니다.

24 그림에서 큰 원의 원주는 37.68 cm입니다. 큰 원과 작은 원의 반지름의 합은 몇 cm입니까? (원주율: 3)

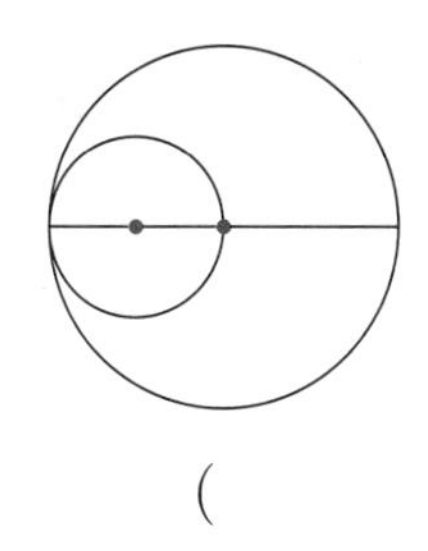

( )

25 그림에서 큰 원의 원주는 111.6 cm입니다. 큰 원과 작은 원의 반지름의 합은 몇 cm입니까? (원주율: 3.1)

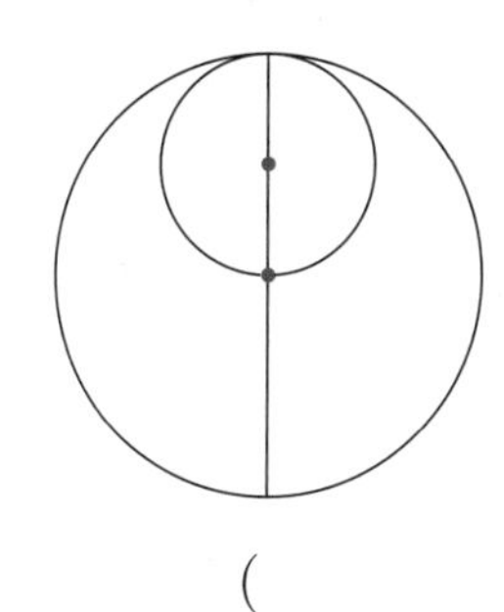

( )

3 STEP 서술형의 힘

문제 해결력 **서술형**

1-1 지름이 40 cm인 원 모양의 굴렁쇠를 3바퀴 굴렸습니다. 굴렁쇠가 굴러간 거리는 몇 cm입니까?

(원주율: 3.1)

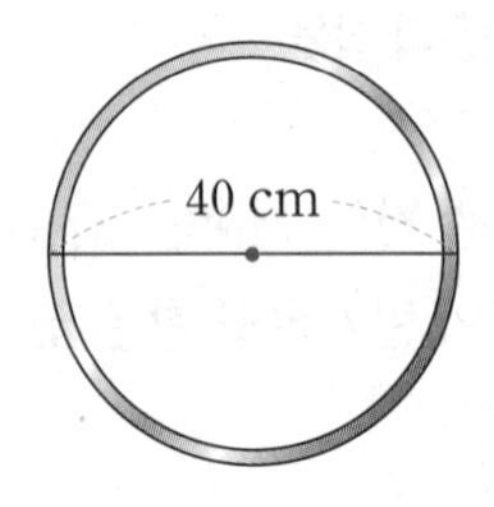

(1) 굴렁쇠의 원주는 몇 cm입니까?

(   )

(2) 굴렁쇠가 굴러간 거리는 몇 cm입니까?

(   )

문제 해결력 **서술형**

2-1 오른쪽 직사각형 모양의 종이를 잘라 만들 수 있는 가장 큰 원의 넓이는 몇 cm^2입니까?

(원주율: 3)

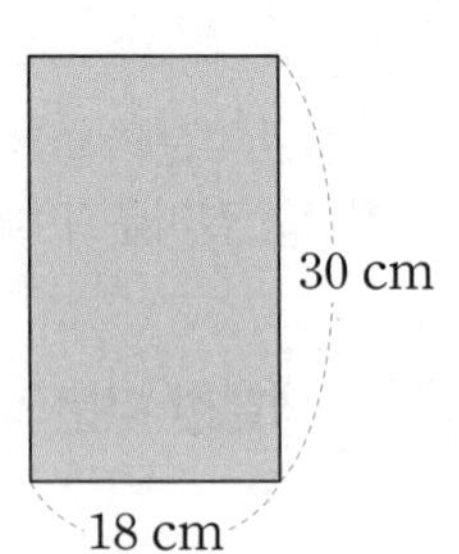

(1) 만들 수 있는 가장 큰 원의 지름은 몇 cm입니까?

(   )

(2) 만들 수 있는 가장 큰 원의 반지름은 몇 cm입니까?

(   )

(3) 만들 수 있는 가장 큰 원의 넓이는 몇 cm^2입니까?

(   )

바로 쓰는 **서술형**

1-2 지름이 50 cm인 원 모양의 자전거 바퀴를 5바퀴 굴렸습니다. 자전거 바퀴가 굴러간 거리는 몇 cm인지 풀이 과정을 쓰고 답을 구하시오.

(원주율: 3.1) [5점]

풀이

답

바로 쓰는 **서술형**

2-2 오른쪽 직사각형 모양의 종이를 잘라 만들 수 있는 가장 큰 원의 넓이는 몇 cm^2인지 풀이 과정을 쓰고 답을 구하시오. (원주율: 3) [5점]

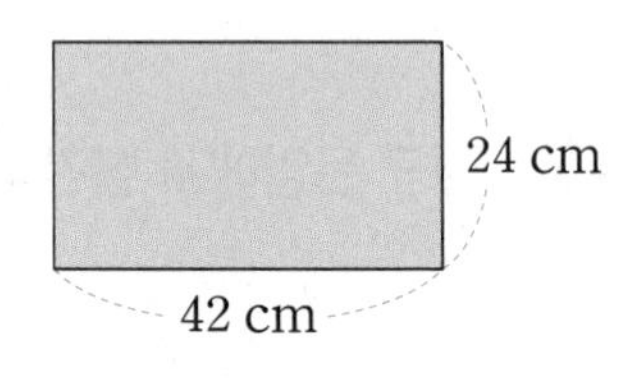

풀이

답

문제 해결력 **서술형**

3-1 지름이 8 cm인 큰 원의 안쪽에 큰 원보다 반지름이 2 cm 짧은 원을 그려 과녁판을 만들었습니다. 노란색 부분의 넓이는 몇 cm^2입니까? (원주율: 3.14)

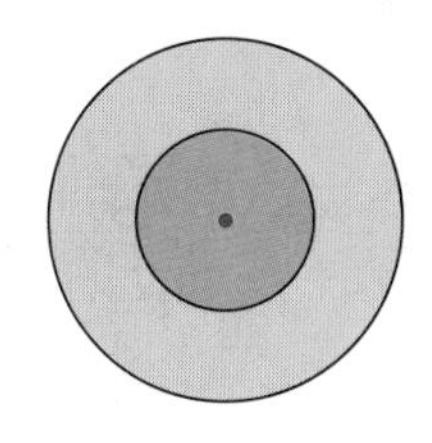

(1) 큰 원의 넓이는 몇 cm^2입니까?

( )

(2) 초록색 원의 넓이는 몇 cm^2입니까?

( )

(3) 노란색 부분의 넓이는 몇 cm^2입니까?

( )

문제 해결력 **서술형**

4-1 넓이가 198.4 cm^2인 원의 원주는 몇 cm입니까? (원주율: 3.1)

(1) 원의 반지름을 □ cm라 하여 원의 넓이를 구하는 식을 세우시오.

 식 ______________________

(2) 위 (1)에서 □를 구하시오.

( )

(3) 원의 반지름은 몇 cm입니까?

( )

(4) 원주는 몇 cm입니까?

( )

바로 쓰는 **서술형**

3-2 지름이 30 cm인 큰 원의 안쪽에 큰 원보다 반지름이 5 cm 짧은 원을 그려 과녁판을 만들었습니다. 빨간색 부분의 넓이는 몇 cm^2인지 풀이 과정을 쓰고 답을 구하시오. (원주율: 3.14) **[5점]**

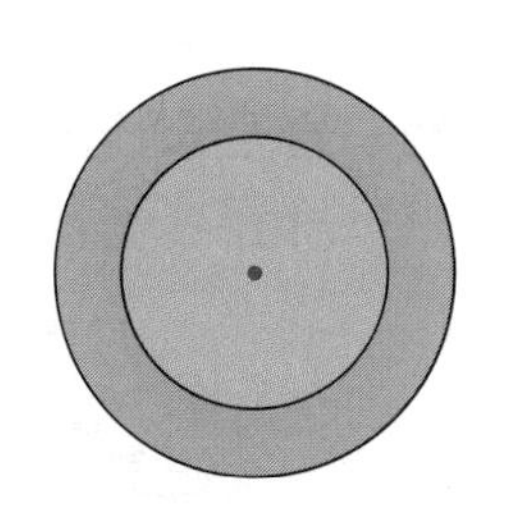

풀이

답 ______________________

바로 쓰는 **서술형**

4-2 넓이가 111.6 cm^2인 원의 원주는 몇 cm인지 풀이 과정을 쓰고 답을 구하시오. (원주율: 3.1) **[5점]**

풀이

답 ______________________

1 원주율을 이용하여 원의 지름을 구하는 방법으로 옳은 것에 ○표 하시오.

(원주)×(원주율)	(원주)÷(원주율)
(　　)	(　　)

2 원주를 구하려고 합니다. □ 안에 알맞은 수를 써넣으시오. (원주율: 3.14)

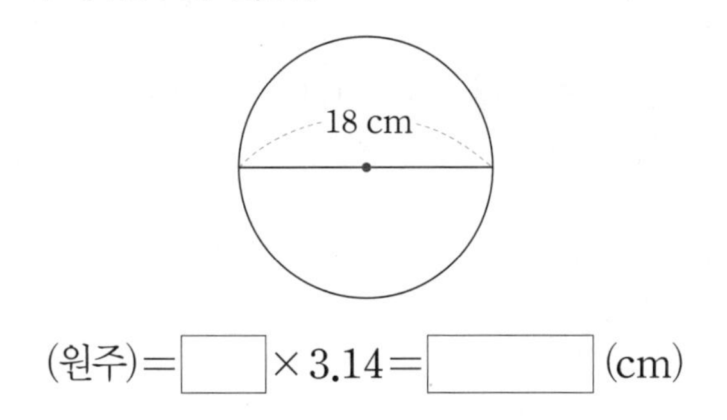

(원주)=□×3.14=□ (cm)

3 원에 대한 설명이 맞으면 ○표, 틀리면 ×표 하시오.

원주율은 항상 일정합니다. ─○

원이 커지면 원주율도 커집니다. ─○

4 빈칸에 알맞은 수를 써넣으시오. (원주율: 3.1)

원주(cm)	지름(cm)
52.7	

5 원을 한없이 잘라 이어 붙여서 직사각형에 가까워지는 도형을 만들었습니다. □ 안에 알맞은 수를 써넣으시오. (원주율: 3.1)

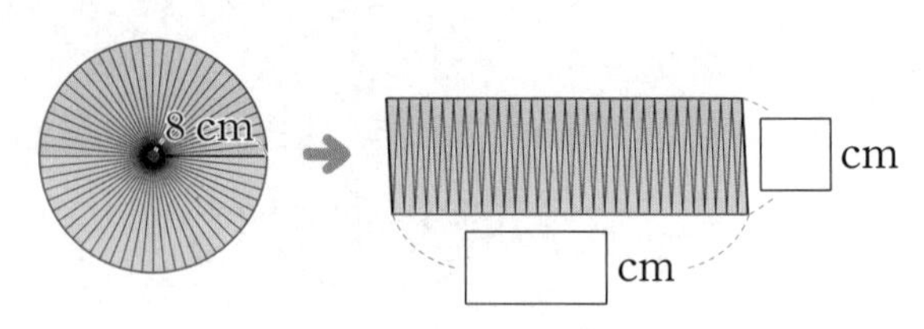

[6~7] 반지름이 8 cm인 원의 넓이를 어림하려고 합니다. 물음에 답하시오.

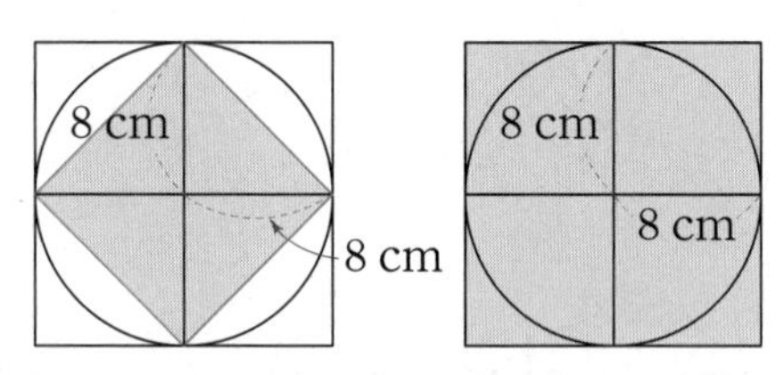

6 원 안의 정사각형과 원 밖의 정사각형의 넓이를 구하여 ㉠과 ㉡에 알맞은 수를 각각 구하시오.

㉠ cm^2 < (원의 넓이) < ㉡ cm^2

㉠ (　　)
㉡ (　　)

7 반지름이 8 cm인 원의 넓이는 몇 cm^2인지 어림해 보시오.

(　　)

8 원주는 몇 cm입니까? (원주율: 3.1)

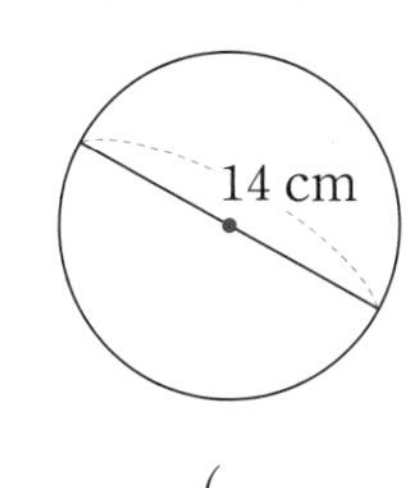

( )

9 원의 넓이는 몇 cm^2입니까? (원주율: 3)

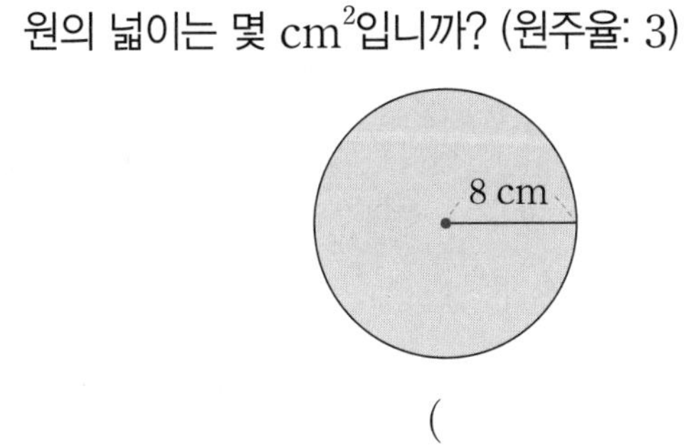

( )

10 원의 넓이는 몇 cm^2입니까? (원주율: 3.14)

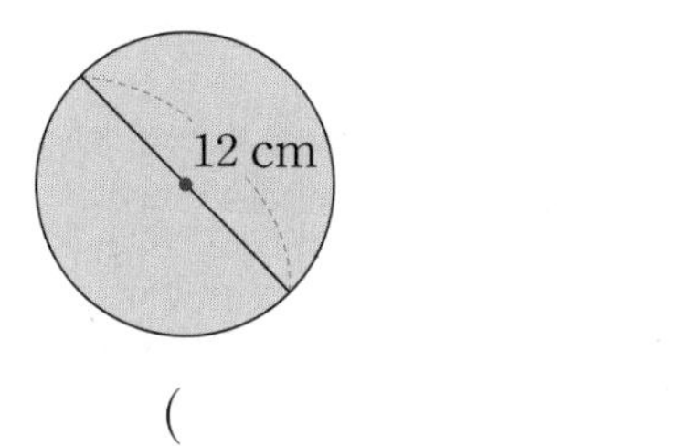

( )

11 다음과 같은 실의 길이를 반지름으로 하는 원을 만들었습니다. 만든 원의 원주는 몇 cm입니까?

(원주율: 3.14)

13 cm

( )

12 원주가 47.1 cm인 원이 있습니다. 이 원의 반지름은 몇 cm입니까? (원주율: 3.14)

13 더 큰 원의 기호를 쓰시오. (원주율: 3.14)

㉠ 반지름이 9 cm인 원
㉡ 원주가 62.8 cm인 원

( )

14 □ 안에 알맞은 수를 써넣으시오. (원주율: 3.1)

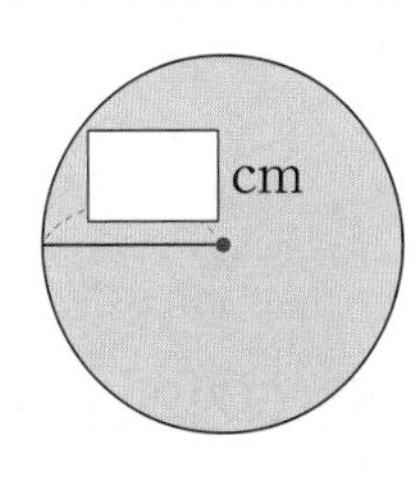

넓이: 375.1 cm^2

15 수애와 남준이는 훌라후프를 돌리고 있습니다. 수애의 훌라후프는 바깥쪽 지름이 75 cm이고, 남준이의 훌라후프의 바깥쪽 원주는 248 cm입니다. 누구의 훌라후프가 더 큽니까? (원주율: 3.1)

( )

● 공부한 날 월 일

빠른 정답 13쪽, 정답 및 풀이 57쪽

16 다음 원의 원주는 몇 cm입니까? (원주율: 3.14)

넓이가 153.86 cm^2인 원

( )

17 그림과 같이 원 안에 가장 큰 마름모를 그렸습니다. 색칠한 부분의 넓이는 몇 cm^2입니까? (원주율: 3.1)

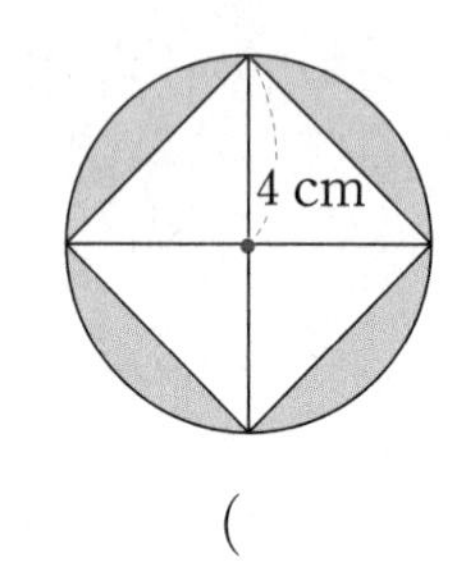

( )

18 다음 그림의 곡선 부분은 같은 크기의 반원입니다. 색칠한 부분의 넓이는 몇 cm^2입니까? (원주율: 3)

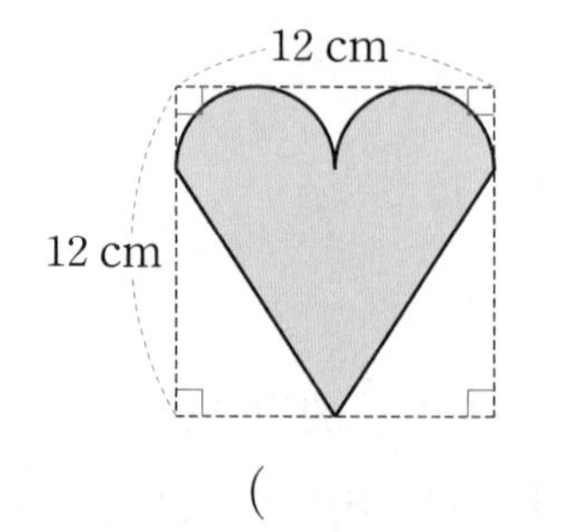

( )

서술형

19 지름이 70 cm인 원 모양의 바퀴 자를 사용하여 집에서 은행까지의 거리를 알아보려고 합니다. 바퀴가 120바퀴 돌았다면 집에서 은행까지의 거리는 몇 cm인지 풀이 과정을 쓰고 답을 구하시오. (원주율: 3.1)

풀이

답

서술형

20 색칠한 부분의 넓이는 몇 cm^2인지 풀이 과정을 쓰고 답을 구하시오. (원주율: 3.14)

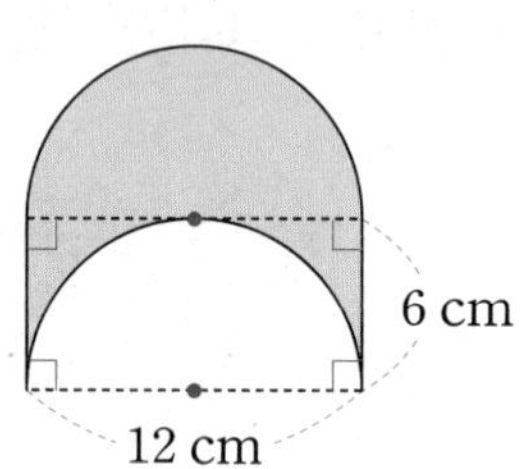

풀이

답

쓰는 것이 힘이다! # 수학일기

5단원

월	일	요일	이름

☆ **5단원에서 배운 내용을 친구들에게 설명하듯이 써 봐요.**

☆ **5단원에서 배운 내용이 실생활에서 어떻게 쓰이고 있는지 찾아 써 봐요.**

칭찬 & 격려해 주세요.

➔ QR코드를 찍으면 예시 답안을 볼 수 있어요.

6 원기둥, 원뿔, 구

교과서 개념 카툰

개념 카툰 1 원기둥 알아보기

오늘부터 우리는 드래곤 사냥에 나선다!
스승님, 무서워요.

무서워할 것 없다! 이 원기둥 폭탄만 있으면 드래곤 쯤은 문제가 없지…….
우와~ 어떻게 만들었어요?

직사각형을 돌려서 만들었단다.

그럼 전 없어도 되겠네요~ 다녀오세요!!
너 이리로 안 와?
슬금
슬금

개념 카툰 2 원기둥의 전개도 알아보기

빵 좀 싸주시게나!

예쁘게 원기둥 모양으로 포장해드리겠습니다.
잠깐!

진짜 원기둥 모양이 맞는지 전개도를 보고 싶군!
맞아요. 밑면 2개는 서로 합동인 원 모양이고 옆면은 직사각형 모양이잖아요.

음~ 엄청 맛있네요.
다 먹었으니 포장지는 필요 없네!
뭐지…….

이미 배운 내용

[6-1] 2. 각기둥과 각뿔
[6-2] 5. 원의 넓이

이번에 배우는 내용

✓ 원기둥 알아보기
✓ 원기둥의 전개도 알아보기
✓ 원뿔, 구 알아보기
✓ 여러 가지 모양 만들기

앞으로 배울 내용

[중학교] 입체도형의 성질

개념 카툰 3 원뿔 알아보기

개념 카툰 4 구 알아보기

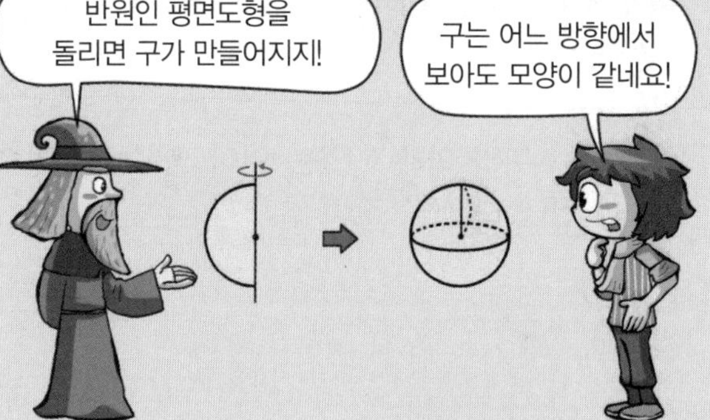

개념의 힘

개념 1 원기둥을 알아볼까요

1. 원기둥 알아보기

원기둥: 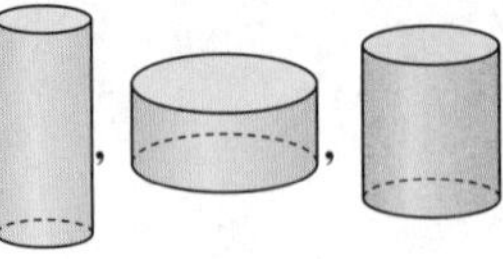 등과 같은 입체도형

원기둥은 위와 아래에 있는 면이 서로 평행하고 합동인 원으로 이루어진 입체도형이야.

- 마주 보는 두 면은 평평한 원입니다.
- 마주 보는 두 면은 서로 합동이고 평행합니다.
- 옆을 둘러싼 면은 굽은 면입니다.

참고 다음 도형이 원기둥이 아닌 이유

예

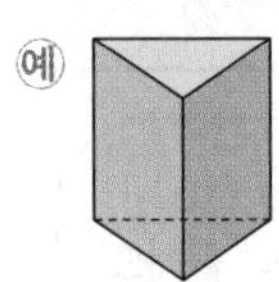

위와 아래에 있는 면이 원이 아닙니다.

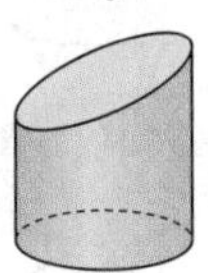

위와 아래에 있는 면이 평행하지 않습니다.

2. 원기둥의 구성 요소 알아보기

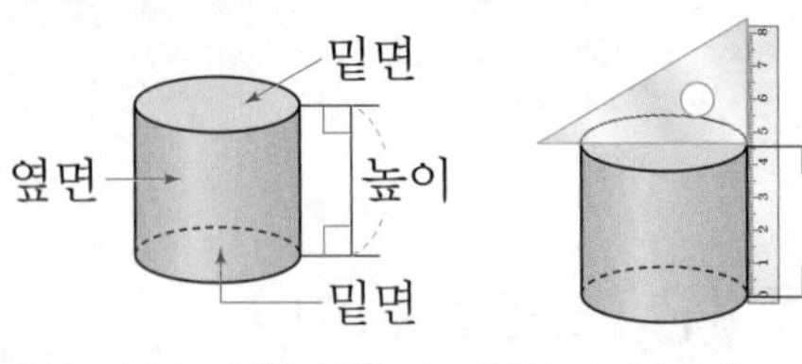

- **밑면:** 서로 평행하고 합동인 두 면
- **옆면:** 두 밑면과 만나는 면 → 원기둥의 옆면은 굽은 면입니다.
- **높이:** 두 밑면에 수직인 선분의 길이

3. 원기둥 이해하기

직사각형 모양의 종이를 한 변을 기준으로 돌려 만든 입체도형은 원기둥입니다.

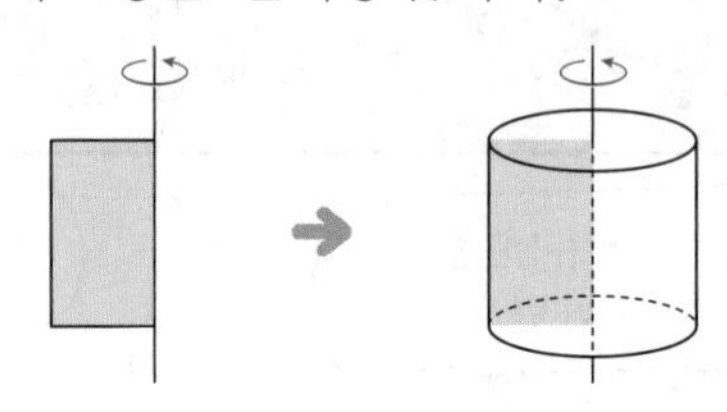

돌리기 전의 직사각형의 가로의 길이는 원기둥의 밑면의 반지름과 같고 직사각형의 세로의 길이는 원기둥의 높이와 같아.

개념 확인하기

1 원기둥에 ○표 하시오.

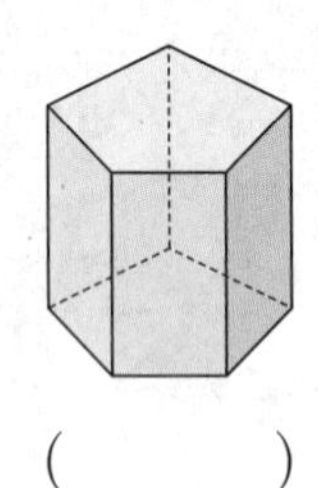 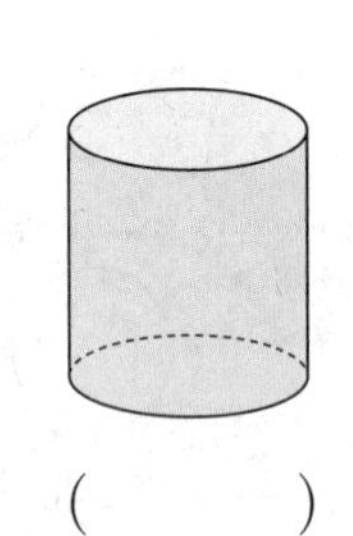

(　　　) (　　　)

2 원기둥의 특징으로 옳으면 ○표, 틀리면 ×표 하시오.

옆을 둘러싼 면은 굽은 면입니다.

(　　　)

3 |보기|에서 □ 안에 알맞은 말을 찾아 써넣으시오.

|보기|
밑면
옆면
높이

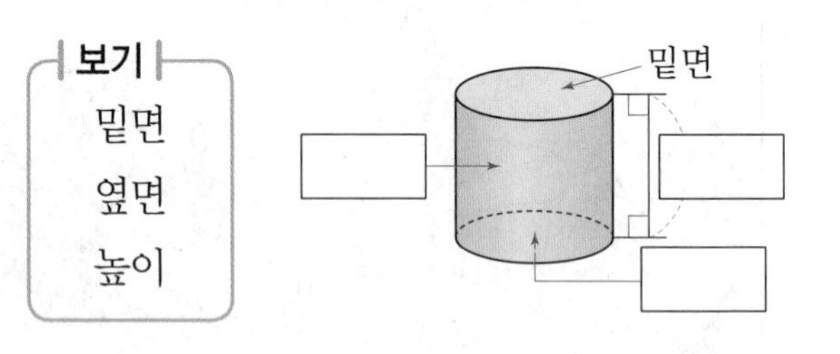

4 왼쪽 직사각형 모양의 종이를 한 변을 기준으로 돌려 만든 입체도형에 ○표 하시오.

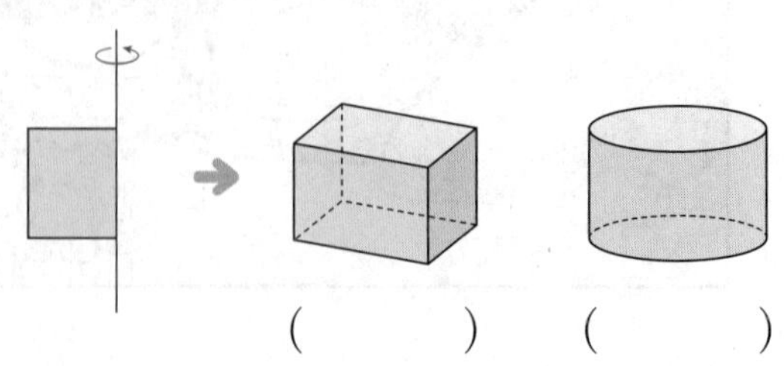

(　　　) (　　　)

개념 다지기

1 원기둥을 모두 찾아 기호를 쓰시오.

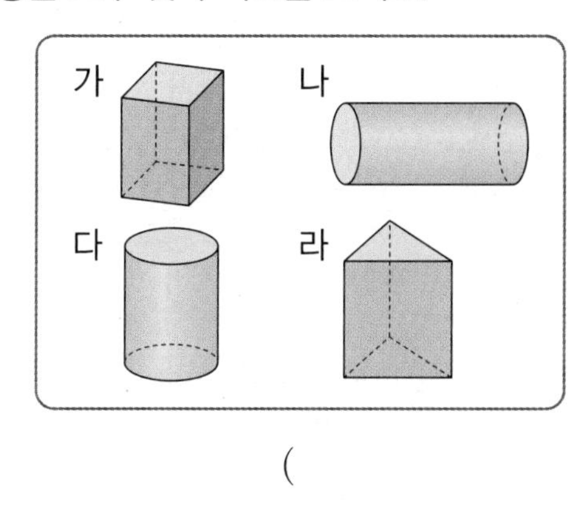

( )

[2~3] 원기둥을 보고 물음에 답하시오.

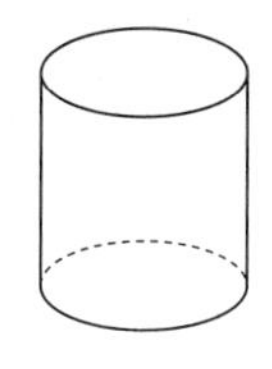

2 위 원기둥의 밑면에 모두 색칠하시오.

3 위 **2**에서 색칠한 두 밑면과 만나는 면을 무엇이라고 합니까?

( )

4 오른쪽 원기둥의 높이는 몇 cm입니까?

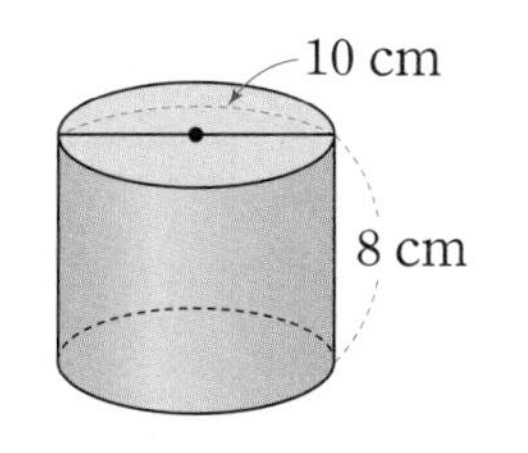

( )

5 원기둥에 대해 잘못 설명한 것의 기호를 쓰시오.

㉠ 밑면은 원 모양으로 1개입니다.
㉡ 두 밑면은 서로 합동입니다.
㉢ 옆면은 굽은 면입니다.

( )

6 직사각형 모양의 종이를 한 변을 기준으로 돌려 만든 입체도형을 그려 보시오.

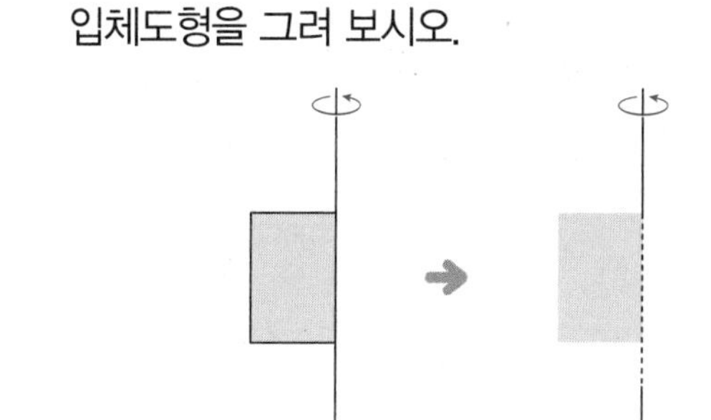

7 다음 입체도형은 원기둥이 아닙니다. □ 안에 알맞은 말을 써넣어 그 이유를 완성하시오.

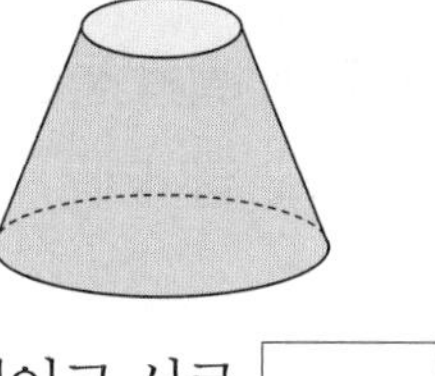

이유 두 밑면은 원이고 서로 □하지만 □이 아니므로 원기둥이 아닙니다.

개념 2 원기둥의 전개도를 알아볼까요

생각의 힘

• 원기둥 모양을 잘라서 펼치기

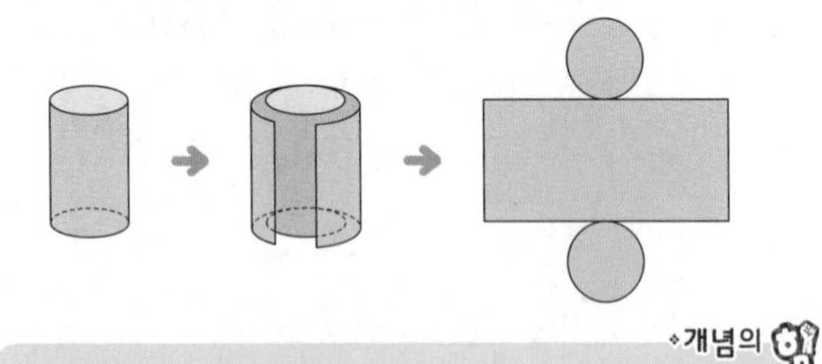

*개념의 힘

원기둥을 잘라서 펼치면
- 밑면은 원 모양입니다.
- 옆면은 직사각형 모양입니다.

1. 원기둥의 전개도 알아보기

원기둥의 **전개도**: 원기둥을 잘라서 펼쳐 놓은 그림

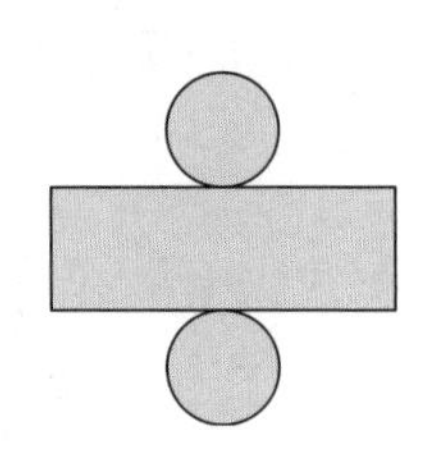

2. 원기둥의 전개도의 각 부분의 길이 알아보기

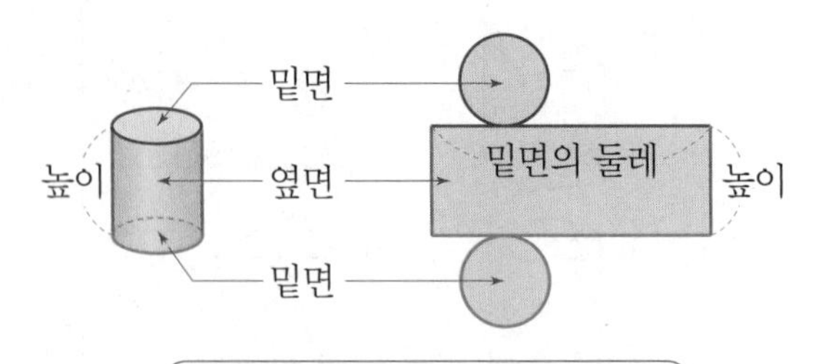

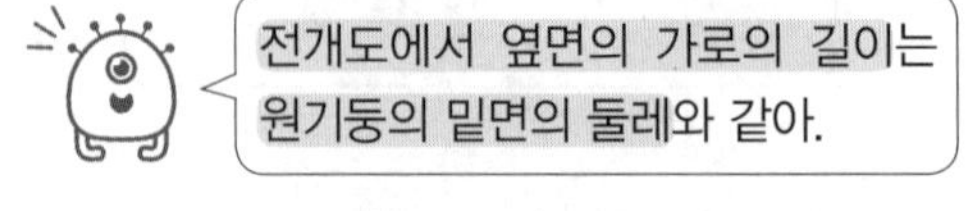

전개도에서 옆면의 세로의 길이는
원기둥의 높이와 같아.

㊀ 밑면의 반지름이 3 cm이고 높이가 5 cm인 원기둥의 전개도 그리기(원주율: 3)

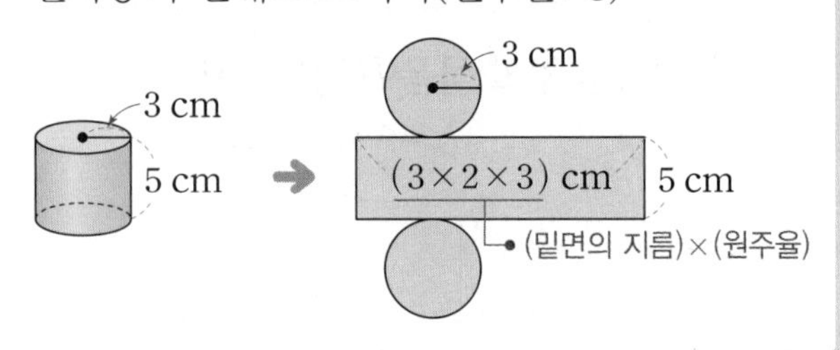

개념 확인하기

1 알맞은 말에 ◯표 하시오.

원기둥을 잘라서 펼쳐 놓은 그림을 원기둥의 (겨냥도 , 전개도)라고 합니다.

2 원기둥을 잘라서 펼쳐 놓은 그림입니다. 전개도에서 옆면은 어떤 모양입니까?

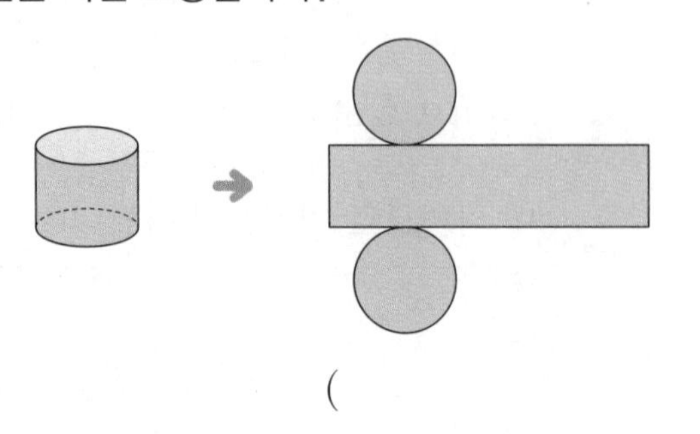

(   )

3 원기둥의 전개도입니다. □ 안에 알맞은 말을 써넣으시오.

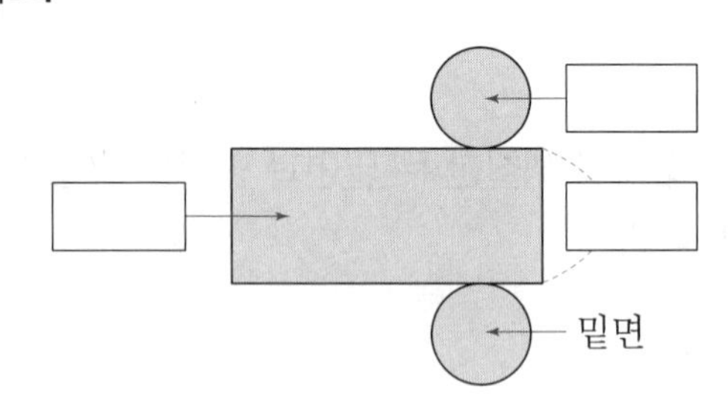

4 원기둥을 만들 수 있는 전개도에 ◯표 하시오.

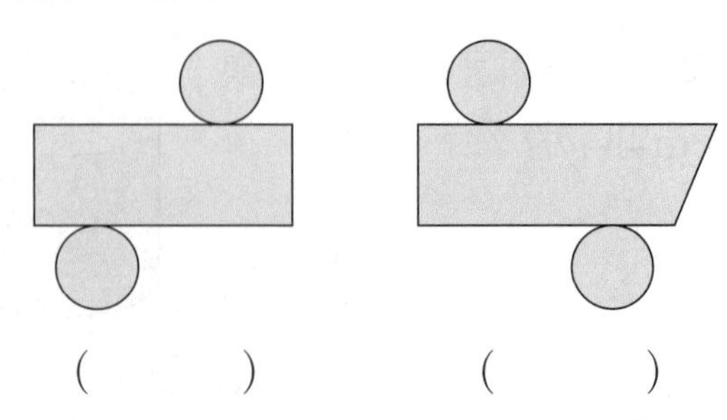

(   )   (   )

개념 다지기

1 원기둥의 전개도에 대해 설명한 것입니다. ㉠에 알맞은 도형의 이름을 쓰시오.

> 원기둥의 전개도에서 두 밑면은 ㉠ 모양이고 합동입니다.

( )

2 원기둥의 전개도입니다. 옆면에 색칠하시오.

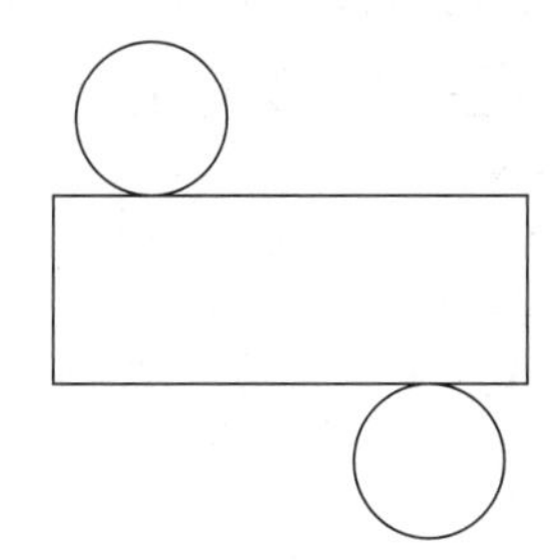

[3~4] 원기둥의 전개도를 보고 물음에 답하시오.

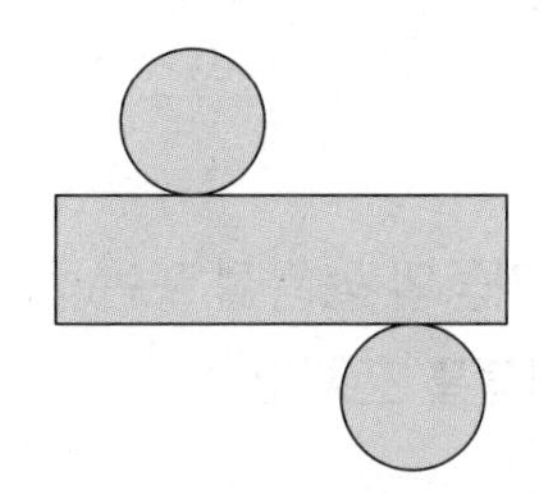

3 밑면의 둘레와 같은 길이의 선분을 빨간색 선으로 표시하시오.

4 원기둥의 높이와 같은 길이의 선분을 파란색 선으로 표시하시오.

5 원기둥을 만들 수 있는 전개도를 찾아 기호를 쓰시오.

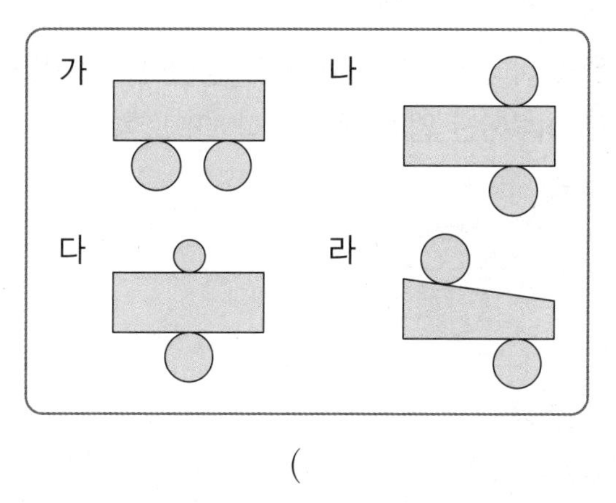

( )

6 원기둥과 원기둥의 전개도를 보고 ㉠과 ㉡의 길이는 각각 몇 cm인지 구하시오. (원주율: 3.14)

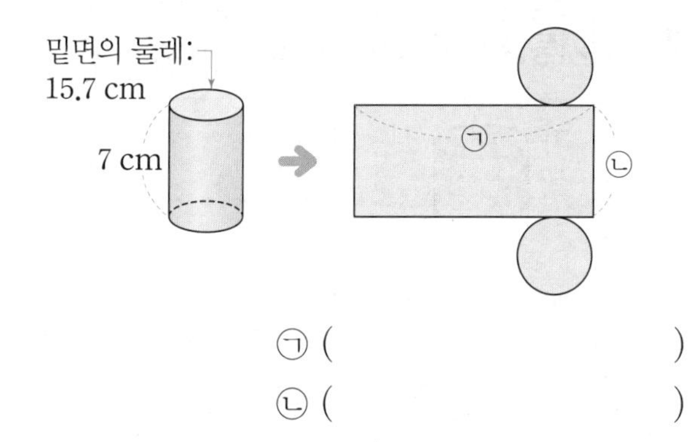

㉠ ( )

㉡ ( )

7 원기둥과 원기둥의 전개도를 보고 선분 ㄱㄹ의 길이는 몇 cm인지 구하시오. (원주율: 3)

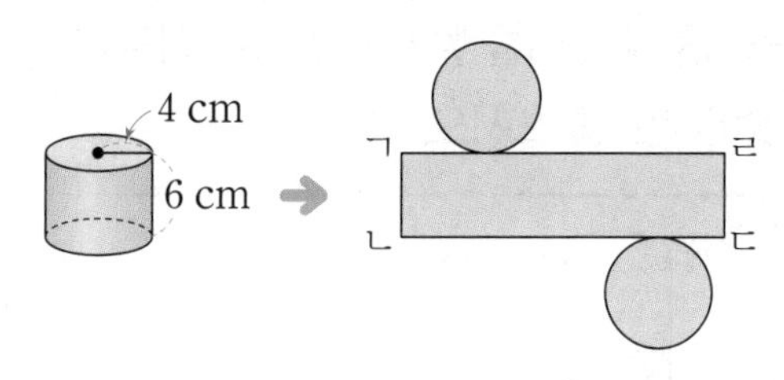

식 ____________________

답 ____________________

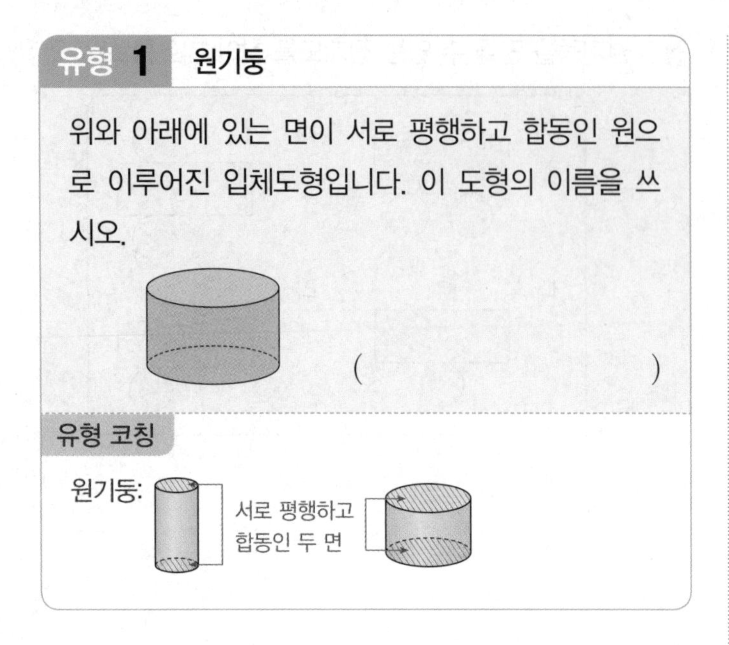

유형 1 원기둥

위와 아래에 있는 면이 서로 평행하고 합동인 원으로 이루어진 입체도형입니다. 이 도형의 이름을 쓰시오.

( )

유형 코칭

원기둥: 서로 평행하고 합동인 두 면

1 원기둥을 모두 찾아 기호를 쓰시오.

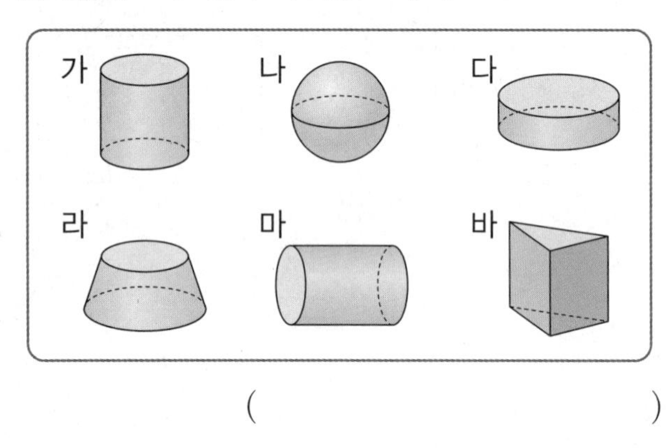

( )

2 원기둥의 높이를 빨간색 선으로 바르게 표시한 것을 찾아 기호를 쓰시오.

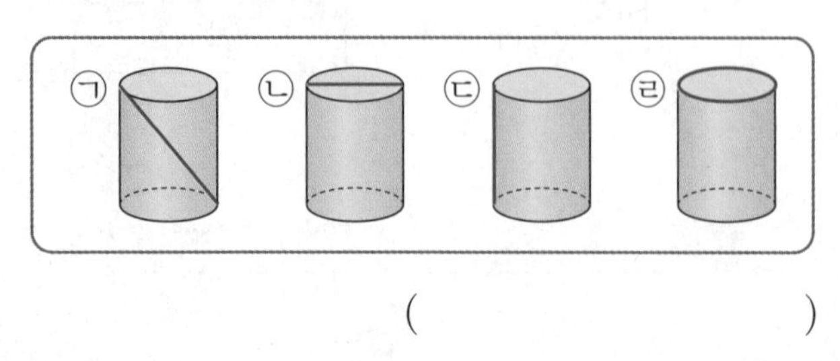

( )

3 직사각형 모양의 종이를 한 변을 기준으로 돌려 만든 입체도형의 높이는 몇 cm입니까?

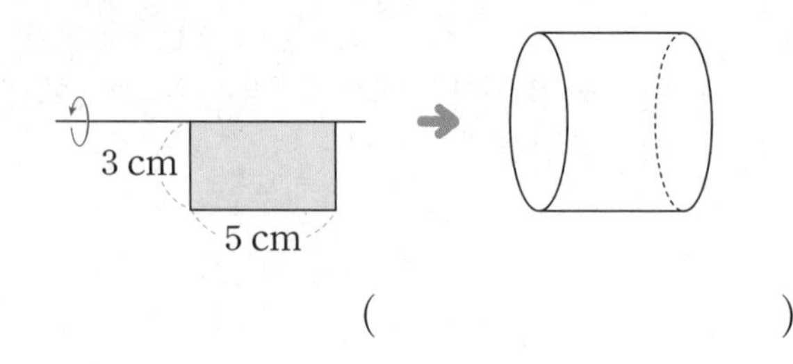

( )

4 원기둥 모형을 관찰하며 나눈 대화를 보고 밑면의 지름과 높이는 각각 몇 cm인지 구하시오.

위에서 본 모양은 반지름이 4 cm인 원이야.
앞에서 본 모양은 정사각형이야.

밑면의 지름 ( )

높이 ( )

5 원기둥과 각기둥의 공통점 또는 차이점을 잘못 말한 것을 찾아 기호를 쓰시오.

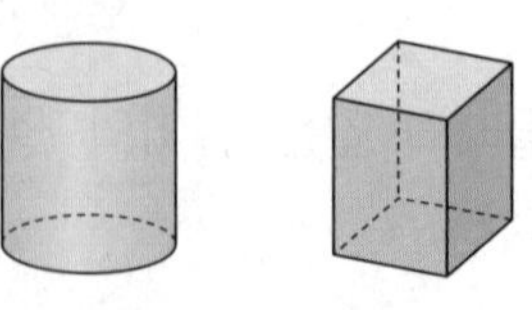

㉠ 밑면이 모두 2개입니다.

㉡ 옆에서 본 모양이 모두 직사각형입니다.

㉢ 모두 굽은 면이 있습니다.

㉣ 밑면의 모양이 서로 다릅니다.

( )

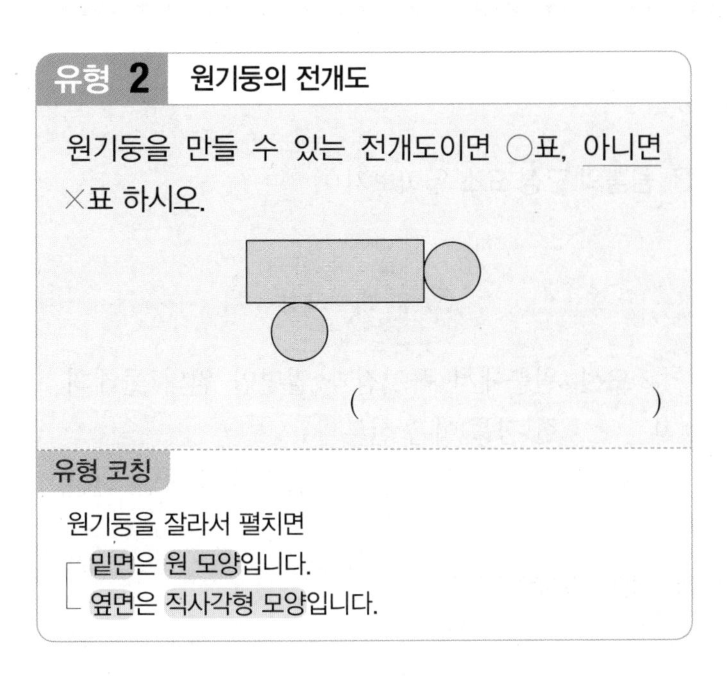

유형 2 원기둥의 전개도

원기둥을 만들 수 있는 전개도이면 ○표, 아니면 ×표 하시오.

( )

유형 코칭

원기둥을 잘라서 펼치면
밑면은 원 모양입니다.
옆면은 직사각형 모양입니다.

6 원기둥의 전개도에서 밑면과 옆면은 각각 몇 개인지 빈칸에 알맞게 써넣으시오.

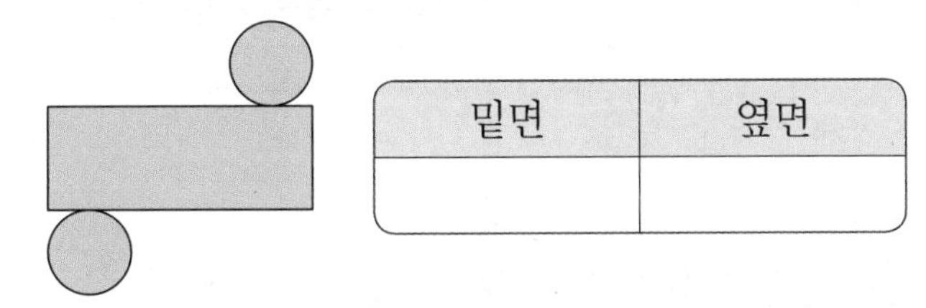

밑면	옆면

7 원기둥의 전개도를 보고 잘못 말한 것의 기호를 쓰시오.

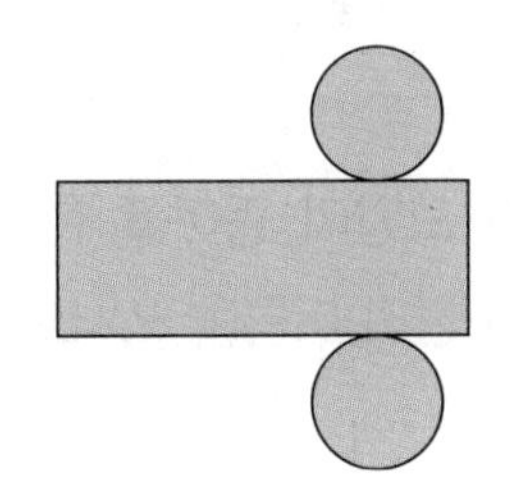

㉠ 밑면의 둘레는 옆면의 가로의 길이와 같습니다.
㉡ 원기둥의 높이는 밑면의 지름과 같습니다.

( )

8 원기둥과 원기둥의 전개도입니다. 전개도에서 원기둥의 높이와 길이가 같은 선분을 모두 찾아 쓰시오.

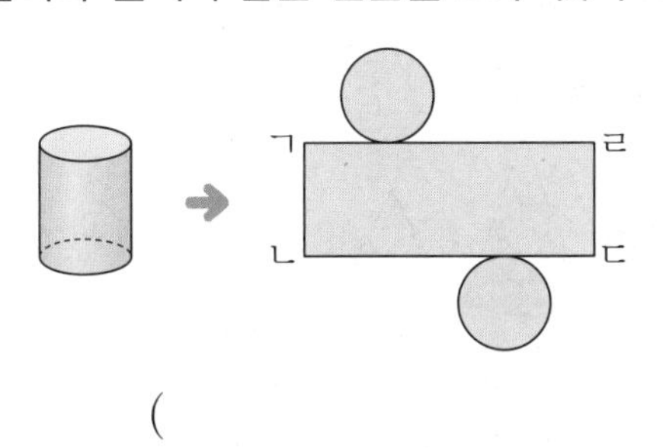

( )

9 원기둥과 원기둥의 전개도를 보고 □ 안에 알맞은 수를 써넣으시오. (원주율: 3.14)

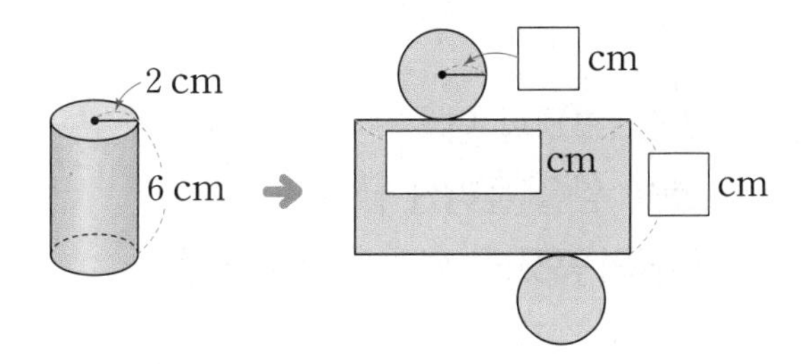

10 오른쪽 원기둥의 전개도를 그리고 밑면의 반지름과 옆면의 가로, 세로의 길이를 나타내시오. (원주율: 3)

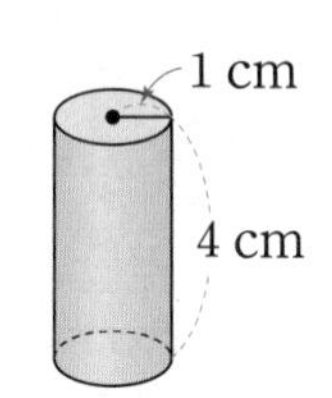

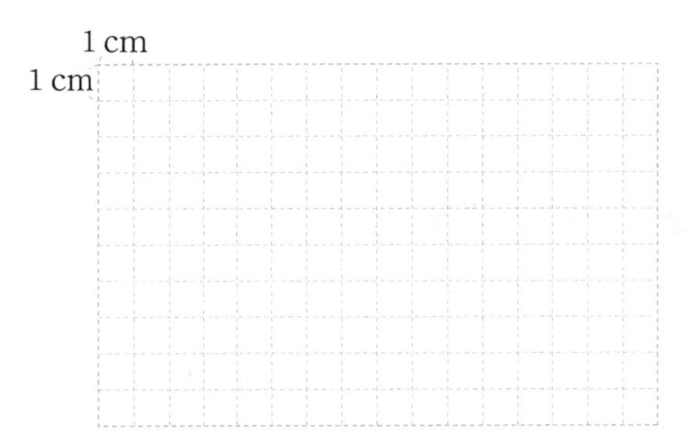

6 단원 원기둥, 원뿔, 구

개념의 힘

개념 3 원뿔을 알아볼까요

1. 원뿔 알아보기

원뿔: 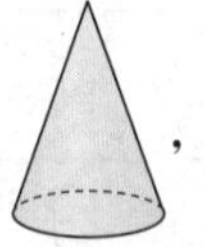, 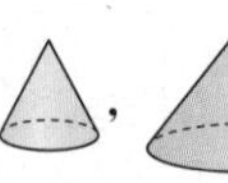 등과 같은 입체도형

원뿔은 평평한 면이 원이고 옆을 둘러싼 면이 굽은 면인 뿔 모양의 입체도형이야.

- 위에서 보면 원 모양입니다.
- 옆에서 보면 삼각형 모양입니다.

2. 원뿔의 구성 요소 알아보기 (1)

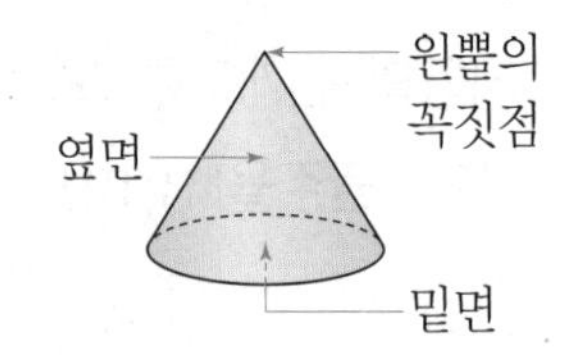

- **밑면:** 평평한 면
- **옆면:** 옆을 둘러싼 굽은 면
- **원뿔의 꼭짓점:** 뾰족한 부분의 점

3. 원뿔의 구성 요소 알아보기 (2)

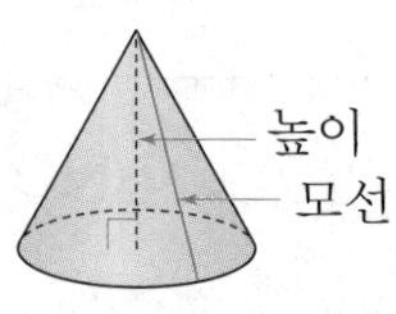

- **모선:** 원뿔에서 꼭짓점과 밑면인 원의 둘레의 한 점을 이은 선분
- **높이:** 원뿔의 꼭짓점에서 밑면에 수직인 선분의 길이

4. 원뿔 이해하기

직각삼각형 모양의 종이를 한 변을 기준으로 돌려 만든 입체도형은 원뿔입니다.

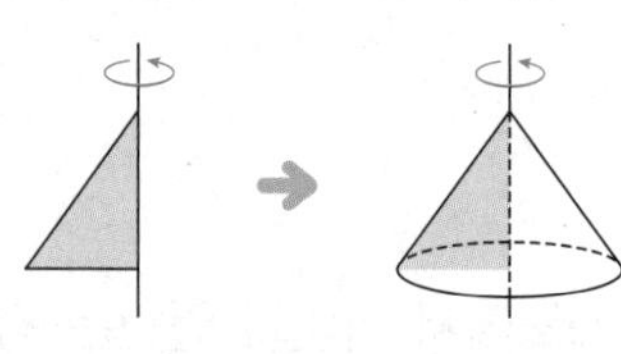

직각삼각형의 밑변의 길이는 원뿔의 밑면의 반지름과 같고 직각삼각형의 높이는 원뿔의 높이와 같아.

개념 확인하기

1 원뿔에 ○표 하시오.

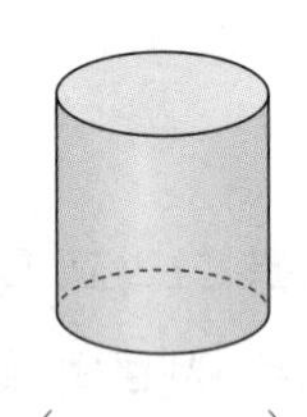 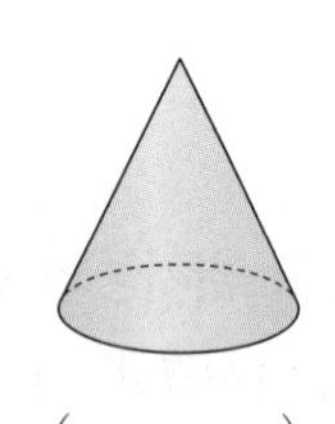

( ) ( )

2 원뿔의 밑면에 색칠하시오.

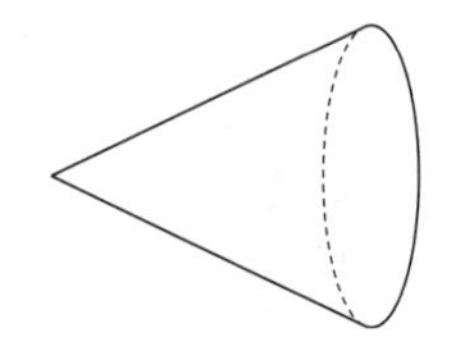

3 원뿔의 높이를 바르게 잰 것에 ○표 하시오.

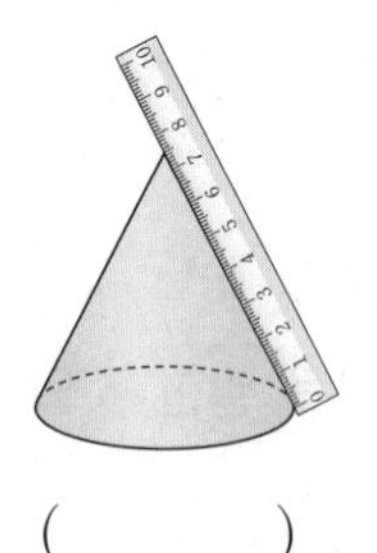 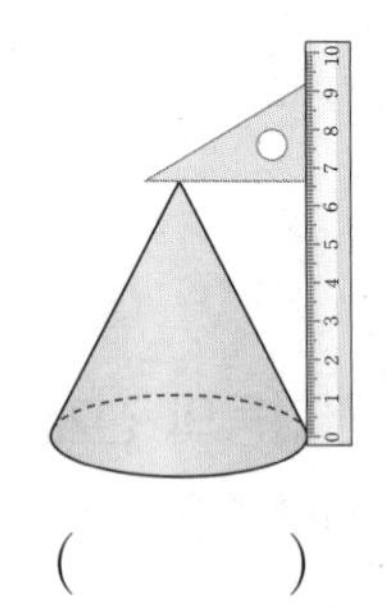

( ) ( )

4 직각삼각형 모양의 종이를 한 변을 기준으로 돌려 만든 입체도형의 이름을 쓰시오.

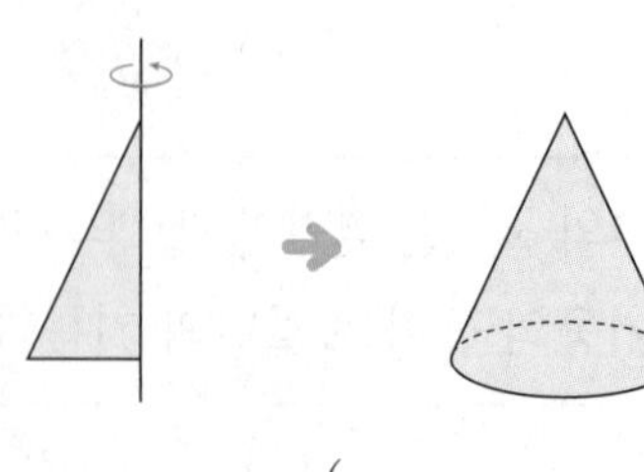

( )

빠른 정답 13쪽, 정답 및 풀이 59쪽

개념 다지기

1 원뿔을 찾아 기호를 쓰시오.

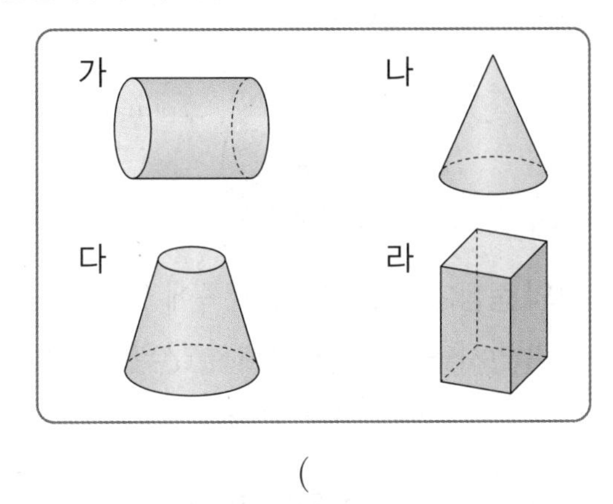

( )

2 |보기|에서 □ 안에 알맞은 말을 찾아 써넣으시오.

|보기|
밑면 옆면 모선 높이

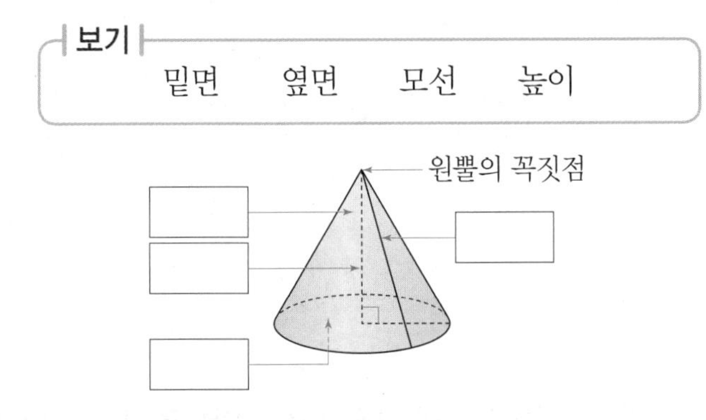

3 모선이 아닌 선분은 어느 것입니까? ······ ( )

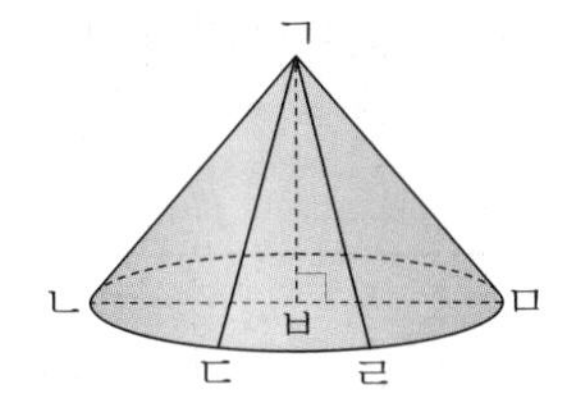

① 선분 ㄱㄴ ② 선분 ㄱㄷ
③ 선분 ㄱㄹ ④ 선분 ㄱㅁ
⑤ 선분 ㄱㅂ

4 오른쪽 원뿔의 밑면은 어떤 모양이고 몇 개인지 차례로 쓰시오.

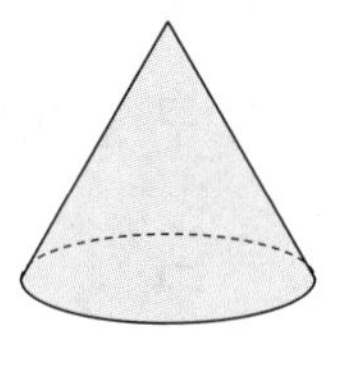

( ), ( )

5 오른쪽 원뿔을 옆에서 보면 어떤 모양입니까?

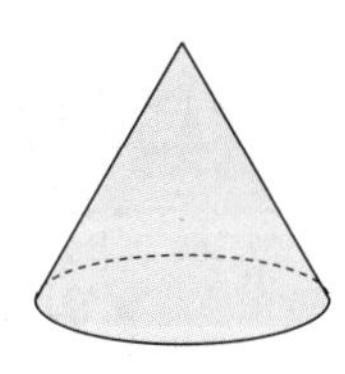

( )

6 오른쪽 원뿔에서 모선의 길이와 높이는 각각 몇 cm입니까?

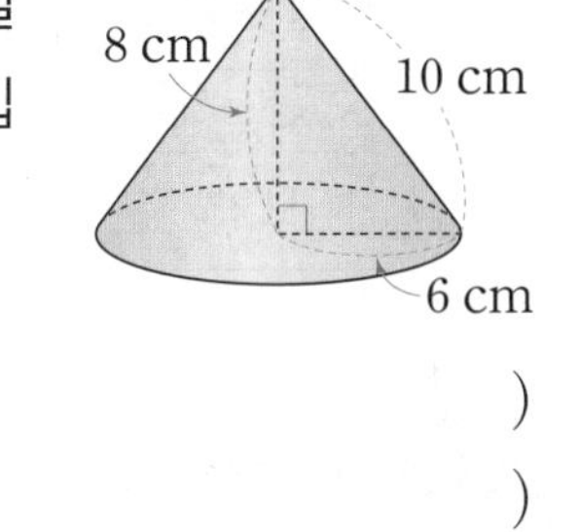

모선의 길이 ( )
높이 ( )

7 오른쪽 입체도형은 원뿔이 아닙니다. 알맞은 말에 ○표 하여 그 이유를 완성하시오.

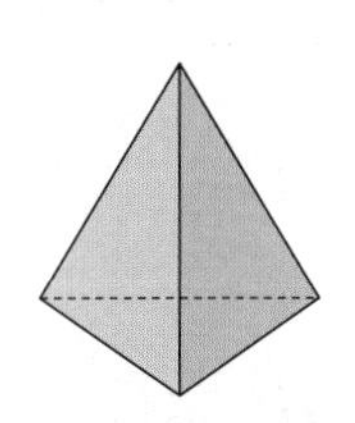

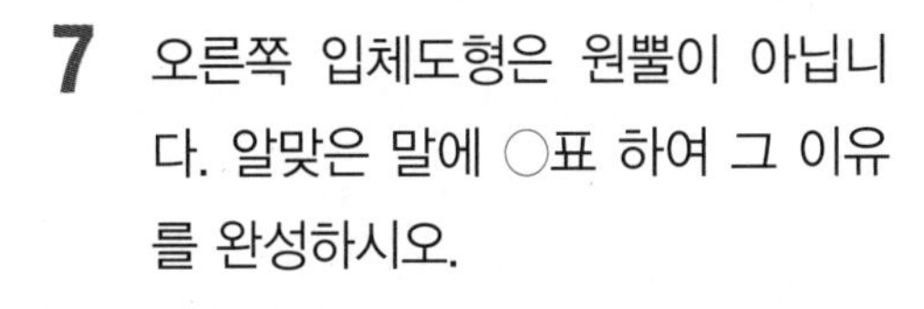
이유 평평한 면이 (원 , 사각형)이 아니고 옆을 둘러싼 면도 (평평한 , 굽은) 면이 아니므로 원뿔이 아닙니다.

개념 4 구를 알아볼까요

1. 구 알아보기

구: 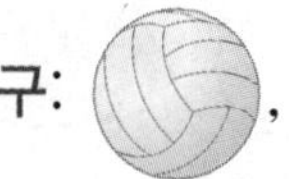, , 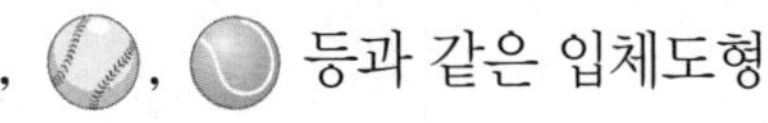 등과 같은 입체도형

2. 원기둥, 원뿔, 구의 공통점과 차이점

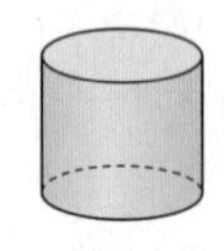 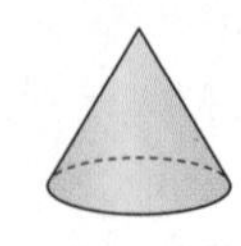 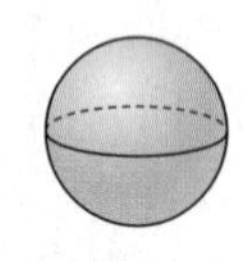

① 공통점

• 곡면으로 둘러싸여 있습니다.

• 위에서 본 모양이 모두 원입니다.

② 차이점

	원기둥	원뿔	구
모양	기둥 모양	뿔 모양	공 모양
밑면의 모양	원	원	없습니다.
뾰족한 부분	없습니다.	있습니다.	없습니다.
앞에서 본 모양	직사각형	삼각형	원

3. 구의 구성 요소 알아보기

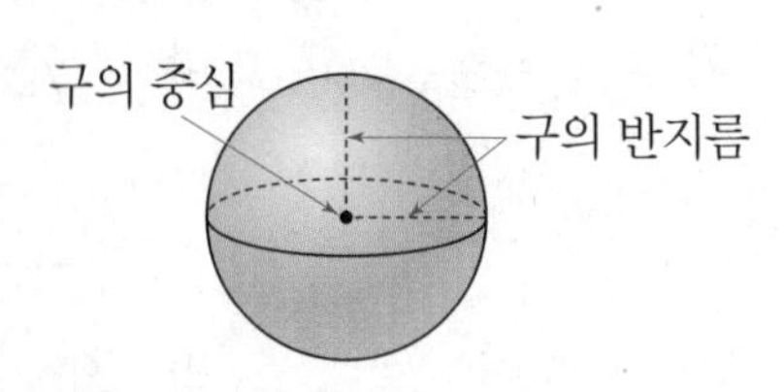

구의 중심: 구에서 가장 안쪽에 있는 점

구의 반지름: 구의 중심에서 구의 겉면의 한 점을 이은 선분

4. 구 이해하기

반원 모양의 종이를 지름을 기준으로 돌려 만든 입체도형은 구입니다.

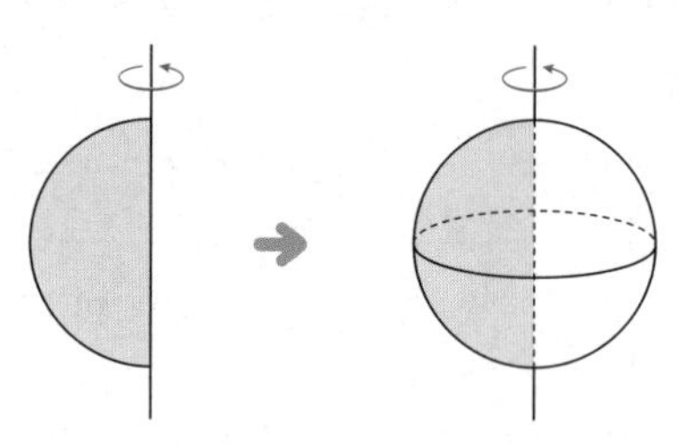

개념 확인하기

1 구를 찾아 ○표 하시오.

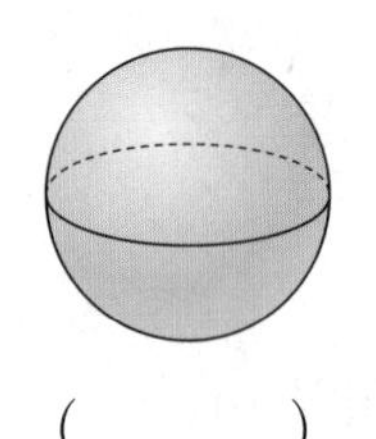 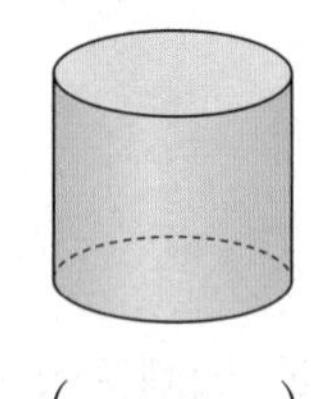

(   ) (   )

2 반원 모양의 종이를 지름을 기준으로 돌려 만든 입체도형에서 각 부분의 이름을 □ 안에 써넣으시오.

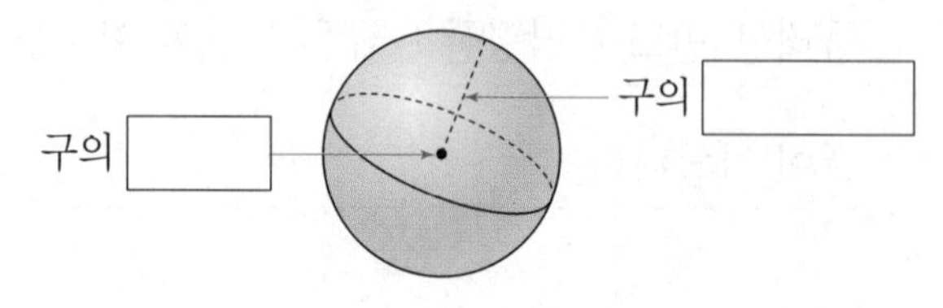

[3~4] 두 입체도형의 공통점을 알아보려고 합니다. 알맞은 말에 ○표 하시오.

3

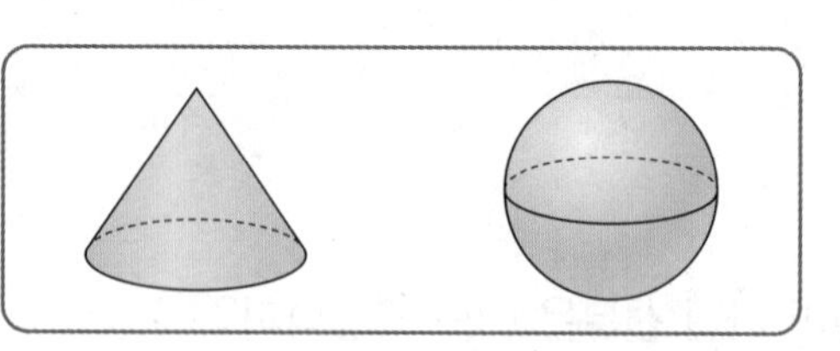

(평면 , 곡면)으로 둘러싸여 있습니다.

4

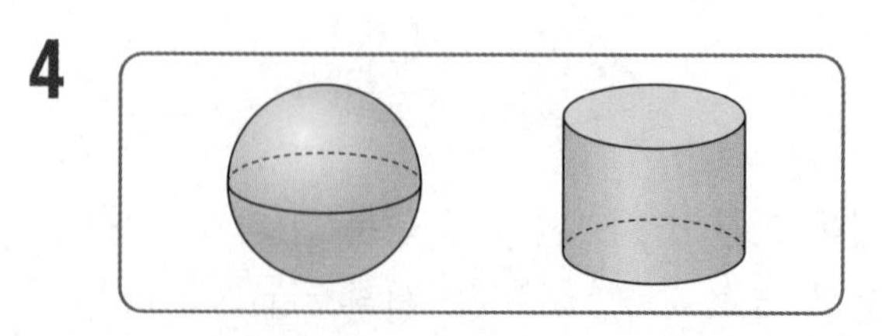

뾰족한 부분이 (있습니다 , 없습니다).

개념 다지기

1 구를 찾아 기호를 쓰시오.

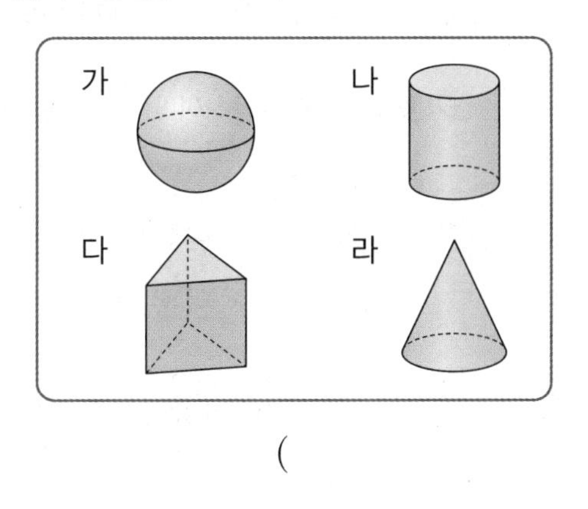

( )

2 구의 반지름은 몇 cm입니까?

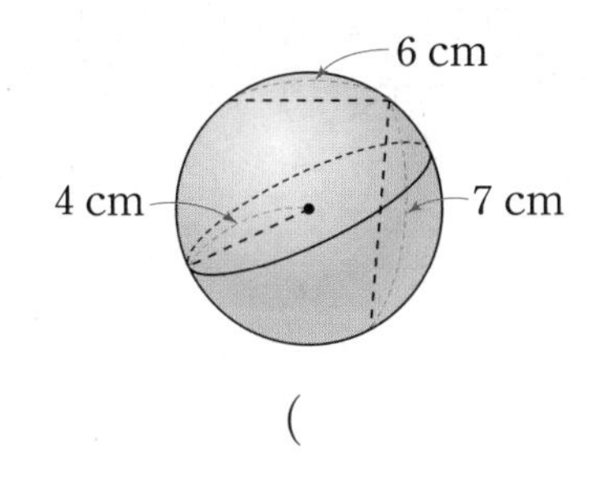

( )

3 두 입체도형의 차이점을 설명한 것입니다. 옳으면 ○표, 틀리면 ×표 하시오.

가 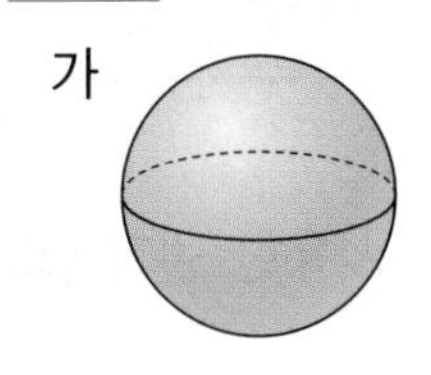 나 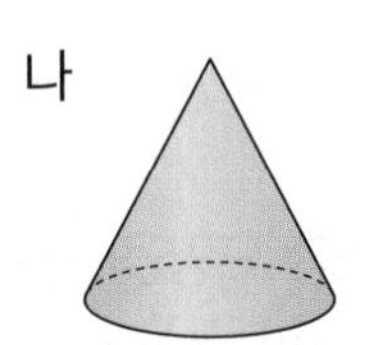

가는 꼭짓점이 없고 나는 꼭짓점이 있습니다.

( )

4 반원 모양의 종이를 지름을 기준으로 돌려 만든 입체도형을 그려 보시오.

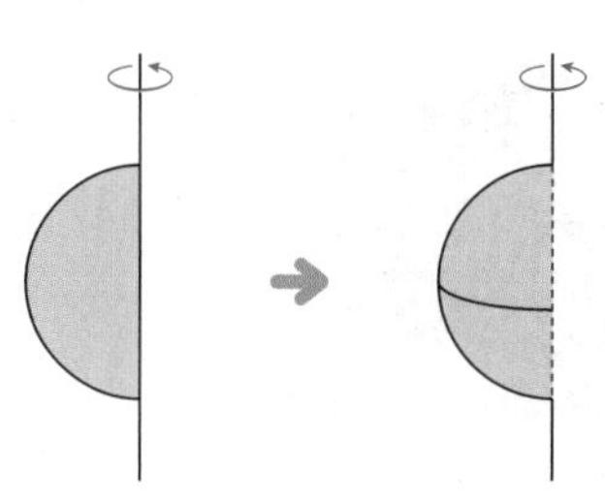

5 구에 대해 바르게 설명한 것을 찾아 기호를 쓰시오.

㉠ 구의 중심은 1개입니다.
㉡ 구의 반지름은 2개입니다.
㉢ 여러 방향에서 본 모양이 모두 다릅니다.

( )

6 오른쪽 구를 위와 옆에서 본 모양을 **보기** 에서 골라 각각 그려 보시오.

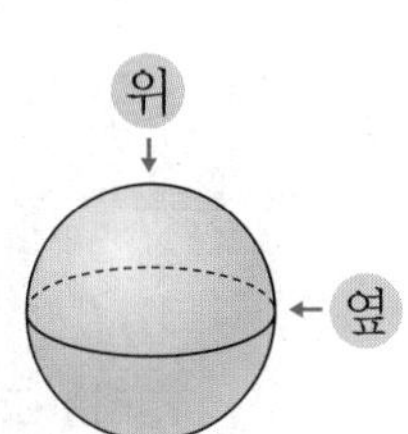

보기

위에서 본 모양	옆에서 본 모양

개념 5 여러 가지 모양을 만들어 볼까요

1. 건축물을 이루는 입체도형 찾기

➔ 원기둥 모양

➔ 원뿔 모양

➔ 구 모양

2. 원기둥, 원뿔, 구를 활용하여 여러 가지 모양 만들기

원기둥과 원뿔을 사용하여 팽이 모양을 만들었어.

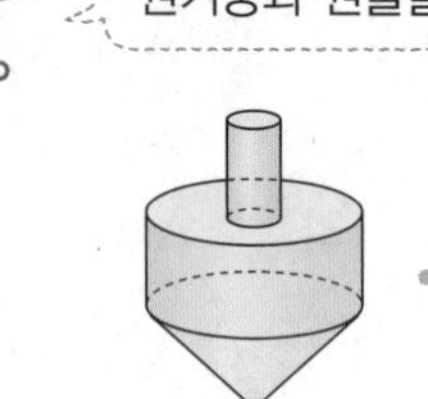

➔ 원기둥: 2개, 원뿔: 1개

원기둥과 구를 사용하여 케이크 모양을 만들었어.

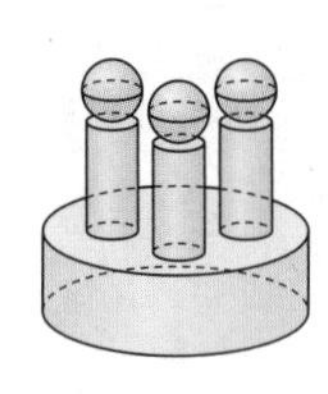

➔ 원기둥: 4개, 구: 3개

원기둥, 원뿔, 구를 사용하여 물고기 모양을 만들었어.

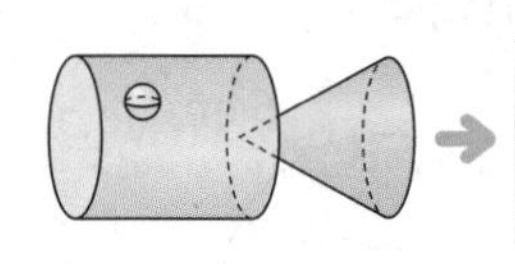

➔ 원기둥: 1개, 원뿔: 1개, 구: 1개

개념 확인하기

[1~2] 다음 건축물은 어떤 입체도형으로 만들어졌는지 찾아 ◯표 하시오.

1

원기둥 원뿔 구

2

원기둥 원뿔 구

3 수진이가 입체도형을 사용하여 만든 집입니다. 사용한 입체도형을 모두 찾아 ◯표 하시오.

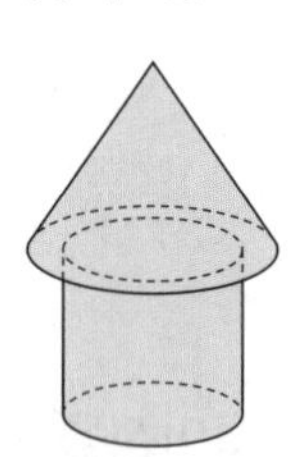

원기둥 원뿔 구

4 사탕 모양을 만드는 데 사용한 원기둥과 원뿔은 각각 몇 개입니까?

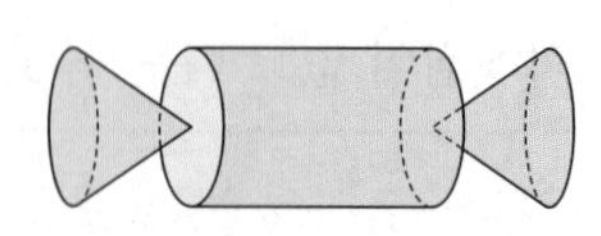

원기둥 (　　　　　　)

원뿔 (　　　　　　)

개념 다지기

1 다음 건축물에서 ←로 표시한 곳은 어떤 입체도형으로 만들어졌는지 찾아 ◯표 하시오.

(출처: robert cicchetti / shutterstock)

(원기둥 , 원뿔 , 구) 모양으로 만들어졌습니다.

2 입체도형을 사용하여 만든 아령입니다. 사용하지 않은 입체도형을 찾아 ◯표 하시오.

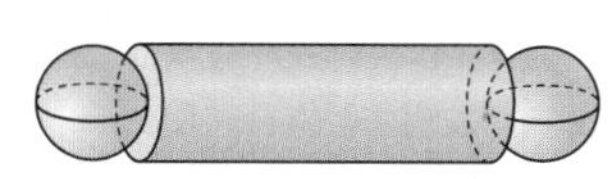

원기둥 원뿔 구

3 원기둥과 원뿔을 사용하여 만든 모양에 ◯표 하시오.

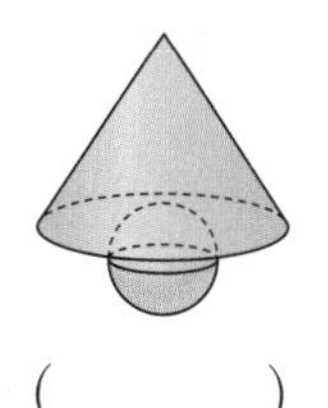

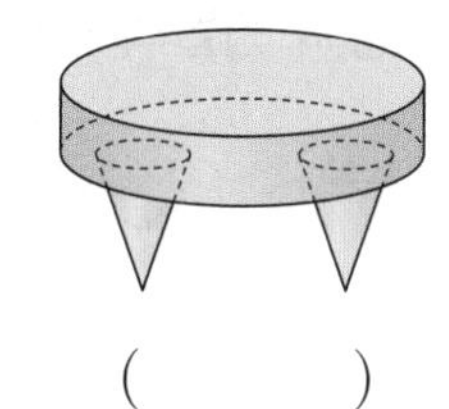

( ) ( )

4 입체도형을 사용하여 만든 기차입니다. 바르게 설명한 것의 기호를 쓰시오.

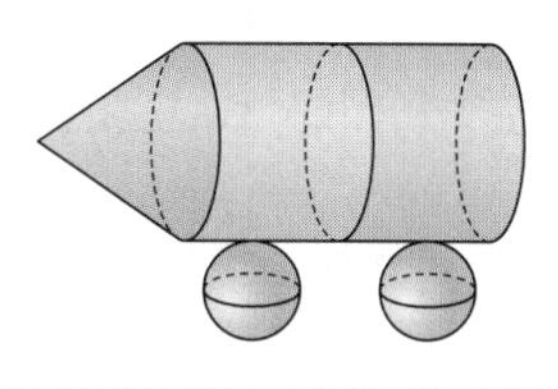

㉠ 원기둥과 원뿔로만 만들었습니다.
㉡ 바퀴는 구로 만들었습니다.

( )

5 눈사람 모양을 만드는 데 사용한 구는 몇 개입니까?

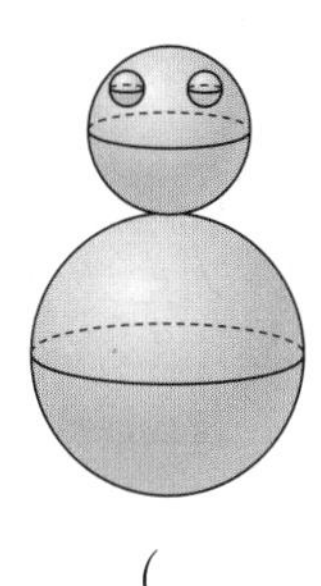

( )

6 잠자리 모양을 만드는 데 사용한 원기둥, 원뿔, 구는 각각 몇 개입니까?

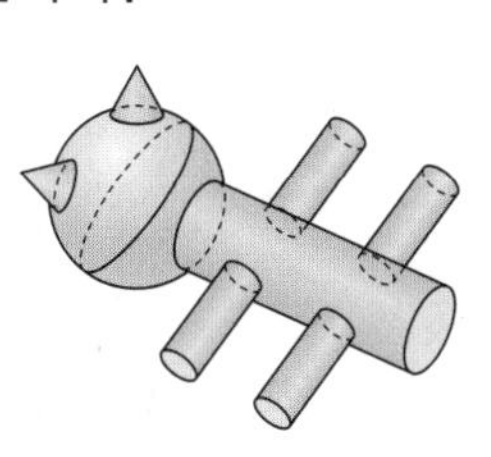

원기둥 ( )
원뿔 ( )
구 ( )

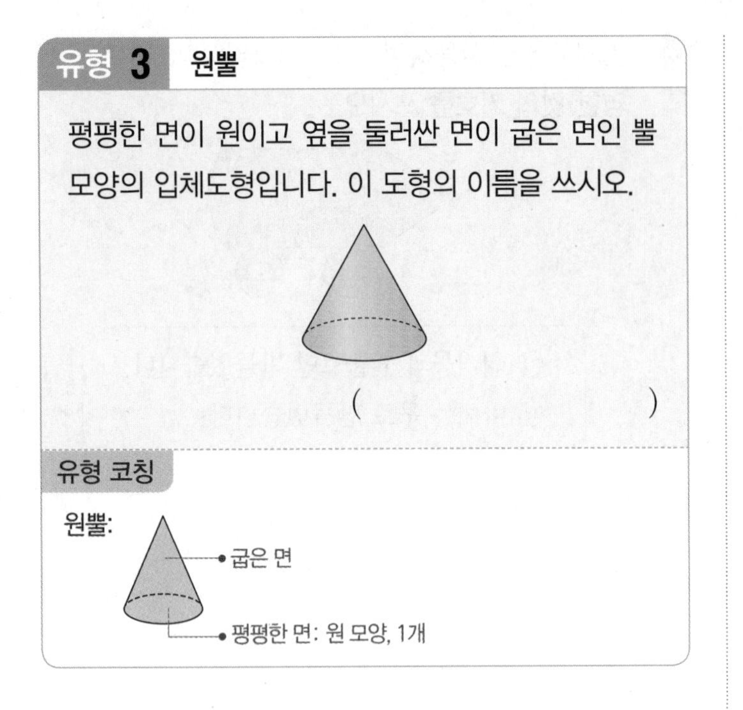

유형 3 원뿔

평평한 면이 원이고 옆을 둘러싼 면이 굽은 면인 뿔 모양의 입체도형입니다. 이 도형의 이름을 쓰시오.

(　　　　　　　　　　　)

유형 코칭

원뿔: 굽은 면 / 평평한 면: 원 모양, 1개

1 원뿔을 모두 찾아 기호를 쓰시오.

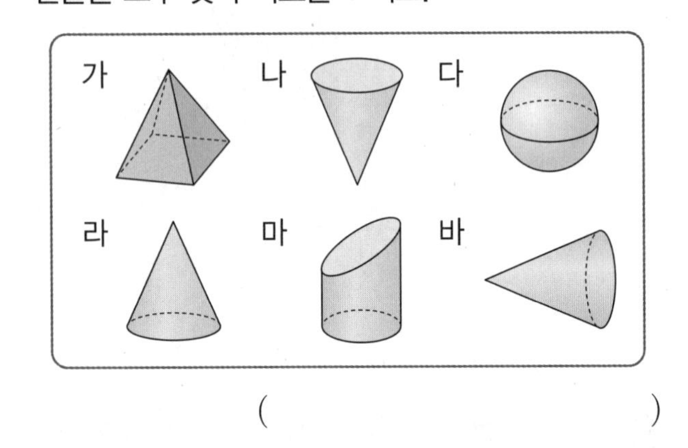

(　　　　　　　　　　　)

2 원뿔에는 평평한 면이 몇 개 있습니까?

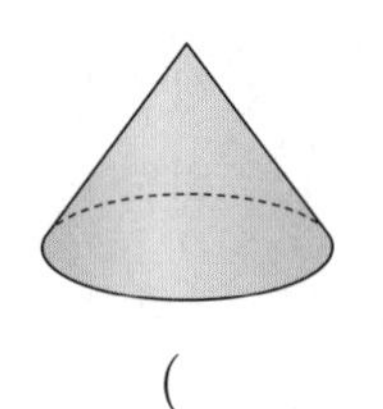

(　　　　　　　　　　　)

3 어떤 평면도형 모양의 종이를 한 변을 기준으로 돌렸더니 오른쪽 그림과 같은 원뿔이 만들어졌습니다. 돌린 평면도형을 왼쪽에 그려 보시오.

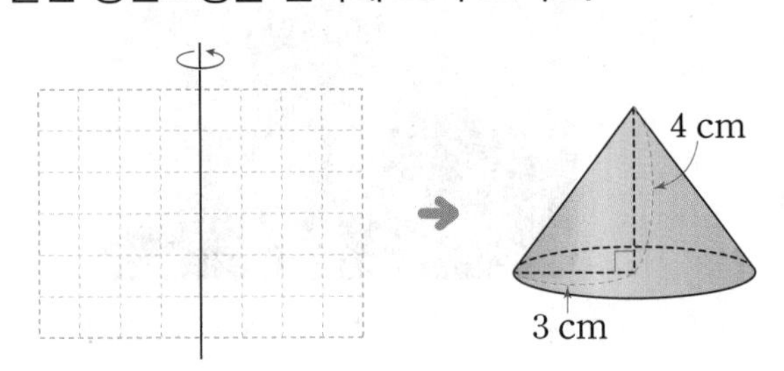

4 입체도형을 보고 빈칸에 알맞은 말을 써넣으시오.

도형	밑면의 모양	위에서 본 모양	앞에서 본 모양
(각뿔)	사각형		삼각형
(원뿔)		원	

서술형

5 원기둥과 원뿔의 공통점을 쓰시오.

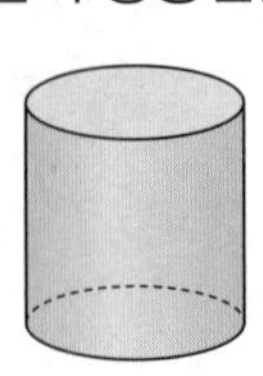
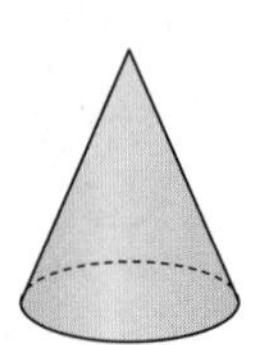

공통점 ______________________________

____

유형 4 원뿔의 구성 요소

원뿔에서 각 부분의 이름으로 틀린 것은 어느 것입니까? ( )

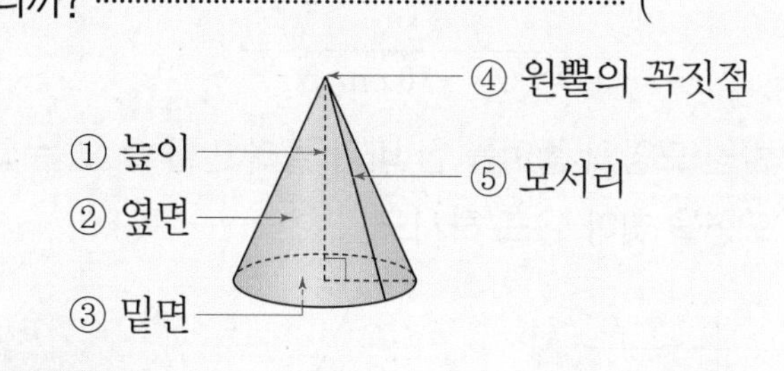

유형 코칭

- 밑면: 평평한 면
- 옆면: 옆을 둘러싼 굽은 면
- 원뿔의 꼭짓점: 뾰족한 부분의 점
- 모선: 원뿔에서 꼭짓점과 밑면인 원의 둘레의 한 점을 이은 선분
- 높이: 원뿔의 꼭짓점에서 밑면에 수직인 선분의 길이

[6~7] 오른쪽 원뿔을 보고 물음에 답하시오.

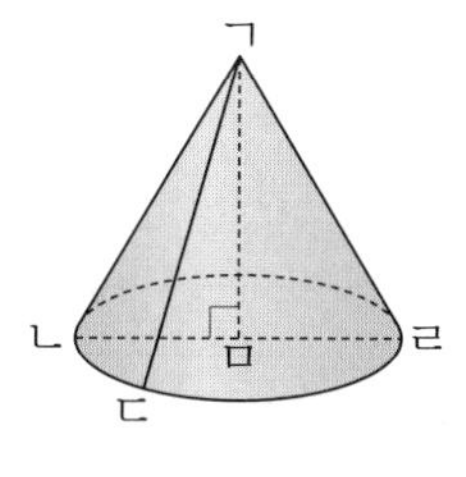

6 원뿔의 꼭짓점을 찾아 쓰시오.

( )

7 원뿔의 높이를 나타내는 선분을 찾아 쓰시오.

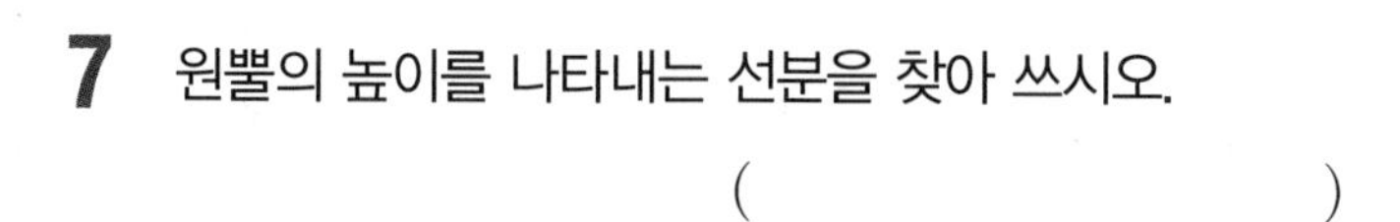

( )

8 원뿔의 모선은 모두 몇 개입니까? ( )

① 1개 ② 2개 ③ 3개
④ 없습니다. ⑤ 무수히 많습니다.

9 오른쪽 원뿔의 모선을 나타내는 선분이 아닌 것을 모두 고르시오. ( )

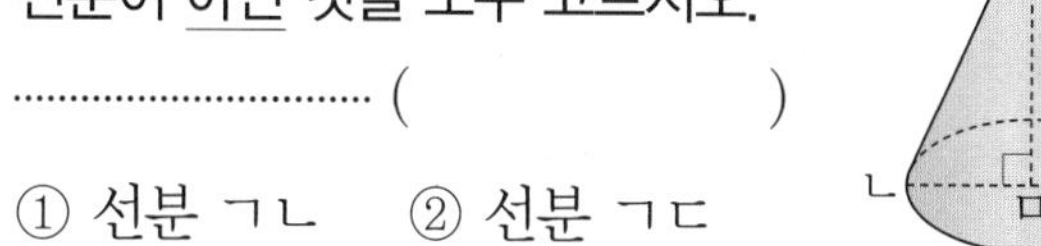

① 선분 ㄱㄴ ② 선분 ㄱㄷ
③ 선분 ㄱㄹ ④ 선분 ㄱㅁ
⑤ 선분 ㄴㄹ

10 직각삼각형 모양의 종이를 한 변을 기준으로 돌려 만든 입체도형을 보고 밑면의 지름과 높이가 각각 몇 cm인지 구하시오.

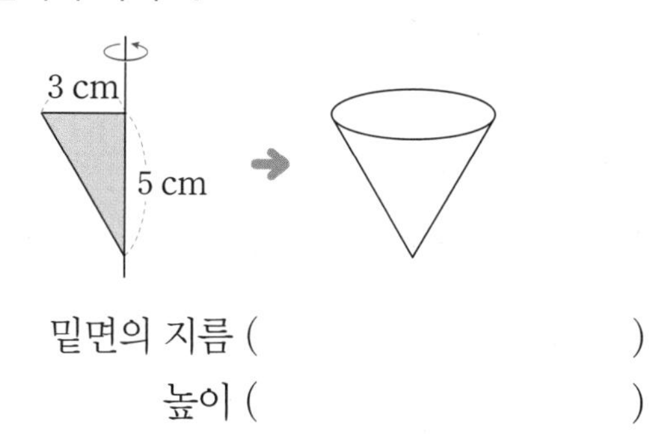

밑면의 지름 ( )

높이 ( )

11 모양과 크기가 같은 원뿔을 보고 잘못 설명한 것을 찾아 기호를 쓰시오.

가 나 다

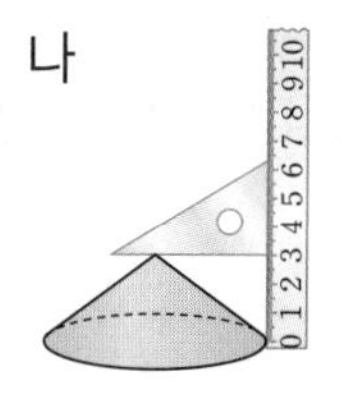

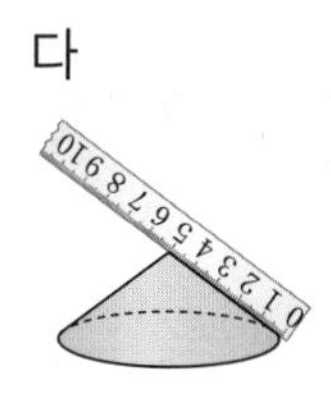

㉠ 밑면의 반지름은 8 cm입니다.
㉡ 높이는 3 cm입니다.
㉢ 모선의 길이는 5 cm입니다.

( )

유형 5 구

구를 찾아 ○표 하시오.

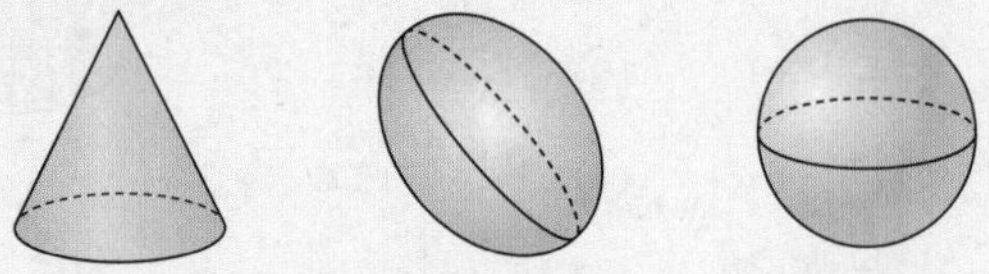

( ) ( ) ( )

유형 코칭

• 구: 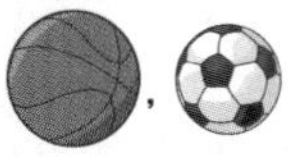 등과 같은 입체도형

(1) 구의 중심: 구에서 가장 안쪽에 있는 점

(2) 구의 반지름: 구의 중심에서 구의 겉면의 한 점을 이은 선분

[12~13] 구를 보고 물음에 답하시오.

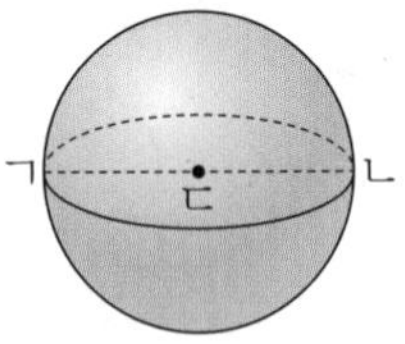

12 구의 중심을 찾아 쓰시오.

( )

13 구의 반지름을 나타내는 선분을 모두 찾아 쓰시오.

( )

14 주변에서 구 모양의 물건을 2가지 찾아 쓰시오.

( )

[15~16] 반원 모양의 종이를 지름을 기준으로 한 바퀴 돌렸습니다. 물음에 답하시오.

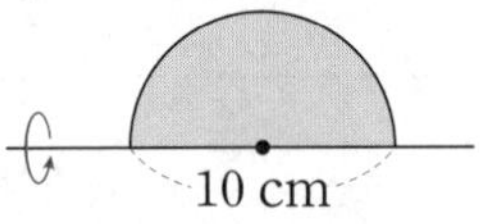

15 반원 모양의 종이를 한 바퀴 돌려 만들 수 있는 입체도형을 찾아 ○표 하시오.

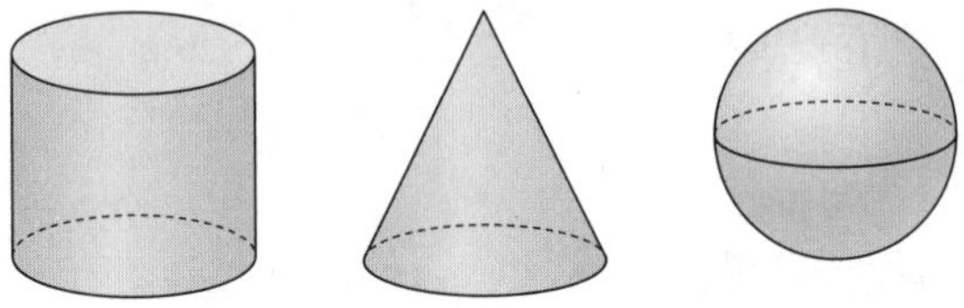

( ) ( ) ( )

16 반원 모양의 종이를 한 바퀴 돌려 만든 입체도형의 반지름은 몇 cm입니까?

( )

17 입체도형을 위, 옆에서 본 모양을 각각 그려 보시오.

입체도형	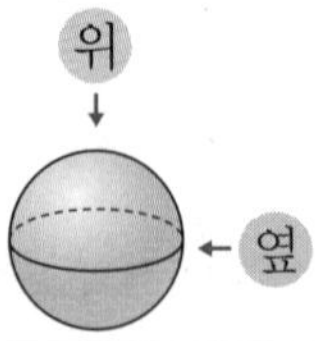	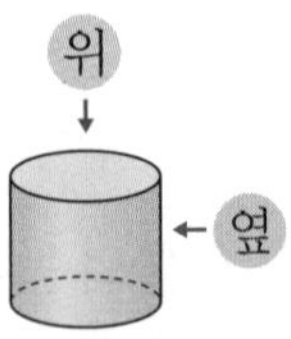
위에서 본 모양		
옆에서 본 모양		

유형 6 여러 가지 모양 만들기

다음 건축물은 어떤 입체도형으로 만들어졌는지 알맞은 말에 ○표 하시오.

(원기둥 , 원뿔 , 구) 모양으로 만들어졌습니다.

유형 코칭

- 원기둥, 원뿔, 구를 활용하여 여러 가지 모양을 만들 수 있습니다.

18 다음 모양을 만드는 데 사용한 입체도형을 | 보기 |에서 모두 찾아 쓰시오.

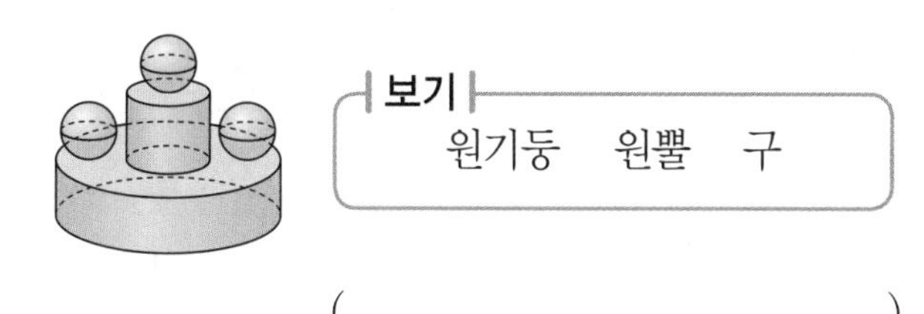

| 보기 |
원기둥 원뿔 구

( )

19 원뿔만 사용하여 만든 모양에 ○표 하시오.

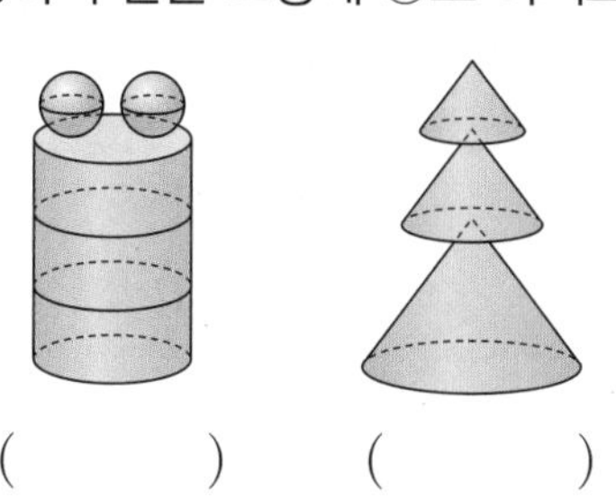

( ) ( )

20 입체도형을 사용하여 만든 모양입니다. 만든 모양에 대해 바르게 설명한 사람은 누구입니까?

구, 원뿔, 원기둥을 사용하여 트리를 만들었어.
은채
원뿔과 원기둥을 사용하여 초를 만들었어.
수호

( )

21 원기둥, 원뿔, 구를 사용하여 건축물을 만들어 보시오.

22 게 모양을 만드는 데 사용한 원기둥, 원뿔, 구는 각각 몇 개인지 빈칸에 알맞게 써넣으시오.

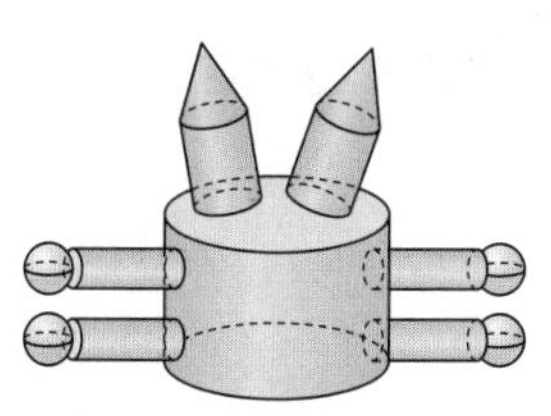

입체도형	원기둥	원뿔	구
개수(개)			

6 단원 원기둥, 원뿔, 구

2 STEP 응용 유형의 힘

응용 유형 1 원기둥과 원뿔이 아닌 이유 알아보기

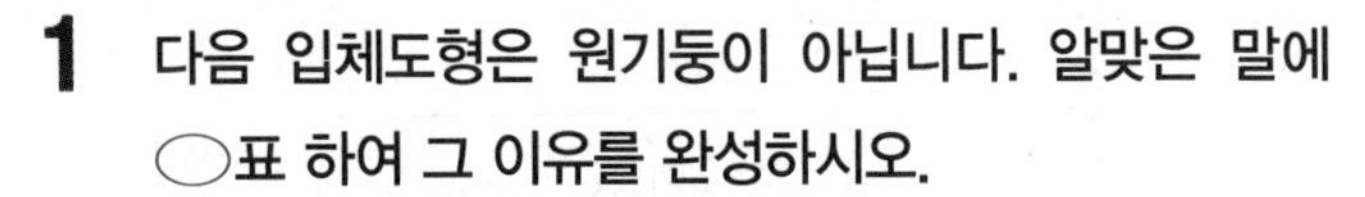
신의 한수

- 원기둥: 두 밑면이 서로 평행하고 합동인 원입니다.
- 원뿔: 밑면이 원이고 옆면이 굽은 면입니다.

1 다음 입체도형은 원기둥이 아닙니다. 알맞은 말에 ◯표 하여 그 이유를 완성하시오.

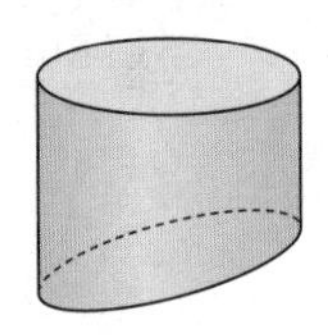

이유 두 밑면이 서로 (수직 , 평행)이 아니므로 원기둥이 아닙니다.

2 다음 입체도형은 원기둥이 아닙니다. 알맞은 말에 ◯표 하여 그 이유를 완성하시오.

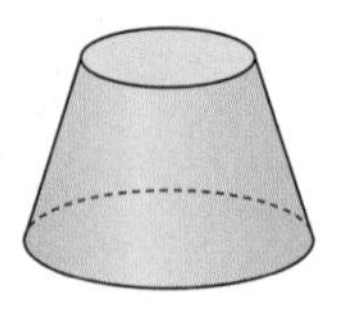

이유 두 (밑면 , 옆면)은 서로 평행하지만 (합동 , 수직)이 아니므로 원기둥이 아닙니다.

3 다음 입체도형은 원뿔이 아닙니다. 알맞은 말에 ◯표 하여 그 이유를 완성하시오.

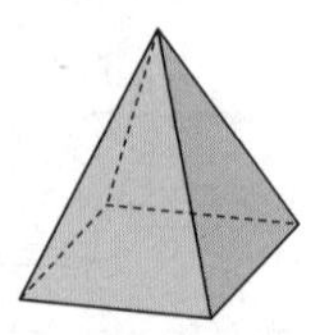

이유 밑면의 모양이 (삼각형 , 원)이 아니므로 원뿔이 아닙니다.

응용 유형 2 원기둥과 원뿔의 높이 비교하기

신의 한수

- 원기둥의 높이: 두 밑면에 수직인 선분의 길이
- 원뿔의 높이: 원뿔의 꼭짓점에서 밑면에 수직인 선분의 길이

[4~6] 입체도형 가와 나 중 높이가 더 높은 도형을 찾아 기호를 쓰고, 몇 cm 더 높은지 구하시오.

4

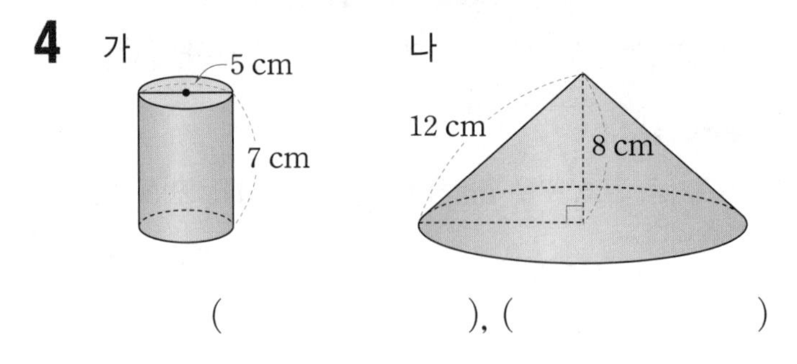

( ), ( )

5

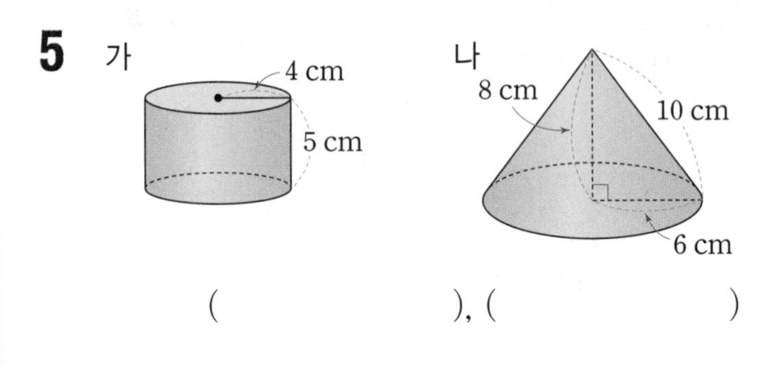

( ), ( )

6

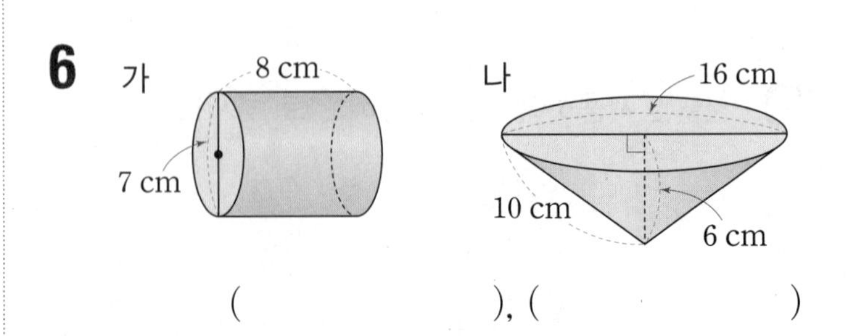

( ), ( )

응용 유형 3 구의 지름 구하기

(구의 지름)=(구의 반지름)×2

[7~8] 구의 지름은 몇 cm입니까?

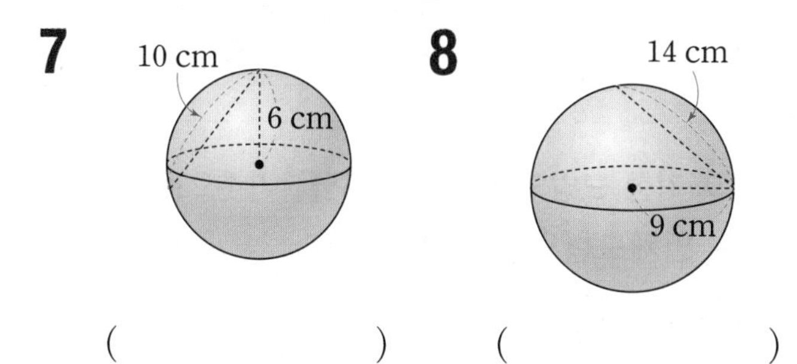

( ) ( )

9 오른쪽 반원 모양의 종이를 지름을 기준으로 한 바퀴 돌렸습니다. 이때 만들어지는 구의 지름은 몇 cm입니까?

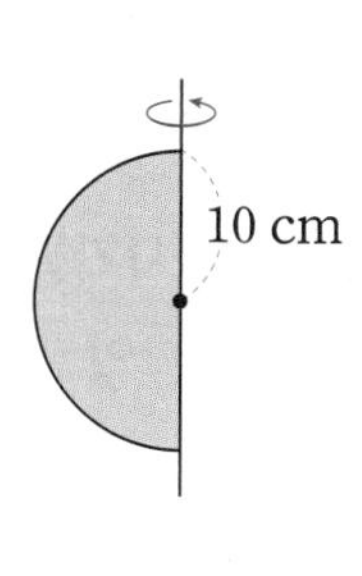

( )

10 반원 모양의 종이를 지름을 기준으로 한 바퀴 돌렸습니다. 이때 만들어지는 구의 지름은 몇 cm입니까?

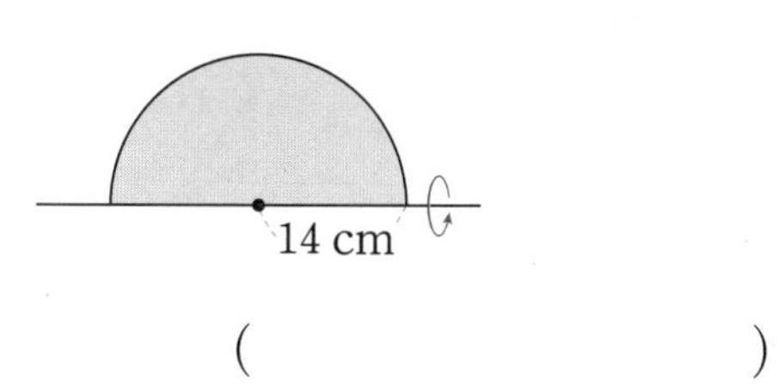

( )

응용 유형 4 원기둥, 원뿔, 구 비교하기

- 공통점: 굽은 면으로 둘러싸여 있습니다.
- 차이점: 원기둥과 원뿔은 밑면이 있지만 구는 밑면이 없습니다.

11 원기둥과 원뿔의 공통점을 찾아 기호를 쓰시오.

㉠ 기둥 모양입니다.
㉡ 밑면이 1개입니다.
㉢ 옆면이 굽은 면입니다.

( )

12 원뿔과 구의 공통점을 찾아 기호를 쓰시오.

㉠ 입체도형입니다.
㉡ 꼭짓점이 있습니다.
㉢ 옆에서 본 모양이 원입니다.

( )

13 원기둥, 원뿔, 구의 공통점을 찾아 기호를 쓰시오.

㉠ 밑면의 모양이 원입니다.
㉡ 뾰족한 부분이 있습니다.
㉢ 위에서 본 모양이 원입니다.

( )

응용 유형 5 원기둥의 전개도에서 밑면의 반지름 구하기

신의 한수

(원기둥의 밑면의 둘레)=(전개도의 옆면의 가로)
=(밑면의 지름)×(원주율)

14 원기둥의 전개도에서 옆면의 가로가 18 cm, 세로가 5 cm일 때 원기둥의 밑면의 반지름은 몇 cm입니까? (원주율: 3)

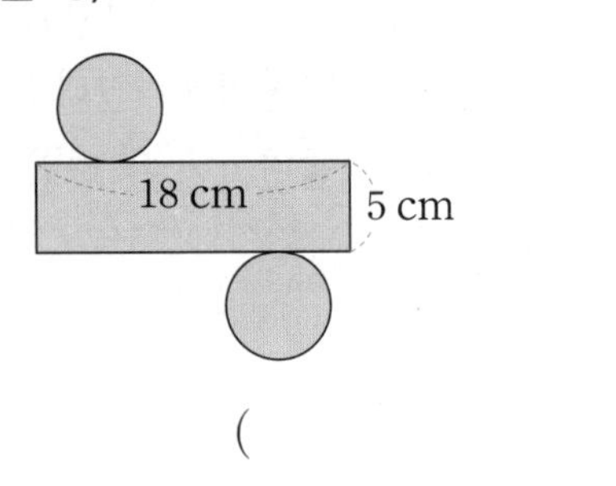

( )

15 원기둥의 전개도에서 옆면의 가로가 31.4 cm, 세로가 9 cm일 때 원기둥의 밑면의 반지름은 몇 cm입니까? (원주율: 3.14)

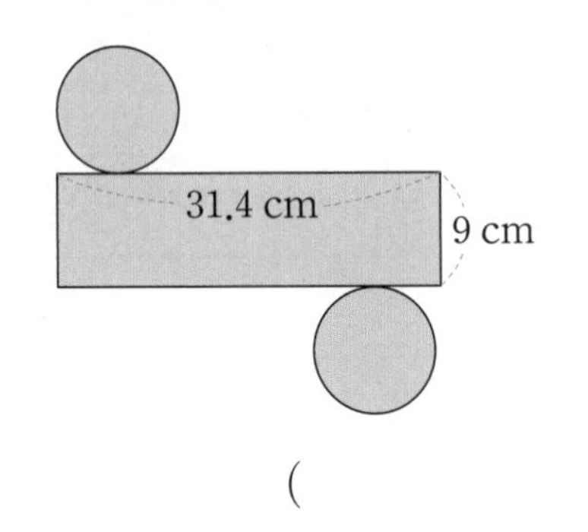

( )

16 원기둥의 전개도에서 옆면의 가로가 49.6 cm, 세로가 12 cm일 때 원기둥의 밑면의 반지름은 몇 cm입니까? (원주율: 3.1)

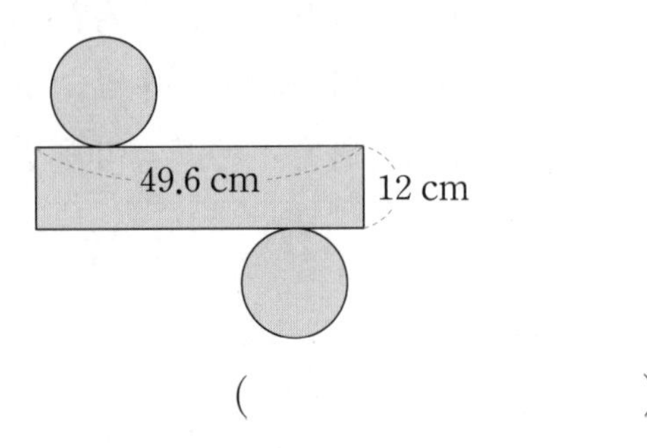

( )

응용 유형 6 종이를 돌려 만든 도형 알아보기

신의 한수

직사각형 모양의 종이를 한 변을 기준으로 돌리면 원기둥이 만들어집니다.

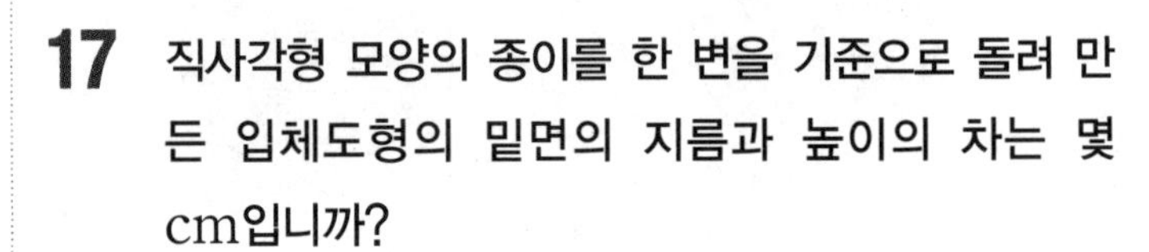

17 직사각형 모양의 종이를 한 변을 기준으로 돌려 만든 입체도형의 밑면의 지름과 높이의 차는 몇 cm입니까?

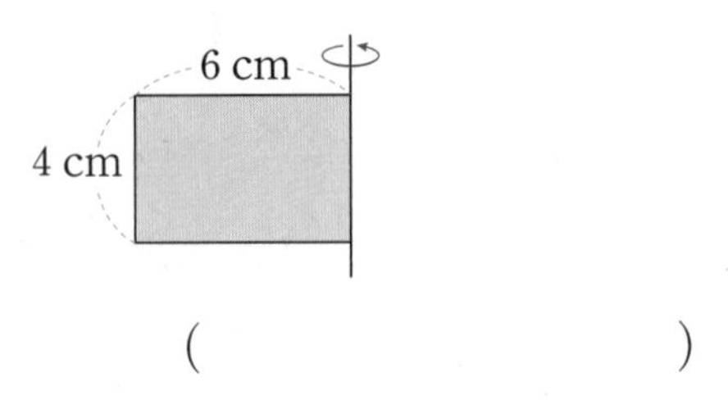

( )

18 직사각형 모양의 종이를 한 변을 기준으로 돌려 만든 입체도형의 밑면의 지름과 높이의 차는 몇 cm입니까?

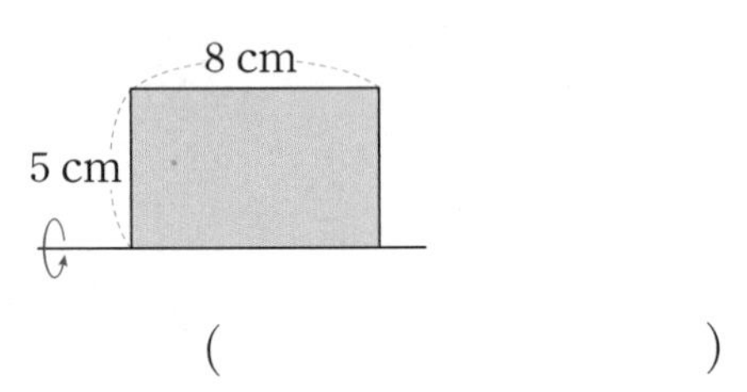

( )

19 직각삼각형 모양의 종이를 한 변을 기준으로 돌려 만든 입체도형의 밑면의 지름과 높이의 차는 몇 cm입니까?

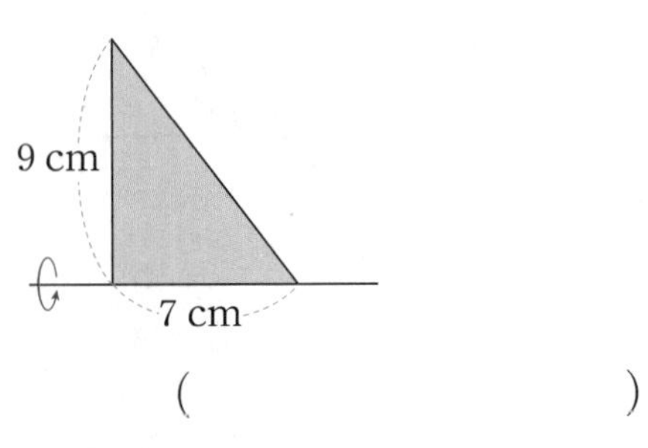

( )

응용 유형 7 원기둥의 전개도의 둘레 구하기

신의 한수

(원기둥의 전개도의 둘레)
=(한 밑면의 둘레)×2+(옆면의 둘레)
(한 밑면의 둘레)×2+(옆면의 세로)×2
=(한 밑면의 둘레)×4+(옆면의 세로)×2
원기둥의 높이

20 원기둥을 잘라서 펼쳤을 때 만들어지는 전개도의 둘레는 몇 cm입니까? (원주율: 3.1)

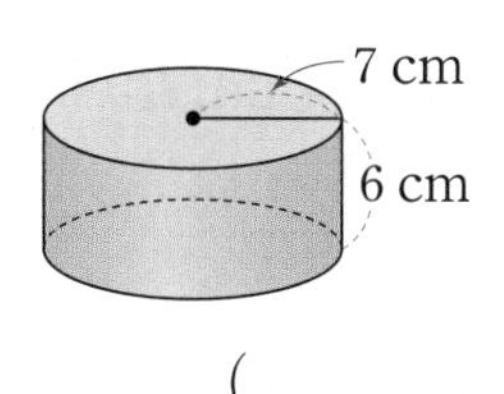

( )

21 원기둥을 잘라서 펼쳤을 때 만들어지는 전개도의 둘레는 몇 cm입니까? (원주율: 3.14)

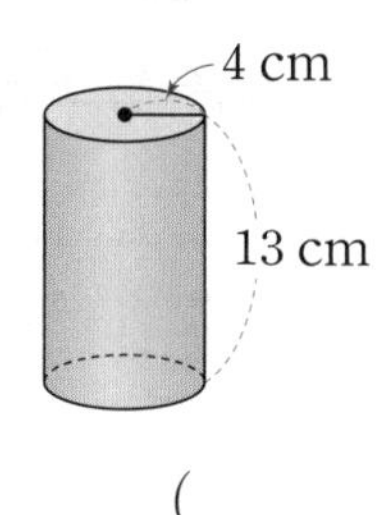

( )

응용 유형 8 조건을 만족하는 원기둥의 높이 구하기

신의 한수

(원기둥의 전개도의 옆면의 둘레)
=(한 밑면의 둘레)×2+(옆면의 세로)×2
원기둥의 높이

22 다음 | 조건 |을 만족하는 원기둥의 높이는 몇 cm입니까? (원주율: 3)

| 조건 |
- 전개도에서 옆면의 둘레는 56 cm입니다.
- 원기둥의 높이와 밑면의 반지름은 같습니다.

( )

23 다음 | 조건 |을 만족하는 원기둥의 높이는 몇 cm입니까? (원주율: 3)

| 조건 |
- 전개도에서 옆면의 둘레는 84 cm입니다.
- 원기둥의 높이와 밑면의 반지름은 같습니다.

( )

문제 해결력 **서술형**

1-1 직각삼각형 모양의 종이를 오른쪽과 같이 한 변을 기준으로 돌려 만든 입체도형의 밑면의 지름은 몇 cm입니까?

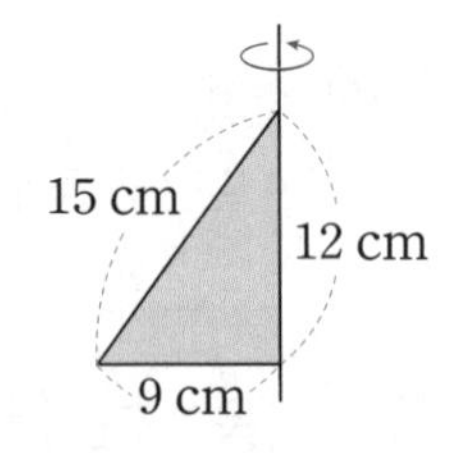

(1) 만든 입체도형의 이름은 무엇입니까?

( )

(2) 만든 입체도형의 밑면의 반지름은 몇 cm입니까?

( )

(3) 만든 입체도형의 밑면의 지름은 몇 cm입니까?

( )

바로 쓰는 **서술형**

1-2 직각삼각형 모양의 종이를 오른쪽과 같이 한 변을 기준으로 돌려 만든 입체도형의 밑면의 지름은 몇 cm인지 풀이 과정을 쓰고 답을 구하시오. [5점]

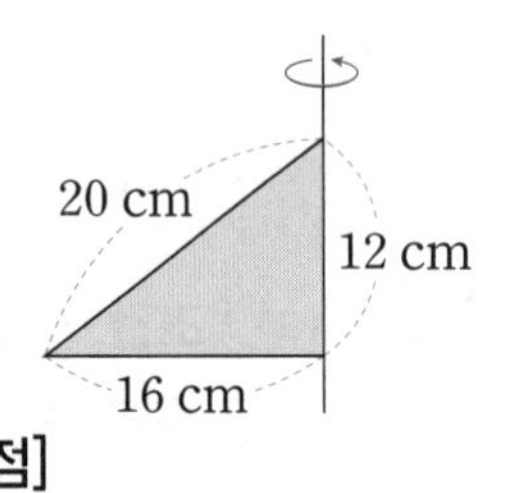

풀이

답

문제 해결력 **서술형**

2-1 오른쪽 직각삼각형 모양의 종이를 변 ㄱㄴ과 변 ㄴㄷ을 기준으로 각각 돌려 입체도형을 만들었습니다. 만든 두 입체도형의 밑면의 넓이의 차는 몇 cm^2입니까? (원주율: 3)

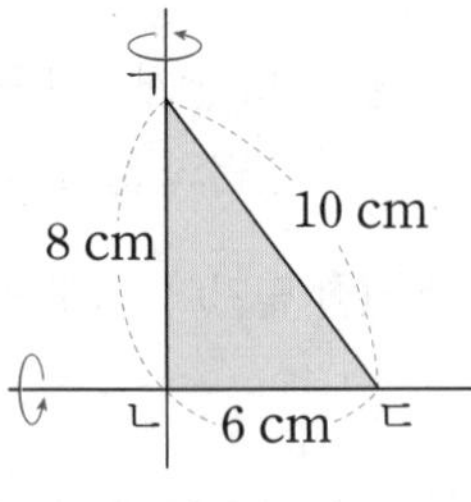

(1) 변 ㄱㄴ을 기준으로 돌려 만든 입체도형의 밑면의 넓이는 몇 cm^2입니까?

( )

(2) 변 ㄴㄷ을 기준으로 돌려 만든 입체도형의 밑면의 넓이는 몇 cm^2입니까?

( )

(3) 두 입체도형의 밑면의 넓이의 차는 몇 cm^2입니까? ( )

바로 쓰는 **서술형**

2-2 오른쪽 직각삼각형 모양의 종이를 변 ㄱㄴ과 변 ㄴㄷ을 기준으로 각각 돌려 입체도형을 만들었습니다. 만든 두 입체도형의 밑면의 넓이의 차는 몇 cm^2인지 풀이 과정을 쓰고 답을 구하시오.

(원주율: 3) [5점]

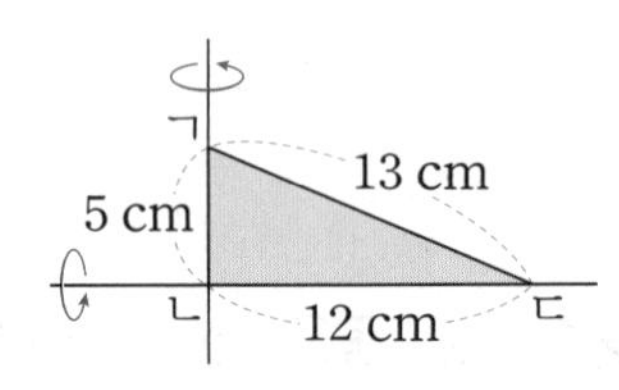

풀이

답

문제 해결력 **서술형**

3-1 원기둥의 전개도의 둘레가 258 cm일 때 옆면의 세로는 몇 cm입니까? (원주율: 3)

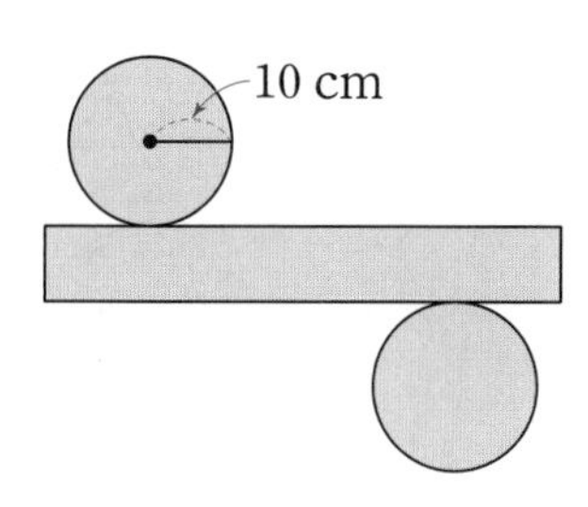

(1) 한 밑면의 둘레는 몇 cm입니까?

( )

(2) 옆면의 세로는 몇 cm입니까?

( )

바로 쓰는 **서술형**

3-2 원기둥의 전개도의 둘레가 222.96 cm일 때 옆면의 세로는 몇 cm인지 풀이 과정을 쓰고 답을 구하시오. (원주율: 3.14) **[5점]**

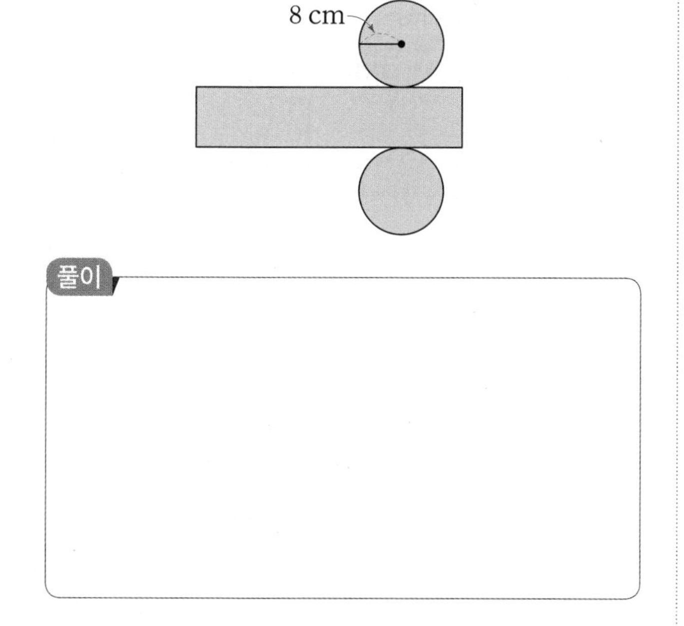

답

문제 해결력 **서술형**

4-1 가로 24 cm, 세로 18 cm인 두꺼운 종이에 원기둥의 전개도를 그리고 오려 붙여 원기둥 모양의 상자를 만들려고 합니다. 밑면의 반지름을 3 cm로 하여 최대한 높은 상자를 만든다면 만든 상자의 높이는 몇 cm입니까? (원주율: 3)

(1) 전개도에서 옆면의 가로는 몇 cm입니까?

( )

(2) 전개도에서 옆면의 세로는 몇 cm입니까?

( )

(3) 최대한 높은 상자를 만들 때 만든 상자의 높이는 몇 cm입니까?

( )

바로 쓰는 **서술형**

4-2 가로 24 cm, 세로 20 cm인 두꺼운 종이에 원기둥의 전개도를 그리고 오려 붙여 원기둥 모양의 상자를 만들려고 합니다. 밑면의 반지름을 4 cm로 하여 최대한 높은 상자를 만든다면 만든 상자의 높이는 몇 cm인지 풀이 과정을 쓰고 답을 구하시오.

(원주율: 3) **[5점]**

풀이

답

단원평가

점수

[1~3] 입체도형을 보고 물음에 답하시오.

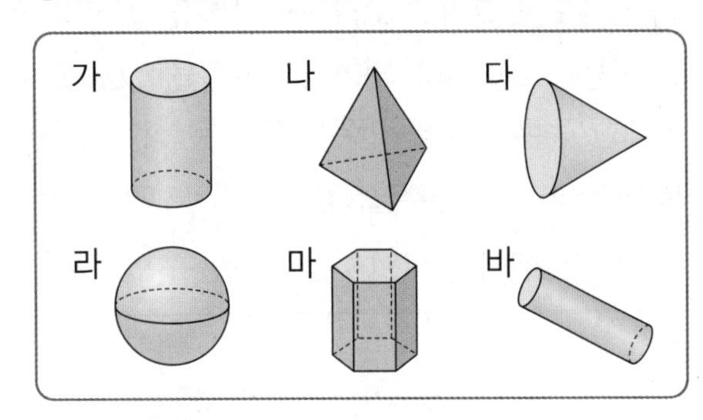

1 원기둥을 모두 찾아 기호를 쓰시오.

( )

2 원뿔을 찾아 기호를 쓰시오.

( )

3 구를 찾아 기호를 쓰시오.

( )

4 오른쪽 원뿔의 높이는 몇 cm 입니까?

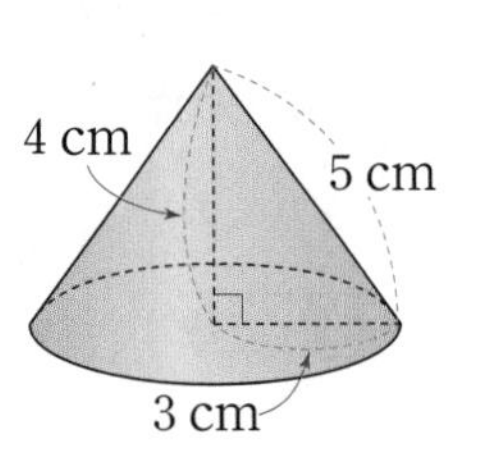

( )

5 다음 건축물은 어떤 입체도형으로 만들어졌는지 모두 찾아 ○표 하시오.

원기둥 원뿔 구

6 원기둥을 만들 수 <u>없는</u> 전개도에 ○표 하시오.

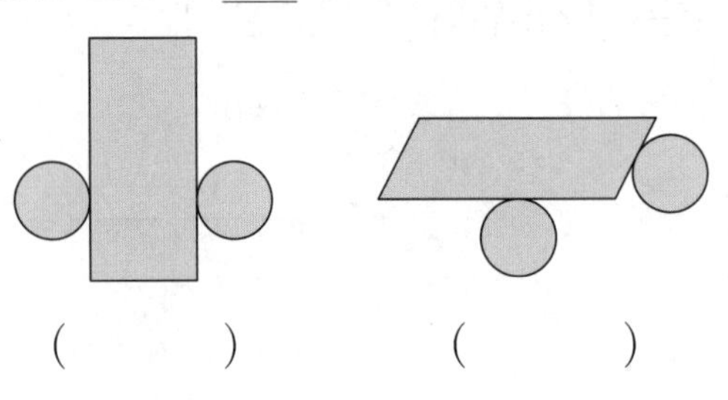

( ) ( )

7 원뿔의 어느 부분을 재는 것인지 선으로 이으시오.

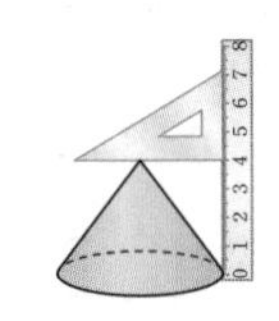

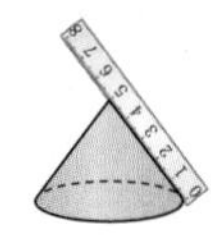

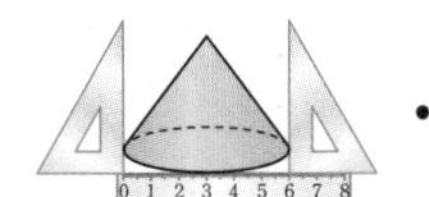

- 모선의 길이
- 밑면의 지름
- 높이

8 다음 모양의 종이를 한 바퀴 돌렸을 때 만들어지는 입체도형의 이름을 쓰시오.

(1) (2) (3)

( ) ( ) ( )

9 오른쪽 원뿔에서 선분 ㄱㄴ과 길이가 같은 선분을 모두 찾아 쓰시오.

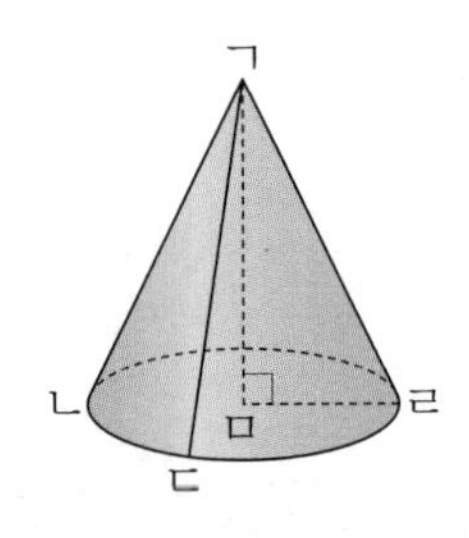

( )

10 원기둥에 대한 설명으로 틀린 것은 어느 것입니까? ( )

① 밑면의 모양은 원입니다.
② 옆면은 굽은 면입니다.
③ 밑면은 2개입니다.
④ 꼭짓점이 없습니다.
⑤ 밑면과 옆면은 서로 평행합니다.

11 원기둥과 원기둥의 전개도를 보고 ㉠과 ㉡의 길이는 각각 몇 cm인지 구하시오. (원주율: 3)

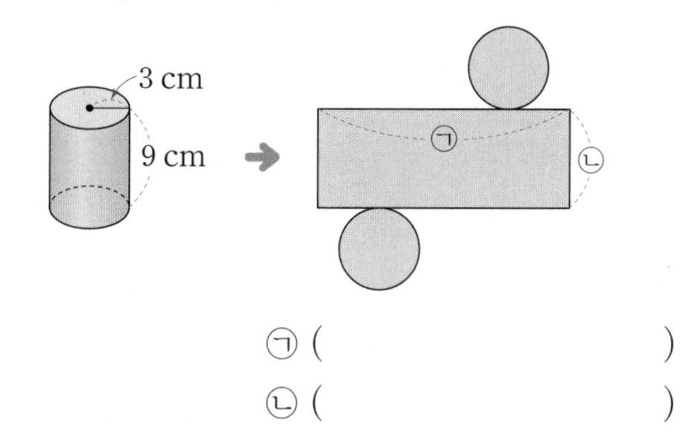

㉠ ( )
㉡ ( )

12 반원 모양의 종이를 지름을 기준으로 돌려 만든 구의 지름은 몇 cm입니까?

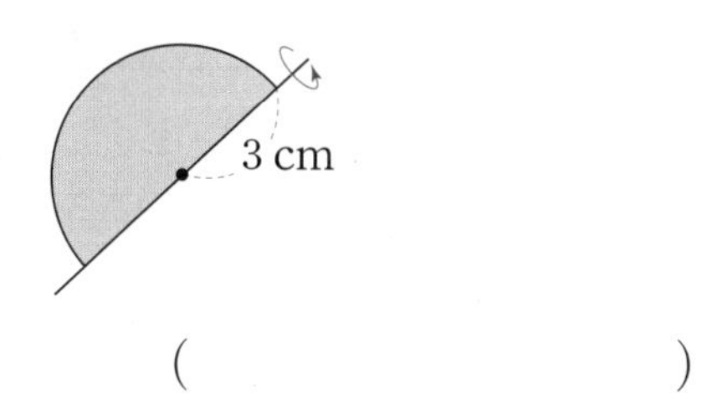

( )

13 위, 앞, 옆에서 본 모양이 다음과 같은 입체도형을 |보기|에서 찾아 기호를 쓰시오.

위에서 본 모양	앞에서 본 모양	옆에서 본 모양
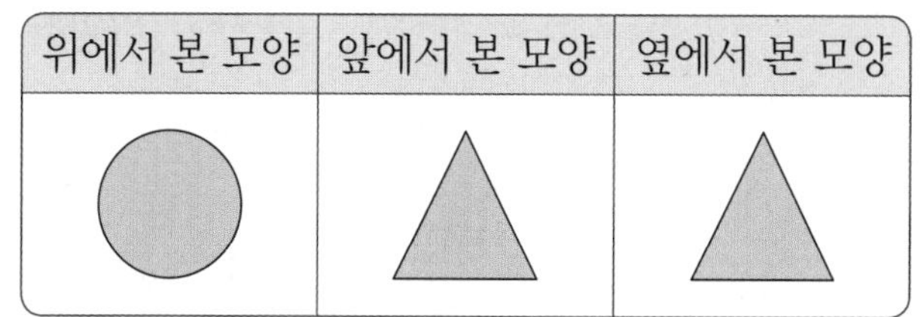		

|보기|

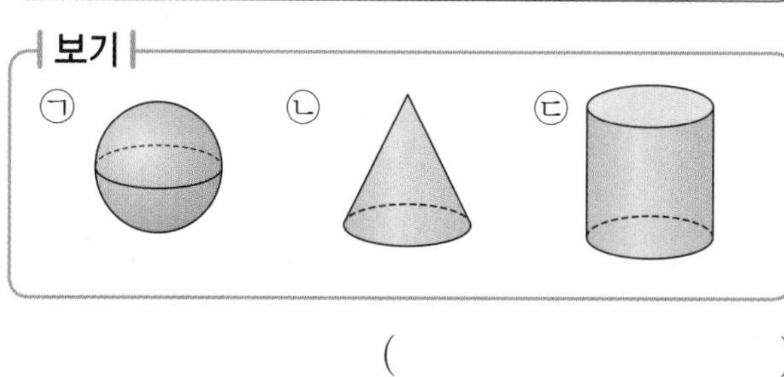

( )

14 원기둥, 원뿔, 구를 다음과 같이 분류했습니다. 분류한 기준은 무엇입니까?

원기둥, 구	원뿔

( )

15 원기둥과 원뿔의 차이점을 모두 찾아 기호를 쓰시오.

㉠ 밑면의 수 ㉡ 밑면의 모양
㉢ 앞에서 본 모양 ㉣ 위에서 본 모양

( )

16 원기둥의 전개도에서 옆면의 가로가 48 cm, 세로가 10 cm일 때 □ 안에 알맞은 수를 써넣으시오.

(원주율: 3)

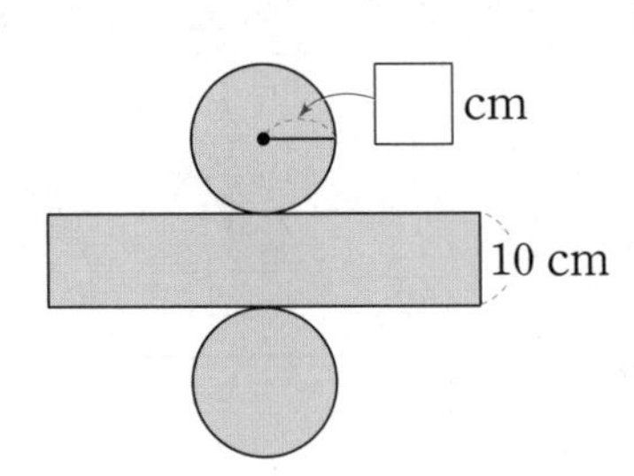

17 원기둥을 잘라서 펼쳤을 때 만들어지는 전개도의 옆면의 가로와 세로의 길이의 차는 몇 cm입니까?

(원주율: 3.1)

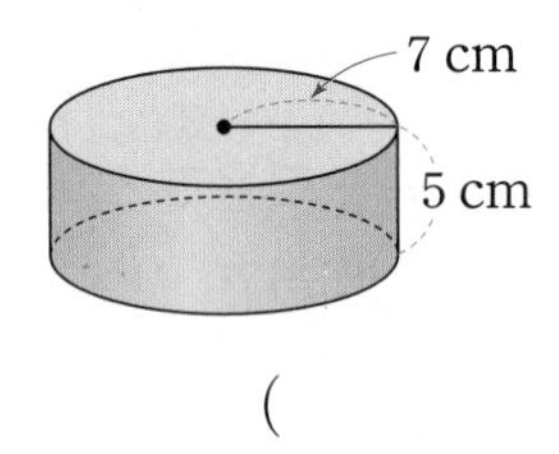

( )

18 원기둥과 구의 공통점과 차이점을 각각 1가지씩 쓰시오. (원주율: 3.14)

공통점 ______

차이점 ______

서술형

19 아르키메데스 묘비에는 원기둥 안에 꼭 맞게 들어가는 구가 그려져 있습니다. 구의 반지름이 6 cm일 때 원기둥의 전개도에서 옆면의 가로의 길이는 몇 cm인지 풀이 과정을 쓰고 답을 구하시오. (원주율: 3)

6 cm

풀이 ______

답 ______

서술형

20 원기둥의 전개도의 둘레는 몇 cm인지 풀이 과정을 쓰고 답을 구하시오. (원주율: 3.1)

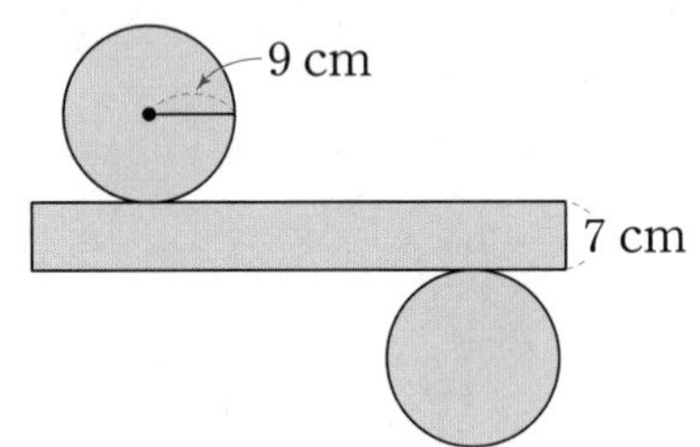

풀이 ______

답 ______

천재교육

수학의 힘

정답및풀이

6·2

α 실력

기본 실력서

★ 개념+기본+응용+서술형 유형

정답 및 풀이
포인트 3가지

- ▶ 빠른 정답과 혼자서도 이해할 수 있는 친절한 문제 풀이
- ▶ 문제 해결에 필요한 핵심 내용 또는
  틀리기 쉬운 내용을 담은 참고 및 주의 사항
- ▶ 모범 답안 및 단계별 채점 기준과 배점 제시로
  실전 서술형 문항 완벽 대비

빠른 정답

연산의 힘

2쪽 1. 분수의 나눗셈

1 3, 2 **2** 2, 5
3 3, 4, $\frac{3}{4}$ **4** 5, 7, $\frac{5}{7}$
5 $\frac{\overset{\boxed{1}}{\cancel{8}}}{\boxed{3}}$, 7, $2\frac{1}{3}$ **6** $\frac{\overset{\boxed{1}}{\cancel{9}}}{\boxed{2}}$, 5, $2\frac{1}{2}$
7 2 **8** 5
9 7 **10** 2
11 4 **12** 3
13 $1\frac{1}{3}$ **14** $\frac{3}{5}$
15 $1\frac{2}{3}$ **16** $\frac{4}{7}$
17 $\frac{5}{9}$ **18** $\frac{5}{7}$

3쪽

1 3, 3, 1, 3
2 8, 4, 8, 4, 2
3 5, 6, 5, 6, $\frac{5}{6}$
4 15, 16, 15, 16, $\frac{15}{16}$
5 $\frac{\overset{\boxed{2}}{\cancel{14}}}{\boxed{5}}$, 12, $2\frac{2}{5}$
6 $\frac{\overset{\boxed{4}}{\cancel{8}}}{\boxed{3}}$, 28, $1\frac{13}{15}$
7 4 **8** $1\frac{1}{9}$
9 $\frac{1}{2}$ **10** $1\frac{1}{2}$
11 $1\frac{1}{9}$ **12** $\frac{14}{15}$
13 $\frac{7}{9}$ **14** 2
15 $\frac{22}{45}$ **16** $1\frac{5}{7}$
17 $1\frac{3}{11}$ **18** $2\frac{11}{12}$

4쪽

1 2, 5, 5 **2** 3, 4, 8
3 2, 3, 12 **4** 4, 7, 21
5 9, 3, 5, 15 **6** 14, 2, 9, 63
7 $\frac{7}{5}$, 14 **8** $\frac{9}{4}$, 36
9 6 **10** 10
11 14 **12** 9
13 12 **14** 20
15 44 **16** 20
17 27 **18** 40

5쪽

1 $2\frac{1}{12}$ **2** $5\frac{1}{4}$
3 $1\frac{1}{2}$ **4** $1\frac{3}{7}$
5 $3\frac{3}{14}$ **6** $2\frac{2}{35}$
7 $\frac{44}{45}$ **8** $3\frac{3}{4}$
9 $2\frac{1}{4}$ **10** $3\frac{1}{9}$
11 $5\frac{1}{10}$ **12** $2\frac{1}{4}$
13 $2\frac{2}{3}$ **14** $2\frac{5}{8}$
15 $5\frac{1}{7}$ **16** $4\frac{5}{7}$
17 $7\frac{1}{3}$ **18** $2\frac{1}{6}$

6쪽 2. 소수의 나눗셈

1 32, 4, 32, 4, 8
2 323, 17, 323, 17, 19
3 6, 34
4 252, 14
5 14
6 7
7 19
8 8
9 24
10 6
11 3
12 7
13 6
14 13
15 8
16 5

7쪽

1 270, 1.6 / 1.6, 270, 1.6
2 43.2, 1.6 / 1.6, 43.2 1.6
3 6.4
4 5.2
5 1.7
6 3.2
7 2.9
8 3.15
9 0.9
10 4.7
11 1.7
12 3.7
13 3.6
14 2.15

8쪽

1 350, 5, 350, 5, 70
2 900, 225, 900, 225, 4
3 (위에서부터) 10, 5, 5, 10
4 (위에서부터) 100, 200, 200, 100
5 8, 280
6 62, 30, 10, 10
7 20
8 50
9 8
10 75
11 42
12 30
13 40
14 25

9쪽

1 0.8 **2** 17.7
3 1.83 **4** 1.77
5 방법1 1.6, 3, 1.6
방법2 (세로셈) 3, 6, 1.6 / 3, 1.6
6 방법1 5.3, 4, 5.3
방법2 (세로셈) 4, 24, 5.3 / 4, 5.3

빠른 정답

빠른 정답

10쪽 3. 공간과 입체

1 9개 2 9개
3 9개 4 11개
5 위 / 8개 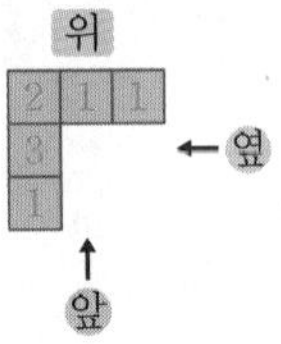
6 위 / 9개 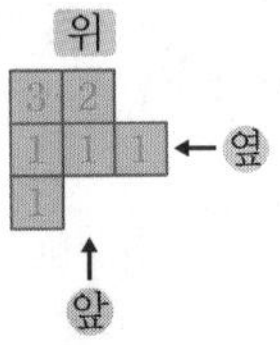
7 위 / 8개

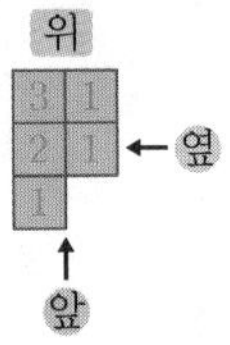

11쪽

1 위 / 8개 2 위 / 9개 
3 위 / 10개 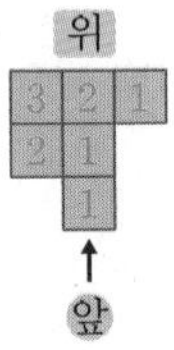 4 위 / 10개 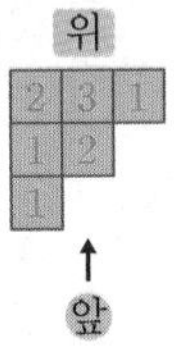
5 위 / 8개 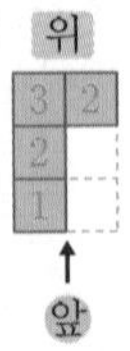 6 위 / 9개 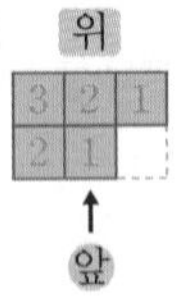
7 위 / 11개

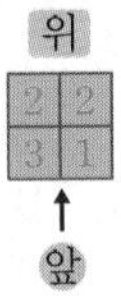

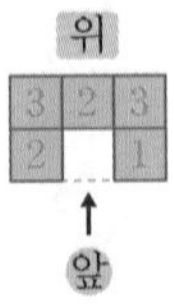

12쪽

1 다 2 나
3 라 4 나, 다
5 가, 다

13쪽 4. 비례식과 비례배분

1 1, 6 2 5, 2 3 3, 8
4 4 : 14에 ◯표
5 4 : 1에 ◯표
6 16 : 36에 ◯표
7 3 : 2에 ◯표
8 예 10 : 8, 100 : 80
9 예 4 : 5, 16 : 20
10 예 18 : 12, 72 : 48
11 예 3 : 1, 150 : 50

14쪽

(위에서부터) 1 10, 5, 10
2 20, 4, 20
3 10, 7, 10 4 15, 5, 15
5 10, 13 6 21, 28
7 200, 1 8 40, 35
9 예 5 : 11 10 예 41 : 37
11 예 27 : 13 12 예 4 : 7
13 예 12 : 25 14 예 9 : 32
15 예 5 : 4 16 예 3 : 1

15쪽

1 1, 12 / 3, 4
2 6, 15 / 5, 18 3 7, 4 / 2, 14
4 24, 9 / 54, 4 5 0.3, 4 / 0.4, 3
6 $\frac{1}{2}$, 2 / $\frac{1}{5}$, 5
7 3 : 7=6 : 14(또는 6 : 14=3 : 7)
8 2 : 6=6 : 18(또는 6 : 18=2 : 6)
9 5 : 4=$\frac{1}{4}$: $\frac{1}{5}$(또는 $\frac{1}{4}$: $\frac{1}{5}$=5 : 4)
10 $\frac{1}{5}$: 0.3=6 : 9
(또는 6 : 9=$\frac{1}{5}$: 0.3)

16쪽

1 6, 48, 16
2 8, 72, 36
3 30 4 12
5 18 6 3
7 8 8 6
9 17 10 63
11 6 12 2
13 30 14 5
15 750 16 120

17쪽

1 1, 3, $\frac{1}{4}$, 3 / 1, 3, $\frac{3}{4}$, 9
2 3, 4, $\frac{3}{7}$, 24 / 3, 4, $\frac{4}{7}$, 32
3 7, 2, $\frac{7}{9}$, 35 / 7, 2, $\frac{2}{9}$, 10
4 2, 3, $\frac{2}{5}$, 40 / 2, 3, $\frac{3}{5}$, 60
5 8, 6 6 18, 21
7 10, 2 8 10, 25
9 33, 22 10 32, 28
11 44, 56 12 49, 28

18쪽 5. 원의 넓이

1 3.14, 9.42
2 2, 3.14, 25.12
3 18.84 cm 4 31.4 cm
5 37.68 cm 6 6.28 cm
7 21.98 cm 8 125.6 cm
9 15.5, 3.1, 5 10 18.6, 3.1, 6
11 21.7, 3.1, 7 12 9 cm
13 20 cm 14 15 cm

19쪽

1 2, 2, 2, 3.14, 12.56 /
8, 8, 8, 3.14, 200.96 /
15, 15, 15, 3.14, 706.5
2 2, 2, 3.1, 12.4
3 3, 3, 3.1, 27.9
4 4, 4, 3.1, 49.6
5 49.6 cm^2
6 77.5 cm^2
7 111.6 cm^2
8 310 cm^2
9 375.1 cm^2
10 697.5 cm^2

20쪽

1 2, 2, 3.1, 12.4, 6.2
2 4, 4, 3.1, 3, 3, 3.1,
49.6, 27.9, 21.7
3 54 cm^2 4 36 cm^2
5 27 cm^2 6 36 cm^2
7 48 cm^2 8 25 cm^2

1 단원 분수의 나눗셈

8~9쪽 개념의 힘

개념 확인하기

1 예 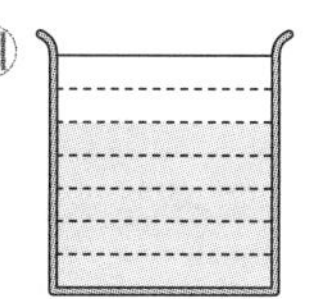

2 5번

3 5

4 2 / 2, 5

5 (1) 1, 7 (2) 4, 2 (3) 3, 3

개념 다지기

1 3

2 $\frac{10}{11} \div \frac{5}{11} = 10 \div 5 = 2$

3 9

4 3

5 6, 2, 3

6 4

7 $<$

8 $\frac{8}{11} \div \frac{2}{11} = 4$, 4도막

10~11쪽 개념의 힘

개념 확인하기

1 $\frac{7}{8} \div \frac{2}{8}$

$7 \div 2$

2 2, $\frac{7}{2}$, $3\frac{1}{2}$

3 $\frac{20}{35}$, $\frac{21}{35}$

4 20, 21, 20, 21, $\frac{20}{21}$

개념 다지기

1 ○

2 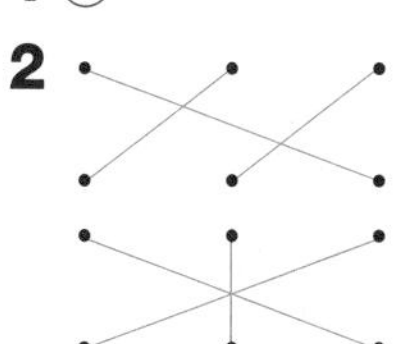

3 $\frac{12}{15}$, $\frac{7}{12}$

4 (1) $\frac{14}{27}$ (2) $1\frac{7}{25}$

5 ㉡

6 $3\frac{1}{4}$

7 $\frac{4}{7} \div \frac{4}{21} = 3$, 3개

12~15쪽 1 STEP 기본 유형의 힘

유형 1 5

1 4

2 1, 4

3 $\frac{11}{14} \div \frac{1}{14} = 11 \div 1 = 11$

4 8

5 $<$

6 9

7 $\frac{5}{12} \div \frac{1}{12} = 5$, 5도막

유형 2 4

8 ㉡

9 $\frac{12}{17} \div \frac{3}{17} = 12 \div 3 = 4$

10 14, 7, 2

11 (위에서부터) 2, 3

12 $\frac{18}{25} \div \frac{6}{25} = 3$, 3배

유형 3 $4\frac{1}{2}$

13 0 1 / $2\frac{1}{3}$

14 $2\frac{1}{4}$

15 ㉡

16 $\frac{11}{12} \div \frac{5}{12} = 11 \div 5 = \frac{11}{5} = 2\frac{1}{5}$

17 $\frac{8}{9} \div \frac{7}{9} = 1\frac{1}{7}$, $1\frac{1}{7}$배

유형 4 $1\frac{13}{32}$

18 6, 3

19 $\frac{24}{40}$, $\frac{35}{40}$, 24, 35, $\frac{24}{35}$

20 $2\frac{7}{9}$

21 $\frac{3}{8} \div \frac{15}{16} = \frac{6}{16} \div \frac{15}{16} = 6 \div 15$

$= \frac{\cancel{6}^{2}}{\cancel{15}_{5}} = \frac{2}{5}$

22 ㉡

23 $\frac{4}{7} \div \frac{3}{4} = \frac{16}{21}$, $\frac{16}{21}$ m

16~17쪽 개념의 힘

개념 확인하기

1 2, 2

2 3, 2, 3, 6

3 (1) 2, 3, 3 (2) 3, 5, 10

4 (1) 3 (2) 20

개념 다지기

1 7

2 (1) $15 \div \frac{5}{6} = (15 \div 5) \times 6 = 18$

(2) $12 \div \frac{3}{8} = (12 \div 3) \times 8 = 32$

3 18

4 $18 \div \frac{2}{9} = (18 \div 2) \times 9 = 81$

5

6 52

7 $6 \div \frac{2}{5} = 15$, 15명

18~19쪽 개념의 힘

개념 확인하기

1 3

2 3, 4

3 4, $\frac{4}{3}$

4 2

5 $\frac{5}{3}$

6 $\frac{3}{4} \div \frac{7}{9} = \frac{3}{4} \times \frac{9}{7} = \frac{27}{28}$

빠른 정답

개념 다지기

1 (　)(○)

2 $\frac{8}{5}$, $\frac{32}{45}$

3 (1) $\frac{4}{7}\div\frac{1}{8}=\frac{4}{7}\times 8$

$=\frac{32}{7}=4\frac{4}{7}$

(2) $\frac{9}{10}\div\frac{4}{9}=\frac{9}{10}\times\frac{9}{4}$

$=\frac{81}{40}=2\frac{1}{40}$

4 예 $\frac{5}{6}\div\frac{3}{4}=\frac{5}{\cancel{6}_{3}}\times\frac{\cancel{4}^{2}}{3}$

$=\frac{10}{9}=1\frac{1}{9}$

5 (　)(　)(○)

6 >

7 $\frac{8}{13}\div\frac{3}{8}=1\frac{25}{39}$, $1\frac{25}{39}$배

20~21쪽 개념의 힘

개념 확인하기

1 10, 10, $2\frac{1}{10}$

2 $\frac{3}{2}$, 10, $2\frac{1}{10}$

3 7, 7, 5, $\frac{14}{5}$, $2\frac{4}{5}$

4 (1) $5\frac{5}{8}$ (2) $2\frac{1}{10}$

개념 다지기

1 ○

2 $1\frac{5}{16}$

3 (1) 예 $3\frac{1}{3}\div\frac{5}{6}=\frac{10}{3}\div\frac{5}{6}$

$=\frac{20}{6}\div\frac{5}{6}$

$=20\div5=4$

(2) 예 $3\frac{1}{3}\div\frac{5}{6}=\frac{10}{3}\div\frac{5}{6}$

$=\frac{10}{3}\times\frac{6}{5}$

$=\frac{60}{15}=4$

4 (선 잇기)

5 $5\frac{1}{3}$배

6 $2\frac{2}{5}\div\frac{3}{10}=8$, 8개

22~25쪽 1 STEP 기본 유형의 힘

유형 5 12

1 (　)(○)

2 ㉡

3 (위에서부터) 27, 18

4 >

5 10

6 $6\div\frac{3}{7}=14$, 14 m^2

유형 6 $\frac{20}{21}$

7 4, $\frac{7}{4}$

8 (1) $\frac{9}{28}$ (2) $\frac{11}{16}$

9 5, 20

10 $1\frac{5}{27}$ m

11 $\frac{9}{14}\div\frac{3}{28}=6$, 6개

유형 7 $2\frac{2}{15}$

12 12, 49, 12, $\frac{49}{12}$, $4\frac{1}{12}$

13 7, $\frac{49}{12}$, $4\frac{1}{12}$

14 $5\frac{1}{3}$

15 $1\frac{17}{55}$

16 <

17 $1\frac{19}{36}$

18 $\frac{25}{4}\div\frac{5}{8}=10$, 10일

유형 8 $4\frac{4}{15}$에 ○표

19 ㉡

20 (1) $9\frac{1}{3}$ (2) $5\frac{1}{7}$

21 $4\frac{2}{3}$

22 모범 답안 대분수를 가분수로 바꾸어 계산하지 않았습니다. /

$3\frac{5}{9}\div\frac{2}{3}=\frac{32}{9}\div\frac{2}{3}$

$=\frac{\cancel{32}^{16}}{\cancel{9}_{3}}\times\frac{\cancel{3}^{1}}{\cancel{2}_{1}}$

$=\frac{16}{3}=5\frac{1}{3}$

23 $1\frac{3}{8}\div1\frac{1}{10}=1\frac{1}{4}$, $1\frac{1}{4}$ m

26~29쪽 2 STEP 응용 유형의 힘

1 ㉡

2 ㉡

3 예 $1\frac{5}{9}\div\frac{7}{12}=\frac{14}{9}\div\frac{7}{12}$

$=\frac{\cancel{14}^{2}}{\cancel{9}_{3}}\times\frac{\cancel{12}^{4}}{\cancel{7}_{1}}=\frac{8}{3}$

$=2\frac{2}{3}$

4 $\frac{19}{6}\div\frac{4}{6}=19\div4=\frac{19}{4}=4\frac{3}{4}$

5 $2\frac{1}{8}\div\frac{3}{8}=\frac{17}{8}\div\frac{3}{8}=17\div3$

$=\frac{17}{3}=5\frac{2}{3}$

6 예 $\frac{13}{14}\div\frac{7}{8}=\frac{13}{\cancel{14}_{7}}\times\frac{\cancel{8}^{4}}{7}$

$=\frac{52}{49}=1\frac{3}{49}$

7 예 $2\frac{1}{5}\div\frac{3}{10}=\frac{11}{5}\div\frac{3}{10}$
$=\frac{22}{10}\div\frac{3}{10}$
$=22\div3$
$=\frac{22}{3}=7\frac{1}{3}$

8 $>$

9 ㉠

10 ㉡

11 $1\frac{4}{9}\div\frac{4}{5}=1\frac{29}{36}$, $1\frac{29}{36}$ kg

12 $3\frac{1}{5}\div\frac{2}{3}=4\frac{4}{5}$, $4\frac{4}{5}$ km

13 $3\frac{3}{5}\div\frac{3}{4}=4\frac{4}{5}$, $4\frac{4}{5}$배

14 $\frac{35}{36}$

15 $2\frac{17}{32}$

16 $4\frac{2}{3}$

17 $\frac{13}{14}$ m

18 $1\frac{4}{5}$ cm

19 $1\frac{43}{77}$ cm

20 13

21 14

22 11

23 $\frac{1}{5}$

24 $1\frac{13}{35}$

30~31쪽 3 STEP 서술형의 힘

1-1 (1) $\frac{3}{4}$ kg (2) 6도막

1-2 풀이 참고, 5개

2-1 (1) (○ |) (2) 2

2-2 풀이 참고, 3

3-1 (1) $\frac{8}{\square}\div\frac{7}{\square}$ (2) 9, 10
(3) $\frac{8}{9}\div\frac{7}{9}$, $\frac{8}{10}\div\frac{7}{10}$

3-2 풀이 참고, $\frac{9}{10}\div\frac{6}{10}$, $\frac{9}{11}\div\frac{6}{11}$

4-1 (1) $\frac{2}{9}$ (2) $\frac{2}{9}$ / $●\times\frac{2}{9}=8$ (3) 36개

4-2 풀이 참고, 35명

32~34쪽 단원평가

1 2

2 ( )(○)

3 15, 16, 15, 16, $\frac{15}{16}$

4 $\frac{9}{10}$, $\frac{7}{4}$, $1\frac{23}{40}$

5 $10\frac{1}{8}$

6 $2\frac{1}{5}$

7 예 $\frac{3}{4}\div\frac{5}{9}=\frac{27}{36}\div\frac{20}{36}=27\div20$
$=\frac{27}{20}=1\frac{7}{20}$

8 $>$

9

10 준서

11 4배

12 ( )( )(○)

13 6일

14 $2\frac{2}{9}$, $8\frac{8}{9}$

15 $4\frac{4}{15}$ kg

16 $2\frac{3}{16}$

17 16도막

18 $1\frac{1}{15}$ m

19 풀이 참고, 4개

20 풀이 참고, $37\frac{1}{3}$ kg

2 단원 소수의 나눗셈

38~39쪽 개념의 힘

개념 확인하기

1 (1) ( )(○)( ) (2) 17
(3) 17, 17

2 (1) 2, 78 (2) 78

3 (1) 36 (2) 43

개념 다지기

1 (1) 6 (2) 207

2 (1) 10, 10, 35 / 35
(2) 100, 100, 12 / 12

3 235 / 235, 47 / 47

4 (1) 63 (2) 16

5 (1) 26 (2) 31

6 24

7 38명

40~41쪽 개념의 힘

개념 확인하기

1 72, 6, 72, 6, 12

2 25, 25 / 25, 15, 15

3 378, 42, 378, 42, 9

4 5, 5 / 5, 255, 0

개념 다지기

1 ( )
(○)

2 ( )(○)

3 (1) 26 (2) 16

4 $7.42\div0.53=\frac{742}{100}\div\frac{53}{100}$
$=742\div53=14$

5 9

6

7 $10.8\div0.9=12$, 12개

빠른 정답

42~43쪽 개념의 힘

개념 확인하기

1 (1) 1.4, 1080, 1080
(2) 1.4, 108, 108

2 (1) 130 (2) 13

3 (1) 2.6, 222 (2) 1.6, 252

개념 다지기

1 (○)(　)

2 1.8

3 $2.4\overline{)8.88}$ = 3.7 (72, 168, 168, 0)

4 2.7

5 예 $7.3\overline{)8.76}$ = 1.2 (73, 146, 146, 0)

6 <

7 9.88÷3.8=2.6, 2.6배

44~47쪽 1 STEP 기본 유형의 힘

유형 1 13, 13

1 (위에서부터) 100, 72, 4, 100

2 (　)
(○)

3 5.98÷0.13=598÷13=46

4 7 / 10, 39, 39, 7

5 37.5, 1.5, 375, 15, 25

유형 2 96, 6, 96, 6, 16

6 $16.2 \div 0.9 = \frac{162}{10} \div \frac{9}{10} = 162 \div 9 = 18$

7 112

8 (1) 15 (2) 8

9 (선 잇기)

10 28

11 15.2÷0.8=19, 19개

유형 3 203, 29, 203, 29, 7

12 34, 7

13 $0.26\overline{)4.16}$ = 16 (26, 156, 156, 0)

14 $7.56 \div 0.42 = \frac{756}{100} \div \frac{42}{100} = 756 \div 42 = 18$

15 (1) 86 (2) 7

16 수호

17 7.36÷0.92=8, 8배

유형 4 8.4, 2.1

18 3.1

19 1.9

20 (선 잇기)

21 3.7

22 9.86÷5.8=1.7, 1.7시간

48~49쪽 개념의 힘

개념 확인하기

1 62, 62, 5

2 1200, 1200, 48

3 4, 0, 0

4 8, 3400

개념 다지기

1 400÷16에 색칠

2 (위에서부터) 10, 16, 5, 10

3 (위에서부터) 100, 35, 120, 100

4 $13 \div 2.6 = \frac{130}{10} \div \frac{26}{10} = 130 \div 26 = 5$

5 $1.44\overline{)36.00}$ = 25 (288, 720, 720, 0)

6 5, 50, 500

7 ㉡

8 68÷0.85=80, 80분

50~51쪽 개념의 힘

개념 확인하기

1 둘째에 ○표

2 6

3 0.4

4 2

5 (1) 0.17 (2) 0.31

개념 다지기

1 (1) 첫째, 1 (2) 셋째, 1.37

2 1.6

3 3.05

4 ㉠

5 <

6 4.57÷3=1.52……, 약 1.5배

52~53쪽 개념의 힘

개념 확인하기

1 0.7

2 4개

3 0.7 L

4 $5\overline{)30.5}$ = 6 (30, 0.5)

5 6, 0.5

6 6상자, 0.5 kg

개념 다지기

1 1.3에 ○표
2 5, 5, 5, 5, 2.5
3 4개
4 2.5 L
5 7, 3.6
6 7통, 3.6 L
7 $\begin{array}{r} 3 \\ 7\overline{)24.2} \\ 21 \\ \hline 3.2 \end{array}$ / 3도막, 3.2 m

54~57쪽 1 STEP 기본 유형의 힘

유형 5 12, 180, 12, 15
1 42, 140, 70, 70
2 예 $14 \div 0.4 = \frac{140}{10} \div \frac{4}{10}$
$= 140 \div 4 = 35$
3 (1) 45 (2) 65
4 ㉢
5 35
6 $20 \div 0.8 = 25$, 25개
유형 6 24
7 $24 \div 0.75 = \frac{2400}{100} \div \frac{75}{100}$
$= 2400 \div 75 = 32$
8 16, 150, 150
9 28
10 $\begin{array}{r} 25 \\ 0.28\overline{)7.00} \\ 56 \\ \hline 140 \\ 140 \\ \hline 0 \end{array}$
모범 답안 몫의 소수점을 잘못 찍었습니다.
11 $314 \div 6.28 = 50$, 50개
유형 7 1.6
12 5.17
13 ㉠
14 9
15 1.7
16 1.73
17 $1.1 \div 0.3 = 3.666\cdots\cdots$, 약 3.67배
유형 8 1.5 / 4, 1.5
18 $22.3 - 4 - 4 - 4 - 4 - 4 = 2.3$ / 5, 2.3
19 $\begin{array}{r} 5 \\ 4\overline{)22.3} \\ 20 \\ \hline 2.3 \end{array}$ / 5, 2.3
20 자연수에 ○표
21 $\begin{array}{r} 8 \\ 3\overline{)25.8} \\ 24 \\ \hline 1.8 \end{array}$
22 8일, 1.8 kg

58~61쪽 2 STEP 응용 유형의 힘

1 5.8
2 14.9
3 41.7
4 $25.5 \div 8.5 = 3$, 3배
5 $52.5 \div 2.5 = 21$, 21배
6 8배
7 0.6
8 0.84
9 첫째에 ○표, 올림에 ○표 / 3번
10 21, 3.8
11 13, 0.3
12 6, 4.7
13 2
14 3
15 6
16 3.8 cm
17 7 cm
18 7.6 cm
19 4, 4
20 1, 4, 4, 64
21 1.8
22 0.[2])[7][4] / 370
23 0.[3])[8][4] / 280
24 0.[4])[9].[6] / 24

62~63쪽 3 STEP 서술형의 힘

1-1 (1) 8.4 kg
(2) 42개
1-2 풀이 참고, 7개
2-1 (1) 8.4
(2) 9
(3) 9상자
2-2 풀이 참고, 13상자
3-1 (1) 36
(2) 8.64, 0.24
(3) 8.64, 0.24, 36
3-2 풀이 참고, $8.88 \div 0.37 = 24$
4-1 (1) 6.4, 7.5, 2, 60.75
(2) 9.8
(3) 9.8 m
4-2 풀이 참고, 2.1 m

64~66쪽 단원평가

1 (위에서부터) 10, 17, 46, 10 / 46
2 ×
3 3.2
4 1.7
5 ㉢
6 3.3
7 (○)( )
8 4, 400
9 <
10 (선 잇기)
11 준서
12 $13.5 \div 2.7 = 5$, 5도막
13 ㉡
14 $9.75 - 2 - 2 - 2 - 2 = 1.75$, 4개, 1.75 m
15 12, 37.5
16 6개
17 3
18 약 3.86배
19 풀이 참고, 3 cm
20 풀이 참고, 8자루, 1.9 kg

빠른 정답

빠른 정답

3 단원 공간과 입체

70~71쪽 개념의 힘

개념 확인하기

1 (1) ② (2) ③
2 6개
3 7개

개념 다지기

1 (◯)( )
2 ㉣
3 선진, 지후
4 다
5 예 7~8개
6 11개

72~73쪽 개념의 힘

개념 확인하기

1 (1) 나 (2) 다
2 ( )(◯)
3 10개

개념 다지기

1 ( )( )(◯)
2 앞
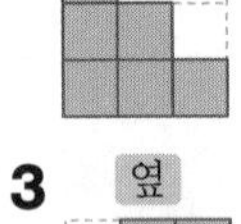
3 옆
4 다
5 9개
6 앞 옆
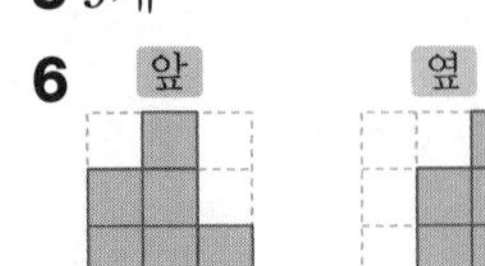

74~77쪽 1 STEP 기본 유형의 힘

유형 1 (◯)( )
1 ④
2 ③
3 가
4 나
5 다
유형 2 12개
6 다
7 (◯)( )( )
8 ( )(◯)(◯)
9 9개
10 수호
11 8개, 9개
12 수영
13 22개
유형 3 7개
14 앞
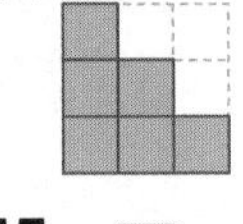
15 옆
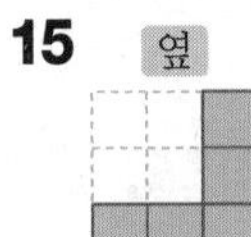
16 옆
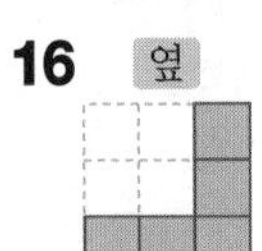
17 나
18 7개
19 가, 8개
20 가에 ◯표 / 앞, 옆에 ◯표
21 가
22 가, 다

78~79쪽 개념의 힘

개념 확인하기

1 3, 1
2 8개
3 2층, 3층, 3층
4 앞
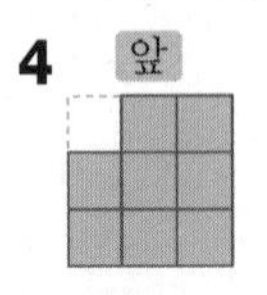

개념 다지기

1 ( )(◯)
2
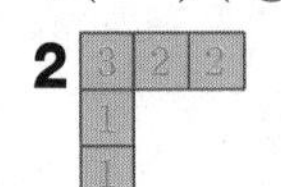

3 9개
4 ㉡
5
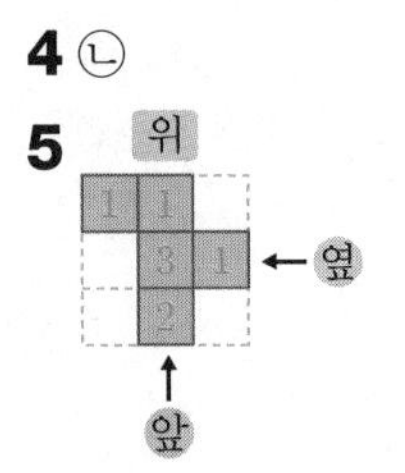

6 8개

80~81쪽 개념의 힘

개념 확인하기

1
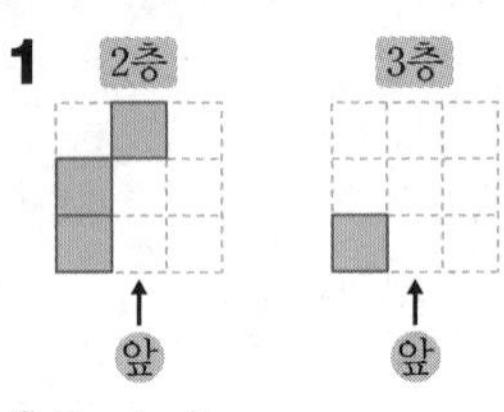

2 5, 4, 3
3 12개

개념 다지기

1
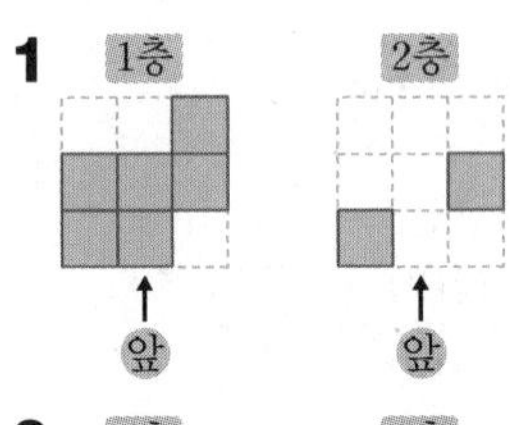

2
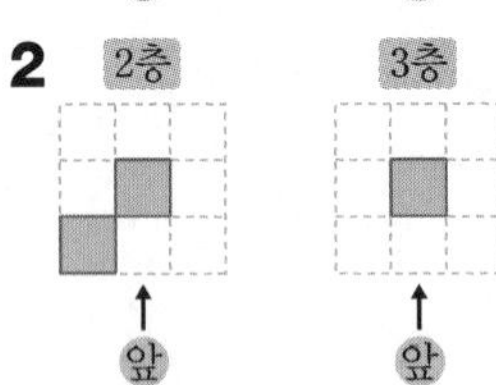

3
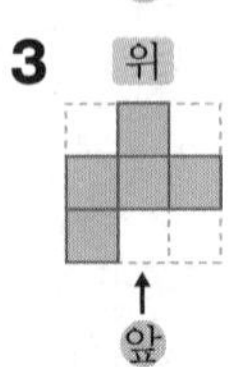

4 나
5 9개
6 위 3 2 1 3 앞
7 9개

82~83쪽 개념의 힘

개념 확인하기

1 (1) ○ (2) × (3) ○

2 (1) ○ (2) ×

개념 다지기

1 ㉠ **2** 가

3 **4** 나

5 ㉠ **6**

84~87쪽 1 STEP 기본 유형의 힘

유형 4 2, 1, 1, 1 / 8개

1

2 **3**

4 9개

유형 5

5 가, 나 **6** 나

7 6, 3, 2 / 6, 3, 2, 11

8 **9** 9개

10 ( ) (○) ( )

11

12 13개

유형 6 2가지

13 (○) ( ) (○)

14 (○) (○) ( )

15 ㉢

16 ④

17

유형 7 ( ) (○) (○)

18 유진

19 (1) (2)

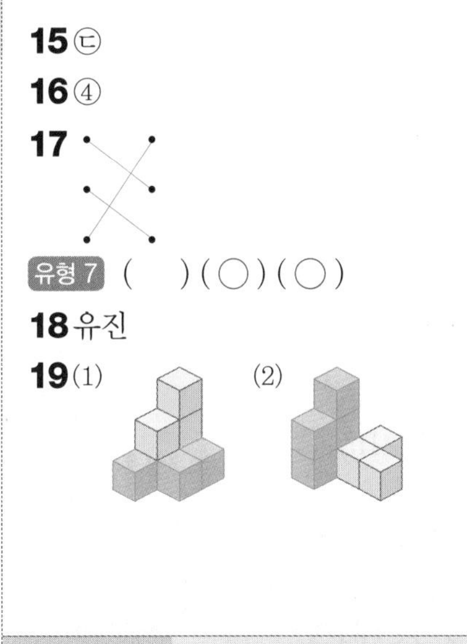

88~91쪽 2 STEP 응용 유형의 힘

1 ㉢ **2** ㉡

3 ㉠ **4** 나, 라

5 가, 나, 다, 라 **6** 5개

7 4개 **8** 2개

9 다 **10** 가

11

12

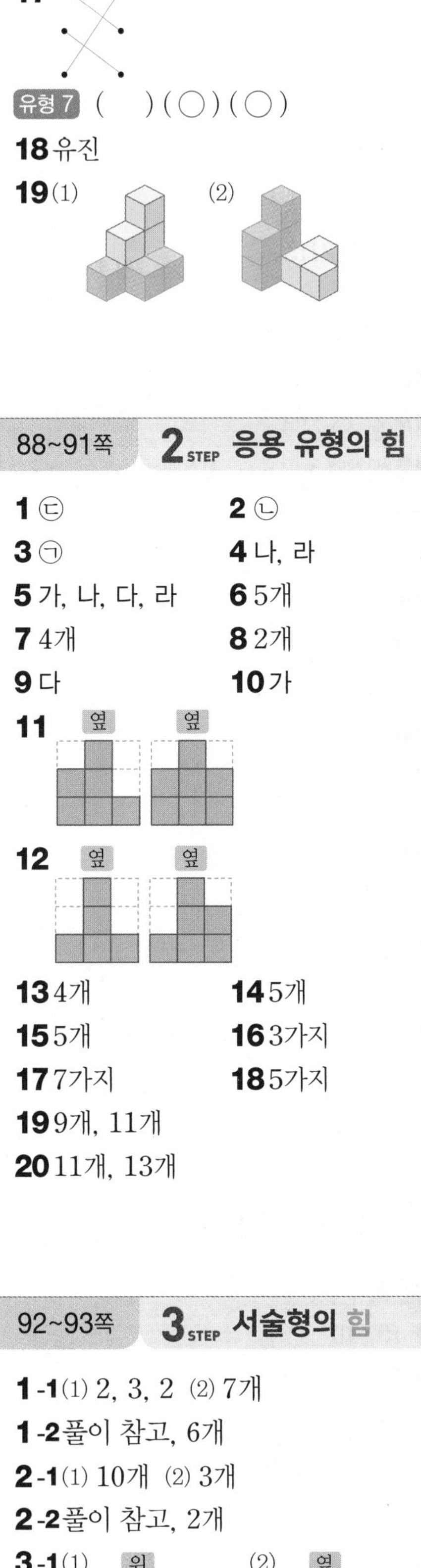

13 4개 **14** 5개

15 5개 **16** 3가지

17 7가지 **18** 5가지

19 9개, 11개

20 11개, 13개

92~93쪽 3 STEP 서술형의 힘

1-1 (1) 2, 3, 2 (2) 7개

1-2 풀이 참고, 6개

2-1 (1) 10개 (2) 3개

2-2 풀이 참고, 2개

3-1 (1) (2)

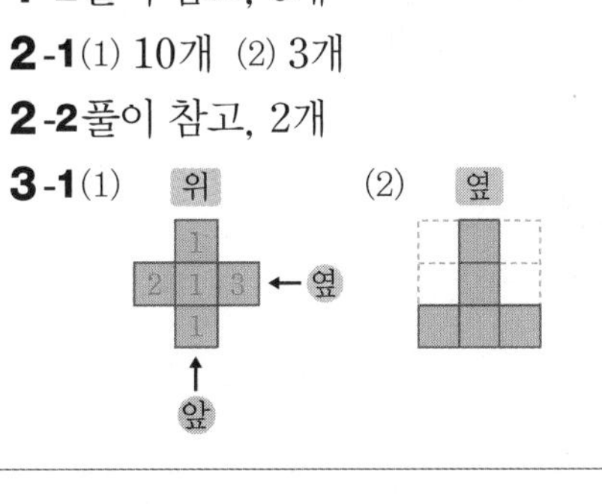

3-2 풀이 참고,

4-1 (1) 5개, 2개

(2) 가 나

(가와 나의 모양이 서로 바뀌어도 됩니다.)

4-2 풀이 참고,

가 나

(가와 나의 모양이 서로 바뀌어도 됩니다.)

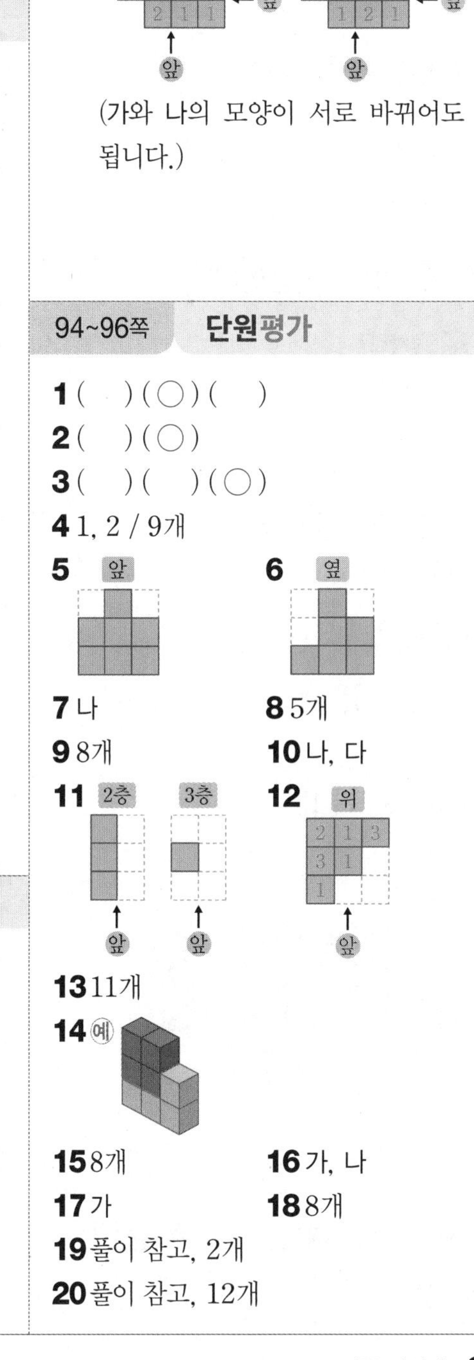

94~96쪽 단원평가

1 ( ) (○) ( )

2 ( ) (○)

3 ( ) ( ) (○)

4 1, 2 / 9개

5 **6**

7 나 **8** 5개

9 8개 **10** 나, 다

11 **12**

13 11개

14 예

15 8개 **16** 가, 나

17 가 **18** 8개

19 풀이 참고, 2개

20 풀이 참고, 12개

빠른 정답

4 단원 비례식과 비례배분

100~101쪽 개념의 힘

개념 확인하기

1 곱하여도에 ◯표
2 ( ) (◯)
3 4 : 3
4 (위에서부터) 4, 5, 4

개념 다지기

1 2, 11
2 (위에서부터) ⑴ 5, 30 ⑵ 3, 10 ⑶ 2, 100 ⑷ 3, 8
3 ①
4 ⑴ 예 3 : 14 ⑵ 예 8 : 15
5 11
6 예 8 : 14, 12 : 21
7 예 5 : 4

102~103쪽 개념의 힘

개념 확인하기

1 비례식
2 ⑴ × ⑵ ◯
3 외항
4 △6 : ◯5 = ◯12 : △10
5 4, 10

개념 다지기

1 $\frac{3}{4}$, 6, 3
2 ㉠
3 5, 18 / 6, 15
4 8
5 2, 9
6

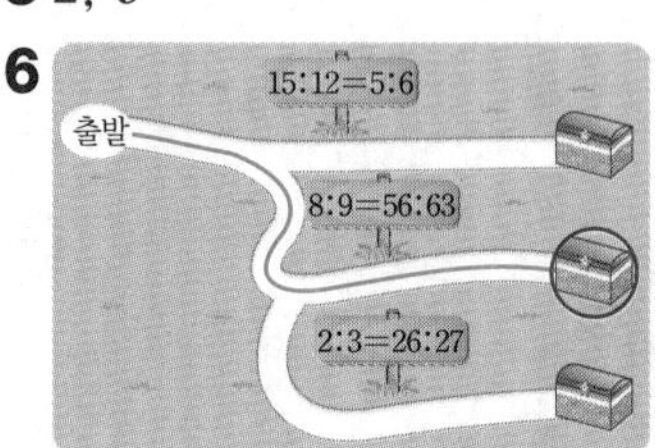

7 8 : 11 = 16 : 22

104~107쪽 1 STEP 기본 유형의 힘

유형 1 3, 3
1 0
2 ㉡
3 26, 27
4 예 5 : 1, 100 : 20
5 신데렐라
6 20 : 32
유형 2 예 6 : 5
7 ㉡
8 예 25 : 15
9 예 7 : 12
유형 3 예 8 : 9
10 18, 15, 8
11 예 35 : 24
12 예 2 : 5
유형 4 예 3 : 4
13 ( ) (◯)
14 ③
15 예 2 : 3
유형 5 ( ) (◯)
16 예 5 : 2
17 예 15 : 8
유형 6 16, 72
18 ⑴ 6, 35 / 7, 30 ⑵ 15, 44 / 11, 60
19 있어에 ◯표 / 9, 8 / 4, 18
20 ㉡
21 5, 2, 30, 12 (또는 30, 12, 5, 2)
22 8

108~109쪽 개념의 힘

개념 확인하기

1 40, 40
2 25, 50, 10
3 280
4 280, 560, 80
5 80 g

개념 다지기

1 16, 48 / 6, 48 / 같습니다에 ◯표
2 ( ) (◯)
3 ⑴ 40 ⑵ 11
4 4.8
5 ㉡
6 54초
7 240 kg
8 5600원

110~111쪽 개념의 힘

개념 확인하기

1 (위에서부터) 2, 2 / 3, 3
2 4, 3, $\frac{4}{7}$, 12 / 4, 3, $\frac{3}{7}$, 9
3 5, 2, $\frac{5}{7}$ / $\frac{2}{5+2}$, $\frac{2}{7}$
4 $\frac{5}{7}$, 25 / $\frac{2}{7}$, 10

개념 다지기

1 8
2 (◯ ◯ ◯ ◯) (◯ ◯) / 4, 2
3 $\frac{5}{6}$, 5000 / $\frac{1}{6}$, 1000
4 15, 24
5 700, 700
6 700
7 28권, 12권

112~115쪽 1 STEP 기본 유형의 힘

유형 7 같습니다.
1 ㉠, ㉢
2 (선 잇기: 엇갈려 연결)
3 ⑴ 1.6 ⑵ 7
4 12
5 48, 20
6 8, 6, 24 (또는 6, 8, 24)
유형 8 126 / 147 cm
7 예 4 : 5 = 52 : □
8 65바퀴
9 ㉡, 6 m

10 예 3 : 7=■ : 140, 60 g
11 165 L
12 3시간
유형 9 14, 21
13 3, 16
14
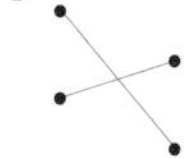
15 ㉠
16 36장, 54장
17 36장, 54장
18 ㄱ, ㅗ, ㅁ / 곰
유형 10 ㉡
19 7, 100 / 7, 40
20 100개, 40개
21 52 cm
22 2100원, 1200원
23 지연, 900원
24 15시간

116~119쪽 **2 STEP 응용 유형의 힘**

1 예 8 : 17
2 예 50 : 75
3 1
4 9
5 ㉡
6 ㉢
7 ㉢
8 18 cm
9 16 cm
10 36 cm
11 60대
12 4500 m^2
13 500명
14 21, 28
15 55, 33
16 68, 24
17 30 cm, 18 cm
18 12 cm, 42 cm
19 36 cm, 30 cm
20 8, 4, 16
21 6, 6, 9
22 30, 3, 15
23 오전 8시 45분
24 오후 12시 5분

120~121쪽 **3 STEP 서술형의 힘**

1-1 (1) 135명 (2) 예 13 : 9
1-2 풀이 참고, 예 19 : 16
2-1 (1) 예 3 : 5 (2) 예 3 : 5
(3) 72 cm^2
2-2 풀이 참고, 300 cm^2
3-1 (1) 예 4 : 5 (2) 예 5 : 4
(3) 16바퀴
3-2 풀이 참고, 20바퀴
4-1 (1) 12개 (2) 30개 (3) 15개
4-2 풀이 참고, 28개

122~124쪽 **단원평가**

1 3, 27
2 7, 6 / 2, 21
3 ㉠
4 예 3 : 16
5 예 15 : 12, 10 : 8
6 (○) ( )
( ) (○)
7
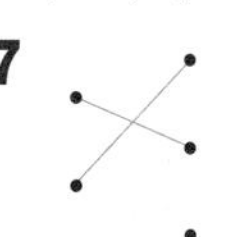
8 14, 49
9 예 9 : 5
10 9
11 140명
12 ○에 ○표
13 예 3 : 4500=8 : □, 12000원
14 5 : 9=2 : 3.6
(또는 2 : 3.6=5 : 9)
15 45권, 27권
16 4.2
17 120 cm
18 오후 10시 20분
19 풀이 참고, 꿀물의 진하기는 같습니다.
20 풀이 참고, 100 kg

5 단원 원의 넓이

128~129쪽 **개념의 힘**

개념 확인하기

1 원주
2 예
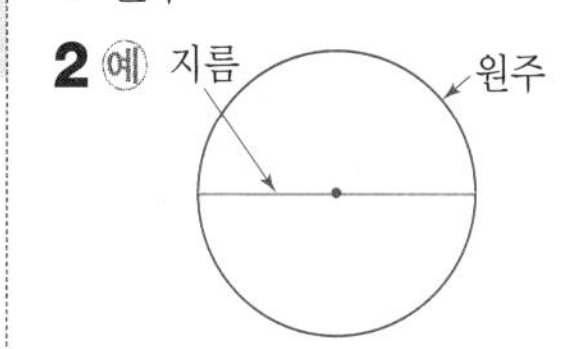

3 원주율
4 7, 3.14

개념 다지기

1 원주 **2** ×
3 ○
4 예
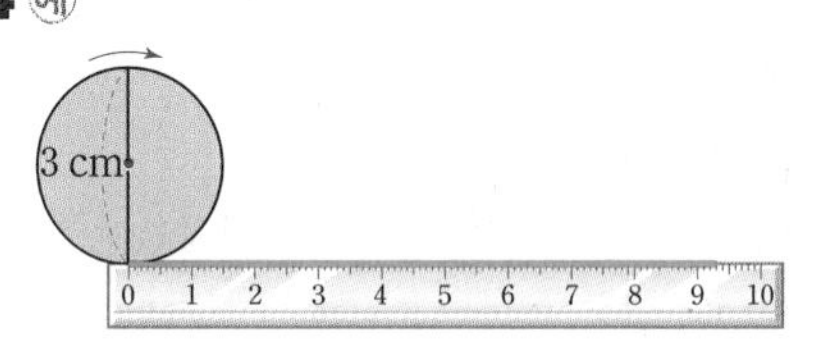

5 원의 지름 0 1 2 3 4 5 6 7 8 9 10 (cm)
예 원의 지름 0 1 2 3 4 5 6 7 8 9 10 (cm)
6 3, 4
7 31.4÷10=3.14, 3.14

130~131쪽 **개념의 힘**

개념 확인하기

1 반지름
2 3.14, 28.26
3 원주
4 18, 6

개념 다지기

1 (○) ( )
2 5×3.14, 15.7
3 ㉠
4 16 cm
5 (1) 37.68 cm
(2) 31 cm
6 7
7 93÷3=31, 31 cm

빠른 정답

132~135쪽 1 STEP 기본 유형의 힘

유형 1 (   )(○)
1 (위에서부터) ○, ×, ×
2 3, 4
3 2, 3
4 2, 3
5 (   )
(   )
(○)

유형 2 ㉠
6 3.14, 3.14
7 세라
8 3.1, 3.14
9 원주, 지름
10 3.14, 같습니다에 ○표

유형 3 43.4 cm
11 ㉡
12 74.4 cm
13 43.96 cm
14 $8\times3.14=25.12$, 25.12 cm
15 15개

유형 4 8 cm
16 12 cm
17 5
18 8 cm
19 =
20 $40.82\div3.14=13$, 13 cm
21 40 cm

136~137쪽 개념의 힘

개념 확인하기
1 (1) 72 (2) 144 (3) 72, 144
2 (1) 60 cm^2 (2) 88 cm^2
(3) 60, 88

개념 다지기
1 <, >
2 14, 14, 98 / 14, 14, 196
3 98, 196
4 88 cm^2
5 132 cm^2
6 88, 132
7 예 110 cm^2

138~139쪽 개념의 힘

개념 확인하기
1 직사각형에 ○표
2 (   )(○)
3 반지름, 반지름
4 6, 6, 113.04

개념 다지기
1 (위에서부터) (원주)$\times\frac{1}{2}$, 원의 반지름
2 반지름, 지름, 반지름, 반지름, 반지름
3 60
4 314 cm^2
5 (위에서부터) 75 / $7\times7\times3$, 147
6 446.4 cm^2
7 $9\times9\times3.14=254.34$,
254.34 cm^2

140~141쪽 개념의 힘

개념 확인하기
1 1, 1, 3
2 2, 2, 12
3 4배
4 4, 4, 48
5 2, 2, 12
6 36 cm^2

개념 다지기
1 10
2 77.5 cm^2
3 400 cm^2
4 314 cm^2
5 86 cm^2
6 111.6 cm^2
7 192 cm^2
8 12 cm^2
9 180 cm^2

142~145쪽 1 STEP 기본 유형의 힘

유형 5 32, 64 / 32, 64
1 120 cm^2, 172 cm^2
2 120, 172
3 96 cm^2, 72 cm^2
4 예 84 cm^2
5 예 588 cm^2

유형 6 12.56 cm^2
6 반지름
7 ㉠
8

5	15
$5\times5\times3.14$	$15\times15\times3.14$
78.5	706.5

9 243 cm^2
10 $50\times50\times3.1=7750$, 7750 cm^2
11 102.3 cm^2
12 ㉠, ㉢, ㉡
13 530.66 cm^2

유형 7 (1) 200.96 cm^2
(2) 50.24 cm^2
14 12, 27
15 4, 9
16 1452 cm^2
17 900 cm^2
18 38.75 cm^2
19 339.12 m^2
20 55.04 m^2
21 151.9 cm^2, 455.7 cm^2

146~149쪽 2 STEP 응용 유형의 힘

1 12.56 m
2 18 m
3 62.8 cm
4 99.2 cm
5 706.5 cm^2
6 1808.64 cm^2
7 1004.4 cm^2
8 1452 cm^2
9 10
10 13
11 18 cm
12 32 cm
13 3바퀴
14 5바퀴
15 15바퀴

16 ㉢ **17** ㉠
18 ㉡, ㉢, ㉠ **19** 100 cm^2
20 44.1 cm^2 **21** 628 cm^2
22 178.5 cm **23** 62 cm
24 9.42 cm **25** 27 cm

150~151쪽 3 STEP 서술형의 힘

1-1 (1) 124 cm (2) 372 cm
1-2 풀이 참고, 775 cm
2-1 (1) 18 cm (2) 9 cm
(3) 243 cm^2
2-2 풀이 참고, 432 cm^2
3-1 (1) 50.24 cm^2 (2) 12.56 cm^2
(3) 37.68 cm^2
3-2 풀이 참고, 392.5 cm^2
4-1 (1) $\square\times\square\times3.1=198.4$ (2) 8
(3) 8 cm (4) 49.6 cm
4-2 풀이 참고, 37.2 cm

152~154쪽 단원평가

1 ( ) (○)
2 18, 56.52
3 ○, ×
4 17
5 (왼쪽에서부터) 24.8, 8
6 128, 256
7 예 200 cm^2
8 43.4 cm
9 192 cm^2
10 113.04 cm^2
11 81.64 cm
12 $47.1\div3.14\div2=7.5$, 7.5 cm
13 ㉡
14 11
15 남준
16 43.96 cm
17 17.6 cm^2
18 81 cm^2
19 풀이 참고, 26040 cm
20 풀이 참고, 72 cm^2

6 단원 원기둥, 원뿔, 구

158~159쪽 개념의 힘

개념 확인하기

1 ( ) (○)
2 ○
3

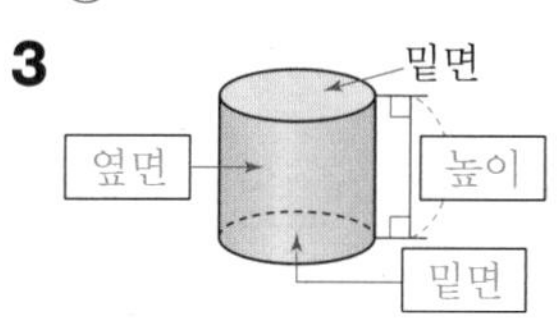

4 ( ) (○)

개념 다지기

1 나, 다
2
3 옆면
4 8 cm
5 ㉠
6
7 평행, 합동

160~161쪽 개념의 힘

개념 확인하기

1 전개도에 ◯표
2 직사각형
3

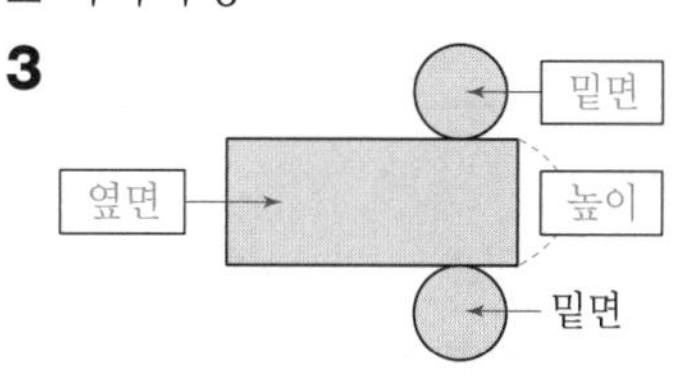

4 (○) ( )

개념 다지기

1 원
2

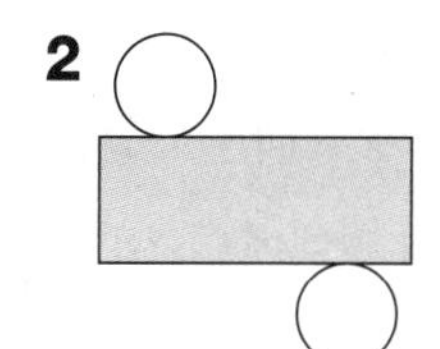

3

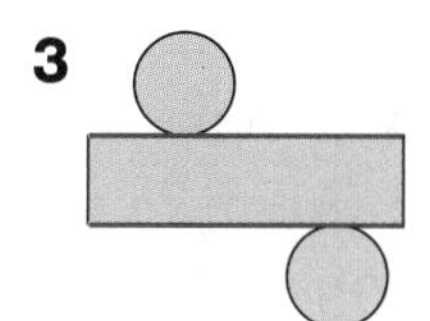

4
5 나
6 15.7 cm, 7 cm
7 $4\times2\times3=24$, 24 cm

162~163쪽 1 STEP 기본 유형의 힘

유형 1 원기둥

1 가, 다, 마
2 ㉢ **3** 5 cm
4 8 cm / 8 cm **5** ㉢

유형 2 ×

6 2개, 1개 **7** ㉡
8 선분 ㄱㄴ, 선분 ㄹㄷ
9 2 cm, 12.56 cm, 6 cm
10 예 (1 cm, 6 cm, 4 cm)

164~165쪽 개념의 힘

개념 확인하기

1 ( ) (○)
2
3 ( ) (○)
4 원뿔

개념 다지기

1 나
2

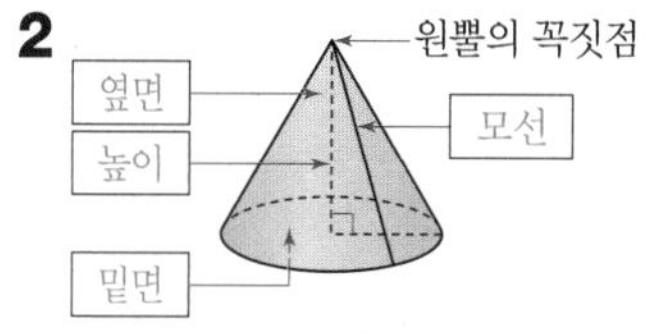

3 ⑤
4 원, 1개
5 삼각형
6 10 cm, 8 cm
7 원, 굽은에 ◯표

166~167쪽 개념의 힘

개념 확인하기

1 (◯) ( )
2 (왼쪽에서부터) 중심, 반지름
3 곡면에 ◯표
4 없습니다에 ◯표

개념 다지기

1 가
2 4 cm
3 ◯
4

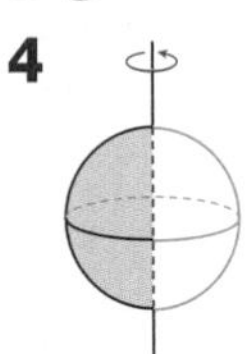

5 ㉠
6

위에서 본 모양	옆에서 본 모양
◯	◯

168~169쪽 개념의 힘

개념 확인하기

1 원기둥에 ◯표
2 원뿔에 ◯표
3 원기둥, 원뿔에 ◯표
4 1개, 2개

개념 다지기

1 구에 ◯표
2 원뿔에 ◯표
3 ( ) (◯)
4 ㉡
5 4개
6 5개, 2개, 1개

170~173쪽 1STEP 기본 유형의 힘

유형 3 원뿔

1 나, 라, 바　　2 1개
3 예

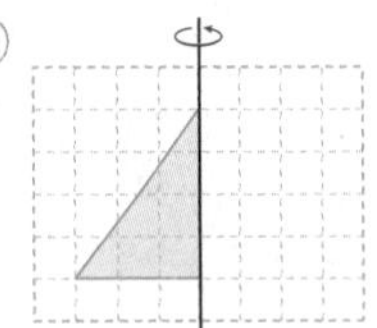

4 (왼쪽에서부터) 원, 사각형, 삼각형
5 모범 답안 밑면의 모양이 원입니다.

유형 4 ⑤

6 점 ㄱ　　7 선분 ㄱㅁ
8 ⑤　　9 ④, ⑤
10 6 cm, 5 cm　　11 ㉠

유형 5 ( ) ( ) (◯)

12 점 ㄷ
13 선분 ㄷㄱ, 선분 ㄷㄴ
14 예 탁구공, 배구공
15 ( ) ( ) (◯)
16 5 cm
17

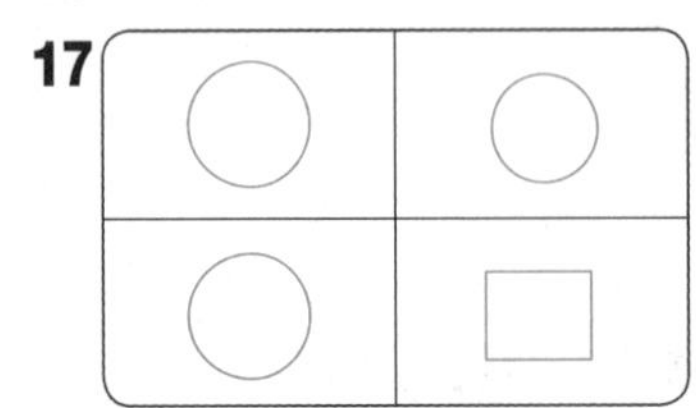

유형 6 원뿔에 ◯표

18 원기둥, 구
19 ( ) (◯)
20 은채
21 예

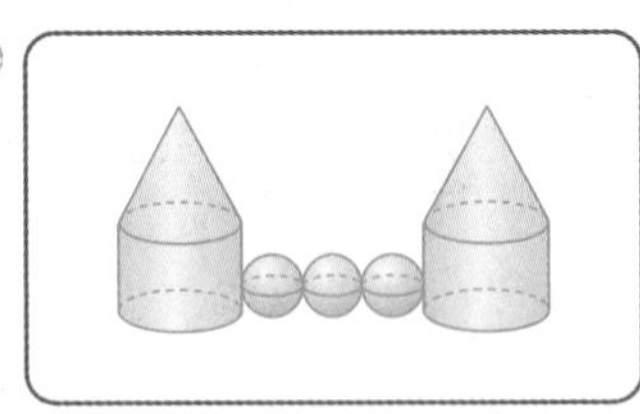

22 7, 2, 4

174~177쪽 2STEP 응용 유형의 힘

1 평행에 ◯표
2 밑면, 합동에 ◯표
3 원에 ◯표　　4 나, 1 cm
5 나, 3 cm　　6 가, 2 cm
7 12 cm　　8 18 cm
9 20 cm　　10 28 cm

11 ㉢　　12 ㉠
13 ㉢　　14 3 cm
15 5 cm　　16 8 cm
17 8 cm　　18 2 cm
19 11 cm　　20 185.6 cm
21 126.48 cm　　22 4 cm
23 6 cm

178~179쪽 3STEP 서술형의 힘

1-1 (1) 원뿔 (2) 9 cm (3) 18 cm
1-2 풀이 참고, 32 cm
2-1 (1) 108 cm^2 (2) 192 cm^2 (3) 84 cm^2
2-2 풀이 참고, 357 cm^2
3-1 (1) 60 cm (2) 9 cm
3-2 풀이 참고, 11 cm
4-1 (1) 18 cm (2) 12 cm (3) 12 cm
4-2 풀이 참고, 4 cm

180~182쪽 단원평가

1 가, 바　　2 다
3 라　　4 4 cm
5 원기둥, 원뿔에 ◯표
6 ( ) (◯)
7

8 (1) 구 (2) 원기둥 (3) 원뿔
9 선분 ㄱㄷ, 선분 ㄱㄹ
10 ⑤
11 18 cm, 9 cm
12 6 cm　　13 ㉡
14 예 꼭짓점이 없는 것과 있는 것
15 ㉠, ㉢　　16 8
17 38.4 cm
18 예 뾰족한 부분이 없습니다. / 예 원기둥은 밑면이 있지만 구는 밑면이 없습니다.
19 풀이 참고, 36 cm
20 풀이 참고, 237.2 cm

정답 및 풀이

1 단원 분수의 나눗셈

수학의 힘 Power 개념의 힘 8~11쪽

개념 1 8~9쪽

개념 확인하기

1 답 예

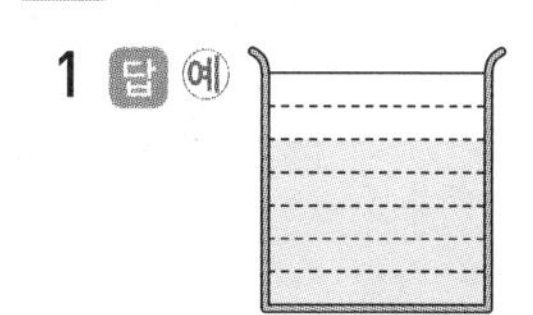

2 $\frac{5}{7}$에서 $\frac{1}{7}$을 5번 덜어 낼 수 있습니다. 답 5번

3 $\frac{5}{7} \div \frac{1}{7} = 5$ 답 5

4 답 2 / 2, 5

5 (1) $\frac{7}{8} \div \frac{1}{8} = 7 \div 1 = 7$

(2) $\frac{8}{9} \div \frac{4}{9} = 8 \div 4 = 2$

(3) $\frac{9}{10} \div \frac{3}{10} = 9 \div 3 = 3$

답 (1) 1, 7 (2) 4, 2 (3) 3, 3

개념 다지기

1 $\frac{3}{4}$에서 $\frac{1}{4}$을 3번 덜어 낼 수 있습니다.

→ $\frac{3}{4} \div \frac{1}{4} = 3$ 답 3

2 분모가 같으므로 분자끼리 나눗셈을 합니다.

답 $\frac{10}{11} \div \frac{5}{11} = 10 \div 5 = 2$

3 $\frac{9}{13} \div \frac{1}{13} = 9 \div 1 = 9$ 답 9

4 $\frac{15}{16} \div \frac{5}{16} = 15 \div 5 = 3$ 답 3

5 $\frac{6}{9}$은 $\frac{1}{9}$이 6개, $\frac{2}{9}$는 $\frac{1}{9}$이 2개이므로

$\frac{6}{9} \div \frac{2}{9} = 6 \div 2 = 3$입니다. 답 6, 2, 3

6 $\frac{12}{13} \div \frac{3}{13} = 12 \div 3 = 4$ 답 4

7 $\frac{7}{12} \div \frac{1}{12} = 7 \div 1 = 7$

→ $7 < 10$ 답 <

8 (잘린 도막 수)=(전체 대나무의 길이)÷(한 도막의 길이)

$= \frac{8}{11} \div \frac{2}{11} = 8 \div 2 = 4$(도막)

답 $\frac{8}{11} \div \frac{2}{11} = 4$, 4도막

개념 2 10~11쪽

개념 확인하기

1 $\frac{7}{8}$은 $\frac{1}{8}$이 7개, $\frac{2}{8}$는 $\frac{1}{8}$이 2개입니다. $\frac{7}{8}$을 $\frac{2}{8}$씩 나누는 결과는 7을 2씩 나누는 결과와 같습니다.

답 $\frac{7}{8} \div \frac{2}{8}$

$7 \div 2$

2 $\frac{7}{8} \div \frac{2}{8} = 7 \div 2 = \frac{7}{2} = 3\frac{1}{2}$ 답 2, $\frac{7}{2}$, $3\frac{1}{2}$

3 $\frac{4}{7} = \frac{4 \times 5}{7 \times 5} = \frac{20}{35}$, $\frac{3}{5} = \frac{3 \times 7}{5 \times 7} = \frac{21}{35}$

답 $\frac{20}{35}$, $\frac{21}{35}$

4 $\frac{4}{7} \div \frac{3}{5} = \frac{20}{35} \div \frac{21}{35} = 20 \div 21 = \frac{20}{21}$

답 20, 21, 20, 21, $\frac{20}{21}$

개념 다지기

1 분모가 같은 (진분수)÷(진분수)의 계산은 분자끼리 나눕니다. 답 ○

2 답

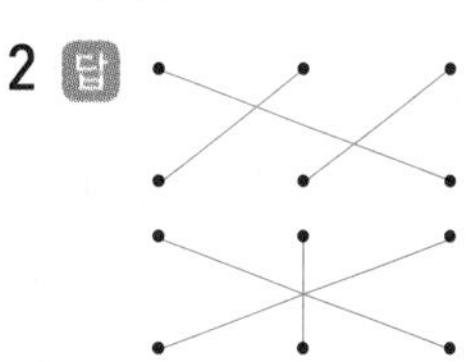

3 $\frac{7}{15} \div \frac{4}{5} = \frac{7}{15} \div \frac{12}{15} = 7 \div 12 = \frac{7}{12}$ (㉠ $\frac{12}{15}$, ㉡ $\frac{7}{12}$)

답 $\frac{12}{15}$, $\frac{7}{12}$

4 (1) $\frac{2}{9} \div \frac{3}{7} = \frac{14}{63} \div \frac{27}{63} = 14 \div 27 = \frac{14}{27}$

(2) $\frac{4}{5} \div \frac{5}{8} = \frac{32}{40} \div \frac{25}{40} = 32 \div 25 = \frac{32}{25} = 1\frac{7}{25}$

답 (1) $\frac{14}{27}$ (2) $1\frac{7}{25}$

5 ㉠ $\frac{4}{9}\div\frac{2}{3}=\frac{4}{9}\div\frac{6}{9}=\frac{4}{6}=\frac{2}{3}$

㉡ $\frac{3}{4}\div\frac{3}{16}=\frac{12}{16}\div\frac{3}{16}=12\div3=4$

답 ㉡

6 (큰 수)÷(작은 수)$=\frac{13}{15}\div\frac{4}{15}=13\div4=\frac{13}{4}=3\frac{1}{4}$

답 $3\frac{1}{4}$

7 (필요한 그릇 수)

=(전체 설탕의 양)÷(그릇 한 개에 담는 설탕의 양)

$=\frac{4}{7}\div\frac{4}{21}=\frac{12}{21}\div\frac{4}{21}$

$=12\div4=3$(개)

답 $\frac{4}{7}\div\frac{4}{21}=3$, 3개

1 STEP 기본 유형의 힘 12~15쪽

유형 1 $\frac{5}{6}\div\frac{1}{6}=5\div1=5$

답 5

1 답 4

2 $\frac{4}{5}\div\frac{1}{5}=4\div1=4$

답 1, 4

3 답 $\frac{11}{14}\div\frac{1}{14}=11\div1=11$

4 $\frac{8}{9}\div\frac{1}{9}=8\div1=8$

답 8

5 $\frac{10}{11}\div\frac{1}{11}=10\div1=10$, $\frac{12}{13}\div\frac{1}{13}=12\div1=12$

➔ $10<12$

답 $<$

6 $\frac{㉠}{13}\div\frac{1}{13}=9$ ➔ ㉠$\div1=9$, ㉠$=9$

답 9

7 $\frac{5}{12}\div\frac{1}{12}=5\div1=5$(도막)

답 $\frac{5}{12}\div\frac{1}{12}=5$, 5도막

유형 2 $\frac{8}{9}\div\frac{2}{9}=8\div2=4$

답 4

8 ㉠ $\frac{4}{7}\div\frac{2}{7}=4\div2$ ㉢ $\frac{8}{13}\div\frac{2}{13}=8\div2$

답 ㉡

9 답 $\frac{12}{17}\div\frac{3}{17}=12\div3=4$

10 $\frac{14}{15}\div\frac{7}{15}=14\div7=2$ (14 → ●, 7 → ▲, 2 → ■)

답 14, 7, 2

11 $\frac{12}{17}\div\frac{6}{17}=12\div6=2$

$\frac{12}{17}\div\frac{4}{17}=12\div4=3$

답 (위에서부터) 2, 3

12 (사전의 무게)÷(동화책의 무게)

$=\frac{18}{25}\div\frac{6}{25}=18\div6=3$(배)

답 $\frac{18}{25}\div\frac{6}{25}=3$, 3배

유형 3 $\frac{9}{11}\div\frac{2}{11}=9\div2=\frac{9}{2}=4\frac{1}{2}$

답 $4\frac{1}{2}$

13 $\frac{7}{9}$을 $\frac{3}{9}$씩 묶어 보면 2묶음이 되고 $\frac{3}{9}$의 $\frac{1}{3}$묶음이 있습니다.

➔ $\frac{7}{9}\div\frac{3}{9}=2\frac{1}{3}$

답 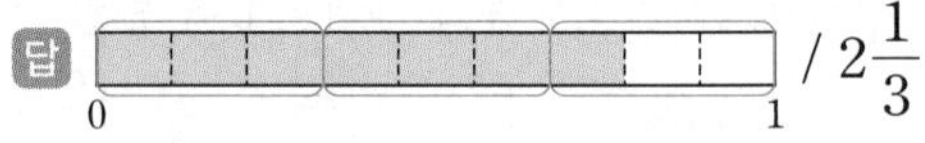 / $2\frac{1}{3}$

14 $\frac{9}{15}\div\frac{4}{15}=9\div4=\frac{9}{4}=2\frac{1}{4}$

답 $2\frac{1}{4}$

15 ㉠ $\frac{7}{10}\div\frac{4}{10}=7\div4=\frac{7}{4}=1\frac{3}{4}$

㉡ $\frac{10}{11}\div\frac{3}{11}=10\div3=\frac{10}{3}=3\frac{1}{3}$

답 ㉡

16 분모가 같은 진분수의 나눗셈은 분자끼리 나눗셈을 하면 됩니다.

답 $\frac{11}{12}\div\frac{5}{12}=11\div5=\frac{11}{5}=2\frac{1}{5}$

17 (설탕의 양)÷(소금의 양)

$=\frac{8}{9}\div\frac{7}{9}=8\div7=\frac{8}{7}=1\frac{1}{7}$(배)

답 $\frac{8}{9}\div\frac{7}{9}=1\frac{1}{7}$, $1\frac{1}{7}$배

유형 4 $\frac{5}{8}\div\frac{4}{9}=\frac{45}{72}\div\frac{32}{72}=45\div32=\frac{45}{32}=1\frac{13}{32}$

답 $1\frac{13}{32}$

18 $\frac{2}{3}$는 $\frac{1}{9}$이 6개, $\frac{2}{9}$는 $\frac{1}{9}$이 2개이므로

$\frac{2}{3}\div\frac{2}{9}=\frac{6}{9}\div\frac{2}{9}=6\div2=3$입니다. 답 6, 3

19 분모 5와 8의 최소공배수는 40이므로 분모를 40으로 통분하여 계산합니다.

답 $\frac{24}{40}$, $\frac{35}{40}$, 24, 35, $\frac{24}{35}$

20 $\frac{5}{6}\div\frac{3}{10}=\frac{25}{30}\div\frac{9}{30}=25\div9=\frac{25}{9}=2\frac{7}{9}$

답 $2\frac{7}{9}$

21 두 분수를 통분하여 분자끼리의 나눗셈으로 계산합니다.

답 $\frac{3}{8}\div\frac{15}{16}=\frac{6}{16}\div\frac{15}{16}=6\div15=\frac{\cancel{6}^{2}}{\cancel{15}_{5}}=\frac{2}{5}$

22 ㉠ $\frac{8}{9}\div\frac{3}{5}=\frac{40}{45}\div\frac{27}{45}=40\div27=\frac{40}{27}=1\frac{13}{27}$ ⃝> 1

㉡ $\frac{1}{4}\div\frac{3}{10}=\frac{5}{20}\div\frac{6}{20}=5\div6=\frac{5}{6}$ ⃝< 1

답 ㉡

23 (세로)$=\frac{4}{7}\div\frac{3}{4}=\frac{16}{28}\div\frac{21}{28}=16\div21=\frac{16}{21}$ (m)

답 $\frac{4}{7}\div\frac{3}{4}=\frac{16}{21}$, $\frac{16}{21}$ m

Power 개념의 힘 16~21쪽

개념 3 16~17쪽

개념 확인하기

1 간장 1통의 $\frac{2}{3}$가 4 L이므로 $\frac{1}{3}$은 $4\div2=2$ (L)가 됩니다.

답 2, 2

2 간장 1통의 $\frac{1}{3}$이 2 L이므로 간장 1통은 $2\times3=6$ (L)입니다. 답 3, 2, 3, 6

3 (1) $2\div\frac{2}{3}=(2\div2)\times3=1\times3=3$

(2) $6\div\frac{3}{5}=(6\div3)\times5=2\times5=10$

답 (1) 2, 3, 3 (2) 3, 5, 10

4 (1) $2\div\frac{2}{3}=(2\div2)\times3=1\times3=3$

(2) $8\div\frac{2}{5}=(8\div2)\times5=4\times5=20$

답 (1) 3 (2) 20

개념 다지기

1 $3\div\frac{3}{7}=(3\div3)\times7=7$

답 7

2 (자연수)÷(분수)는 자연수를 분자로 나눈 후 분모를 곱하여 계산합니다.

답 (1) $15\div\frac{5}{6}=(15\div5)\times6=18$

(2) $12\div\frac{3}{8}=(12\div3)\times8=32$

3 $10\div\frac{5}{9}=(10\div5)\times9=18$

답 18

4 $18\div2$를 하고 9를 곱해야 합니다.

답 $18\div\frac{2}{9}=(18\div2)\times9=81$

5 $14\div\frac{7}{10}=(14\div7)\times10=20$

$20\div\frac{4}{5}=(20\div4)\times5=25$

답 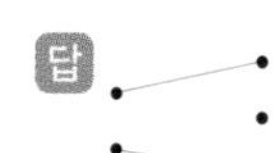

6 (자연수)÷(분수)$=32\div\frac{8}{13}=(32\div8)\times13=52$

답 52

7 (나누어 줄 수 있는 사람의 수)

=(전체 색 테이프의 길이)÷(한 사람에게 나누어 줄 색 테이프의 길이)

$=6\div\frac{2}{5}=(6\div2)\times5=15$(명)

답 $6\div\frac{2}{5}=15$, 15명

개념 4 18~19쪽

개념 확인하기

1 답 3

2 답 3, 4

3 답 4, $\frac{4}{3}$

4 분수의 나눗셈을 곱셈으로 나타낼 때는 나누는 분수의 분모, 분자를 바꿉니다. $\div\frac{1}{2}$은 $\times 2$로 바꿉니다. 답 2

5 답 $\frac{5}{3}$

6 분수의 나눗셈을 곱셈으로 바꾸어 계산합니다.
답 $\frac{3}{4}\div\frac{7}{9}=\frac{3}{4}\times\frac{9}{7}=\frac{27}{28}$

참고 분수의 곱셈을 할 때는 분모는 분모끼리, 분자는 분자끼리 곱합니다.

개념 다지기

1 분수의 나눗셈을 곱셈으로 바꿀 때 나누어지는 수는 그대로 둡니다. 답 ( )(○)

2 $\frac{4}{9}\div\frac{5}{8}=\frac{4}{9}\times\frac{8}{5}=\frac{4\times 8}{9\times 5}=\frac{32}{45}$ 답 $\frac{8}{5}$, $\frac{32}{45}$

3 분수의 나눗셈을 곱셈으로 바꾸어 계산합니다.
답 (1) $\frac{4}{7}\div\frac{1}{8}=\frac{4}{7}\times 8=\frac{32}{7}=4\frac{4}{7}$
(2) $\frac{9}{10}\div\frac{4}{9}=\frac{9}{10}\times\frac{9}{4}=\frac{81}{40}=2\frac{1}{40}$

4 분수의 나눗셈을 곱셈으로 바꿀 때 나누어지는 분수는 그대로 쓰고 나누는 분수 $\frac{3}{4}$의 분모, 분자를 바꾸어야 합니다.
답 예 $\frac{5}{6}\div\frac{3}{4}=\frac{5}{\cancel{6}_3}\times\frac{\cancel{4}^2}{3}=\frac{10}{9}=1\frac{1}{9}$

5 $\frac{8}{9}\div\frac{10}{11}=\frac{\cancel{8}^4}{9}\times\frac{11}{\cancel{10}_5}=\frac{44}{45}$ 답 ( )( )(○)

6 $\frac{4}{5}\div\frac{6}{7}=\frac{\cancel{4}^2}{5}\times\frac{7}{\cancel{6}_3}=\frac{14}{15}$ ➜ $\frac{14}{15}>\frac{11}{15}$ 답 >

7 $\frac{8}{13}\div\frac{3}{8}=\frac{8}{13}\times\frac{8}{3}=\frac{64}{39}=1\frac{25}{39}$ (배)
답 $\frac{8}{13}\div\frac{3}{8}=1\frac{25}{39}$, $1\frac{25}{39}$배

개념 5 20~21쪽

개념 확인하기

1 분모를 15로 통분하여 분자끼리 나눕니다.
답 10, 10, $2\frac{1}{10}$

2 분수의 곱셈으로 바꾸어 분모는 분모끼리, 분자는 분자끼리 곱합니다. 답 $\frac{3}{2}$, 10, $2\frac{1}{10}$

3 대분수를 가분수로 나타낸 후 곱셈으로 바꾸어 계산합니다. 답 7, 7, 5, $\frac{14}{5}$, $2\frac{4}{5}$

4 (1) $\frac{9}{4}\div\frac{2}{5}=\frac{9}{4}\times\frac{5}{2}=\frac{45}{8}=5\frac{5}{8}$
(2) $1\frac{2}{5}\div\frac{2}{3}=\frac{7}{5}\times\frac{3}{2}=\frac{21}{10}=2\frac{1}{10}$
답 (1) $5\frac{5}{8}$ (2) $2\frac{1}{10}$

개념 다지기

1 $\frac{8}{5}\div\frac{7}{8}=\frac{8}{5}\times\frac{8}{7}=\frac{64}{35}=1\frac{29}{35}$ 답 ○

2 $\frac{7}{6}\div\frac{8}{9}=\frac{7}{\cancel{6}_2}\times\frac{\cancel{9}^3}{8}=\frac{21}{16}=1\frac{5}{16}$ 답 $1\frac{5}{16}$

3 대분수를 가분수로 나타낸 후 통분하여 계산하거나 분수의 곱셈으로 바꾸어 계산합니다.
답 (1) 예 $3\frac{1}{3}\div\frac{5}{6}=\frac{10}{3}\div\frac{5}{6}=\frac{20}{6}\div\frac{5}{6}=20\div 5=4$
(2) 예 $3\frac{1}{3}\div\frac{5}{6}=\frac{10}{3}\div\frac{5}{6}=\frac{10}{3}\times\frac{6}{5}=\frac{60}{15}=4$

4 $\frac{5}{3}\div\frac{5}{6}=\frac{\cancel{5}^1}{\cancel{3}_1}\times\frac{\cancel{6}^2}{\cancel{5}_1}=2$
$1\frac{1}{6}\div\frac{4}{5}=\frac{7}{6}\times\frac{5}{4}=\frac{35}{24}=1\frac{11}{24}$ 답 (선 잇기)

5 $\frac{10}{3}\div\frac{5}{8}=\frac{\cancel{10}^2}{3}\times\frac{8}{\cancel{5}_1}=\frac{16}{3}=5\frac{1}{3}$(배) 답 $5\frac{1}{3}$배

6 $2\frac{2}{5}\div\frac{3}{10}=\frac{\cancel{12}^4}{\cancel{5}_1}\times\frac{\cancel{10}^2}{\cancel{3}_1}=8$(개) 답 $2\frac{2}{5}\div\frac{3}{10}=8$, 8개

다른 풀이 $2\frac{2}{5}\div\frac{3}{10}=\frac{12}{5}\div\frac{3}{10}=\frac{24}{10}\div\frac{3}{10}$
$=24\div 3=8$(개)

1 STEP 기본 유형의 힘 22~25쪽

유형 5 $10\div\frac{5}{6}=(10\div5)\times6=2\times6=12$

답 12

1 $8\div\frac{4}{7}=(8\div4)\times7=14$

답 (　)(○)

2 ㉡ $4\div\frac{2}{7}=(4\div2)\times7=14$

답 ㉡

3 $8\div\frac{4}{9}=(8\div4)\times9=2\times9=18$

$12\div\frac{4}{9}=(12\div4)\times9=3\times9=27$

답 (위에서부터) 27, 18

4 $3\div\frac{3}{4}=(3\div3)\times4=1\times4=4$

➜ $4>3$

답 >

5 $4>3>1\frac{1}{2}>\frac{2}{5}$

➜ (가장 큰 수)÷(가장 작은 수)

$=4\div\frac{2}{5}=(4\div2)\times5$

$=2\times5=10$

답 10

6 $6\div\frac{3}{7}=(6\div3)\times7=2\times7=14\ (m^2)$

└ 천의 $\frac{1}{7}$의 넓이

답 $6\div\frac{3}{7}=14$, $14\ m^2$

유형 6 $\frac{5}{6}\div\frac{7}{8}=\frac{5}{\cancel{6}_3}\times\frac{\cancel{8}^4}{7}=\frac{20}{21}$

답 $\frac{20}{21}$

7 $\frac{3}{5}\div\frac{4}{7}=\frac{3}{5}\div4\times7=\frac{3}{5}\times\frac{1}{4}\times7=\frac{3}{5}\times\frac{7}{4}$

답 4, $\frac{7}{4}$

8 (1) $\frac{2}{7}\div\frac{8}{9}=\frac{\cancel{2}^1}{7}\times\frac{9}{\cancel{8}_4}=\frac{9}{28}$

(2) $\frac{5}{8}\div\frac{10}{11}=\frac{\cancel{5}^1}{8}\times\frac{11}{\cancel{10}_2}=\frac{11}{16}$

답 (1) $\frac{9}{28}$ (2) $\frac{11}{16}$

9 $\frac{4}{7}\div\frac{3}{5}=\frac{4}{7}\times\frac{5}{3}=\frac{20}{21}$

➜ ㉠=5, ㉡=20

답 5, 20

10 (직사각형의 넓이)=(가로)×(세로)

➜ (가로)=(직사각형의 넓이)÷(세로)

$=\frac{8}{9}\div\frac{3}{4}=\frac{8}{9}\times\frac{4}{3}=\frac{32}{27}=1\frac{5}{27}\ (m)$

답 $1\frac{5}{27}$ m

11 $\frac{9}{14}\div\frac{3}{28}=\frac{\cancel{9}^3}{\cancel{14}_1}\times\frac{\cancel{28}^2}{\cancel{3}_1}=6$(개)

답 $\frac{9}{14}\div\frac{3}{28}=6$, 6개

유형 7 $\frac{8}{5}\div\frac{3}{4}=\frac{8}{5}\times\frac{4}{3}=\frac{32}{15}=2\frac{2}{15}$

답 $2\frac{2}{15}$

12 분모 4와 7의 최소공배수인 28로 통분하여 계산합니다.

답 12, 49, 12, $\frac{49}{12}$, $4\frac{1}{12}$

✔참고 4와 7의 공약수가 1뿐이므로 최소공배수는 $4\times7=28$입니다.

13 나눗셈을 곱셈으로 바꾸고 $\frac{3}{7}$의 분모, 분자를 서로 바꾸어 계산합니다.

답 7, $\frac{49}{12}$, $4\frac{1}{12}$

14 $\frac{10}{3}\div\frac{5}{8}=\frac{\cancel{10}^2}{3}\times\frac{8}{\cancel{5}_1}=\frac{16}{3}=5\frac{1}{3}$

답 $5\frac{1}{3}$

15 $\frac{6}{5}\div\frac{11}{12}=\frac{6}{5}\times\frac{12}{11}=\frac{72}{55}=1\frac{17}{55}$

답 $1\frac{17}{55}$

16 $\frac{7}{6}\div\frac{5}{12}=\frac{7}{\cancel{6}_1}\times\frac{\cancel{12}^2}{5}=\frac{14}{5}=2\frac{4}{5}$

➜ $2\frac{4}{5}<3$

답 <

17 가분수: $\frac{11}{9}$, 진분수: $\frac{4}{5}$

➜ (가분수)÷(진분수)$=\frac{11}{9}\div\frac{4}{5}=\frac{11}{9}\times\frac{5}{4}$

$=\frac{55}{36}=1\frac{19}{36}$ 　　답 $1\frac{19}{36}$

18 $\frac{25}{4}\div\frac{5}{8}=\frac{\overset{5}{\cancel{25}}}{\underset{1}{\cancel{4}}}\times\frac{\overset{2}{\cancel{8}}}{\underset{1}{\cancel{5}}}=10$(일)

답 $\frac{25}{4}\div\frac{5}{8}=10$, 10일

유형 8 $3\frac{1}{5}\div\frac{3}{4}=\frac{16}{5}\times\frac{4}{3}=\frac{64}{15}=4\frac{4}{15}$

답 $4\frac{4}{15}$에 ○표

19 대분수를 가분수로 나타낸 후 곱셈으로 고치고 이때 나누는 분수의 분모, 분자를 서로 바꿉니다.

㉠을 바르게 고치면 $3\frac{3}{4}\div\frac{2}{3}=\frac{15}{4}\times\frac{3}{2}$입니다.

답 ㉡

20 (1) $1\frac{5}{9}\div\frac{1}{6}=\frac{14}{\underset{3}{\cancel{9}}}\times\overset{2}{\cancel{6}}=\frac{28}{3}=9\frac{1}{3}$

(2) $4\frac{2}{7}\div\frac{5}{6}=\frac{\overset{6}{\cancel{30}}}{7}\times\frac{6}{\underset{1}{\cancel{5}}}=\frac{36}{7}=5\frac{1}{7}$

답 (1) $9\frac{1}{3}$ (2) $5\frac{1}{7}$

21 $3\frac{1}{3}\div\frac{5}{7}=\frac{10}{3}\div\frac{5}{7}=\frac{\overset{2}{\cancel{10}}}{3}\times\frac{7}{\underset{1}{\cancel{5}}}=\frac{14}{3}=4\frac{2}{3}$ 　답 $4\frac{2}{3}$

22 답 모범 답안 대분수를 가분수로 바꾸어 계산하지 않았습니다. /

$3\frac{5}{9}\div\frac{2}{3}=\frac{32}{9}\div\frac{2}{3}=\frac{\overset{16}{\cancel{32}}}{\underset{3}{\cancel{9}}}\times\frac{\overset{1}{\cancel{3}}}{\underset{1}{\cancel{2}}}=\frac{16}{3}=5\frac{1}{3}$

23 (밑변)$=1\frac{3}{8}\div1\frac{1}{10}=\frac{11}{8}\div\frac{11}{10}=\frac{\overset{1}{\cancel{11}}}{\underset{4}{\cancel{8}}}\times\frac{\overset{5}{\cancel{10}}}{\underset{1}{\cancel{11}}}$

$=\frac{5}{4}=1\frac{1}{4}$ (m)

답 $1\frac{3}{8}\div1\frac{1}{10}=1\frac{1}{4}$, $1\frac{1}{4}$ m

✔ 참고 (평행사변형의 넓이)=(밑변)×(높이)
➜ (밑변)=(평행사변형의 넓이)÷(높이)

2 STEP 응용 유형의 힘 　26~29쪽

1 $\frac{2}{3}\div\frac{2}{9}=\frac{2}{3}\times\frac{9}{2}=\frac{2\times9}{3\times2}=\frac{18}{6}=3$

답 ㉡

2 $\frac{3}{4}\div\frac{2}{7}=\frac{3\times7}{4\times7}\div\frac{2\times4}{7\times4}=\frac{3\times7}{2\times4}=\frac{21}{8}=2\frac{5}{8}$

(분자끼리 나누기)

답 ㉡

3 나눗셈을 곱셈으로 고칠 때 나누는 수의 분모와 분자를 바꾸어 곱해야 합니다.

답 예 $1\frac{5}{9}\div\frac{7}{12}=\frac{14}{9}\div\frac{7}{12}=\frac{\overset{2}{\cancel{14}}}{\underset{3}{\cancel{9}}}\times\frac{\overset{4}{\cancel{12}}}{\underset{1}{\cancel{7}}}=\frac{8}{3}=2\frac{2}{3}$

4 분모가 같은 분수끼리의 나눗셈은 분자끼리의 나눗셈과 같습니다.

답 $\frac{19}{6}\div\frac{4}{6}=19\div4=\frac{19}{4}=4\frac{3}{4}$

5 대분수를 가분수로 고친 후 분모가 같으면 분자끼리 나눗셈을 합니다.

답 $2\frac{1}{8}\div\frac{3}{8}=\frac{17}{8}\div\frac{3}{8}=17\div3=\frac{17}{3}=5\frac{2}{3}$

6 답 예 $\frac{13}{14}\div\frac{7}{8}=\frac{13}{\underset{7}{\cancel{14}}}\times\frac{\overset{4}{\cancel{8}}}{7}=\frac{52}{49}=1\frac{3}{49}$

7 ① 대분수를 가분수로 고치기
② 두 분수를 통분하기
③ 분자끼리 나누어 분수로 나타내기

답 예 $2\frac{1}{5}\div\frac{3}{10}=\frac{11}{5}\div\frac{3}{10}=\frac{22}{10}\div\frac{3}{10}$

$=22\div3=\frac{22}{3}=7\frac{1}{3}$

8 $8\div\frac{1}{2}=8\times2=16$

➜ $16>15$ 　　답 $>$

9 ㉠ $\frac{7}{12}\div\frac{5}{18}=\frac{7}{\underset{2}{\cancel{12}}}\times\frac{\overset{3}{\cancel{18}}}{5}=\frac{21}{10}=2\frac{1}{10}$

㉡ $\frac{10}{11}\div\frac{4}{5}=\frac{\overset{5}{\cancel{10}}}{11}\times\frac{5}{\underset{2}{\cancel{4}}}=\frac{25}{22}=1\frac{3}{22}$

➜ ㉠ $2\frac{1}{10}>$ ㉡ $1\frac{3}{22}$ 　　답 ㉠

10 ㉠ $8\frac{3}{4}\div3\frac{1}{3}=\frac{35}{4}\div\frac{10}{3}=\frac{\overset{7}{\cancel{35}}}{4}\times\frac{3}{\underset{2}{\cancel{10}}}=\frac{21}{8}=2\frac{5}{8}$

㉡ $2\frac{7}{9}\div3\frac{5}{6}=\frac{25}{9}\div\frac{23}{6}=\frac{25}{\underset{3}{\cancel{9}}}\times\frac{\overset{2}{\cancel{6}}}{23}=\frac{50}{69}$

➔ ㉠ $2\frac{5}{8}>$ ㉡ $\frac{50}{69}$

답 ㉡

11 $1\frac{4}{9}\div\frac{4}{5}=\frac{13}{9}\div\frac{4}{5}=\frac{13}{9}\times\frac{5}{4}=\frac{65}{36}=1\frac{29}{36}$ (kg)

답 $1\frac{4}{9}\div\frac{4}{5}=1\frac{29}{36}$, $1\frac{29}{36}$ kg

✔참고 (철근 1 m의 무게)=(철근의 무게)÷(철근의 길이)
몇 m인지 나타내기

12 $3\frac{1}{5}\div\frac{2}{3}=\frac{16}{5}\div\frac{2}{3}=\frac{\overset{8}{\cancel{16}}}{5}\times\frac{3}{\underset{1}{\cancel{2}}}$

$=\frac{24}{5}=4\frac{4}{5}$ (km)

답 $3\frac{1}{5}\div\frac{2}{3}=4\frac{4}{5}$, $4\frac{4}{5}$ km

13 $3\frac{3}{5}\div\frac{3}{4}=\frac{18}{5}\div\frac{3}{4}=\frac{\overset{6}{\cancel{18}}}{5}\times\frac{4}{\underset{1}{\cancel{3}}}$

$=\frac{24}{5}=4\frac{4}{5}$(배)

답 $3\frac{3}{5}\div\frac{3}{4}=4\frac{4}{5}$, $4\frac{4}{5}$배

14 $\frac{1}{3}\div\frac{2}{5}=\frac{1}{3}\times\frac{5}{2}=\frac{5}{6}$

$\frac{5}{6}\div\frac{6}{7}=\frac{5}{6}\times\frac{7}{6}=\frac{35}{36}$

답 $\frac{35}{36}$

✔다른 풀이 $\frac{1}{3}\div\frac{2}{5}\div\frac{6}{7}=\frac{1}{3}\times\frac{5}{2}\times\frac{7}{6}$

$=\frac{1\times5\times7}{3\times2\times6}=\frac{35}{36}$

15 $\frac{3}{8}\div\frac{2}{9}=\frac{3}{8}\times\frac{9}{2}=\frac{27}{16}$

$\frac{27}{16}\div\frac{2}{3}=\frac{27}{16}\times\frac{3}{2}=\frac{81}{32}=2\frac{17}{32}$

답 $2\frac{17}{32}$

✔다른 풀이 $\frac{3}{8}\div\frac{2}{9}\div\frac{2}{3}=\frac{3}{8}\times\frac{9}{2}\times\frac{3}{2}=\frac{81}{32}=2\frac{17}{32}$

16 $2\frac{2}{3}\div\frac{5}{7}\div\frac{4}{5}=\frac{8}{3}\div\frac{5}{7}\div\frac{4}{5}=\frac{\overset{2}{\cancel{8}}}{3}\times\frac{7}{\underset{1}{\cancel{5}}}\times\frac{\overset{1}{\cancel{5}}}{\underset{1}{\cancel{4}}}$

$=\frac{14}{3}=4\frac{2}{3}$

답 $4\frac{2}{3}$

✔참고 세 분수의 곱셈을 할 때 한꺼번에 약분하여 계산해도 됩니다.

17 (높이)$=\frac{3}{7}\times2\div\frac{12}{13}=\frac{6}{7}\div\frac{12}{13}=\frac{\overset{1}{\cancel{6}}}{7}\times\frac{13}{\underset{2}{\cancel{12}}}$

$=\frac{13}{14}$ (m)

답 $\frac{13}{14}$ m

18 (밑변)$=\frac{4}{5}\times2\div\frac{8}{9}=\frac{8}{5}\div\frac{8}{9}=\frac{\overset{1}{\cancel{8}}}{5}\times\frac{9}{\underset{1}{\cancel{8}}}$

$=\frac{9}{5}=1\frac{4}{5}$ (cm)

답 $1\frac{4}{5}$ cm

19 (밑변)$=\frac{5}{7}\times2\div\frac{11}{12}=\frac{10}{7}\div\frac{11}{12}=\frac{10}{7}\times\frac{12}{11}$

$=\frac{120}{77}=1\frac{43}{77}$ (cm)

답 $1\frac{43}{77}$ cm

20 $8\div\frac{3}{5}=8\times\frac{5}{3}=\frac{40}{3}=13\frac{1}{3}$

➔ $13\frac{1}{3}$보다 작은 수 중에서 가장 큰 자연수는 13입니다.

답 13

✔참고 (자연수)÷(분수)에서도 곱셈으로 나타내어 계산할 수 있습니다.

예 $■\div\frac{●}{▲}=■\times\frac{▲}{●}=\frac{■\times▲}{●}$

21 $24\div\frac{32}{19}=\overset{3}{\cancel{24}}\times\frac{19}{\underset{4}{\cancel{32}}}=\frac{57}{4}=14\frac{1}{4}$

➔ $14\frac{1}{4}$보다 작은 수 중에서 가장 큰 자연수는 14입니다.

답 14

22 $9\frac{1}{3}\div\frac{8}{9}=\frac{\overset{7}{\cancel{28}}}{\underset{1}{\cancel{3}}}\times\frac{\overset{3}{\cancel{9}}}{\underset{2}{\cancel{8}}}=\frac{21}{2}=10\frac{1}{2}$

➔ $10\frac{1}{2}$보다 큰 수 중에서 가장 작은 자연수는 11입니다.

답 11

23 어떤 수를 □라 하면

$\square \div \frac{1}{4} = \frac{3}{5}$ ➔ $\square = \frac{3}{5} \times \frac{1}{4} = \frac{3}{20}$입니다.

바른 계산: $\frac{3}{20} \div \frac{3}{4} = \frac{\cancel{3}^{1}}{\cancel{20}_{5}} \times \frac{\cancel{4}^{1}}{\cancel{3}_{1}} = \frac{1}{5}$

답 $\frac{1}{5}$

24 어떤 수를 □라 하면 $\square \div \frac{4}{7} = 4\frac{1}{5}$

➔ $\square = 4\frac{1}{5} \times \frac{4}{7} = \frac{\cancel{21}^{3}}{5} \times \frac{4}{\cancel{7}_{1}} = \frac{12}{5} = 2\frac{2}{5}$입니다.

바른 계산: $2\frac{2}{5} \div 1\frac{3}{4} = \frac{12}{5} \div \frac{7}{4} = \frac{12}{5} \times \frac{4}{7}$

$= \frac{48}{35} = 1\frac{13}{35}$

답 $1\frac{13}{35}$

3 STEP 서술형의 힘 30~31쪽

1-1 (1) $4\frac{1}{2} \div 6 = \frac{9}{2} \div 6 = \frac{\cancel{9}^{3}}{2} \times \frac{1}{\cancel{6}_{2}} = \frac{3}{4}$ (kg)

(2) $\frac{3}{4} \div \frac{1}{8} = \frac{3}{\cancel{4}_{1}} \times \cancel{8}^{2} = 6$(도막)

답 (1) $\frac{3}{4}$ kg (2) 6도막

1-2 모범 답안 ❶ (통 한 개에 담은 우유의 양)

$= 6\frac{1}{4} \div 5 = \frac{25}{4} \div 5 = \frac{\cancel{25}^{5}}{4} \times \frac{1}{\cancel{5}_{1}}$

$= \frac{5}{4} = 1\frac{1}{4}$ (L)

❷ (필요한 컵의 수) $= 1\frac{1}{4} \div \frac{1}{4} = \frac{5}{4} \div \frac{1}{4}$

$= 5 \div 1 = 5$(개)

답 5개

채점 기준

❶ 통 한 개에 담은 우유의 양 구하기	3점	5점
❷ 필요한 컵의 수 구하기	2점	

2-1 (2) $10 > 4 \div \frac{1}{\square}$ ➔ $10 > 4 \times \square$

□=2일 때: $4 \times 2 = 8$, □=3일 때: $4 \times 3 = 12$

따라서 □ 안에 들어갈 수 있는 자연수 중에서 가장 큰 수는 2입니다.

답 (1) ○ | (2) 2

2-2 모범 답안 ❶ $3 \div \frac{1}{\square} = 3 \times \square$이므로

$3 \div \frac{1}{\square} < 11$ ➔ $3 \times \square < 11$입니다.

❷ □=3일 때: $3 \times 3 = 9$, □=4일 때: $3 \times 4 = 12$

❸ 따라서 □ 안에 들어갈 수 있는 자연수 중에서 가장 큰 수는 3입니다.

답 3

채점 기준

❶ 나눗셈식을 곱셈식으로 고침.	3점	5점
❷ □=3, 4일 때 3×□의 값을 구함.	1점	
❸ □ 안에 들어갈 수 있는 가장 큰 자연수를 구함.	1점	

3-1 (2) 진분수의 나눗셈이므로 □는 8보다 큽니다. □는 8보다 크고 11보다 작으므로 9, 10이 될 수 있습니다.

답 (1) $\frac{8}{\square} \div \frac{7}{\square}$ (2) 9, 10 (3) $\frac{8}{9} \div \frac{7}{9}$, $\frac{8}{10} \div \frac{7}{10}$

3-2 모범 답안 ❶ 분모를 □라 하여 분수의 나눗셈식을 써 보면 $\frac{9}{\square} \div \frac{6}{\square}$입니다.

❷ □는 9보다 크고 12보다 작으므로 10, 11이 될 수 있습니다.

❸ 따라서 나눗셈식은 $\frac{9}{10} \div \frac{6}{10}$, $\frac{9}{11} \div \frac{6}{11}$입니다.

답 $\frac{9}{10} \div \frac{6}{10}$, $\frac{9}{11} \div \frac{6}{11}$

채점 기준

❶ 분모를 □라 하여 분수의 나눗셈식으로 나타냄.	2점	5점
❷ □가 될 수 있는 수를 구함.	2점	
❸ 조건을 만족하는 분수의 나눗셈을 모두 구함.	1점	

4-1 (1) 전체를 1이라고 하면 푼 문제 수가 전체의 $\frac{7}{9}$이므로

풀고 남은 문제 수는 전체의 $1 - \frac{7}{9} = \frac{2}{9}$입니다.

(3) $● \times \frac{2}{9} = 8$, $● = 8 \div \frac{2}{9} = \cancel{8}^{4} \times \frac{9}{\cancel{2}_{1}} = 36$(개)

답 (1) $\frac{2}{9}$ (2) $\frac{2}{9}$ / $● \times \frac{2}{9} = 8$ (3) 36개

4-2 모범 답안 ❶ 민지네 반 학생 중에서 안경을 쓰지 않은 학생 수는 전체의 $1-\frac{3}{7}=\frac{4}{7}$입니다.

❷ 민지네 반 학생을 □명이라 하면 $□\times\frac{4}{7}=20$입니다.

❸ ➡ $□=20\div\frac{4}{7}=\overset{5}{\cancel{20}}\times\frac{7}{\underset{1}{\cancel{4}}}=35$(명)

답 35명

채점 기준

❶ 안경을 쓰지 않은 학생 수는 전체의 얼마인지 구함.	1점	5점
❷ 민지네 반 학생 수를 구하는 곱셈식을 세움.	1점	
❸ 민지네 반 학생 수를 구함.	3점	

단원평가 32~34쪽

1 $\frac{2}{5}\div\frac{1}{5}=2\div1=2$ 답 2

2 $□\div\frac{●}{▲}=□\times\frac{▲}{●}$ 답 ( )(○)

3 8과 12의 최소공배수는 24이므로 공통분모를 24로 통분할 수 있습니다.

답 15, 16, 15, 16, $\frac{15}{16}$

✔ 참고 8과 12의 최소공배수 구하기

2) 8 12
2) 4 6
2 3 ➡ 최소공배수: $2\times2\times2\times3=24$

4 답 $\frac{9}{10}$, $\frac{7}{4}$, $1\frac{23}{40}$

5 $4\frac{1}{2}\div\frac{4}{9}=\frac{9}{2}\div\frac{4}{9}=\frac{9}{2}\times\frac{9}{4}=\frac{81}{8}=10\frac{1}{8}$

답 $10\frac{1}{8}$

6 $\frac{5}{12}<\frac{11}{12}$

➡ (큰 수)÷(작은 수)$=\frac{11}{12}\div\frac{5}{12}$

$=11\div5=\frac{11}{5}=2\frac{1}{5}$

답 $2\frac{1}{5}$

7 두 분수를 통분하여 계산하는 방법입니다.

답 예 $\frac{3}{4}\div\frac{5}{9}=\frac{27}{36}\div\frac{20}{36}=27\div20=\frac{27}{20}=1\frac{7}{20}$

8 $4\div\frac{2}{9}=\overset{2}{\cancel{4}}\times\frac{9}{\underset{1}{\cancel{2}}}=18$

➡ $18>15$ 답 >

9 $\frac{4}{7}\div\frac{2}{7}=4\div2=2$

$\frac{9}{11}\div\frac{4}{11}=9\div4=\frac{9}{4}=2\frac{1}{4}$

답

10 다영: $\frac{2}{5}\div\frac{5}{6}=\frac{2}{5}\times\frac{6}{5}=\frac{12}{25}$

준서: $10\div\frac{2}{5}=\overset{5}{\cancel{10}}\times\frac{5}{\underset{1}{\cancel{2}}}=25$ 답 준서

11 (강아지의 무게)÷(햄스터의 무게)

$=\frac{12}{13}\div\frac{3}{13}=12\div3=4$(배) 답 4배

12 $\frac{3}{5}\div\frac{4}{9}=\frac{3}{5}\times\frac{9}{4}=\frac{27}{20}=1\frac{7}{20}>1$

$\frac{7}{9}\div\frac{2}{3}=\frac{7}{\underset{3}{\cancel{9}}}\times\frac{\overset{1}{\cancel{3}}}{2}=\frac{7}{6}=1\frac{1}{6}>1$

$\frac{5}{6}\div\frac{8}{9}=\frac{5}{\underset{2}{\cancel{6}}}\times\frac{\overset{3}{\cancel{9}}}{8}=\frac{15}{16}<1$ 답 ( )( )(○)

13 $\frac{8}{5}\div\frac{4}{15}=\frac{\overset{2}{\cancel{8}}}{\underset{1}{\cancel{5}}}\times\frac{\overset{3}{\cancel{15}}}{\underset{1}{\cancel{4}}}=6$(일) 답 6일

14 $1\frac{2}{3}\div\frac{3}{4}=\frac{5}{3}\div\frac{3}{4}=\frac{5}{3}\times\frac{4}{3}=\frac{20}{9}=2\frac{2}{9}$

$2\frac{2}{9}\div\frac{1}{4}=\frac{20}{9}\div\frac{1}{4}=\frac{20}{9}\times4=\frac{80}{9}=8\frac{8}{9}$

답 $2\frac{2}{9}$, $8\frac{8}{9}$

15 (찰흙 한 덩어리의 무게)

$=2\frac{2}{3}\div\frac{5}{8}=\frac{8}{3}\div\frac{5}{8}=\frac{8}{3}\times\frac{8}{5}$

$=\frac{64}{15}=4\frac{4}{15}$ (kg)

답 $4\frac{4}{15}$ kg

✔ 참고 (찰흙 한 덩어리의 무게)$\times\frac{5}{8}=2\frac{2}{3}$

➡ (찰흙 한 덩어리의 무게)$=2\frac{2}{3}\div\frac{5}{8}$

16 $\square\times\frac{6}{7}=1\frac{7}{8}$

➔ $\square=1\frac{7}{8}\div\frac{6}{7}=\frac{\overset{5}{\cancel{15}}}{8}\times\frac{7}{\underset{2}{\cancel{6}}}$

$=\frac{35}{16}=2\frac{3}{16}$

답 $2\frac{3}{16}$

17 (친구에게 주고 남은 철사의 길이)$=10-4=6$ (m)

➔ $6\div\frac{3}{8}=\overset{2}{\cancel{6}}\times\frac{8}{\underset{1}{\cancel{3}}}=16$(도막)

답 16도막

18 높이가 $\frac{15}{17}$ m일 때 ㉠은 밑변의 길이가 됩니다.

(삼각형의 넓이)$=$(밑변)$\times$(높이)$\div2$

➔ (밑변)$=$(삼각형의 넓이)$\times2\div$(높이)

$=\frac{8}{17}\times2\div\frac{15}{17}=\frac{16}{17}\div\frac{15}{17}$

$=16\div15=\frac{16}{15}=1\frac{1}{15}$ (m)

답 $1\frac{1}{15}$ m

19 모범 답안 ❶ (전체 모래의 양)÷(벽돌 한 개를 만드는 데 필요한 모래의 양)

$=\frac{14}{15}\div\frac{2}{9}=\frac{\overset{7}{\cancel{14}}}{\underset{5}{\cancel{15}}}\times\frac{\overset{3}{\cancel{9}}}{\underset{1}{\cancel{2}}}=\frac{21}{5}=4\frac{1}{5}$

❷ 따라서 벽돌을 4개 만들 수 있습니다.

답 4개

채점 기준

❶ 나눗셈식을 세워서 계산함.	4점	5점
❷ 만들 수 있는 벽돌의 수를 답함.	1점	

20 모범 답안 ❶ (1시간 동안 캐는 조개의 양)

$=5\frac{1}{3}\div\frac{2}{7}=\frac{16}{3}\div\frac{2}{7}$

$=\frac{\overset{8}{\cancel{16}}}{3}\times\frac{7}{\underset{1}{\cancel{2}}}=\frac{56}{3}$(kg)

❷ (2시간 동안 캘 수 있는 조개의 양)

$=\frac{56}{3}\times2=\frac{112}{3}=37\frac{1}{3}$ (kg)

답 $37\frac{1}{3}$ kg

채점 기준

❶ 1시간 동안 캐는 조개의 양을 구함.	3점	5점
❷ 2시간 동안 캘 수 있는 조개의 양을 구함.	2점	

2 단원 소수의 나눗셈

Power 개념의 힘 38~43쪽

개념 1 38~39쪽

개념 확인하기

1 (1) $6.8\div0.4=68\div4$

(2) $68\div4=17$

(3) $6.8\div0.4$는 $68\div4$와 같습니다.

따라서 $68\div4=17$이므로 $6.8\div0.4=17$입니다.

답 (1) (　)(○)(　) (2) 17 (3) 17, 17

2 (1) (소수 두 자리 수)÷(소수 두 자리 수)에서 두 소수를 각각 100배 하여 (자연수)÷(자연수)를 계산하는 것과 같습니다.

➔ $1.56\div0.02=156\div2$

(2) $156\div2=78$ ➔ $1.56\div0.02=78$

답 (1) 2, 78 (2) 78

3 (1) $25.2\div0.7=252\div7=36$

(2) $2.58\div0.06=258\div6=43$

답 (1) 36 (2) 43

개념 다지기

1 (1) 10배

$13.8\div0.6=138\div6$

10배

(2) 100배

$2.07\div0.09=207\div9$

100배

답 (1) 6 (2) 207

2 (1) (소수 한 자리 수)÷(소수 한 자리 수)

↓10배 ↓10배

= (자연수) ÷ (자연수)

(2) (소수 두 자리 수)÷(소수 두 자리 수)

↓100배 ↓100배

= (자연수) ÷ (자연수)

답 (1) 10, 10, 35 / 35 (2) 100, 100, 12 / 12

3 10배

$23.5\div0.5=235\div5=47$

10배

답 235 / 235, 47 / 47

4 (1) $50.4 \div 0.8 = 504 \div 8 = 63$

(2) $2.24 \div 0.14 = 224 \div 14 = 16$

답 (1) 63 (2) 16

5 자릿수가 같은 두 소수의 나눗셈은 두 소수를 똑같이 10배 또는 100배 하여 (자연수)÷(자연수)를 계산한 것과 같습니다.

답 (1) 26 (2) 31

6 $7.2 > 0.3$

➡ (큰 수)÷(작은 수)$= 7.2 \div 0.3 = 72 \div 3 = 24$

답 24

7 $152 \div 4 = 38$ ➡ $15.2 \div 0.4 = 38$(명)

답 38명

개념 2 40~41쪽

개념 확인하기

1 소수 한 자리 수는 분모가 10인 분수로 나타낸 후 분모가 같으므로 분자끼리 나눕니다.

답 72, 6, 72, 6, 12

2 나누는 수와 나누어지는 수가 모두 소수 한 자리 수이므로 소수점을 오른쪽으로 한 자리씩 옮겨서 계산합니다.

답 25, 25 / 25, 15, 15

3 소수 두 자리 수는 분모가 100인 분수로 나타낸 후 분모가 같으므로 분자끼리 나눕니다.

답 378, 42, 378, 42, 9

4 나누는 수와 나누어지는 수가 모두 소수 두 자리 수이므로 소수점을 오른쪽으로 두 자리씩 옮겨서 계산합니다.

답 5, 5 / 5, 255, 0

개념 다지기

1 $18.9 \div 0.9 = \frac{189}{10} \div \frac{9}{10}$

답 (　)
(○)

✔ 참고 나누는 수와 나누어지는 수가 모두 소수 한 자리 수이면 분모가 10인 분수, 소수 두 자리 수이면 분모가 100인 분수로 고칩니다.

2 나누는 수와 나누어지는 수가 모두 소수 한 자리 수이므로 소수점을 각각 오른쪽으로 한 자리씩 옮깁니다.

답 (　)(○)

3 (1)
```
       2 6
0.8)2 0.8
    1 6
    ---
      4 8
      4 8
      ---
        0
```
(2)
```
        1 6
0.31)4.9 6
     3 1
     -----
     1 8 6
     1 8 6
     -----
         0
```

답 (1) 26 (2) 16

4 답 $7.42 \div 0.53 = \frac{742}{100} \div \frac{53}{100} = 742 \div 53 = 14$

5
```
       9
2.7)2 4.3
    2 4 3
    -----
        0
```

답 9

6
```
         6
0.56)3.3 6
     3 3 6
     -----
         0
```
```
         8
0.83)6.6 4
     6 6 4
     -----
         0
```

답 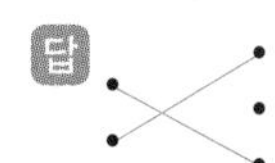

7
```
       1 2
0.9)1 0.8
      9
    -----
      1 8
      1 8
    -----
        0
```

따라서 병은 12개 필요합니다.

답 $10.8 \div 0.9 = 12$, 12개

개념 3 42~43쪽

개념 확인하기

1 답 (1) 1.4, 1080, 1080 (2) 1.4, 108, 108

2 답 (1) 130 (2) 13

3 두 소수를 각각 100배씩 또는 10배씩 하여 계산합니다.

답 (1) 2.6, 222 (2) 1.6, 252

개념 다지기

1 $2.52 \div 1.40 = 252 \div 140$

$2.52 \div 1.4 = 25.2 \div 14$

답 (○)(　)

2 $9.18 \div 5.1 = 918 \div 510 = 91.8 \div 51$

➡ $9.18 \div 5.1 = 1.8$

답 1.8

3 소수점을 오른쪽으로 한 자리씩 옮겨서 계산합니다.

답
$$\begin{array}{r} 3.7 \\ 2.4\overline{)8.88} \\ \underline{72} \\ 168 \\ \underline{168} \\ 0 \end{array}$$

4 $9.45 \div 3.5$ ➔
$$\begin{array}{r} 2.7 \\ 35\overline{)94.5} \\ \underline{70} \\ 245 \\ \underline{245} \\ 0 \end{array}$$

답 2.7

5 7.3의 소수점을 오른쪽으로 한 자리 옮기면 8.76의 소수점도 오른쪽으로 한 자리 옮겨 계산합니다.

답 예
$$\begin{array}{r} 1.2 \\ 7.3\overline{)8.76} \\ \underline{73} \\ 146 \\ \underline{146} \\ 0 \end{array}$$

다른 풀이 8.76의 소수점을 오른쪽으로 두 자리 옮기면 7.3의 소수점도 오른쪽으로 두 자리 옮겨 계산합니다.

6 $6.57 \div 0.9 = 65.7 \div 9 = 7.3$
➔ $7.3 < 7.8$

답 $<$

7 (세라가 던진 공이 날아간 거리)
÷(성연이가 던진 공이 날아간 거리)
$= 9.88 \div 3.8 = 2.6$(배)

답 $9.88 \div 3.8 = 2.6$, 2.6배

1 STEP 기본 유형의 힘 44~47쪽

유형 1 $36.4 \div 2.8 = 364 \div 28 = 13$

답 13, 13

1 (소수 두 자리 수)÷(소수 두 자리 수)는 두 소수를 각각 100배 하여 (자연수)÷(자연수)를 계산하는 것과 같습니다.

답 (위에서부터) 100, 72, 4, 100

2 $27.6 \div 1.2 = 276 \div 12$

답 (   )
(○)

3 두 소수를 각각 100배 하여 자연수의 나눗셈으로 계산합니다.
➔ $5.98 \div 0.13 = 598 \div 13 = 46$

답 $5.98 \div 0.13 = 598 \div 13 = 46$

4 $27.3 \div 3.9 = 273 \div 39 = 7$

답 7 / 10, 39, 39, 7

5 (빨간색 털실의 길이)÷(파란색 털실의 길이)
$= 37.5 \div 1.5 = 375 \div 15 = 25$(배)

답 37.5, 1.5, 375, 15, 25

유형 2 답 96, 6, 96, 6, 16

6 답 $16.2 \div 0.9 = \frac{162}{10} \div \frac{9}{10} = 162 \div 9 = 18$

7 $1.4\overline{)11.2}$ ➔ $14\overline{)112}$

답 112

8 (1)
$$\begin{array}{r} 15 \\ 1.7\overline{)25.5} \\ \underline{17} \\ 85 \\ \underline{85} \\ 0 \end{array}$$
(2)
$$\begin{array}{r} 8 \\ 6.4\overline{)51.2} \\ \underline{512} \\ 0 \end{array}$$

답 (1) 15 (2) 8

9 $37.2 \div 0.6 = 62$, $49.8 \div 8.3 = 6$

답 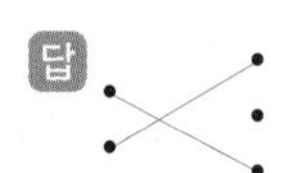

10 $50.4 > 1.8$ ➔ $50.4 \div 1.8 = 28$

답 28

11
$$\begin{array}{r} 19 \\ 0.8\overline{)15.2} \\ \underline{8} \\ 72 \\ \underline{72} \\ 0 \end{array}$$

답 $15.2 \div 0.8 = 19$, 19개

유형 3 답 203, 29, 203, 29, 7

12 답 34, 7

13 답
$$\begin{array}{r} 16 \\ 0.26\overline{)4.16} \\ \underline{26} \\ 156 \\ \underline{156} \\ 0 \end{array}$$

14 답 $7.56 \div 0.42 = \frac{756}{100} \div \frac{42}{100} = 756 \div 42 = 18$

15 (1) $0.17\overline{)14.62}$ 몫 86: 136, 102, 102, 0 (2) $3.92\overline{)27.44}$ 몫 7: 2744, 0

답 (1) 86 (2) 7

16 다영: $1.27\overline{)7.62}$ 몫 6: 762, 0 수호: $0.55\overline{)3.85}$ 몫 7: 385, 0

답 수호

17 $0.92\overline{)7.36}$ 몫 8: 736, 0

답 $7.36 \div 0.92 = 8$, 8배

유형 4 나누는 수 0.4를 10배 하였으므로 나누어지는 수 0.84도 10배 하여 계산합니다.
➡ $0.84 \div 0.4 = 8.4 \div 4 = 2.1$

답 8.4, 2.1

18 $1.9\overline{)5.89}$ 몫 3.1: 57, 19, 19, 0

답 3.1

19 $9.5\overline{)18.05}$ 몫 1.9: 95, 855, 855, 0

답 1.9

20 $0.46\overline{)5.704}$ 몫 12.4: 46, 110, 92, 184, 184, 0 $9.12\overline{)11.856}$ 몫 1.3: 912, 2736, 2736, 0

답 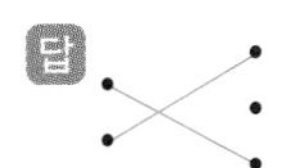

21 $31.08 > 8.4$ ➡ $31.08 \div 8.4 = 3.7$

답 3.7

22 (걸린 시간)=(간 거리)÷(한 시간에 달린 거리)
$= 9.86 \div 5.8 = 1.7$(시간)

답 $9.86 \div 5.8 = 1.7$, 1.7시간

개념의 힘 48~53쪽

개념 4 48~49쪽

개념 확인하기

1 나누는 수가 소수 한 자리 수이므로 분모가 10인 분수의 나눗셈으로 바꿉니다.

답 62, 62, 5

2 나누는 수가 소수 두 자리 수이므로 분모가 100인 분수의 나눗셈으로 바꿉니다.

답 1200, 1200, 48

3 나누는 수와 나누어지는 수의 소수점을 오른쪽으로 한 자리씩 옮겨서 계산합니다.

답 4, 0, 0

4 나누는 수와 나누어지는 수의 소수점을 오른쪽으로 두 자리씩 옮겨서 계산합니다.

답 8, 3400

개념 다지기

1 $4 \div 0.16 = 400 \div 16$

답 $400 \div 16$에 색칠

2 나누는 수가 자연수가 되도록 각각 10배 하여 계산합니다.

답 (위에서부터) 10, 16, 5, 10

3 나누는 수가 자연수가 되도록 각각 100배 하여 계산합니다.

답 (위에서부터) 100, 35, 120, 100

4 나누는 수가 소수 한 자리 수이므로 나누는 수와 나누어지는 수를 분모가 10인 분수로 바꾸어 계산합니다.

답 $13 \div 2.6 = \frac{130}{10} \div \frac{26}{10} = 130 \div 26 = 5$

5 답
$$\begin{array}{r} 25 \\ 1.44\overline{)36.00} \\ \underline{288} \\ 720 \\ \underline{720} \\ 0 \end{array}$$

6 $35 \div 7 = 5$
$35 \div 0.7 = 350 \div 7 = 50$
$35 \div 0.07 = 3500 \div 7 = 500$

답 5, 50, 500

참고 나누어지는 수가 같을 때 나누는 수가 $\frac{1}{10}$배, $\frac{1}{100}$배가 되면 몫은 각각 10배, 100배가 됩니다.

7 ㉠ $40 \div 1.6 = \frac{400}{10} \div \frac{16}{10} = 400 \div 16$

㉡ $23 \div 4.6 = \frac{230}{10} \div \frac{46}{10} = 230 \div 46$

답 ㉡

8 (걸리는 시간)=(전체 거리)÷(1분 동안 달리는 거리)
$= 68 \div 0.85 = 80$(분)

답 $68 \div 0.85 = 80$, 80분

개념 5 50~51쪽

개념 확인하기

1 나눗셈의 몫을 반올림하여 소수 첫째 자리까지 나타내려면 몫의 소수 둘째 자리에서 반올림합니다.

답 둘째에 ○표

2 0.362……
└소수 둘째 자리 숫자
└소수 첫째 자리 숫자

답 6

3 소수 둘째 자리 숫자가 6이므로 반올림하면 0.362…… ➔ 0.4입니다.

답 0.4

4 소수 첫째 자리 숫자가 1이므로 반올림하여 자연수로 나타내면 2입니다.

답 2

5 (1) 0.174…… ➔ 0.17
(2) 0.307…… ➔ 0.31

답 (1) 0.17 (2) 0.31

개념 다지기

1 (1) 1.3…… ➔ 1
(2) 1.366…… ➔ 1.37

답 (1) 첫째, 1 (2) 셋째, 1.37

2
$$\begin{array}{r} 1.58 \\ 3\overline{)4.75} \\ \underline{3} \\ 17 \\ \underline{15} \\ 25 \\ \underline{24} \\ 1 \end{array}$$
$4.75 \div 3 = 1.58$…… ➔ 1.6

답 1.6

3 $18.31 \div 6 = 3.051$…… ➔ 3.05

답 3.05

4 $55.1 \div 7 = 7.87$……
㉠ 반올림하여 자연수로 나타내기: 7.8…… ➔ 8
㉡ 반올림하여 소수 첫째 자리까지 나타내기: 7.87…… ➔ 7.9

답 ㉠

5 $11.2 \div 9 = 1.24$……
반올림하여 소수 첫째 자리까지 나타내기: 1.24…… ➔ 1.2
➔ $1.2 < 1.24$……

답 <

6 (소나무의 높이)÷(밤나무의 높이)
$= 4.57 \div 3 = 1.52$…… ➔ 약 1.5배

답 $4.57 \div 3 = 1.52$……, 약 1.5배

개념 6 52~53쪽

개념 확인하기

1 12.7에서 3씩 4번 뺄 수 있고 0.7이 남습니다.

답 0.7

주의 남는 수가 빼는 수보다 크면 더 뺄 수 있습니다.

2 3씩 4번 뺄 수 있으므로 4개의 병에 담을 수 있습니다.

답 4개

3 12.7에서 3씩 4번 빼고 0.7이 남으므로 병에 담고 남는 물의 양은 0.7 L입니다.

답 0.7 L

4 몫을 자연수 부분까지 구하면 몫은 6이고 나머지에 30.5의 소수점을 그대로 내려 쓰면 남은 수는 0.5입니다.

답 $5\overline{)30.5}$ → 몫 6, $30.5-30=0.5$

5 몫: 6
남은 수: 0.5

답 6, 0.5

6 몫: 6 → 팔 수 있는 귤: 6상자
남은 수: 0.5 → 남는 귤: 0.5 kg

답 6상자, 0.5 kg

개념 다지기

1 $8\overline{)41.3}$ → 몫 5, $41.3-40=1.3$

답 1.3에 ○표

2 답 5, 5, 5, 5, 2.5

3 22.5에서 5씩 4번 뺄 수 있습니다.

답 4개

4 22.5에서 5씩 4번 뺄 수 있고 남는 수는 2.5입니다.

답 2.5 L

참고 남는 수는 나누는 수보다 작아야 합니다.

5 답 7, 3.6

6 $4\overline{)31.6}$ → 몫 7 → 우유 통의 수: 7통
$31.6-28=3.6$ → 남는 우유: 3.6 L

답 7통, 3.6 L

7 $7\overline{)24.2}$ → 몫 3 → 7 m짜리 도막 수: 3도막
$24.2-21=3.2$ → 남는 철사: 3.2 m

답 $7\overline{)24.2}$, 몫 3, $24.2-21=3.2$ / 3도막, 3.2 m

1 STEP 기본 유형의 힘 54~57쪽

유형 5 나누는 수가 소수 한 자리 수이므로 분모가 10인 분수로 나타내어 계산합니다.

답 12, 180, 12, 15

1 나누는 수가 자연수가 되도록 나누는 수와 나누어지는 수의 소수점을 오른쪽으로 한 자리씩 옮겨서 계산합니다.

답 42, 140, 70, 70

2 분모가 10인 분수로 고쳐서 계산합니다.

답 예 $14\div0.4=\frac{140}{10}\div\frac{4}{10}=140\div4=35$

3 (1) $0.6\overline{)27.0}$ → $270\div6$: $27-24=3$, $30-30=0$, 몫 45
(2) $1.4\overline{)91.0}$ → $910\div14$: $91-84=7$, $70-70=0$, 몫 65

답 (1) 45 (2) 65

4 $81\div4.5=810\div45=18$
→ 바르게 계산한 것은 ㉢입니다.

답 ㉢

5 $42\div1.2=35$

답 35

6 $20\div0.8=\frac{200}{10}\div\frac{8}{10}=200\div8=25$(개)

답 $20\div0.8=25$, 25개

유형 6 $6\div0.25=\frac{600}{100}\div\frac{25}{100}=600\div25=24$

답 24

7 분모가 100인 분수로 고쳐서 계산합니다.

답 $24\div0.75=\frac{2400}{100}\div\frac{75}{100}=2400\div75=32$

8 답 16, 150, 150

9 $2.25\overline{)63.00}$ → $6300\div225$: $630-450=180$, $1800-1800=0$, 몫 28

답 28

2 단원 소수의 나눗셈

10 나누는 수가 자연수가 되도록 나누는 수와 나누어지는 수의 소수점을 오른쪽으로 두 자리씩 이동하여 계산하므로 몫은 25가 됩니다.

답 0.28)7.00 = 25 (56, 140, 140, 0)
모범 답안 몫의 소수점을 잘못 찍었습니다.

11 6.28)314.00 = 50 (3140, 0)

답 $314 \div 6.28 = 50$, 50개

유형 7 소수 둘째 자리 숫자가 5이므로 소수 첫째 자리 숫자가 1 커집니다.

답 1.6

12 $3.62 \div 0.7 = 5.171 \cdots\cdots$

몫의 소수 셋째 자리 숫자가 1이므로 반올림하여 소수 둘째 자리까지 나타내면 5.17입니다.

답 5.17

13 ㉡ 나눗셈의 몫을 소수 둘째 자리에서 반올림하면 25.6입니다.

답 ㉠

14 0.9)8.26 = 9.1 (81, 16, 9, 7)

몫을 소수 첫째 자리까지 구하면 9.1입니다.

이 몫을 소수 첫째 자리에서 반올림하면 9입니다.

답 9

15 $12.1 \div 7 = 1.72 \cdots\cdots$ ➔ 1.7
(2이므로 버림)

답 1.7

16 $12.1 \div 7 = 1.728 \cdots\cdots$ ➔ 1.73
(8이므로 올림)

답 1.73

17 $1.1 \div 0.3 = 3.666 \cdots\cdots$이므로 몫을 반올림하여 소수 둘째 자리까지 나타내면 3.67입니다. ➔ 약 3.67배

답 $1.1 \div 0.3 = 3.666 \cdots\cdots$, 약 3.67배

유형 8 $9.5 - 2 - 2 - 2 - 2 = 1.5$ (4번)

9.5에서 2를 4번 뺄 수 있고 1.5가 남습니다.

답 1.5 / 4, 1.5

18 답 $22.3 - 4 - 4 - 4 - 4 - 4 = 2.3$ / 5, 2.3

19 나누어 줄 수 있는 사람 수를 알아보기 위해 계산하는 것이므로 몫을 자연수 부분까지 구해야 합니다.

답 4)22.3 = 5 (20, 2.3) / 5, 2.3

20 먹을 수 있는 날 수를 알아보기 위해 계산하는 것이므로 몫을 자연수 부분까지 구해야 합니다.

답 자연수에 ○표

21 답 3)25.8 = 8 (24, 1.8)

22 몫을 자연수 부분까지 구하여 먹을 수 있는 날 수를 답하고, 남은 수를 구하여 남는 쌀의 양을 답합니다.

답 8일, 1.8 kg

2 STEP 응용 유형의 힘 58~61쪽

1 730.8의 소수점의 위치와 같게 몫의 소수점을 찍으면 5.8입니다.

답 5.8

2 답 14.9

3 답 41.7

4 (건물의 높이)÷(나무의 높이)

$= 25.5 \div 8.5 = 3$(배)

답 $25.5 \div 8.5 = 3$, 3배

5 (탁자의 무게)÷(의자의 무게)

$= 52.5 \div 2.5 = 21$(배)

답 $52.5 \div 2.5 = 21$, 21배

6 (수영장의 넓이)÷(바비큐장의 넓이)
=78.08÷9.76=8(배)

답 8배

7

```
    0.6 6
 9 )6.0 0
    5 4
      6 0
      5 4
        6
```

6÷9=0.66……이므로 소수 둘째 자리 숫자를 버립니다. ➡ 0.6

답 0.6

8

```
    0.8 3 3
 6 )5.0 0
    4 8
      2 0
      1 8
        2 0
        1 8
          2
```

5÷6=0.833……이므로 소수 셋째 자리 숫자를 올립니다. ➡ 0.84

답 0.84

9 8÷3=2.6……
물을 2번 덜어 내면 남는 물이 있으므로 소수 첫째 자리에서 올림합니다.
따라서 3번만에 모두 덜어 낼 수 있습니다.

답 첫째에 ○표, 올림에 ○표 / 3번

10

```
    2 1
 4 )8 7.8
    8
      7
      4
      3.8
```

➡ 자연수 부분까지의 몫: 21, 남는 수: 3.8

답 21, 3.8

11

```
    1 3
 6 )7 8.3
    6
    1 8
    1 8
      0.3
```

➡ 자연수 부분까지의 몫: 13, 남는 수: 0.3

답 13, 0.3

12

```
         6
 1 4 )8 8.7
      8 4
        4.7
```

➡ 자연수 부분까지의 몫: 6, 남는 수: 4.7

답 6, 4.7

13 7.4÷9=0.8222……
몫의 소수 둘째 자리부터 숫자 2가 반복되므로 소수 8째 자리 숫자는 2입니다.

답 2

14 1.3÷3.3=0.3939……
몫의 소수 첫째 자리부터 숫자 3, 9가 반복되므로 소수 9째 자리 숫자는 3입니다.

답 3

15 2.45÷1.2=2.041666……
몫의 소수 넷째 자리부터 숫자 6이 반복되므로 소수 20째 자리 숫자는 6입니다.

답 6

16 (가로)=(직사각형의 넓이)÷(세로)
=9.12÷2.4=3.8 (cm)

답 3.8 cm

17 (밑변의 길이)=(평행사변형의 넓이)÷(높이)
=42.7÷6.1=7 (cm)

답 7 cm

18 (다른 대각선의 길이)
=(마름모의 넓이)×2÷(한 대각선의 길이)
=28.88×2÷7.6
=57.76÷7.6=7.6 (cm)

답 7.6 cm

19 5.□÷0.9=6 ➡ 0.9×6=5.□이므로 □=4입니다.

답 4, 4

20

```
          ㉠ 2
 3.2 )3 8.㉡
      3 2
        6 ㉡
        6 ㉡
           0
```

38.□÷3.2=38□÷32입니다.
32×㉠=32 ➡ ㉠=1
32×2=6㉡ ➡ ㉡=4

답 1, 4, 4, 64

21 12.6÷□=7 ➡ 12.6÷7=□이므로 □=1.8입니다.

답 1.8

2 단원 소수의 나눗셈

22 몫이 가장 크게 되도록 하려면 숫자 카드 3장 중 2장을 사용하여 가장 큰 두 자리 수를 만들어 나누어지는 수 자리에 쓰고, 남은 숫자 카드 1장으로 나누는 수를 가장 작게 만들어 쓰면 됩니다.

→ $74 \div 0.2 = 370$

답 0.[2])[7][4] / 370

23 몫이 가장 크게 되도록 하려면 숫자 카드 3장 중 2장을 사용하여 가장 큰 두 자리 수를 만들어 나누어지는 수 자리에 쓰고, 남은 숫자 카드 1장으로 나누는 수를 가장 작게 만들어 쓰면 됩니다.

→ $84 \div 0.3 = 280$

답 0.[3])[8][4] / 280

24 몫이 가장 크게 되도록 하려면 숫자 카드 3장 중 2장을 사용하여 가장 큰 소수 한 자리 수를 만들어 나누어지는 수 자리에 쓰고, 남은 숫자 카드 1장으로 나누는 수를 가장 작게 만들어 쓰면 됩니다.

→ $9.6 \div 0.4 = 24$

답 0.[4])[9].[6] / 24

3 STEP 서술형의 힘 62~63쪽

1-1 (1) $8.8 - 0.4 = 8.4$ (kg)

(2) $8.4 \div 0.2 = 42$(개)

답 (1) 8.4 kg (2) 42개

1-2 모범 답안 ❶ (설탕만의 무게)$= 12.92 - 1.3 = 11.62$ (kg)

❷ (필요한 그릇 수)$= 11.62 \div 1.66 = 7$(개)

답 7개

채점 기준

❶ 설탕만의 무게 구하기	2점	5점
❷ 필요한 그릇 수 구하기	3점	

2-1 (1) $25.3 \div 3 = 8.4\cdots\cdots$이므로 몫을 소수 첫째 자리까지 구하면 8.4입니다.

(2) 8.4의 소수 첫째 자리 수를 올립니다.

(3) $25.3 \div 3 = 8.4\cdots\cdots$이므로 숯은 3 kg씩 8상자가 되고 남는 것도 1상자가 되므로 올림하여 자연수로 나타내어 답합니다.

답 (1) 8.4 (2) 9 (3) 9상자

2-2 모범 답안 ❶ $73.7 \div 6 = 12.2\cdots\cdots$이므로 몫을 소수 첫째 자리까지 구하면 12.2입니다.

❷ 12.2를 올림하여 자연수로 나타내면 13입니다.

❸ 따라서 귤은 모두 13상자가 됩니다.

답 13상자

채점 기준

❶ 73.7÷6의 몫을 소수 첫째 자리까지 구하기	3점	5점
❷ ❶에서 구한 몫을 올림하여 자연수로 나타내기	1점	
❸ 귤이 모두 몇 상자가 되는지 구하기	1점	

3-1 (2) $864 \div 24$ → $8.64 \div 0.24$

(3) $8.64 \div 0.24 = 864 \div 24 = 36$

답 (1) 36 (2) 8.64, 0.24 (3) 8.64, 0.24, 36

3-2 모범 답안 ❶ $888 \div 37 = 24$입니다.

❷ 나눗셈식은 $8.88 \div 0.37$이므로

❸ 나눗셈식을 계산하여 나타내면 $8.88 \div 0.37 = 24$입니다.

답 $8.88 \div 0.37 = 24$

채점 기준

❶ 888÷37의 몫 구하기	1점	5점
❷ 조건에 알맞은 나눗셈식 구하기	2점	
❸ ❷에서 구한 나눗셈식 계산하기	2점	

4-1 (1) (사다리꼴의 넓이)

$=$ {(윗변의 길이)$+$(아랫변의 길이)}$\times$(높이)$\div 2$

(2) $(6.4 + ●) \times 7.5 \div 2 = 60.75$

→ $(6.4 + ●) \times 7.5 = 60.75 \times 2 = 121.5$

$6.4 + ● = 121.5 \div 7.5 = 16.2$

$● = 16.2 - 6.4 = 9.8$

(3) $● = 9.8$이므로 사다리꼴의 아랫변의 길이는 9.8 m입니다.

답 (1) 6.4, 7.5, 2, 60.75 (2) 9.8 (3) 9.8 m

4-2 모범 답안 ❶ 윗변의 길이를 □ m라 하여 식을 세우면 $(□ + 6.5) \times 3.5 \div 2 = 15.05$입니다.

❷ $(□ + 6.5) \times 3.5 = 30.1$, $□ + 6.5 = 8.6$, $□ = 2.1$입니다.

❸ $□ = 2.1$이므로 사다리꼴의 윗변의 길이는 2.1 m입니다.

답 2.1 m

채점 기준

❶ 윗변의 길이를 □ m라 하여 식 세우기	2점	5점
❷ □의 값 구하기	2점	
❸ 윗변의 길이 구하기	1점	

단원평가 64~66쪽

1 두 소수를 각각 10배 하여 나눕니다.

답 (위에서부터) 10, 17, 46, 10 / 46

2 바른 계산: $3.44 \div 0.43 = \frac{344}{100} \div \frac{43}{100} = 344 \div 43 = 8$

답 ×

3 몫을 반올림하여 소수 첫째 자리까지 나타내기:

$3.17\cdots\cdots$ ➜ 3.2

답 3.2

4

```
        1.7
  1.2)2.0 4
      1 2
        8 4
        8 4
          0
```

답 1.7

5 나누는 수와 나누어지는 수의 소수점을 오른쪽으로 똑같이 옮겨야 합니다.

$5.28 \div 4.3$ ➜ ㉢ $52.8 \div 43$

답 ㉢

6

```
          3.3
  4.7)1 5.5 1
      1 4 1
        1 4 1
        1 4 1
            0
```

답 3.3

7 $35 \div 2.5 = 14$, $51 \div 3.4 = 15$

답 (○)(   )

8 나누어지는 수가 같을 때 나누는 수가 $\frac{1}{10}$배, $\frac{1}{100}$배가 되면 몫은 각각 10배, 100배가 됩니다.

답 4, 400

9 $45 \div 7 = 6.42\cdots\cdots$에서 소수 둘째 자리에서 반올림하면 6.4입니다.

➜ $6.4 < 6.42\cdots\cdots$

답 <

10 $3.6 \div 1.3 = 2.769\cdots\cdots$

- 소수 첫째 자리까지 나타내기: 2.8
- 소수 둘째 자리까지 나타내기: 2.77

답

11 몫을 자연수 부분까지 구하여 팔 수 있는 상자 수로 답합니다.

답 준서

12 (전체 리본의 길이)÷(리본 한 도막의 길이)

$= 13.5 \div 2.7 = 5$(도막)

답 $13.5 \div 2.7 = 5$, 5도막

13 ㉠ $7 \div 0.28 = 25$ ㉡ $10.08 \div 2.4 = 4.2$

➜ ㉠ 25 > ㉡ 4.2

답 ㉡

14 9.75에서 2를 4번 뺄 수 있고 1.75가 남습니다.

답 $9.75 - 2 - 2 - 2 - 2 = 1.75$, 4개, 1.75 m

15 $90 \div 7.5 = 12$, $12 \div 0.32 = 37.5$

답 12, 37.5

16 $27.28 \div 4.4 = 6.2$

따라서 6.2보다 작은 자연수는 1, 2, 3, 4, 5, 6으로 모두 6개입니다.

답 6개

17 $4 \div 11 = 0.3636\cdots\cdots$으로 소수점 아래 숫자가 3, 6으로 반복합니다.

➜ 소수 13째 자리는 홀수째 자리이므로 숫자 3이 됩니다.

답 3

18 (가 철사의 길이)÷(나 철사의 길이)

$= 5.63 \div 1.46 = 3.856\cdots\cdots$ ➜ 3.86

따라서 가 철사의 길이는 나 철사의 길이의 약 3.86배입니다.

답 약 3.86배

19 모범 답안 ❶ (평행사변형의 넓이)=(밑변의 길이)×(높이)

➜ (높이)=(평행사변형의 넓이)÷(밑변의 길이)

❷ (높이)$= 15.36 \div 5.12 = 3$ (cm)

답 3 cm

채점 기준

❶ 높이를 구하는 식을 씀.	1점	5점
❷ 높이를 구함.	4점	

20 모범 답안 ❶ $57.9 \div 7$의 몫을 자연수 부분까지 구하면 8이고, 이때 남는 수는 1.9입니다.

❷ 팔 수 있는 소금은 8자루이고 남는 소금은 1.9 kg입니다.

답 8자루, 1.9 kg

채점 기준

❶ $57.9 \div 7$의 몫을 자연수 부분까지 구하고 남는 수를 구함.	3점	5점
❷ 팔 수 있는 소금은 몇 자루이고 남는 소금은 몇 kg인지 구함.	2점	

2 단원 소수의 나눗셈

3 단원 공간과 입체

개념의 힘 70~73쪽

개념 1 70~71쪽

개념 확인하기

1 답 (1) ② (2) ③

2 1층: 4개, 2층: 2개 → $4+2=6$(개) 답 6개

3 1층: 5개, 2층: 2개 → $5+2=7$(개) 답 7개

✔ 참고 뒤에 보이지 않는 쌓기나무가 1개 있습니다.

개념 다지기

1 답 (○) ( )

2 핸드폰이 눕혀져 있기 때문에 ㉣은 찍을 수 없는 사진입니다. 답 ㉣

✔ 참고 ㉠은 선진, ㉡은 지후, ㉢은 찬영이가 찍을 수 있는 사진입니다.

3 답 선진, 지후

4 답 다

5 ㉠ 자리에 1개 또는 2개가 쌓여 있을 수 있습니다.
1층: 4개, 2층: 2개 또는 3개, 3층: 1개
→ $4+2+1=7$(개) 또는 $4+3+1=8$(개)
답 예 7~8개

6 1층: 6개, 2층: 3개, 3층: 2개
→ $6+3+2=11$(개) 답 11개

개념 2 72~73쪽

개념 확인하기

1 (1) 앞에서 보면 왼쪽부터 차례로 3층, 1층, 2층까지 쌓여 있으므로 앞에서 본 모양은 나입니다.
(2) 옆에서 보면 왼쪽부터 차례로 3층, 2층까지 쌓여 있으므로 옆에서 본 모양은 다입니다.
답 (1) 나 (2) 다

2 답 ( ) (○)

3 1층에 7개, 2층에 3개이므로 $7+3=10$(개)입니다.
답 10개

개념 다지기

1 앞에서 보면 왼쪽부터 3층, 1층, 1층까지 쌓여 있습니다.
답 ( ) ( ) (○)

2 왼쪽부터 차례로 가장 높은 층을 알아봅니다.
→ 3층, 2층, 1층으로 그립니다.
답

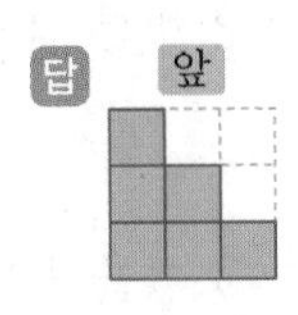

3 왼쪽부터 차례로 1층, 3층, 3층으로 그립니다.
답

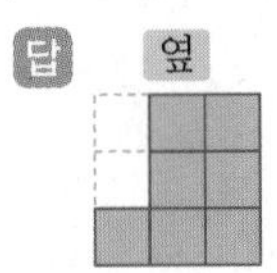

4 위에서 본 모양은 모두 같습니다.
앞에서 본 모양대로 쌓은 것은 가, 다이고 이 중 옆에서 본 모양대로 쌓은 것은 다입니다.
답 다

5 1층: 6개, 2층: 2개, 3층: 1개
→ $6+2+1=9$(개)
답 9개

6 답

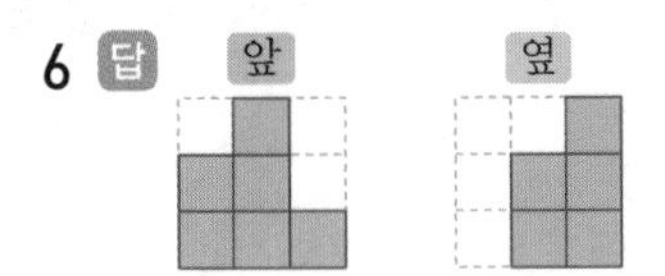

1 STEP 기본 유형의 힘 74~77쪽

유형 1 은채가 있는 방향에서 찍은 사진은 왼쪽 사진입니다.
답 (○) ( )

1 초록색 받침대의 위치가 앞에서 본 모양의 반대쪽에 있으므로 ④ 뒤에서 찍은 사진입니다.
답 ④

2 옆에서 찍은 사진이고 ③ 오른쪽에서 찍어야 초록색 모양이 나옵니다.
답 ③

3 왼쪽에서 사진을 찍으면 앞에 배구공이 보이고 뒤에 농구공이 조금 보입니다.
답 가

4 앞에서 본 모양에서 좌우 위치가 바뀐 사진이 뒤에서 찍은 사진입니다.
답 나

5 가: 왼쪽에서 찍은 사진　　나: 뒤에서 찍은 사진
다: 찍을 수 없는 사진　　라: 오른쪽에서 찍은 사진

답 다

유형 2 위에서 본 모양을 보면 보이지 않는 부분에 쌓기나무는 없습니다. 따라서 필요한 쌓기나무는 12개입니다. 답 12개

6 주어진 모양의 뒷쪽의 보이지 않는 쌓기나무가 없을 때 돌린 모양은 가, 1개 있을 때 돌린 모양은 나입니다. 답 다

7 답 (○)(　)(　)

8 보이지 않는 부분에 쌓기나무가 0개 또는 1개일 수 있습니다. 따라서 필요한 쌓기나무는 8개 또는 9개입니다.

답 (　)(○)(○)

9 위에서 본 모양을 보면 뒷쪽의 보이지 않는 쌓기나무가 1개 있다는 것을 알 수 있습니다.

답 9개

10 위에서 본 모양을 보면 뒷쪽의 보이지 않는 부분에 쌓기나무가 없습니다. 따라서 필요한 쌓기나무는 7개입니다.

답 수호

11 우진: 1층에 4개, 2층에 3개, 3층에 1개
➡ $4+3+1=8$(개)
수영: 1층에 4개, 2층에 3개, 3층에 2개
➡ $4+3+2=9$(개)

답 8개, 9개

12 답 수영

13 1층에 9개, 2층에 7개, 3층에 6개
➡ $9+7+6=22$(개)

답 22개

유형 3 오른쪽 모양으로 쌓아야 하므로 필요한 쌓기나무는 7개입니다.

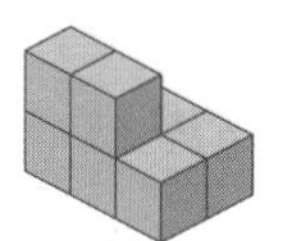

답 7개

14 답 앞

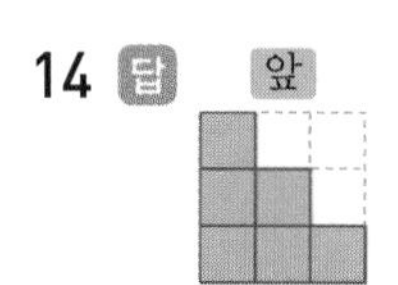

15 답 옆

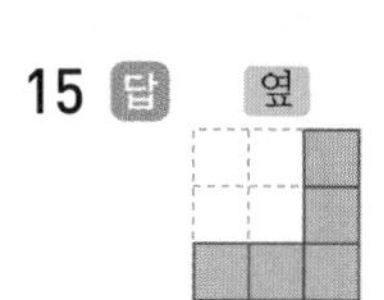

16 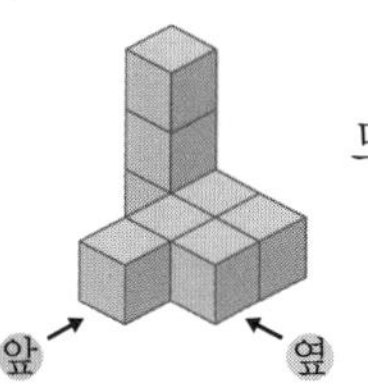

모양으로 쌓을 수 있습니다.

답 옆

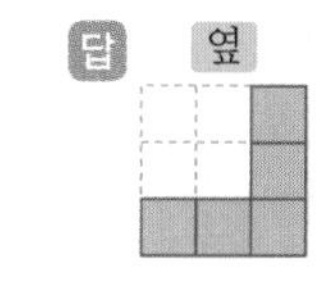

17 답 나

18 나의 쌓기나무는 $5+2=7$(개)입니다.

답 7개

19 위에서 본 모양에 알맞은 모양은 가입니다.
가의 쌓기나무는 $6+1+1=8$(개)입니다. 답 가, 8개

20 가, 나를 위, 앞, 옆에서 본 모양을 알아봅니다.

답 가에 ○표 / 앞, 옆에 ○표

21 가를 앞에서 본 모양이나 옆에서 본 모양이 상자의 구멍의 모양과 같으므로 가를 상자에 넣을 수 있습니다.

답 가

22 나를 앞에서 본 모양은 [그림] 입니다.

답 가, 다

Power 개념의 힘　78~83쪽

개념 3　78~79쪽

개념 확인하기

1 답 3, 1

2 $2+2+3+1=8$(개) 답 8개

3 답 2층, 3층, 3층

4 답 앞

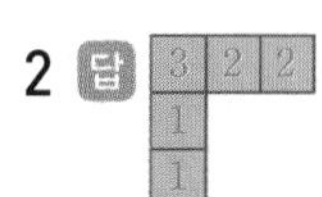

개념 다지기

1 답 (　)(○)

2 답

3	2	2
1		
1		

3 위에서 본 모양에 쓴 수를 모두 더합니다.
➡ $3+2+2+1+1=9$(개) 답 9개

4 앞에서 보면 왼쪽부터 차례로 3층, 2층으로 보이므로 알맞은 모양을 찾으면 ㉡입니다. 답 ㉡

5 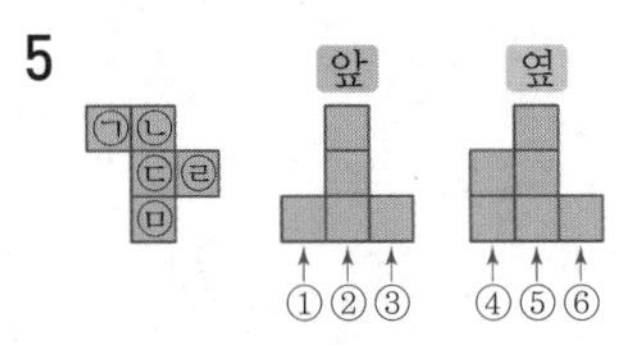

㉠: ①을 보면 1
㉡: ⑥을 보면 1
㉢: ②, ⑤를 보면 3
㉣: ③을 보면 1
㉤: ④를 보면 2

답 위 1 1 3 1 2 ← 옆 ↑ 앞

6 $1+1+3+1+2=8$(개)

답 8개

개념 4 80~81쪽

개념 확인하기

1 2층: 1층 모양에서 색칠된 부분 중 2층에 있는 것을 찾습니다.
3층: 2층 모양에서 색칠된 부분 중 3층에 있는 것을 찾습니다.

답 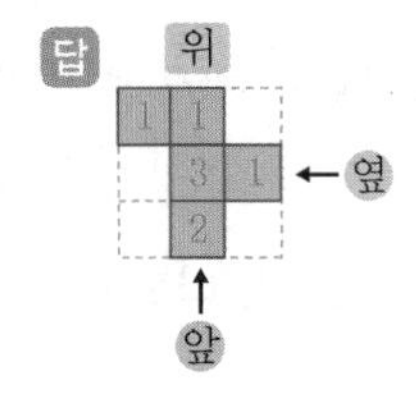

✔주의 3층 모양을 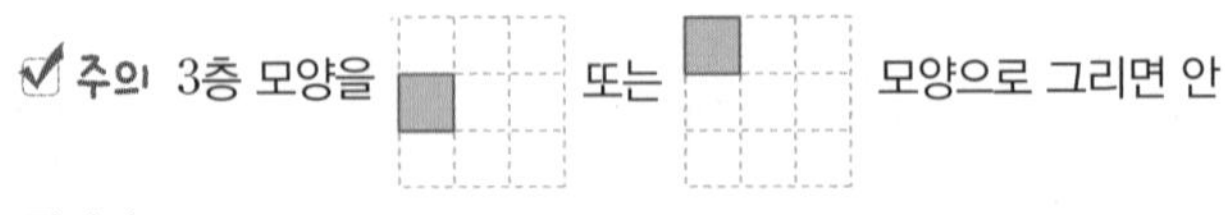 또는 모양으로 그리면 안 됩니다.

2 1층에 5개가 그려져 있습니다. ➜ 5개
2층에 4개가 그려져 있습니다. ➜ 4개
3층에 3개가 그려져 있습니다. ➜ 3개 답 5, 4, 3

3 $5+4+3=12$(개) 답 12개

개념 다지기

1 답 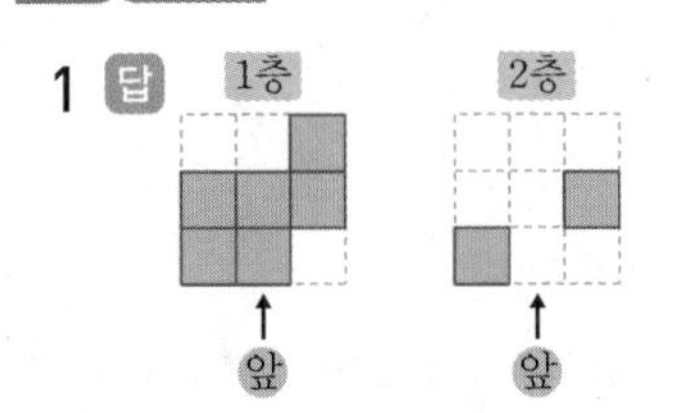

2 답 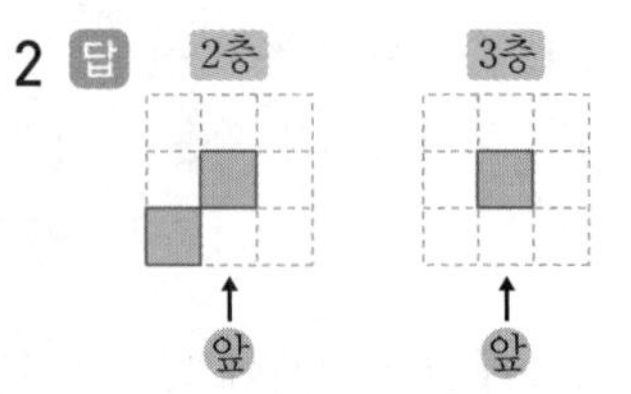

3 위에서 본 모양은 1층의 모양과 같습니다. 답 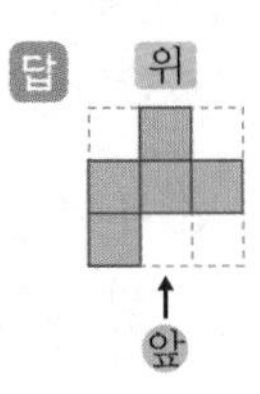

4 답 나

5 1층: 4개, 2층: 3개, 3층: 2개
➜ $4+3+2=9$(개) 답 9개

6 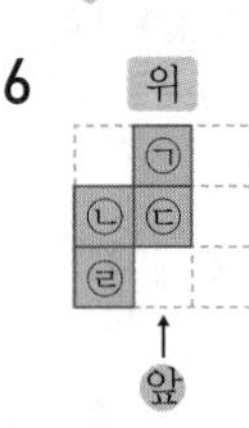

㉠: 1, 2, 3층에 있습니다. ➜ 3개
㉡: 1, 2층에 있습니다. ➜ 2개
㉢: 1층에만 있습니다. ➜ 1개
㉣: 1, 2, 3층에 있습니다. ➜ 3개

답 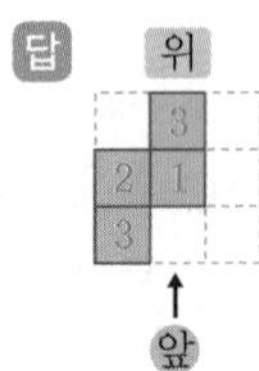

7 $3+2+1+3=9$(개) 답 9개

개념 5 82~83쪽

개념 확인하기

1 (1) (3) 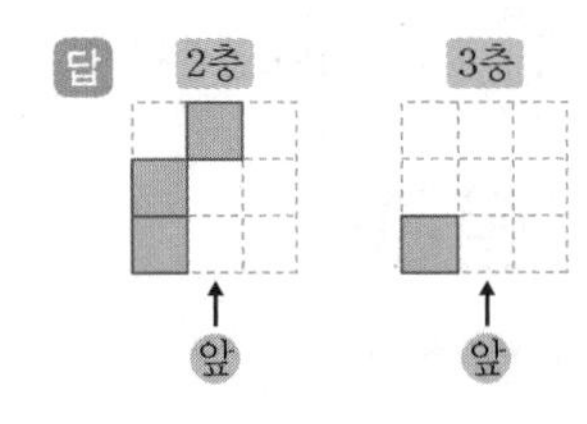

답 (1) ○ (2) × (3) ○

2 답 (1) ○ (2) ×

개념 다지기

1 주어진 모양의 2층에 1개를 더 붙이면 ㉠을 만들 수 있습니다.

답 ㉠

2 가 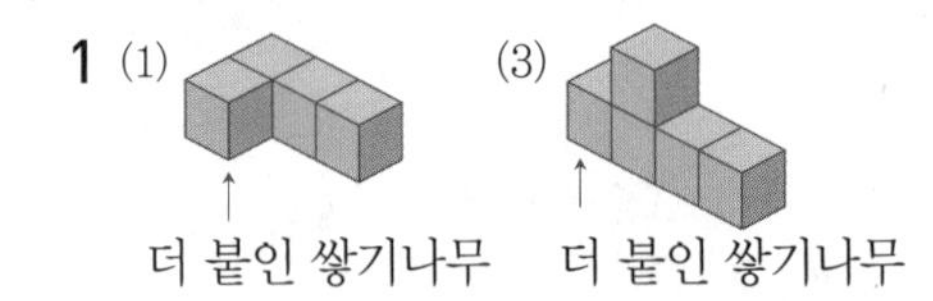

답 가

3 답 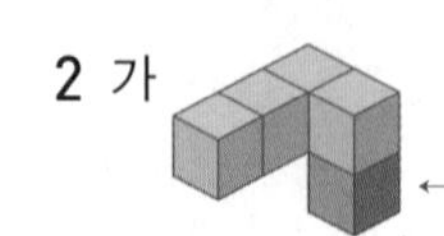
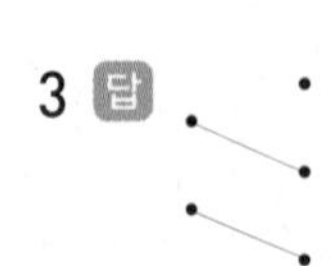

4 다영 → 다영 + 세라

답 나

5 ㉠

답 ㉠

6 답

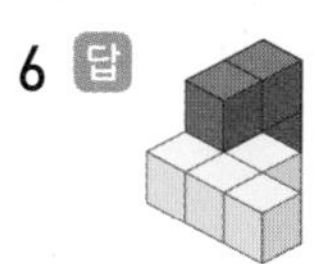

1 STEP 기본 유형의 힘 84~87쪽

유형 4 (쌓기나무의 개수)$=3+2+1+1+1=8$(개)

답 2, 1, 1, 1 / 8개

1 답

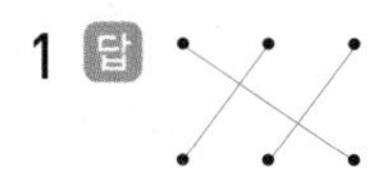

2 답

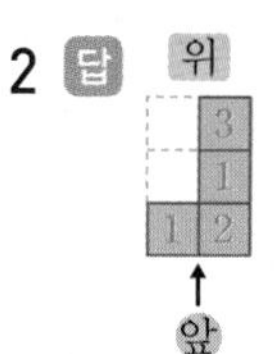

3 옆에서 보면 왼쪽부터 차례로 2층, 1층, 3층으로 보입니다.

답

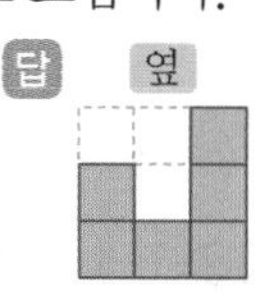

4 (쌓기나무의 개수)

$=1+3+1+1+2+1=9$(개)

답 9개

유형 5 답

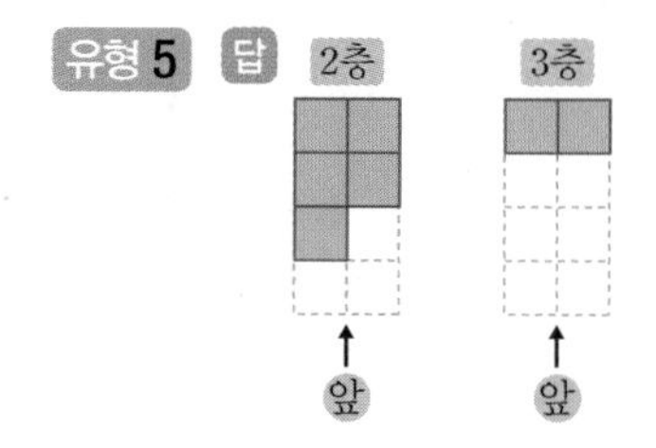

5 답 가, 나

6 위 5에서 찾은 모양 중 2층 모양도 맞는 것을 찾으면 나입니다.

답 나

7 1층: 6개, 2층: 3개, 3층: 2개

➔ $6+3+2=11$(개)

답 6, 3, 2 / 6, 3, 2, 11

8 답

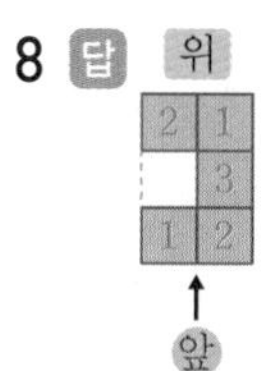

9 위에서 본 모양에 쓴 수를 모두 더합니다.

➔ $2+1+3+1+2=9$(개)

답 9개

10 1층에 쌓기나무가 있는 곳에 2층으로 쌓을 수 있습니다.

답 (　) (○) (　)

11 ➔ 앞에서 보면 왼쪽부터 차례로 3층, 3층, 1층으로 보입니다.

답

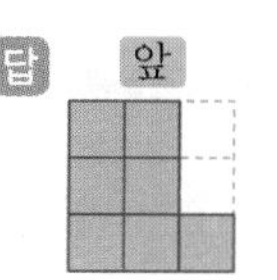

12 1층: 6개, 2층: 4개, 3층: 3개

➔ $6+4+3=13$(개)

답 13개

유형 6

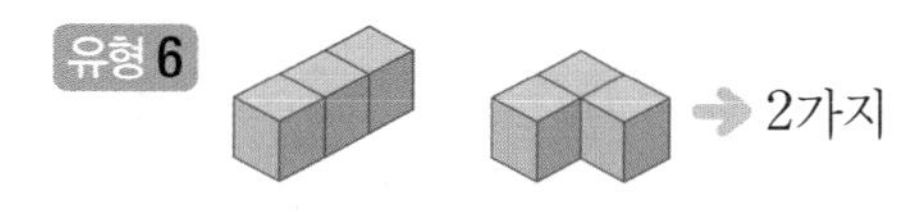

답 2가지

13

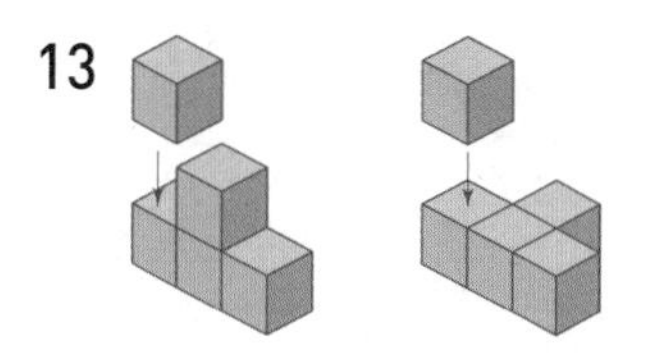

답 (○) (　) (○)

14

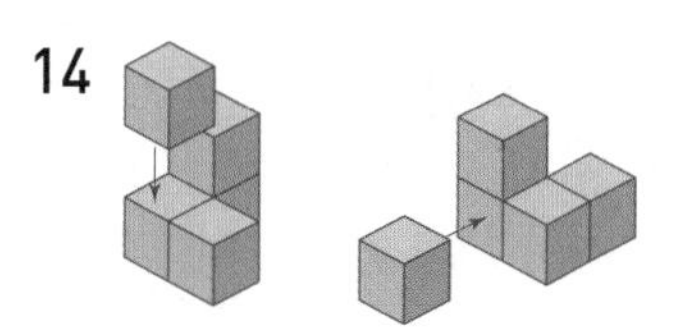

답 (○) (○) (　)

15

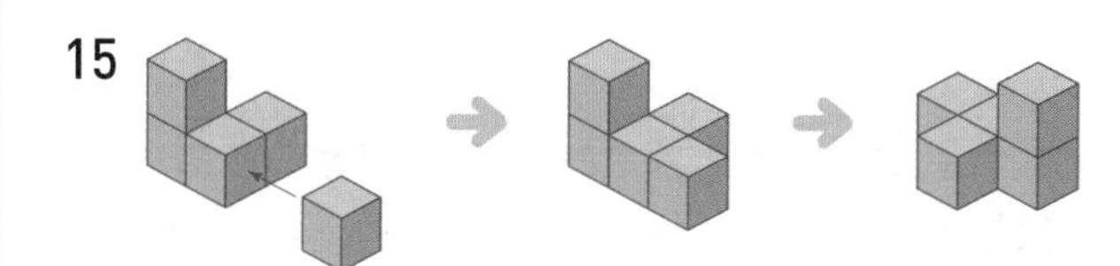

답 ㉢

16 뒤집거나 돌렸을 때 같은 모양이 아닌 것을 찾으면 ④입니다.

답 ④

17 뒤집거나 돌렸을 때의 모양을 생각해 보고 같은 모양이 되는 것을 찾습니다.

답

유형 7 답 ( ) (○) (○)

18 승우는 와 으로 만들었습니다.

답 유진

19 답 (1) (2)

2 STEP 응용 유형의 힘 88~91쪽

1 ㉠을 앞에서 본 모양: , ㉡을 앞에서 본 모양:

답 ㉢

2 ㉠을 옆에서 본 모양:

㉢을 옆에서 본 모양:

답 ㉡

3 답 ㉠

4 나 라

답 나, 라

5 가 나 다 라

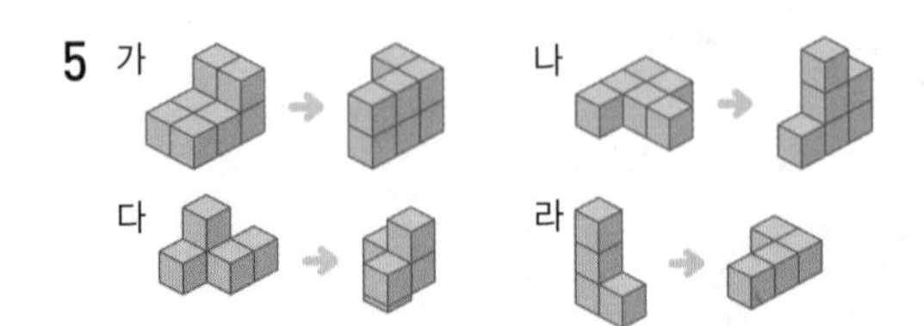

답 가, 나, 다, 라

6 1층에 쌓은 쌓기나무의 개수는 칸의 수와 같으므로 5개입니다.

답 5개

7 2층에 쌓은 쌓기나무의 개수는 수가 2 이상인 칸의 수와 같으므로 4개입니다.

답 4개

8 3층에 쌓은 쌓기나무의 개수는 수가 3 이상인 칸의 수와 같으므로 2개입니다.

답 2개

9

답 다

10

답 가

11 보이지 않는 ㉠ 자리에 쌓기나무가 1개 또는 2개 쌓여 있을 수 있습니다.

답

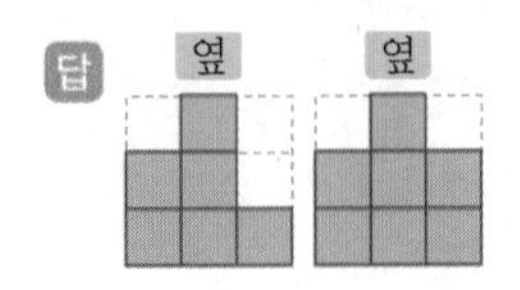

12 보이지 않는 ㉠ 자리에 쌓기나무가 1개 또는 2개 쌓여 있을 수 있습니다.

답

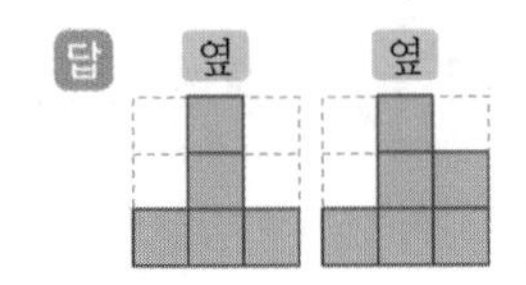

13 1층: 5개, 2층: 3개, 3층: 1개

(사용한 쌓기나무의 개수)$=5+3+1=9$(개)

➜ (남는 쌓기나무의 개수)$=13-9=4$(개)

답 4개

14 1층: 5개, 2층: 4개, 3층: 2개

(사용한 쌓기나무의 개수)$=5+4+2=11$(개)

➜ (남는 쌓기나무의 개수)$=16-11=5$(개)

답 5개

15 1층: 9개, 2층: 3개, 3층: 1개

(필요한 쌓기나무의 개수)$=9+3+1=13$(개)

➜ (더 필요한 쌓기나무의 개수)$=13-8=5$(개)

답 5개

16

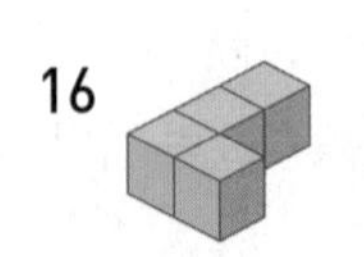

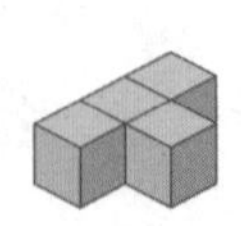

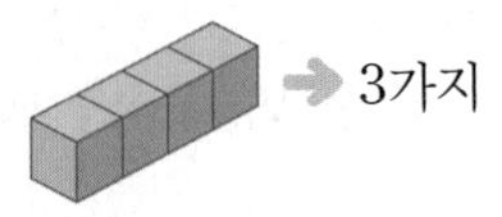

➜ 3가지

답 3가지

17 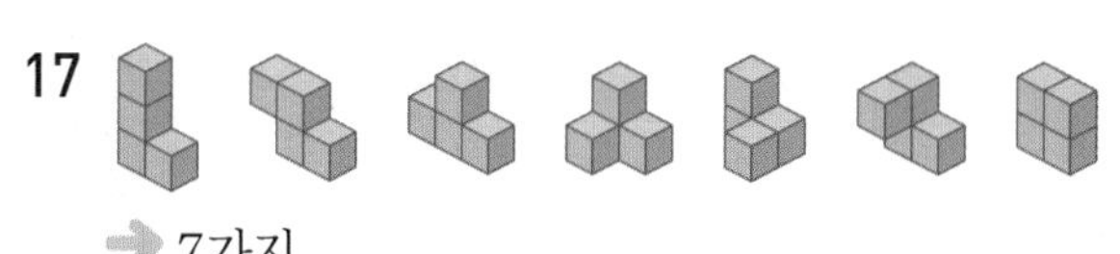

➔ 7가지

답 7가지

18 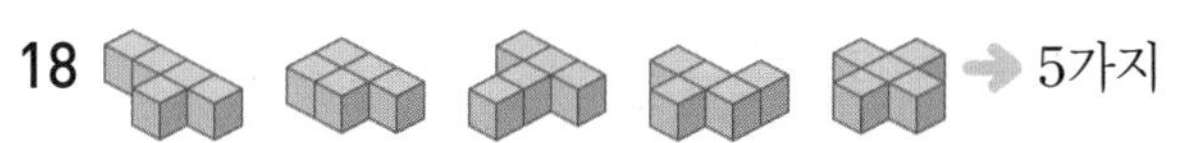

답 5가지

19 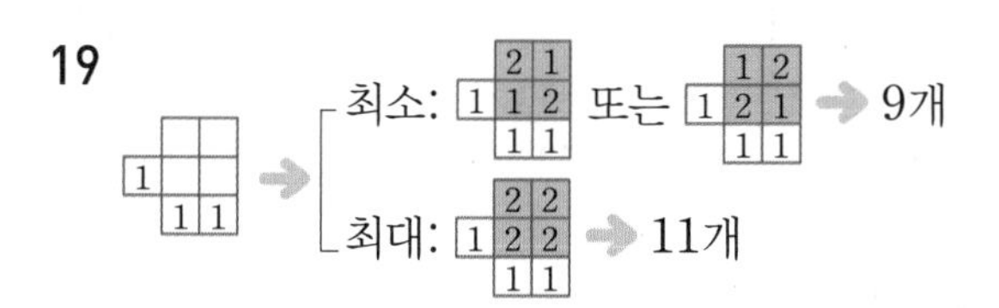

답 9개, 11개

20 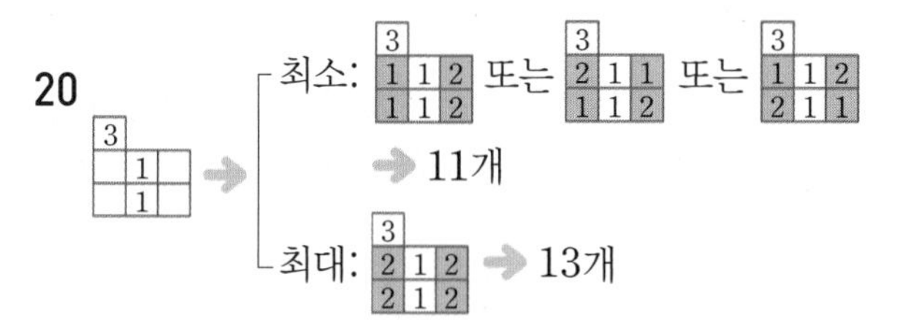

답 11개, 13개

3 STEP 서술형의 힘 92~93쪽

1-1 (2) 앞에서 본 모양: 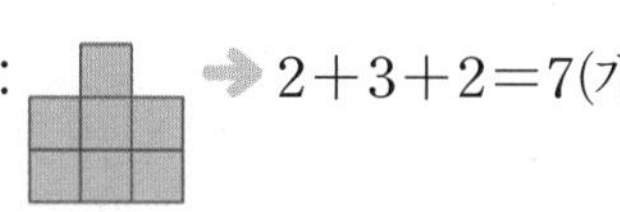 ➔ $2+3+2=7$(개)

답 (1) 2, 3, 2 (2) 7개

1-2 모범 답안 ❶ 앞에서 볼 때 왼쪽부터 차례로 가장 큰 수는 1, 3, 2입니다.

❷ 앞에서 보면 왼쪽부터 차례로 1층, 3층, 2층으로 보이므로 $1+3+2=6$(개)가 보입니다.

답 6개

채점 기준

❶ 앞에서 볼 때 가장 큰 수를 차례로 알아봄.	3점	5점
❷ 앞에서 본 모양에서 보이는 쌓기나무의 개수를 구함.	2점	

2-1 (1)

3	3	2
1		
1		

➔ $3+3+2+1+1=10$(개)

(2) $10-7=3$(개)

답 (1) 10개 (2) 3개

2-2 모범 답안 ❶

3	1	1
2		
1		

똑같이 쌓으려면 쌓기나무는 $3+1+1+2+1=8$(개) 있어야 합니다.

❷ 쌓기나무가 6개 있으므로 $8-6=2$(개) 더 필요합니다.

답 2개

채점 기준

❶ 똑같이 쌓을 때 필요한 쌓기나무의 개수를 구함.	4점	5점
❷ 더 필요한 쌓기나무의 개수를 구함.	1점	

3-1 답 (1) (2) 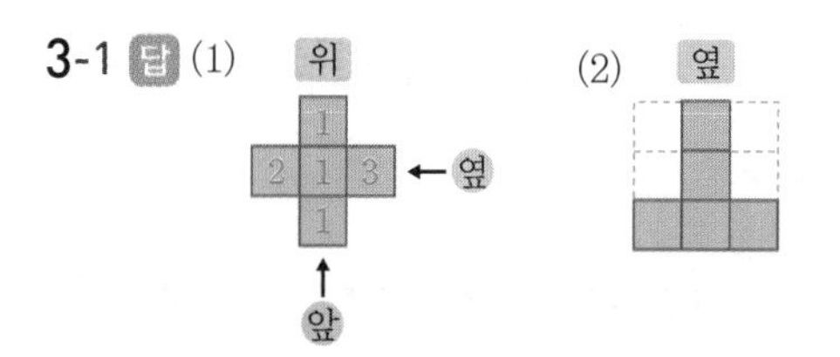

3-2 모범 답안 ❶ 위에서 본 모양의 각 자리에 쌓은 쌓기나무의 개수를 써 보면 다음과 같습니다.

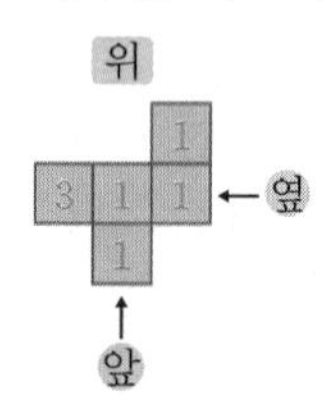

❷ 옆에서 본 모양은 옆에서 보았을 때 각 줄의 가장 큰 수의 층만큼 그립니다.

답 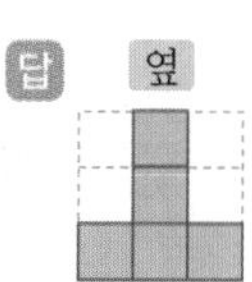

채점 기준

❶ 위에서 본 모양의 각 자리에 쌓은 쌓기나무의 개수를 씀.	3점	5점
❷ 옆에서 본 모양을 그림.	2점	

4-1 (1) 1층의 쌓기나무는 위에서 본 모양의 칸의 수만큼 있습니다. 2층에는 쌓기나무가 $7-5=2$(개) 있습니다.

(2) 2층에 쌓기나무 2개의 위치를 이동하면서 위, 앞, 옆에서 본 모양이 서로 같은 두 모양을 만듭니다.

답 (1) 5개, 2개

(2) 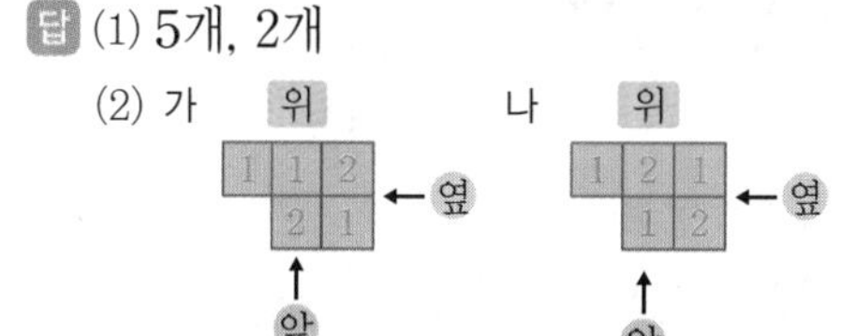

(가와 나의 모양이 서로 바뀌어도 됩니다.)

✓참고 2층에 1개, 3층에 1개를 쌓은 모양은 조건에 맞는 2가지 모양이 나오지 않습니다.

4-2 모범 답안 ❶ 1층에는 쌓기나무가 6개 있습니다.
2층에는 쌓기나무가 $8-6=2$(개) 있습니다.
❷ 위에서 본 모양에 수를 쓰면

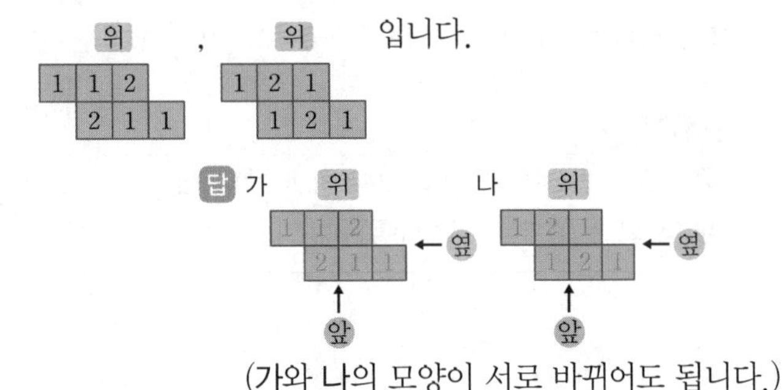

(가와 나의 모양이 서로 바뀌어도 됩니다.)

채점 기준

❶ 1층과 2층의 쌓기나무의 개수를 각각 구함.	2점	5점
❷ 위에서 본 모양에 수를 쓰는 방법으로 나타냄.	3점	

단원평가 94~96쪽

1 맨 왼쪽 사진은 옆에서 찍은 사진이고 맨 오른쪽 사진은 앞에서 찍은 사진입니다. 답 ( )(○)( )

2 ← 더 붙인 쌓기나무 답 ( )(○)

3 맨 왼쪽: 위에서 본 모양, 가운데: 앞에서 본 모양 답 ( )( )(○)

4 $3+2+1+2+1=9$(개) 답 1, 2 / 9개

5 답

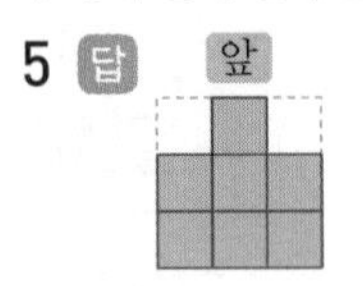

6 답

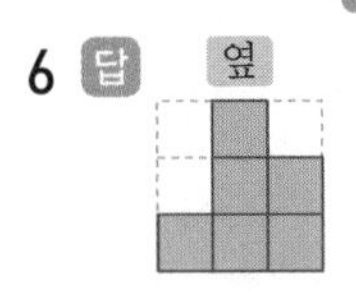

7 답 나

8 1층의 쌓기나무의 개수는 위에서 본 모양의 칸의 수와 같습니다. 답 5개

9 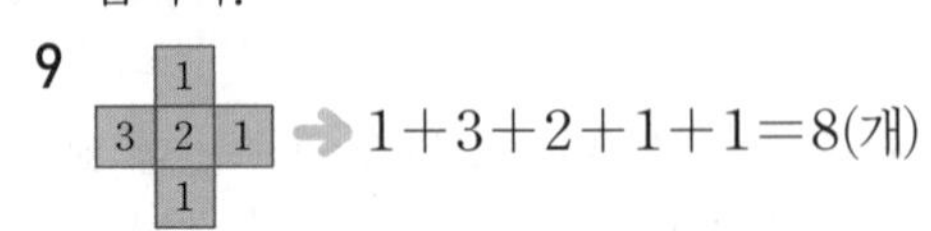

➡ $1+3+2+1+1=8$(개)

답 8개

10 나, 다 모양으로 만들 수 있습니다.

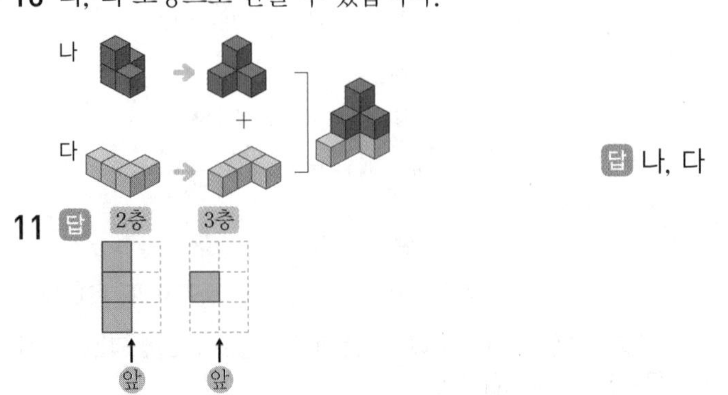

답 나, 다

11 답 2층 3층 ↑앞 ↑앞

12 위에서 본 모양은 1층 모양과 같습니다. 답

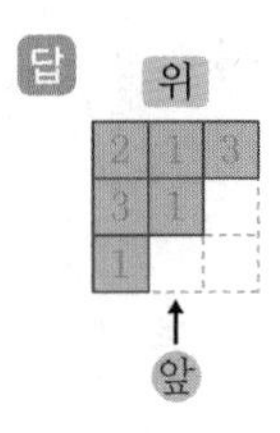

13 각 층별 개수를 알아봅니다.
1층: 6개, 2층: 3개, 3층: 2개
➡ $6+3+2=11$(개) 답 11개
다른 풀이 위에서 본 모양에 쓴 수를 모두 더합니다.
➡ $2+1+3+3+1+1=11$(개)

14 답 예

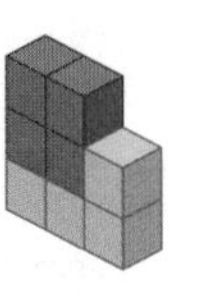

15 쌓기나무의 수가 가장 적은 경우는 보이지 않는 부분에 쌓기나무가 없는 경우입니다. 따라서 가장 적은 경우는 8개입니다. 답 8개

16 뒤집거나 돌려서 구멍의 모양 안에 들어가는 것을 찾으면 가, 나입니다. 답 가, 나

17 나를 옆에서 본 모양은 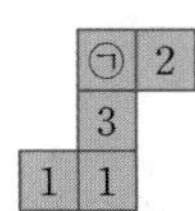 와 같습니다.
다를 앞에서 본 모양은 와 같습니다.
답 가

18 ㉠은 1 또는 2입니다.
➡ 개수가 가장 적을 때:
$1+2+3+1+1=8$(개)
답 8개

19 모범 답안 ❶ 수가 3 이상인 칸을 찾아보면 2군데입니다.
❷ 3층에 쌓은 쌓기나무는 2개입니다.
답 2개

채점 기준

❶ 수가 3 이상인 칸의 수를 구함.	3점	5점
❷ 3층에 쌓은 쌓기나무의 개수를 구함.	2점	

20 모범 답안 ❶ ➡ 똑같은 모양으로 쌓는 데 필요한 쌓기나무는
$3+2+1+1+1+1=9$(개)입니다.
❷ 쌓기나무를 9개 사용하고 3개 남았으므로 처음에 있던 쌓기나무는 $9+3=12$(개)입니다.
답 12개

채점 기준

❶ 필요한 쌓기나무의 개수를 구함.	4점	5점
❷ 처음에 있던 쌓기나무의 개수를 구함.	1점	

4 단원 비례식과 비례배분

개념의 힘 100~103쪽

개념 1 100~101쪽

개념 확인하기

1 답 곱하여도에 ◯표

2 비의 전항과 후항에 0이 아닌 같은 수를 곱하거나 0이 아닌 같은 수로 나누어야 합니다.
답 (　)(◯)

3 0.4 : 0.3 →(×10) 4 : 3 답 4 : 3

4 전항과 후항을 각각 12와 20의 최대공약수인 4로 나눕니다. 답 (위에서부터) 4, 5, 4

개념 다지기

1 2 : 11 (전항 후항) 답 2, 11

2 답 (위에서부터) (1) 5, 30 (2) 3, 10 (3) 2, 100 (4) 3, 8

3 비의 전항과 후항에 0이 아닌 같은 수를 곱하여야 비율이 같습니다. 답 ①

4 (1) $\frac{1}{7} : \frac{2}{3}$ →(×21) 3 : 14 (2) 0.8 : 1.5 →(×10) 8 : 15
답 (1) 예 3 : 14 (2) 예 8 : 15

5 $\frac{3}{5}$을 소수로 바꾸면 0.6이므로 0.6 : 1.1 →(×10) 6 : 11입니다.
➔ ㉠=11 답 11

6 4 : 7 →(×2) 8 : 14, 4 : 7 →(×3) 12 : 21
답 예 8 : 14, 12 : 21

7 연필 수와 볼펜 수의 비는 20 : 16입니다.
20 : 16 →(÷4) 5 : 4 답 예 5 : 4

개념 2 102~103쪽

개념 확인하기

1 답 비례식

2 비율이 같은 두 비를 '='를 사용하여 나타낸 식을 비례식이라고 합니다. 답 (1) × (2) ◯

3 2와 6은 비례식의 바깥쪽에 있는 두 항입니다. 답 외항

4 비례식 6 : 5=12 : 10에서 바깥쪽에 있는 6과 10을 외항, 안쪽에 있는 5와 12를 내항이라고 합니다.
답 △6 : ◯5=◯12 : △10

5 답 4, 10

개념 다지기

1 답 $\frac{3}{4}$, 6, 3

2 3 : 4와 6 : 8의 비율은 모두 $\frac{3}{4}$으로 같으므로 비례식으로 나타내면 ㉠ 3 : 4=6 : 8입니다. 답 ㉠

3 5 : 6=15 : 18 (외항: 5, 18 / 내항: 6, 15) 답 5, 18 / 6, 15

4 32 : 12=8 : 3 (내항: 12, 8 / 전항: 32, 8) 답 8

5 10 : 45의 비율 ➔ $\frac{10}{45}\left(=\frac{2}{9}\right)$
1 : 4의 비율 ➔ $\frac{1}{4}$
5 : 8의 비율 ➔ $\frac{5}{8}$
2 : 9의 비율 ➔ $\frac{2}{9}$
(10 : 45와 2 : 9의 비율이 같음.) 답 2, 9

6 비율이 같은지 확인하여 비례식이 맞는지 알아보면 비례식이 맞는 것은 8 : 9=56 : 63입니다.
답

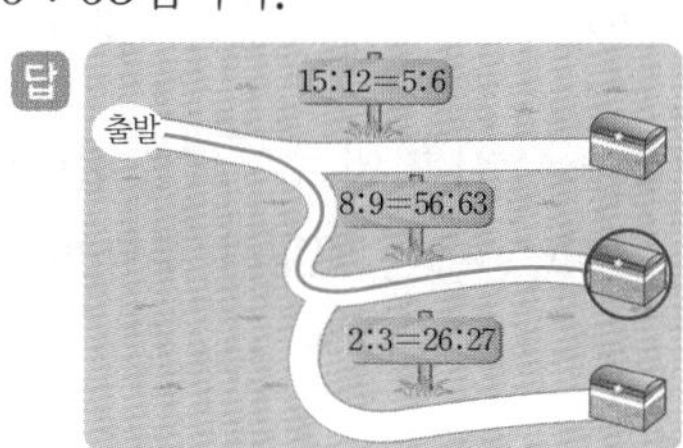

7 비율을 비로 나타낼 때에는 분자를 전항에, 분모를 후항에 씁니다.
$\frac{8}{11}$ → 8 : 11, $\frac{16}{22}$ → 16 : 22
➔ 8 : 11=16 : 22 답 8 : 11=16 : 22

1 STEP 기본 유형의 힘 104~107쪽

유형 1 답 3, 3

1 비의 전항과 후항을 0이 아닌 같은 수로 나누어야 비율이 같습니다. 답 0

2 ㉠ 전항에는 3을 곱했고 후항에는 2를 곱했습니다.
㉡ 전항과 후항에 5를 곱했으므로 3 : 2와 비율이 같습니다. 답 ㉡

3 9 : 13과 18 : ㉠의 비율이 같으려면 ㉠은 13에 2를 곱한 $13\times2=26$입니다.
9 : 13과 ㉡ : 39의 비율이 같으려면 ㉡은 9에 3을 곱한 $9\times3=27$입니다. 답 26, 27

4 50 : 10 (÷10) → 5 : 1, 50 : 10 (×2) → 100 : 20

답 예 5 : 1, 100 : 20

5 소공녀 → 가로와 세로의 비 16 : 20은 전항과 후항을 4로 나누면 4 : 5입니다.
신데렐라 → 가로와 세로의 비 18 : 27은 전항과 후항을 9로 나누면 2 : 3입니다. 답 신데렐라

6 5에 곱해 나올 수 있는 수는 20과 10이므로 5 : 8과 비율이 같은 비를 20 : □라 하면 □는 8에 4를 곱한 $8\times4=32$입니다. → 20 : 32
5 : 8과 비율이 같은 비를 10 : □라 하면 □는 8에 2를 곱한 $8\times2=16$이지만 만족하는 수 카드가 없습니다.
답 20 : 32

유형 2 0.6 : 0.5 (×10) → 6 : 5 답 예 6 : 5

7 소수 한 자리 수이므로 전항과 후항에 10을 곱합니다.
답 ㉡

8 소수 한 자리 수이므로 전항과 후항에 10을 곱합니다.
25 : 15의 전항과 후항을 5로 나누어 5 : 3으로 나타낼 수도 있습니다. 답 예 25 : 15

9 소수로 나타낸 비 0.7 : 1.2의 전항과 후항에 10을 곱하면 7 : 12가 됩니다. 답 예 7 : 12

유형 3 $\frac{2}{3}$와 $\frac{3}{4}$의 전항과 후항에 분모의 최소공배수인 12를 곱하면 8 : 9가 됩니다. 답 예 8 : 9

10 분수의 비를 간단한 자연수의 비로 나타내려면 각 항에 두 분모의 공배수를 곱합니다. 답 18, 15, 8

11 $2\frac{1}{3} : 1\frac{3}{5}$의 전항과 후항을 가분수로 바꾸면 $\frac{7}{3} : \frac{8}{5}$이고 전항과 후항에 분모의 최소공배수인 15를 곱하면 35 : 24입니다. 답 예 35 : 24

12 유라와 태서가 읽은 책의 양의 비는 $\frac{1}{5} : \frac{1}{2}$입니다.
$\frac{1}{5} : \frac{1}{2}$의 전항과 후항에 10을 곱하면 2 : 5가 됩니다.
답 예 2 : 5

유형 4 18 : 24의 전항과 후항을 공약수 6으로 나누면 3 : 4입니다. 답 예 3 : 4

13 비의 전항과 후항을 같은 수로 나누어야 합니다.
답 ( )(○)

14 ③ 72 : 32 (÷8) → 9 : 4 답 ③

15 민석이와 아영이가 모은 딱지 수의 비는 28 : 42입니다.
28 : 42의 전항과 후항을 14로 나누면 2 : 3이 됩니다.
답 예 2 : 3

유형 5 후항 $\frac{4}{5}$를 소수로 바꾸면 0.8입니다.
0.7 : 0.8의 전항과 후항에 10을 곱하면 7 : 8이 됩니다.
답 ( )(○)

16 식혜의 양과 수정과의 양의 비는 $\frac{1}{4}$: 0.1입니다.
후항 0.1을 분수로 바꾸면 $\frac{1}{10}$이므로 $\frac{1}{4} : \frac{1}{10}$의 전항과 후항에 20을 곱하면 5 : 2가 됩니다. 답 예 5 : 2

17 민호의 키와 동생의 키의 비는 1.5 : $\frac{4}{5}$입니다.
후항 $\frac{4}{5}$를 소수로 바꾸면 0.8이므로 1.5 : 0.8의 전항과 후항에 10을 곱하면 15 : 8이 됩니다. 답 예 15 : 8

유형 6 2 : 9의 비율 → $\frac{2}{9}$
3 : 10의 비율 → $\frac{3}{10}$
6 : 18의 비율 → $\frac{6}{18}\left(=\frac{1}{3}\right)$
16 : 72의 비율 → $\frac{16}{72}\left(=\frac{2}{9}\right)$
(2 : 9와 16 : 72의 비율이) 같음.
답 16, 72

18 비례식에서 바깥쪽에 있는 두 항을 외항, 안쪽에 있는 두 항을 내항이라고 합니다.

답 (1) 6, 35 / 7, 30 (2) 15, 44 / 11, 60

19 은채: 9 : 4의 비율 ➡ $\frac{9}{4}$, 18 : 8의 비율 ➡ $\frac{18}{8}\left(=\frac{9}{4}\right)$

경호: 9 : 4＝18 : 8 (외항: 9, 8 / 내항: 4, 18)

답 있어에 ◯표 / 9, 8 / 4, 18

20 ㉠ 4 : 5＝8 : 15

➡ 4 : 5의 비율 → $\frac{4}{5}$, 8 : 15의 비율 → $\frac{8}{15}$

㉡ 6 : 3＝2 : 1

➡ 6 : 3의 비율 → $\frac{6}{3}(=2)$, 2 : 1의 비율 → $\frac{2}{1}(=2)$

㉢ 7 : 9＝28 : 27

➡ 7 : 9의 비율 → $\frac{7}{9}$, 28 : 27의 비율 → $\frac{28}{27}$

따라서 비례식은 ㉡입니다. 답 ㉡

21 5 : 2의 비율 ➡ $\frac{5}{2}$, 7 : 8의 비율 ➡ $\frac{7}{8}$,

14 : 24의 비율 ➡ $\frac{14}{24}\left(=\frac{7}{12}\right)$,

30 : 12의 비율 ➡ $\frac{30}{12}\left(=\frac{5}{2}\right)$

따라서 비율이 같은 두 비를 찾아 비례식으로 나타내면 5 : 2＝30 : 12 또는 30 : 12＝5 : 2입니다.

답 5, 2, 30, 12 (또는 30, 12, 5, 2)

22 $\frac{1}{4}$: $\frac{1}{3}$을 간단한 자연수의 비로 나타내면 3 : 4입니다.

3 : 4의 비율은 $\frac{3}{4}$이므로 6 : ㉠의 비율도 $\frac{6}{㉠}=\frac{3}{4}$입니다.

➡ ㉠＝8 답 8

개념의 힘 108~111쪽

개념 3 108~109쪽

개념 확인하기

1 비례식에서 외항의 곱과 내항의 곱은 같습니다.

답 40, 40

2 외항의 곱: 5×■, 내항의 곱: 2×25

➡ 5×■＝2×25, 5×■＝50, ■＝10

답 25, 50, 10

3 답 280

4 답 280, 560, 80

5 ▲＝80이므로 콩은 80 g 넣었습니다. 답 80 g

개념 다지기

1 답 16, 48 / 6, 48 / 같습니다에 ◯표

2 6 : 5＝18 : 10 ➡ 외항의 곱: 6×10＝60, 내항의 곱: 5×18＝90

2 : 9＝$\frac{1}{9}$: $\frac{1}{2}$ ➡ 외항의 곱: $2\times\frac{1}{2}=1$, 내항의 곱: $9\times\frac{1}{9}=1$

답 ( ) (◯)

3 (1) 8 : 7＝□ : 35

➡ 8×35＝7×□, 7×□＝280, □＝40

(2) □ : 3＝66 : 18

➡ □×18＝3×66, □×18＝198, □＝11

답 (1) 40 (2) 11

4 1.2×20＝5×㉠, 5×㉠＝24, ㉠＝4.8 답 4.8

5 42장을 복사하는 데 걸리는 시간을 □초라 하고 비례식을 세우면 9 : 7＝□ : 42 또는 9 : □＝7 : 42입니다.

답 ㉡

6 42장을 복사하는 데 걸리는 시간을 □초라 하면

9 : 7＝□ : 42 ➡ 9×42＝7×□, 7×□＝378, □＝54

답 54초

7 옥수수의 생산량을 □ kg이라 하고 비례식을 세우면 3 : 4＝180 : □입니다.

➡ 3×□＝4×180, 3×□＝720, □＝240

답 240 kg

8 우유 7통의 가격을 □원이라고 하고 비례식을 세우면 3 : 2400＝7 : □입니다.

➡ 3×□＝2400×7, 3×□＝16800, □＝5600

답 5600원

개념 4 110~111쪽

개념 확인하기

1 답 (위에서부터) 2, 2 / 3, 3

2 답 4, 3, $\frac{4}{7}$, 12 / 4, 3, $\frac{3}{7}$, 9

3 답 5, 2, $\frac{5}{7}$ / $\frac{2}{5+2}$, $\frac{2}{7}$

4 답 $\frac{5}{7}$, 25 / $\frac{2}{7}$, 10

개념 다지기

1 $24\times\frac{3}{3+5}=24\times\frac{3}{8}=9$

$24\times\frac{5}{3+5}=24\times\frac{5}{8}=15$ 답 8

2 지후: $6\times\frac{2}{2+1}=6\times\frac{2}{3}=4$(개)

한결: $6\times\frac{1}{2+1}=6\times\frac{1}{3}=2$(개)

답 (○ ○ ○ ○) (○ ○) / 4, 2

3 $6000\times\frac{5}{5+1}=6000\times\frac{5}{6}=5000$(원)

$6000\times\frac{1}{5+1}=6000\times\frac{1}{6}=1000$(원)

답 $\frac{5}{6}$, 5000 / $\frac{1}{6}$, 1000

4 $39\times\frac{5}{5+8}=39\times\frac{5}{13}=15$

$39\times\frac{8}{5+8}=39\times\frac{8}{13}=24$ 답 15, 24

5 답 700, 700

6 답 700

7 형: $40\times\frac{7}{7+3}=40\times\frac{7}{10}=28$(권)

동생: $40\times\frac{3}{7+3}=40\times\frac{3}{10}=12$(권)

답 28권, 12권

1 STEP 기본 유형의 힘 112~115쪽

유형 7 외항의 곱: $7\times9=63$, 내항의 곱: $3\times21=63$

답 같습니다.

1

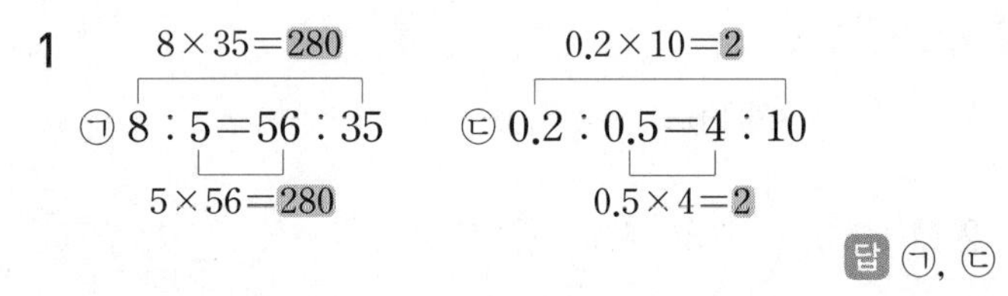

답 ㉠, ㉢

2 6 : □=12 : 10

➜ $6\times10=\square\times12$, $\square\times12=60$, □=5

□ : 4=15 : 20

➜ $\square\times20=4\times15$, $\square\times20=60$, □=3

답

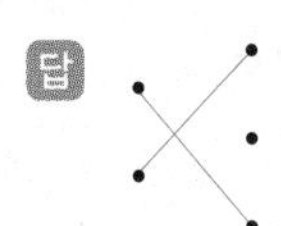

3 (1) 9 : 4=3.6 : □

➜ $9\times\square=4\times3.6$, $9\times\square=14.4$, □=1.6

(2) 3 : □$=\frac{1}{7}:\frac{1}{3}$

➜ $3\times\frac{1}{3}=\square\times\frac{1}{7}$, $\square\times\frac{1}{7}=1$, □=7

답 (1) 1.6 (2) 7

4 비례식에서 (외항의 곱)=(내항의 곱)이므로 다른 외항을 □라 하면 $6\times\square=72$, □=12입니다. 답 12

5 비례식에서 (외항의 곱)=(내항의 곱)이므로 $12\times$㉡$=5\times$㉠$=240$입니다. 따라서 ㉠=48, ㉡=20입니다. 답 48, 20

6 답 8, 6, 24 (또는 6, 8, 24)

유형 8 $6\times◆=7\times126$, $6\times◆=882$, ◆=147

답 126 / 147 cm

7 톱니바퀴 ㉯가 도는 수를 □바퀴라 하고 비례식을 세우면 4 : 5=52 : □입니다. 답 예 4 : 5=52 : □

8 4 : 5=52 : □ ➜ $4\times\square=5\times52$, $4\times\square=260$, □=65 답 65바퀴

9 옆 건물의 높이를 □m라 하고 비례식을 세우면 3 : 1=□ : 2입니다. ➜ $3\times2=1\times\square$, □=6

답 ㉡, 6 m

10 (소금) : (물)=3 : 7이므로 비례식을 세우면 3 : 7=■ : 140입니다.

➜ $3\times140=7\times■$, $7\times■=420$, ■=60

답 예 3 : 7=■ : 140, 60 g

11 욕조에 받은 물의 양을 □L라 하고 비례식을 세우면 2 : 15=22 : □입니다.

➜ $2\times\square=15\times22$, $2\times\square=330$, □=165

답 165 L

12 민수가 4시간 일할 때 주희가 일하는 시간을 □시간이라 하고 비례식을 세우면 12 : 9=4 : □입니다.

➜ $12\times\square=9\times4$, $12\times\square=36$, □=3 답 3시간

유형 9 $35\times\frac{2}{2+3}=35\times\frac{2}{5}=14$,

$35\times\frac{3}{2+3}=35\times\frac{3}{5}=21$ 답 14, 21

13 $28\times\frac{3}{3+4}=28\times\frac{3}{7}=12$ ➜ ㉠=3

$28\times\frac{4}{3+4}=28\times\frac{4}{7}=16$ ➜ ㉡=16 답 3, 16

14 • 72를 3 : 5로 나누기

$72\times\frac{3}{3+5}=72\times\frac{3}{8}=27$,

$72\times\frac{5}{3+5}=72\times\frac{5}{8}=45$

• 40을 3 : 5로 나누기

$40\times\frac{3}{3+5}=40\times\frac{3}{8}=15$,

$40\times\frac{5}{3+5}=40\times\frac{5}{8}=25$ 답

15 ㉡ $56\times\frac{5}{5+2}=56\times\frac{5}{7}=40$,

$56\times\frac{2}{5+2}=56\times\frac{2}{7}=16$ 답 ㉠

16 단아: $90\times\frac{2}{2+3}=90\times\frac{2}{5}=36$(장)

혜주: $90\times\frac{3}{2+3}=90\times\frac{3}{5}=54$(장) 답 36장, 54장

17 단아: $90\times\frac{6}{6+9}=90\times\frac{6}{15}=36$(장)

혜주: $90\times\frac{9}{6+9}=90\times\frac{9}{15}=54$(장) 답 36장, 54장

18 $32\times\frac{1}{1+7}=32\times\frac{1}{8}=4$(ㄱ)

$32\times\frac{7}{1+7}=32\times\frac{7}{8}=28$(ㄴ)

$88\times\frac{9}{9+2}=88\times\frac{9}{11}=72$(ㅁ)

$88\times\frac{2}{9+2}=88\times\frac{2}{11}=16$(ㅗ)

답 ㄱ, ㅗ, ㅁ / 곰

유형 10 언니: $60\times\frac{2}{2+1}=60\times\frac{2}{3}=40$(개) 답 ㉡

19 $140\times\frac{5}{5+2}=140\times\frac{5}{7}=100$

$140\times\frac{2}{5+2}=140\times\frac{2}{7}=40$ 답 7, 100 / 7, 40

20 140을 5 : 2로 나누면 100, 40이므로 빨간색 상자에 100개, 파란색 상자에 40개 담아야 합니다.

답 100개, 40개

21 승규: $91\times\frac{4}{4+3}=91\times\frac{4}{7}=52$ (cm) 답 52 cm

22 지연: $3300\times\frac{7}{7+4}=3300\times\frac{7}{11}=2100$(원)

혜성: $3300\times\frac{4}{7+4}=3300\times\frac{4}{11}=1200$(원)

답 2100원, 1200원

23 2100원>1200원이므로 지연이가 $2100-1200=900$(원)을 더 내야 합니다.

답 지연, 900원

24 하루는 24시간입니다.

밤: $24\times\frac{5}{3+5}=24\times\frac{5}{8}=15$(시간) 답 15시간

2 STEP 응용 유형의 힘 116~119쪽

1 $\frac{4}{5}$를 소수로 바꾸면 0.8입니다. 0.8 : 1.7의 전항과 후항에 10을 곱하면 8 : 17이 됩니다. 답 예 8 : 17

2 2.5를 분수로 바꾸면 $\frac{25}{10}$입니다.

$\frac{25}{10}:\frac{15}{4}$의 전항과 후항에 20을 곱하면 50 : 75입니다.

답 예 50 : 75

3 1.5를 분수로 바꾸면 $\frac{15}{10}$입니다.

$\frac{3}{8}:\frac{15}{10}$의 전항과 후항에 40을 곱하면 15 : 60이고 후항이 4가 되려면 전항과 후항을 15로 나누어야 합니다.

➜ 1 : 4 답 1

4 0.6을 분수로 바꾸면 $\frac{6}{10}$입니다.

$\frac{6}{10}:\frac{8}{3}$의 전항과 후항에 30을 곱하면 18 : 80이고 후항이 40이 되려면 전항과 후항을 2로 나누어야 합니다.

➜ 9 : 40 답 9

5 ㉠ $6\times55=\square\times30$, $\square\times30=330$, $\square=11$

㉡ $8\times10=5\times\square$, $5\times\square=80$, $\square=16$

㉢ $21\times\square=27\times7$, $21\times\square=189$, $\square=9$ 답 ㉡

6 ㉠ $\square\times15=3\times35$, $\square\times15=105$, $\square=7$
㉡ $32\times3=12\times\square$, $12\times\square=96$, $\square=8$
㉢ $4\times\frac{1}{2}=\square\times\frac{1}{5}$, $\square\times\frac{1}{5}=2$, $\square=10$ 답 ㉢

7 ㉠ $9\times64=\square\times72$, $\square\times72=576$, $\square=8$
㉡ $0.5\times18=1.5\times\square$, $1.5\times\square=9$, $\square=6$
㉢ $\square\times\frac{1}{10}=1\times10$, $\square\times\frac{1}{10}=10$, $\square=100$
답 ㉢

8 직사각형의 세로를 □cm라 하고 비례식을 세우면
$5:3=30:\square$입니다.
➡ $5\times\square=3\times30$, $5\times\square=90$, $\square=18$ 답 18 cm

9 직사각형의 가로를 □cm라 하고 비례식을 세우면
$4:7=\square:28$입니다.
➡ $4\times28=7\times\square$, $7\times\square=112$, $\square=16$ 답 16 cm

10 삼각형의 높이를 □cm라 하고 비례식을 세우면
$3:2=54:\square$입니다.
➡ $3\times\square=2\times54$, $3\times\square=108$, $\square=36$입니다.
답 36 cm

11 주차장에 주차되어 있는 자동차 수를 □대라 하고 비례식을 세우면 $45:27=100:\square$입니다.
➡ $45\times\square=27\times100$, $45\times\square=2700$, $\square=60$
답 60대

12 과수원의 전체 넓이를 □ m^2라 하고 비례식을 세우면
$20:900=100:\square$입니다.
➡ $20\times\square=900\times100$, $20\times\square=90000$, $\square=4500$
답 4500 m^2

13 윤서네 학교 전체 학생 수를 □명이라 하고 비례식을 세우면
$15:75=100:\square$입니다.
➡ $15\times\square=75\times100$, $15\times\square=7500$, $\square=500$
답 500명

14 가 : 나 $=3:4$
가: $49\times\frac{3}{3+4}=49\times\frac{3}{7}=21$
나: $49\times\frac{4}{3+4}=49\times\frac{4}{7}=28$ 답 21, 28

15 $1\frac{2}{3}=\frac{5}{3}$ ➡ 가 : 나 $=5:3$
가: $88\times\frac{5}{5+3}=88\times\frac{5}{8}=55$
나: $88\times\frac{3}{5+3}=88\times\frac{3}{8}=33$ 답 55, 33

16 $2\frac{5}{6}=\frac{17}{6}$ ➡ 가 : 나 $=17:6$
가: $92\times\frac{17}{17+6}=92\times\frac{17}{23}=68$
나: $92\times\frac{6}{17+6}=92\times\frac{6}{23}=24$ 답 68, 24

17 (가로)+(세로)$=96\div2=48$ (cm)
48 cm를 $5:3$으로 나누면
가로: $48\times\frac{5}{5+3}=48\times\frac{5}{8}=30$ (cm),
세로: $48\times\frac{3}{5+3}=48\times\frac{3}{8}=18$ (cm)입니다.
답 30 cm, 18 cm

18 (가로)+(세로)$=108\div2=54$ (cm)
54 cm를 $2:7$로 나누면
가로: $54\times\frac{2}{2+7}=54\times\frac{2}{9}=12$ (cm),
세로: $54\times\frac{7}{2+7}=54\times\frac{7}{9}=42$ (cm)입니다.
답 12 cm, 42 cm

19 (가로)+(세로)$=132\div2=66$ (cm)
66 cm를 $6:5$로 나누면
가로: $66\times\frac{6}{6+5}=66\times\frac{6}{11}=36$ (cm),
세로: $66\times\frac{5}{6+5}=66\times\frac{5}{11}=30$ (cm)입니다.
답 36 cm, 30 cm

20 2 : ㉠ = ㉡ : ㉢에서
2 : ㉠의 비율이 $\frac{1}{4}$이므로 $\frac{2}{㉠}=\frac{1}{4}$, ㉠=8입니다.
2 : 8 = ㉡ : ㉢에서 내항의 곱이 32이므로
8×㉡=32, ㉡=4입니다.
비례식의 성질에 의해 외항의 곱도 32이므로
2×㉢=32, ㉢=16입니다. 답 8, 4, 16

21 4 : ㉠ = ㉡ : ㉢에서
4 : ㉠의 비율이 $\frac{2}{3}$이므로 $\frac{4}{㉠}=\frac{2}{3}$, ㉠=6입니다.
4 : 6 = ㉡ : ㉢에서 내항의 곱이 36이므로
6×㉡=36, ㉡=6입니다.
비례식의 성질에 의해 외항의 곱도 36이므로
4×㉢=36, ㉢=9입니다. 답 6, 6, 9

22 6 : ㉠=㉡ : ㉢에서
6 : ㉠의 비율이 $\frac{1}{5}$이므로 $\frac{6}{㉠}=\frac{1}{5}$, ㉠=30입니다.
6 : 30=㉡ : ㉢에서 내항의 곱이 90이므로
30×㉡=90, ㉡=3입니다.
비례식의 성질에 의해 외항의 곱도 90이므로
6×㉢=90, ㉢=15입니다. 답 30, 3, 15

23 오늘 오전 9시부터 다음 날 오전 10시까지는 25시간입니다. 25시간 동안 느려진 시간을 □분이라 하고 비례식을 세우면 1 : 3=25 : □입니다.
➔ 1×□=3×25, □=75
75분=1시간 15분이므로 다음 날 오전 10시에 이 시계가 가리키는 시각은
오전 10시-1시간 15분=오전 8시 45분입니다.
답 오전 8시 45분

24 오늘 오후 3시부터 다음 날 오후 2시까지는 23시간입니다. 23시간 동안 느려진 시간을 □분이라 하고 비례식을 세우면 1 : 5=23 : □입니다. ➔ 1×□=5×23, □=115
115분=1시간 55분이므로 다음 날 오후 2시에 이 시계가 가리키는 시각은
오후 2시-1시간 55분=오후 12시 5분입니다.
답 오후 12시 5분

3 STEP 서술형의 힘 120~121쪽

1-1 (1) 330-195=135(명)
(2) 안경을 쓴 학생 수와 안경을 쓰지 않은 학생 수의 비는 195 : 135입니다. 195 : 135의 전항과 후항을 15로 나누면 13 : 9가 됩니다. 답 (1) 135명 (2) 예 13 : 9

1-2 모범 답안 ❶ (노란색 색종이 수)=280-152=128(장)
❷ 빨간색 색종이 수와 노란색 색종이 수의 비는 152 : 128입니다. 152 : 128의 전항과 후항을 8로 나누면 19 : 16이 됩니다. 답 예 19 : 16

채점 기준

항목	점수	총점
❶ 노란색 색종이 수를 구함.	2점	5점
❷ 빨간색 색종이 수와 노란색 색종이 수의 비를 간단한 자연수의 비로 나타냄.	3점	

2-1 (1) 12 : 20 (÷4) 3 : 5
(2) 높이가 같으므로 넓이의 비는 밑변의 길이의 비와 같습니다.
(3) 가: $192\times\frac{3}{3+5}=192\times\frac{3}{8}=72\ (cm^2)$
답 (1) 예 3 : 5 (2) 예 3 : 5 (3) 72 cm^2

2-2 모범 답안 ❶ 평행사변형 가와 나의 밑변의 길이의 비를 간단한 자연수의 비로 나타내면 35 : 25 (÷5) 7 : 5입니다.
❷ 평행사변형 가와 나의 높이가 같으므로 넓이의 비는 밑변의 길이의 비와 같은 7 : 5입니다.
❸ 따라서 평행사변형 나의 넓이는
$720\times\frac{5}{7+5}=720\times\frac{5}{12}=300\ (cm^2)$입니다.
답 300 cm^2

채점 기준

항목	점수	총점
❶ 평행사변형 가와 나의 밑변의 길이의 비를 간단한 자연수의 비로 나타냄.	1점	5점
❷ 평행사변형 가와 나의 넓이의 비를 구함.	1점	
❸ 평행사변형 나의 넓이를 구함.	3점	

3-1 (1) 36 : 45 (÷9) 4 : 5
(2) 가와 나의 톱니 수의 비가 4 : 5이므로 도는 수의 비는 5 : 4입니다.
(3) 나가 □바퀴 돈다고 하여 비례식을 세우면
5 : 4=20 : □입니다.
➔ 5×□=4×20, 5×□=80, □=16
답 (1) 예 4 : 5 (2) 예 5 : 4 (3) 16바퀴

3-2 모범 답안 ❶ 가와 나의 톱니 수의 비를 간단한 자연수의 비로 나타내면 28 : 16 (÷4) 7 : 4입니다.
❷ 가와 나의 톱니 수의 비가 7 : 4이므로 도는 수의 비는 4 : 7입니다.
❸ 가가 □바퀴 돈다고 하여 비례식을 세우면
4 : 7=□ : 35입니다.
➔ 4×35=7×□, 7×□=140, □=20
따라서 나가 35바퀴 도는 동안 가는 20바퀴 돕니다.
답 20바퀴

채점 기준

항목	점수	총점
❶ 가와 나의 톱니 수의 비를 간단한 자연수의 비로 나타냄.	1점	5점
❷ 가와 나가 도는 수의 비를 구함.	1점	
❸ 나가 35바퀴 도는 동안 가는 몇 바퀴 도는지 구함.	3점	

4-1 (1) 어머니께서 잘못 나누어 주었을 때 동생이 받은 밤의 수를 □개라 하고 비례식을 세우면
2 : 3=□ : 18입니다.
➔ 2×18=3×□, 3×□=36, □=12
(2) 12+18=30(개)
(3) 30÷2=15(개) 답 (1) 12개 (2) 30개 (3) 15개

4-2 모범 답안 ❶ 선생님께서 잘못 나누어 주었을 때 민기가 받은 사탕 수를 □개라 하고 비례식을 세우면
3 : 5=21 : □입니다.
➔ 3×□=5×21, 3×□=105, □=35
❷ (나누어 주기 전 처음에 있던 사탕 수)
=21+35=56(개)
❸ 따라서 56÷2=28(개)이므로 선생님께서 사탕을 똑같이 나누어 주었다면 민기가 받을 수 있었던 사탕은 28개입니다. 답 28개

채점 기준

❶ 잘못 나누어 주었을 때 민기가 받은 사탕 수를 구함.	2점	5점
❷ 나누어 주기 전 처음에 있던 사탕 수를 구함.	1점	
❸ 똑같이 나누어 주었을 때 민기가 받을 수 있었던 사탕 수를 구함.	2점	

단원평가 122~124쪽

1 답 3, 27

2 외항: 7, 6 / 내항: 2, 21
7 : 2=21 : 6 답 7, 6 / 2, 21

3 같은 비율의 비를 만들려면 비의 전항과 후항을 0이 아닌 같은 수로 나누어야 합니다. 답 ㉠

4 0.3 : 1.6 (×10) 3 : 16 답 예 3 : 16

5 30 : 24 (÷2) 15 : 12, 30 : 24 (÷3) 10 : 8
답 예 15 : 12, 10 : 8

6 5 : 2 ➔ $\frac{5}{2}$, 10 : 4 ➔ $\frac{10}{4}\left(=\frac{5}{2}\right)$ (○)
8 : 9 ➔ $\frac{8}{9}$, 32 : 27 ➔ $\frac{32}{27}$ (×)
2 : 7 ➔ $\frac{2}{7}$, 6 : 14 ➔ $\frac{6}{14}\left(=\frac{3}{7}\right)$ (×)
6 : 9 ➔ $\frac{6}{9}\left(=\frac{2}{3}\right)$, 30 : 45 ➔ $\frac{30}{45}\left(=\frac{2}{3}\right)$ (○)
답 (○)(   )
(   )(○)

7 • $\frac{2}{5}$를 소수로 바꾸면 0.4입니다. 0.4 : 0.8의 전항과 후항에 10을 곱하고 4로 나누면 1 : 2가 됩니다.
• $1\frac{1}{2}$을 소수로 바꾸면 1.5입니다. 1 : 1.5의 전항과 후항에 10을 곱하고 5로 나누면 2 : 3이 됩니다. 답 (선 잇기)

8 $63\times\frac{2}{2+7}=63\times\frac{2}{9}=14$,
$63\times\frac{7}{2+7}=63\times\frac{7}{9}=49$ 답 14, 49

9 밑변의 길이와 높이의 비는 63 : 35입니다.
63 : 35의 전항과 후항을 7로 나누면 9 : 5가 됩니다.
답 예 9 : 5

10 7 : □=49 : 63
➔ 7×63=□×49, □×49=441, □=9 답 9

11 (남학생 수)$=240\times\frac{7}{7+5}=240\times\frac{7}{12}=140$(명)
답 140명

12 답 ○에 ○표

13 3 : 4500=8 : □
➔ 3×□=4500×8, 3×□=36000, □=12000
답 예 3 : 4500=8 : □, 12000원

14 $\frac{1}{3}$: $\frac{1}{8}$을 간단한 자연수의 비로 나타내면 8 : 3이므로 비율은 $\frac{8}{3}$입니다.
5 : 9의 비율 ➔ $\frac{5}{9}$
24 : 12의 비율 ➔ $\frac{24}{12}(=2)$
2 : 3.6을 간단한 자연수의 비로 나타내면
20 : 36이므로 비율은 $\frac{20}{36}\left(=\frac{5}{9}\right)$입니다.
따라서 비율이 같은 두 비를 찾아 비례식으로 나타내면
5 : 9=2 : 3.6 또는 2 : 3.6=5 : 9입니다.
답 5 : 9=2 : 3.6 (또는 2 : 3.6=5 : 9)

15 가 모둠: $72\times\frac{5}{5+3}=72\times\frac{5}{8}=45$(권)

나 모둠: $72\times\frac{3}{5+3}=72\times\frac{3}{8}=27$(권)

답 45권, 27권

16 □+3을 ●라 하면 6 : 4=● : 4.8입니다.

➡ 6×4.8=4×●, 4×●=28.8, ●=7.2

□+3=●, □+3=7.2, □=7.2−3=4.2 답 4.2

17 직사각형의 세로를 □ cm라 하고 비례식을 세우면 8 : 7=32 : □입니다.

➡ 8×□=7×32, 8×□=224, □=28

따라서 (직사각형의 둘레)=(32+28)×2=120 (cm)입니다. 답 120 cm

18 오전 6시부터 같은 날 오후 10시까지는 16시간이므로 빨라진 시간을 □분이라 놓고 비례식을 세우면 4 : 5=16 : □입니다.

➡ 4×□=5×16, 4×□=80, □=20

따라서 20분 빨라지므로 이 시계가 가리키는 시각은 오후 10시+20분=오후 10시 20분입니다.

답 오후 10시 20분

19 모범 답안 ❶ 세라가 사용한 꿀의 양과 물의 양의 비 0.3 : 0.8을 간단한 자연수의 비로 나타내면 3 : 8입니다.

❷ 준서가 사용한 꿀의 양과 물의 양의 비 $\frac{3}{10}$: $\frac{4}{5}$를 간단한 자연수의 비로 나타내면 3 : 8입니다.

❸ 두 비의 비율이 같으므로 두 꿀물의 진하기는 같습니다.

답 꿀물의 진하기는 같습니다.

채점 기준

❶ 세라가 사용한 꿀의 양과 물의 양의 비를 간단한 자연수의 비로 나타냄.	2점	5점
❷ 준서가 사용한 꿀의 양과 물의 양의 비를 간단한 자연수의 비로 나타냄.	2점	
❸ 두 꿀물의 진하기를 비교함.	1점	

20 모범 답안 ❶ 소고기 판매량과 돼지고기 판매량의 비 $\frac{2}{7}$: $\frac{2}{5}$를 간단한 자연수의 비로 나타내면 5 : 7입니다.

❷ (소고기 판매량)$=240\times\frac{5}{5+7}=240\times\frac{5}{12}$

$=100$ (kg) 답 100 kg

채점 기준

❶ 소고기 판매량과 돼지고기 판매량의 비를 간단한 자연수의 비로 나타냄.	2점	5점
❷ 소고기 판매량을 구함.	3점	

5 단원 원의 넓이

개념의 힘 128~131쪽

개념 1 128~129쪽

개념 확인하기

1 답 원주

2 • 지름은 원 위의 두 점을 지나면서 원의 중심을 지나는 선분을 그립니다.
• 원주는 원의 둘레이므로 원의 둘레를 따라 그립니다.

답 예

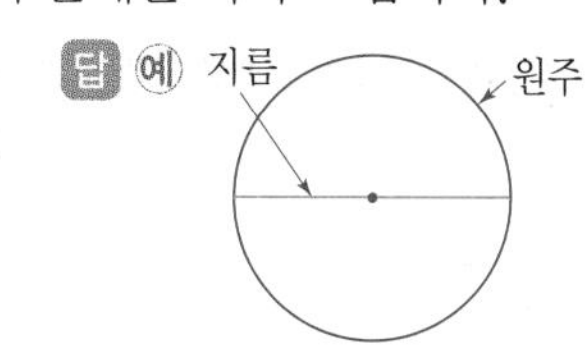

3 답 원주율

4 (원주율)=(원주)÷(지름)
=21.98÷7=3.14 답 7, 3.14

개념 다지기

1 답 원주

2 원의 중심을 지나는 선분 ㄱㄴ은 원의 지름입니다.

답 ×

3 답 ○

4 원주는 지름의 약 3.1배이므로 지름이 3 cm인 원의 원주는 약 3×3.1=9.3 (cm)가 됩니다.

답 예

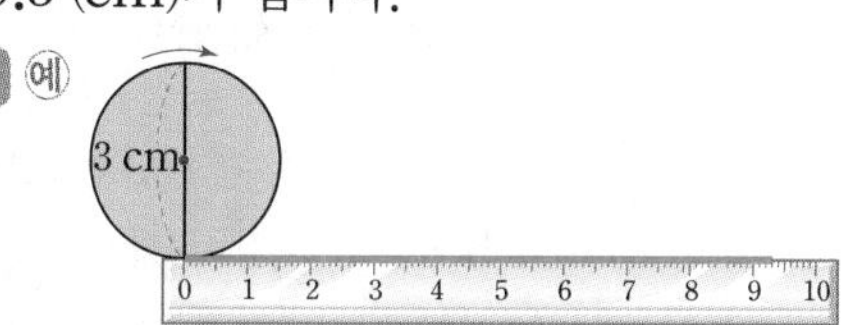

✓참고 원주율은 필요에 따라 3, 3.1, 3.14 등으로 어림하여 사용하므로 지름이 3 cm인 원의 원주는 3×3=9 (cm), 3×3.1=9.3 (cm), 3×3.14=9.42 (cm) 등이 될 수 있습니다.

5 • 정사각형의 둘레: 2×4=8 (cm)
• 원주: 한 변의 길이가 1 cm인 정육각형의 둘레보다 길고 한 변의 길이가 2 cm인 정사각형의 둘레보다 짧으므로 6 cm보다 길고 8 cm보다 짧게 그립니다.

답

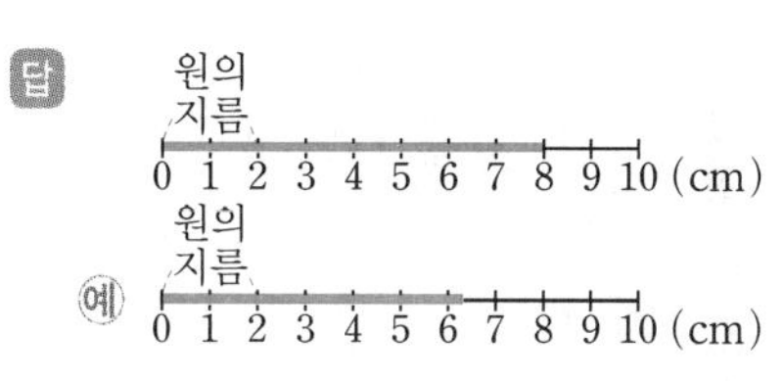

6 원주는 지름의 3배보다 길고 지름의 4배보다 짧습니다.
답 3, 4

7 (원주율)=(원주)÷(지름)
=31.4÷10=3.14
답 31.4÷10=3.14, 3.14

개념 2 130~131쪽

개념 확인하기

1 답 반지름

2 (원주)=(지름)×(원주율)
=9×3.14=28.26 (cm) 답 3.14, 28.26

3 답 원주

4 (지름)=(원주)÷(원주율)
=18÷3=6 (cm) 답 18, 6

개념 다지기

1 (원주)=(지름)×(원주율)
=(반지름)×2×(원주율) 답 (○) (   )

2 (원주)=(지름)×(원주율)
=5×3.14=15.7 (cm)
답 5×3.14, 15.7

3 (원주)=8×3.1=24.8 (cm) ➔ ㉠ 답 ㉠

4 (지름)=(원주)÷(원주율)
=48÷3=16 (cm) 답 16 cm

5 (1) (원주)=12×3.14=37.68 (cm)
(2) (원주)=5×2×3.1=31 (cm)
답 (1) 37.68 cm (2) 31 cm

6 (지름)=43.4÷3.1=14 (cm)
➔ □=14÷2=7 답 7

7 (지름)=(원주)÷(원주율)
=93÷3=31 (cm)
답 93÷3=31, 31 cm

1 STEP 기본 유형의 힘 132~135쪽

유형 1 답 (   ) (○)

1 원의 지름이 길어지면 원주도 길어집니다.
답 (위에서부터) ○, ×, ×

2 원주는 지름의 3배보다 길고 지름의 4배보다 짧습니다.
답 3, 4

3

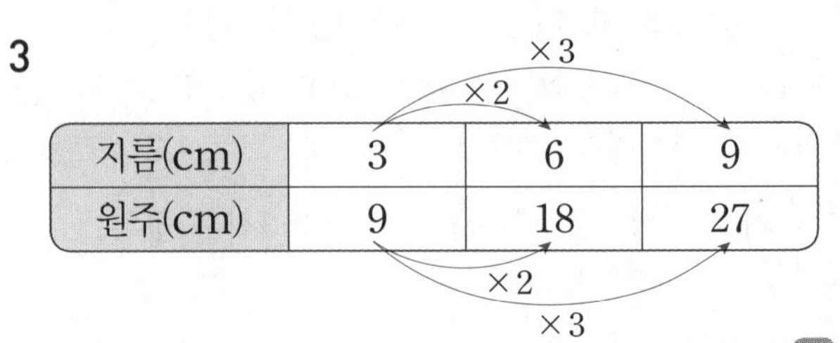

지름(cm)	3	6	9
원주(cm)	9	18	27

답 2, 3

4 답 2, 3

5 지름이 2 cm인 원의 원주는 지름의 3배인 6 cm보다 길고 지름의 4배인 8 cm보다 짧으므로 원주와 가장 비슷한 길이는 세 번째 그림입니다.
답 (   )
(   )
(○)

유형 2 답 ㉠

6 9.42÷3=3.14, 25.12÷8=3.14
답 3.14, 3.14

7 수호: 원주는 지름의 약 3배입니다. 답 세라

8 44÷14=3.1428……
반올림하여 소수 첫째 자리까지 나타내기:
3.14…… ➔ 3.1
반올림하여 소수 둘째 자리까지 나타내기:
3.142…… ➔ 3.14
답 3.1, 3.14

9 답 원주, 지름

10 (캐스터네츠의 원주율)=18.84÷6=3.14
(소고의 원주율)=50.24÷16=3.14
(심벌즈의 원주율)=94.2÷30=3.14
답 3.14, 같습니다에 ○표

유형 3 (원주)=14×3.1=43.4 (cm) 답 43.4 cm

11 (원주)=(지름)×(원주율)
=4×3.14=12.56 (cm) ➔ ㉡
답 ㉡

12 (원주)$=12\times2\times3.1=74.4$ (cm) 답 74.4 cm

13 (큰 원의 원주)$=7\times2\times3.14=43.96$ (cm) 답 43.96 cm

참고 (큰 원의 반지름)=(작은 원의 지름)=7 cm

14 (프로펠러 한 개가 돌 때 생기는 원의 원주)
$=8\times3.14=25.12$ (cm)
답 $8\times3.14=25.12$, 25.12 cm

15 (호수의 원주)$=25\times3=75$ (m)
(가로등의 수)$=75\div5=15$(개) 답 15개

유형 4 (지름)$=24\div3=8$ (cm) 답 8 cm

16 ㉠ (지름)$=37.68\div3.14=12$ (cm) 답 12 cm

17 (지름)$=30\div3=10$ (cm)
➡ □$=10\div2=5$ 답 5

18 (반지름)=(원주)÷(원주율)÷2
$=50.24\div3.14\div2=8$ (cm) 답 8 cm

19 (반지름이 9 cm인 원의 지름)$=9\times2=18$ (cm)
(원주가 56.52 cm인 원의 지름)$=56.52\div3.14$
$=18$ (cm) 답 =

20 상자의 밑면의 한 변의 길이는 적어도 접시의 지름과 같아야 합니다.
(접시의 지름)=(접시의 원주)÷(원주율)
$=40.82\div3.14=13$ (cm)
답 $40.82\div3.14=13$, 13 cm

21 (앞바퀴의 원주)=(뒷바퀴의 원주)×2
$=120\times2=240$ (cm)
➡ (앞바퀴의 반지름)$=240\div3\div2=40$ (cm)
답 40 cm

개념의 힘 136~141쪽

개념 3 136~137쪽

개념 확인하기

1 원의 넓이는 원 안에 있는 정사각형의 넓이보다 넓고 원 밖에 있는 정사각형의 넓이보다 좁으므로 72 cm^2와 144 cm^2 사이입니다.
답 (1) 72 (2) 144 (3) 72, 144

2 (1) 모눈 60칸 ➡ 60 cm^2
(2) 모눈 88칸 ➡ 88 cm^2
(3) 원의 넓이는 60 cm^2와 88 cm^2 사이입니다.
답 (1) 60 cm^2 (2) 88 cm^2 (3) 60, 88

개념 다지기

1 원의 넓이는 원 안의 정사각형의 넓이보다는 넓고 원 밖의 정사각형의 넓이보다는 좁습니다.
답 <, >

2 답 14, 14, 98 / 14, 14, 196

3 (원 안의 정사각형의 넓이)<(원의 넓이)
➡ 98 cm^2<(원의 넓이)
(원의 넓이)<(원 밖의 정사각형의 넓이)
➡ (원의 넓이)<196 cm^2 답 98, 196

4 모눈 한 칸은 1 cm^2이고 노란색으로 색칠된 부분은 모눈 88칸이므로 넓이는 88 cm^2입니다.
답 88 cm^2

5 모눈 132칸이므로 넓이는 132 cm^2입니다.
답 132 cm^2

6 (원 안에 노란색으로 색칠된 부분의 넓이)<(원의 넓이)<(원 밖의 초록색 선 안쪽 부분의 넓이)
답 88, 132

7 원의 넓이는 88 cm^2와 132 cm^2 사이로 어림할 수 있습니다.
답 예 110 cm^2

개념 4 138~139쪽

개념 확인하기

1 답 직사각형에 ○표

2 직사각형에 가까워지는 도형의 가로는 원주의 $\frac{1}{2}$과 같습니다. 답 ( )(○)

3 답 반지름, 반지름

4 (원의 넓이)=(반지름)×(반지름)×(원주율)
$=6\times6\times3.14=113.04$ (cm^2)
답 6, 6, 113.04

개념 다지기

1 직사각형에 가까워지는 도형의 가로는 (원주)$\times\frac{1}{2}$과 같고 세로는 원의 반지름과 같습니다.

답 (위에서부터) (원주)$\times\frac{1}{2}$, 원의 반지름

2 답 반지름, 지름, 반지름, 반지름, 반지름

3 직사각형에 가까워지는 도형의 가로는 원주의 $\frac{1}{2}$과 같습니다.

➔ $\left(\text{원주의 } \frac{1}{2}\right)=20\times2\times3\times\frac{1}{2}$
$=60$ (cm)

답 60

4 (원의 넓이)$=10\times10\times3.14=314$ (cm^2)

답 314 cm^2

5 (반지름이 5 cm인 원의 넓이)$=5\times5\times3=75$ (cm^2)
(반지름이 7 cm인 원의 넓이)$=7\times7\times3=147$ (cm^2)

답 (위에서부터) 75 / $7\times7\times3$, 147

6 (반지름)$=24\div2=12$ (cm)
➔ (원의 넓이)$=12\times12\times3.1=446.4$ (cm^2)

답 446.4 cm^2

7 (거울의 넓이)$=9\times9\times3.14=254.34$ (cm^2)

답 $9\times9\times3.14=254.34$, 254.34 cm^2

개념 5

140~141쪽

개념 확인하기

1 답 1, 1, 3

2 답 2, 2, 12

3 (나 원의 넓이)$\div$(가 원의 넓이)$=12\div3=4$(배)

답 4배

4 답 4, 4, 48

5 답 2, 2, 12

6 (색칠한 부분의 넓이)=(큰 원의 넓이)−(작은 원의 넓이)
$=48-12=36$ (cm^2)

답 36 cm^2

개념 다지기

1

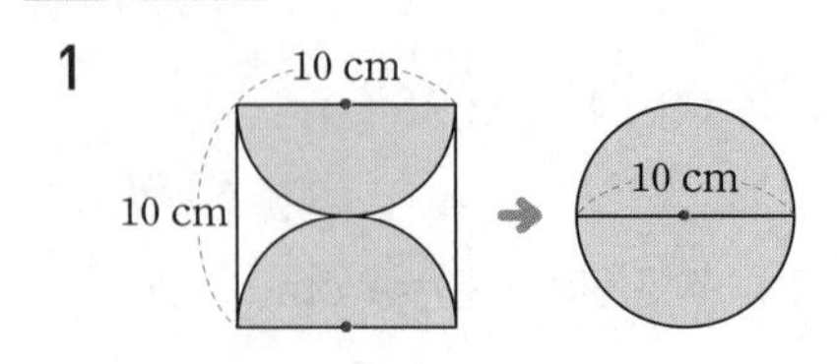

답 10

2 (반지름)$=10\div2=5$ (cm)
➔ (색칠한 부분의 넓이)$=5\times5\times3.1=77.5$ (cm^2)

답 77.5 cm^2

3 $20\times20=400$ (cm^2)

답 400 cm^2

4 (반지름)$=20\div2=10$ (cm)
➔ (원의 넓이)$=10\times10\times3.14=314$ (cm^2)

답 314 cm^2

5 (색칠한 부분의 넓이)=(정사각형의 넓이)−(원의 넓이)
$=400-314=86$ (cm^2)

답 86 cm^2

6 (뚜껑 윗부분의 넓이)$=6\times6\times3.1=111.6$ (cm^2)

답 111.6 cm^2

7 (지름이 16 cm인 원의 반지름)$=16\div2=8$ (cm)
(지름이 16 cm인 원의 넓이)$=8\times8\times3=192$ (cm^2)

답 192 cm^2

8 (지름이 4 cm인 원의 반지름)$=4\div2=2$ (cm)
(지름이 4 cm인 원의 넓이)$=2\times2\times3=12$ (cm^2)

답 12 cm^2

9 (부채의 넓이)
=(지름이 16 cm인 원의 넓이)−(지름이 4 cm인 원의 넓이)
$=192-12=180$ (cm^2)

답 180 cm^2

1 STEP 기본 유형의 힘

142~145쪽

유형 5 답 32, 64 / 32, 64

1 원 안에 노란색으로 색칠된 부분은 모눈 120칸이므로 120 cm^2, 원 밖의 빨간색 선 안쪽 부분은 모눈 172칸이므로 172 cm^{2}입니다.

답 120 cm^2, 172 cm^2

2 답 120, 172

3 (원 밖의 정육각형의 넓이)$=16\times6=96$ (cm^2)
(원 안의 정육각형의 넓이)$=12\times6=72$ (cm^2)
답 96 cm^2, 72 cm^2

4 72 cm^2<(원의 넓이)<96 cm^2
답 예 84 cm^2

5 피자 밖의 정사각형의 넓이는 $28\times28=784$ (cm^2), 피자 안의 마름모의 넓이는 $28\times28\div2=392$ (cm^2)입니다.
➔ 피자의 넓이는 392 cm^{2}와 784 cm^2 사이입니다.
답 예 588 cm^2

유형 6 (원의 넓이)$=2\times2\times3.14$
$=12.56$ (cm^2) 답 12.56 cm^2

6 답 반지름

7 (원의 넓이)=(반지름)×(반지름)×(원주율)
$=3\times3\times3.1=27.9$ (cm^2) ➔ ㉠ 답 ㉠

8 (지름이 10 cm인 원의 반지름)$=10\div2=5$ (cm)
➔ (지름이 10 cm인 원의 넓이)$=5\times5\times3.14$
$=78.5$ (cm^2)
(지름이 30 cm인 원의 반지름)$=30\div2=15$ (cm)
➔ (지름이 30 cm인 원의 넓이)$=15\times15\times3.14$
$=706.5$ (cm^2)

답

5	15
5×5×3.14	15×15×3.14
78.5	706.5

9 (반지름)$=18\div2=9$ (cm)
➔ (원의 넓이)$=9\times9\times3=243$ (cm^2)
답 243 cm^2

10 (원의 넓이)$=50\times50\times3.1=7750$ (cm^2)
답 $50\times50\times3.1=7750$, 7750 cm^2

11 (큰 원의 넓이)$=7\times7\times3.1=151.9$ (cm^2)
(작은 원의 넓이)$=4\times4\times3.1=49.6$ (cm^2)
➔ $151.9-49.6=102.3$ (cm^2) 답 102.3 cm^2

12 ㉠ (넓이)$=16\times16\times3=768$ (cm^2)
㉡ (반지름)$=20\div2=10$ (cm)
➔ (넓이)$=10\times10\times3=300$ (cm^2)
㉢ 588 cm^2
➔ ㉠>㉢>㉡ 답 ㉠, ㉢, ㉡

13
13 cm
26 cm
(원의 지름)=(정사각형의 한 변)
=26 cm
(원의 반지름)$=26\div2=13$ (cm)
➔ (원의 넓이)$=13\times13\times3.14=530.66$ (cm^2)
답 530.66 cm^2

유형 7 (1) $8\times8\times3.14=200.96$ (cm^2)
(2) (색칠한 부분의 넓이)
=(반지름이 8 cm인 원의 넓이)$\times\frac{1}{4}$
$=200.96\times\frac{1}{4}=50.24$ (cm^2)
답 (1) 200.96 cm^2 (2) 50.24 cm^2

14 (나의 넓이)$=2\times2\times3=12$ (cm^2)
(다의 넓이)$=3\times3\times3=27$ (cm^2) 답 12, 27

15

반지름(cm)	1	2	3
넓이(cm^2)	3	12	27

×2, ×3, ×4, ×9

답 4, 9

참고 반지름이 ■배가 되면 원의 넓이는 (■×■)배가 됩니다.

16 (가 종이를 만드는 데 사용한 종이의 넓이)
$=22\times22\times3=1452$ (cm^2) 답 1452 cm^2

17 (나 종이를 만드는 데 사용한 종이의 넓이)
=(반지름이 20 cm인 원의 넓이)$\times\frac{3}{4}$
$=20\times20\times3\times\frac{3}{4}=900$ (cm^2)
답 900 cm^2

18
㉠ ㉡ 5 cm
㉠을 ㉡으로 옮기면 색칠한 부분의 넓이는 반지름이 5 cm인 원의 넓이의 $\frac{1}{2}$과 같습니다.
➔ (색칠한 부분의 넓이)$=5\times5\times3.1\times\frac{1}{2}$
$=38.75$ (cm^2)
답 38.75 cm^2

19 (꽃밭의 넓이)
$=\left(\text{반지름이 12 m인 원의 넓이의 } \frac{1}{2}\right)$
$+$(반지름이 6 m인 원의 넓이)
$=12\times12\times3.14\times\frac{1}{2}+6\times6\times3.14$
$=226.08+113.04=339.12\ (\mathrm{m}^2)$

답 $339.12\ \mathrm{m}^2$

20 (꽃밭의 넓이)
=(정사각형의 넓이)−(반지름이 8 m인 원의 넓이)
$=16\times16-8\times8\times3.14$
$=256-200.96=55.04\ (\mathrm{m}^2)$ 답 $55.04\ \mathrm{m}^2$

21 (노란색 넓이)$=7\times7\times3.1=151.9\ (\mathrm{cm}^2)$
(빨간색 넓이)$=14\times14\times3.1-7\times7\times3.1$
$=607.6-151.9=455.7\ (\mathrm{cm}^2)$

답 $151.9\ \mathrm{cm}^2$, $455.7\ \mathrm{cm}^2$

참고 노란색 과녁의 반지름은 7 cm, 빨간색 과녁의 반지름은 $7+7=14$ (cm), 초록색 과녁의 반지름은 $7+7+7=21$ (cm)입니다.

2 STEP 응용 유형의 힘 146~149쪽

1 (원주)$=2\times2\times3.14=12.56$ (m)

답 12.56 m

2 (원주)$=3\times2\times3=18$ (m)

답 18 m

3 (원주)$=10\times2\times3.14=62.8$ (cm)

답 62.8 cm

4 (원주)$=16\times2\times3.1=99.2$ (cm)

답 99.2 cm

5 (원의 넓이)$=15\times15\times3.14=706.5\ (\mathrm{cm}^2)$

답 $706.5\ \mathrm{cm}^2$

6 (원의 넓이)$=24\times24\times3.14=1808.64\ (\mathrm{cm}^2)$

답 $1808.64\ \mathrm{cm}^2$

7 (반지름)$=36\div2=18$ (cm)
➔ (원의 넓이)$=18\times18\times3.1=1004.4\ (\mathrm{cm}^2)$

답 $1004.4\ \mathrm{cm}^2$

8 (반지름)$=44\div2=22$ (cm)
➔ (원의 넓이)$=22\times22\times3=1452\ (\mathrm{cm}^2)$

답 $1452\ \mathrm{cm}^2$

9 $\square=31.4\div3.14=10$ 답 10

10 $\square=40.82\div3.14=13$ 답 13

11 (지름)$=56.52\div3.14=18$ (cm)

답 18 cm

12 (지름)$=96\div3=32$ (cm)

답 32 cm

13 (굴렁쇠의 원주)$=50\times3.14=157$ (cm)
➔ (굴린 바퀴 수)$=471\div157=3$(바퀴)

답 3바퀴

14 (훌라후프의 원주)$=60\times3.1=186$ (cm)
➔ (굴린 바퀴 수)$=930\div186=5$(바퀴)

답 5바퀴

15 (바퀴의 원주)$=20\times2\times3.14=125.6$ (cm)
➔ (굴린 바퀴 수)$=1884\div125.6=15$(바퀴)

답 15바퀴

16 ㉠ (지름)$=5\times2=10$ (cm)
㉢ (지름)$=36\div3=12$ (cm)
➔ $12>10>8$이므로 가장 큰 원은 지름이 가장 긴 ㉢입니다. 답 ㉢

17 ㉡ (지름)$=7\times2=14$ (cm)
㉢ (지름)$=47.1\div3.14=15$ (cm)
➔ $20>15>14$이므로 가장 큰 원은 지름이 가장 긴 ㉠입니다. 답 ㉠

18 ㉡ (지름)$=10\times2=20$ (cm)
㉢ (지름)$=54\div3=18$ (cm)
➔ $20>18>14$이므로 큰 원부터 차례로 기호를 쓰면 ㉡, ㉢, ㉠입니다.

답 ㉡, ㉢, ㉠

19 (색칠한 부분의 넓이)=(정사각형의 넓이)−(원의 넓이)
$=20\times20-10\times10\times3$
$=400-300=100\ (\mathrm{cm}^2)$

답 $100\ \mathrm{cm}^2$

20 (색칠한 부분의 넓이)

$=$(정사각형의 넓이)$-\left(\text{반지름이 14 cm인 원의 넓이의 } \frac{1}{4}\right)$

$=14\times14-14\times14\times3.1\times\frac{1}{4}$

$=196-151.9=44.1\ (\text{cm}^2)$

답 $44.1\ \text{cm}^2$

21

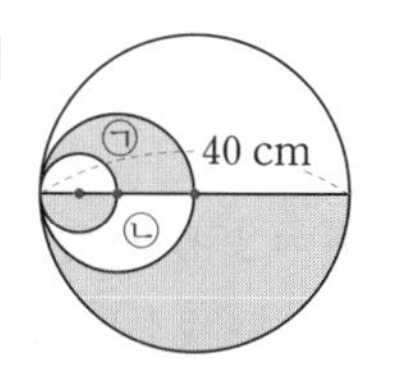

㉠을 ㉡으로 옮기면 색칠한 부분의 넓이는 반지름이 $40\div2=20\ (\text{cm})$인 원의 넓이의 $\frac{1}{2}$과 같습니다.

➜ (색칠한 부분의 넓이)$=20\times20\times3.14\times\frac{1}{2}$

$=628\ (\text{cm}^2)$

답 $628\ \text{cm}^2$

22 (색칠한 부분의 둘레)

$=$(정사각형의 둘레)$+$(지름이 25 cm인 원의 원주)

$=25\times4+25\times3.14$

$=100+78.5=178.5\ (\text{cm})$

답 $178.5\ \text{cm}$

23 (빨간색 부분의 둘레)

$=\left(\text{반지름이 10 cm인 원의 원주의 } \frac{1}{2}\right)$

$+$(지름이 10 cm인 원의 원주)

$=10\times2\times3.1\times\frac{1}{2}+10\times3.1$

$=31+31=62\ (\text{cm})$

답 $62\ \text{cm}$

24 (큰 원의 반지름)$=37.68\div3\div2=6.28\ (\text{cm})$

(작은 원의 지름)$=$(큰 원의 반지름)$=6.28\ \text{cm}$

(작은 원의 반지름)$=6.28\div2=3.14\ (\text{cm})$

➜ (두 원의 반지름의 합)$=6.28+3.14=9.42\ (\text{cm})$

답 $9.42\ \text{cm}$

25 (큰 원의 반지름)$=111.6\div3.1\div2=18\ (\text{cm})$

(작은 원의 지름)$=$(큰 원의 반지름)$=18\ \text{cm}$

(작은 원의 반지름)$=18\div2=9\ (\text{cm})$

➜ (두 원의 반지름의 합)$=18+9=27\ (\text{cm})$

답 $27\ \text{cm}$

3 STEP 서술형의 힘 150~151쪽

1-1 (1) $40\times3.1=124\ (\text{cm})$

(2) $124\times3=372\ (\text{cm})$

답 (1) $124\ \text{cm}$ (2) $372\ \text{cm}$

1-2 모범 답안 ❶ (자전거 바퀴의 원주)

$=50\times3.1=155\ (\text{cm})$

❷ (굴러간 거리)$=155\times5=775\ (\text{cm})$

답 $775\ \text{cm}$

채점 기준

❶ 자전거 바퀴의 원주를 구함.	3점	5점
❷ 자전거 바퀴가 굴러간 거리를 구함.	2점	

2-1 (1) 만들 수 있는 가장 큰 원의 지름은 직사각형의 짧은 쪽의 길이와 같은 18 cm입니다.

(2) $18\div2=9\ (\text{cm})$

(3) $9\times9\times3=243\ (\text{cm}^2)$

답 (1) $18\ \text{cm}$ (2) $9\ \text{cm}$ (3) $243\ \text{cm}^2$

2-2 모범 답안 ❶ 만들 수 있는 가장 큰 원의 지름은 직사각형의 짧은 쪽의 길이와 같은 24 cm입니다.

❷ (만들 수 있는 가장 큰 원의 반지름)

$=24\div2=12\ (\text{cm})$

❸ (만들 수 있는 가장 큰 원의 넓이)

$=12\times12\times3=432\ (\text{cm}^2)$

답 $432\ \text{cm}^2$

채점 기준

❶ 만들 수 있는 가장 큰 원의 지름을 구함.	1점	5점
❷ 만들 수 있는 가장 큰 원의 반지름을 구함.	1점	
❸ 만들 수 있는 가장 큰 원의 넓이를 구함.	3점	

3-1 (1) (큰 원의 반지름)$=8\div2=4\ (\text{cm})$

➜ (큰 원의 넓이)$=4\times4\times3.14$

$=50.24\ (\text{cm}^2)$

(2) (초록색 원의 반지름)$=4-2=2\ (\text{cm})$

➜ (초록색 원의 넓이)$=2\times2\times3.14$

$=12.56\ (\text{cm}^2)$

(3) (노란색 부분의 넓이)

$=$(큰 원의 넓이)$-$(초록색 원의 넓이)

$=50.24-12.56=37.68\ (\text{cm}^2)$

답 (1) $50.24\ \text{cm}^2$ (2) $12.56\ \text{cm}^2$ (3) $37.68\ \text{cm}^2$

3-2 모범 답안 ❶ (큰 원의 반지름)$=30\div2=15$ (cm)

➔ (큰 원의 넓이)$=15\times15\times3.14$

$=706.5$ (cm^2)

❷ (파란색 원의 반지름)$=15-5=10$ (cm)

➔ (파란색 원의 넓이)$=10\times10\times3.14$

$=314$ (cm^2)

❸ (빨간색 부분의 넓이)$=706.5-314=392.5$ (cm^2)

답 392.5 cm^2

채점 기준

❶ 큰 원의 넓이를 구함.	2점	5점
❷ 파란색 원의 넓이를 구함.	2점	
❸ 빨간색 부분의 넓이를 구함.	1점	

4-1 (2) □×□$=198.4\div3.1$, □×□$=64$, □$=8$

(4) $8\times2\times3.1=49.6$ (cm)

답 (1) □×□×$3.1=198.4$ (2) 8

(3) 8 cm (4) 49.6 cm

4-2 모범 답안 ❶ 원의 반지름을 □ cm라 하면

□×□×$3.1=111.6$, □×□$=111.6\div3.1$,

□×□$=36$, □$=6$입니다.

❷ 원의 반지름이 6 cm이므로

(원주)$=6\times2\times3.1=37.2$ (cm)입니다.

답 37.2 cm

채점 기준

❶ 원의 반지름을 구함.	2점	5점
❷ 원주를 구함.	3점	

단원평가 152~154쪽

1 (원주)=(지름)×(원주율)

➔ (지름)=(원주)÷(원주율)

답 (　　) (○)

2 (원주)=(지름)×(원주율)

$=18\times3.14=56.52$ (cm)

답 18, 56.52

3 원의 크기와 상관없이 원주율은 항상 일정합니다.

답 ○, ×

4 (지름)=(원주)÷(원주율)

$=52.7\div3.1=17$ (cm)

답 17

5 (가로)=(원주)$\times\frac{1}{2}$

$=8\times2\times3.1\times\frac{1}{2}$

$=24.8$ (cm)

(세로)=(원의 반지름)$=8$ cm

답 (왼쪽에서부터) 24.8, 8

6 ㉠ (원 안의 정사각형의 넓이)$=16\times16\div2$

$=128$ (cm^2)

㉡ (원 밖의 정사각형의 넓이)$=16\times16=256$ (cm^2)

답 128, 256

7 128 cm^2<(원의 넓이)<256 cm^2

답 예 200 cm^2

8 (원주)$=14\times3.1=43.4$ (cm)

답 43.4 cm

9 (원의 넓이)$=8\times8\times3=192$ (cm^2)

답 192 cm^2

10 (반지름)$=12\div2=6$ (cm)

➔ (원의 넓이)$=6\times6\times3.14=113.04$ (cm^2)

답 113.04 cm^2

11 (원주)$=13\times2\times3.14=81.64$ (cm)

답 81.64 cm

12 (반지름)=(원주)÷(원주율)÷2

$=47.1\div3.14\div2=7.5$ (cm)

답 $47.1\div3.14\div2=7.5$, 7.5 cm

13 ㉡ (반지름)$=62.8\div3.14\div2=10$ (cm)

➔ ㉠<㉡

답 ㉡

14 □×□×$3.1=375.1$, □×□$=375.1\div3.1$,

□×□$=121$, □$=11$

답 11

15 (수애의 훌라후프의 원주)$=75\times3.1=232.5$ (cm)

➔ 232.5<248이므로 남준이의 훌라후프가 더 큽니다.

답 남준

☑ 다른 풀이 훌라후프의 지름이 길수록 훌라후프가 더 큽니다.

(수애의 훌라후프의 지름)$=75$ cm

(남준이의 훌라후프의 지름)$=248\div3.1=80$ (cm)

➔ 75<80이므로 남준이의 훌라후프가 더 큽니다.

16 원의 반지름을 □ cm라 하면 □×□×3.14=153.86,
□×□=153.86÷3.14, □×□=49, □=7입니다.
따라서 원의 원주는 $7\times2\times3.14=43.96$ (cm)입니다.

답 43.96 cm

17 (색칠한 부분의 넓이)=(원의 넓이)−(마름모의 넓이)
$=4\times4\times3.1-8\times8\div2$
$=49.6-32=17.6$ (cm^2)

답 17.6 cm^2

18

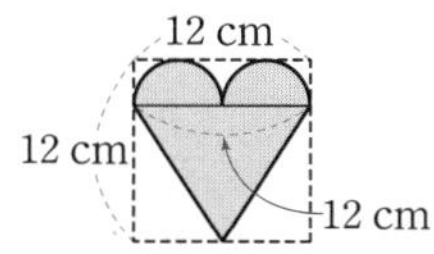

정사각형의 한 변의 반이 반원의 지름이므로 반원의 지름은 6 cm이고 삼각형의 높이는 정사각형의 한 변의 길이에서 반원의 반지름을 뺀 12−3=9 (cm)입니다.
➜ (색칠한 부분의 넓이)
=(반원의 넓이)×2+(삼각형의 넓이)
$=3\times3\times3\div2\times2+12\times9\div2$
$=27+54=81$ (cm^2)

답 81 cm^2

19 모범 답안 ❶ (바퀴 자가 한 바퀴 돈 거리)
$=70\times3.1=217$ (cm)
❷ (집에서 은행까지의 거리)$=217\times120$
$=26040$ (cm)

답 26040 cm

채점 기준

❶ 바퀴 자가 한 바퀴 돈 거리를 구함.	2점	5점
❷ 집에서 은행까지의 거리를 구함.	3점	

20 모범 답안 ❶

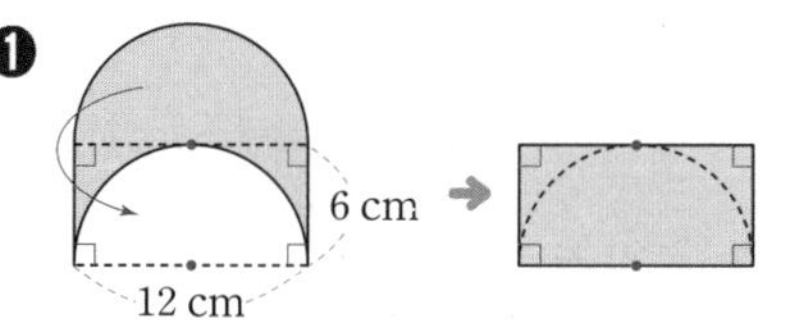

위쪽 반원을 아래쪽으로 옮겨 보면 색칠한 부분의 넓이는 가로가 12 cm, 세로가 6 cm인 직사각형의 넓이와 같습니다.
❷ (색칠한 부분의 넓이)$=12\times6=72$ (cm^2)

답 72 cm^2

채점 기준

❶ 색칠한 부분을 옮겨 넓이가 같은 직사각형을 만듦.	3점	5점
❷ 색칠한 부분의 넓이를 구함.	2점	

6 단원 원기둥, 원뿔, 구

개념의 힘 158~161쪽

개념 1 158~159쪽

개념 확인하기

1 위와 아래에 있는 면이 서로 평행하고 합동인 원으로 이루어진 입체도형을 찾습니다. 답 (　)(○)

2 원기둥의 옆면은 굽은 면입니다. 답 ○

3 원기둥에서 서로 평행하고 합동인 두 면을 밑면, 두 밑면과 만나는 면을 옆면, 두 밑면에 수직인 선분의 길이를 높이라고 합니다.

답

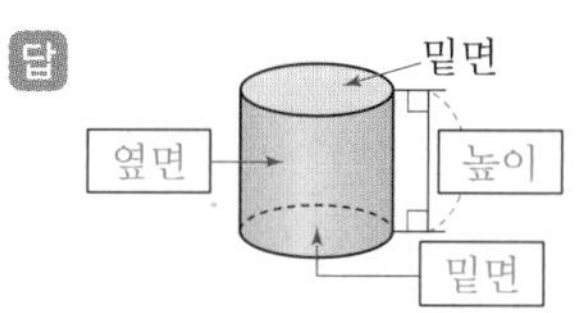

4 직사각형 모양의 종이를 한 변을 기준으로 돌리면 원기둥이 만들어집니다.

답 (　)(○)

개념 다지기

1 위와 아래에 있는 면이 서로 평행하고 합동인 원으로 이루어진 입체도형은 나, 다입니다. 답 나, 다

2 서로 평행하고 합동인 두 면을 찾아 색칠합니다.

답

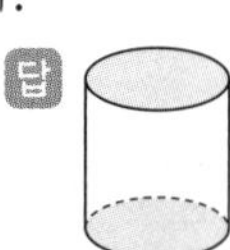

3 두 밑면과 만나는 면을 옆면이라고 합니다. 답 옆면

4 두 밑면에 수직인 선분의 길이가 높이이므로 8 cm입니다. 답 8 cm

5 ㉠ 원기둥의 밑면은 2개이고 합동인 원 모양입니다.

답 ㉠

6 직사각형 모양의 종이를 한 변을 기준으로 돌리면 원기둥이 만들어집니다.

답

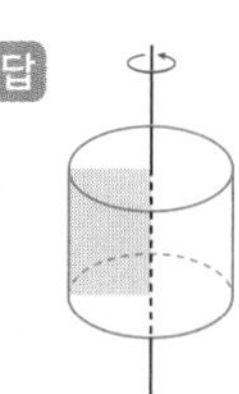

7 답 평행, 합동

개념 2 160~161쪽

개념 확인하기

1 답 전개도에 ○표

2 답 직사각형

3 답

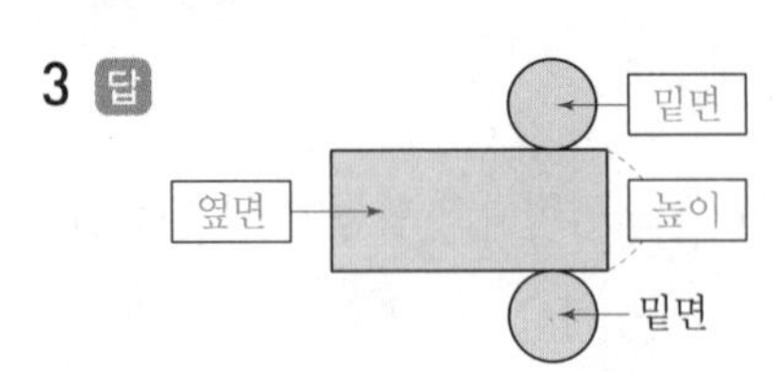

4 오른쪽 전개도는 옆면이 직사각형이 아니므로 원기둥을 만들 수 없습니다.

답 (○) (   )

개념 다지기

1 답 원

2 원기둥의 옆면은 직사각형 모양입니다.

답

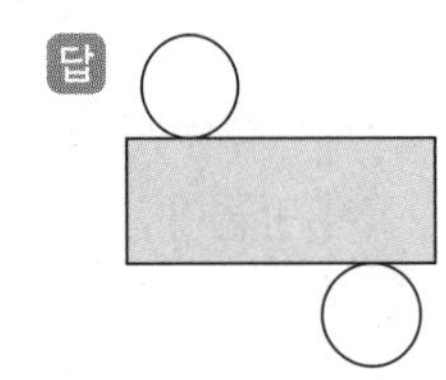

3 밑면의 둘레와 같은 길이의 선분은 옆면의 가로입니다.

답

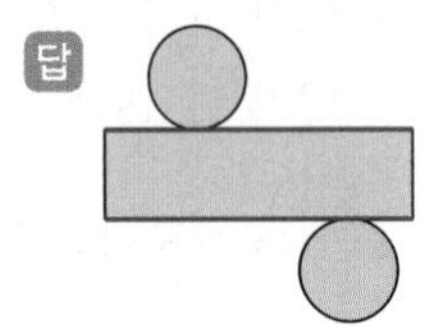

4 원기둥의 높이와 같은 길이의 선분은 옆면의 세로입니다.

답

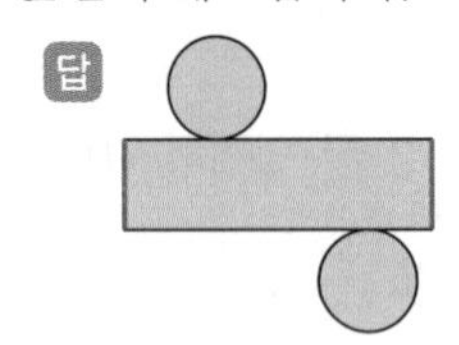

5 가: 두 밑면이 서로 겹쳐지는 위치에 있습니다.
다: 두 밑면이 합동이 아닙니다.
라: 옆면이 직사각형이 아닙니다.

답 나

6 ㉠ (옆면의 가로)=(밑면의 둘레)=15.7 cm
㉡ (옆면의 세로)=(원기둥의 높이)=7 cm

답 15.7 cm, 7 cm

7 (선분 ㄱㄹ)=(밑면의 둘레)
$=4\times2\times3=24$ (cm)

답 $4\times2\times3=24$, 24 cm

1 STEP 기본 유형의 힘 162~163쪽

유형 1 답 원기둥

1 위와 아래에 있는 면이 서로 평행하고 합동인 원으로 이루어진 입체도형은 가, 다, 마입니다. 답 가, 다, 마

2 원기둥의 높이는 두 밑면에 수직인 선분의 길이이므로 바르게 표시한 것은 ㉢입니다. 답 ㉢

3

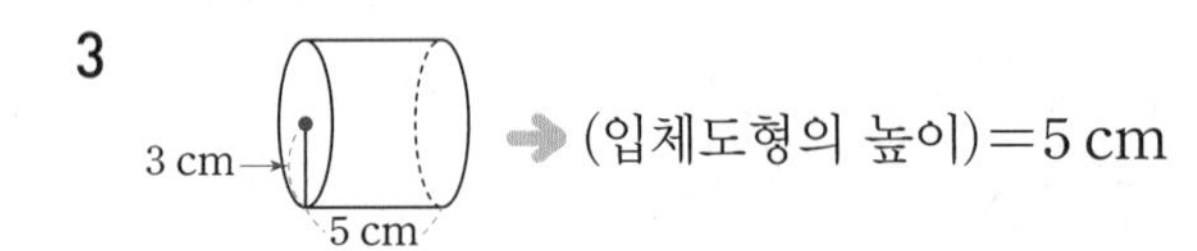

➔ (입체도형의 높이)=5 cm

답 5 cm

4 밑면의 지름은 반지름의 2배이므로 $4\times2=8$ (cm)입니다.
앞에서 본 모양이 정사각형이므로 원기둥의 높이는 밑면의 지름과 같은 8 cm입니다. 답 8 cm / 8 cm

5 ㉢ 원기둥에는 굽은 면이 있지만 각기둥에는 굽은 면이 없습니다. 답 ㉢

✔ **참고** 원기둥과 각기둥의 공통점과 차이점

공통점	• 기둥 모양의 입체도형입니다. • 밑면이 2개입니다. • 두 밑면이 서로 평행하고 합동입니다. • 옆에서 본 모양이 직사각형입니다.
차이점	• 밑면의 모양이 원기둥은 원, 각기둥은 다각형입니다. • 원기둥은 굽은 면이 있고 각기둥은 굽은 면이 없습니다.

유형 2 답 ×

6 밑면인 원이 2개, 옆면인 직사각형이 1개입니다.

답 2개, 1개

7 ㉡ 원기둥의 높이는 옆면의 세로의 길이와 같습니다.

답 ㉡

8 원기둥의 높이는 전개도에서 옆면인 직사각형의 세로의 길이와 같습니다.

답 선분 ㄱㄴ, 선분 ㄹㄷ

9 (옆면의 가로)$=2\times2\times3.14=12.56$ (cm)
(옆면의 세로)=(원기둥의 높이)=6 cm

답

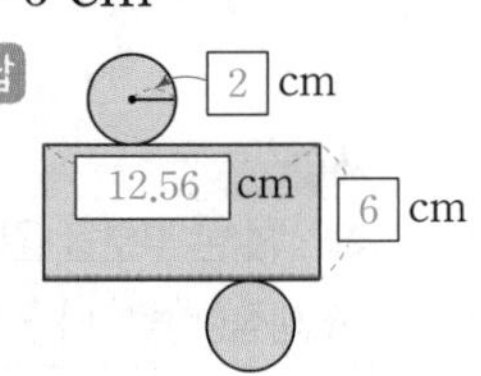

10 (옆면의 가로)$=1\times2\times3=6$ (cm)

답 예

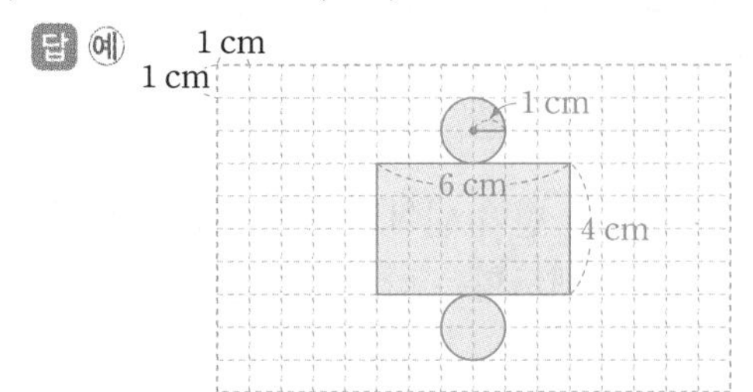

개념의 힘 164~169쪽

개념 3 164~165쪽

개념 확인하기

1 평평한 면이 원이고 옆을 둘러싼 면이 굽은 면인 뿔 모양의 입체도형을 찾습니다.

답 (　)(○)

2 원뿔에서 평평한 면을 밑면이라고 합니다.

답

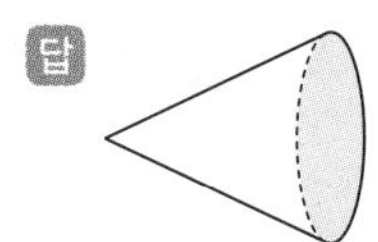

3 원뿔의 꼭짓점에서 밑면에 수직인 선분의 길이를 잰 것은 오른쪽 그림입니다.

답 (　)(○)

4 직각삼각형 모양의 종이를 한 변을 기준으로 돌리면 원뿔이 만들어집니다.

답 원뿔

개념 다지기

1 평평한 면이 원이고 옆을 둘러싼 면이 굽은 면인 뿔 모양의 입체도형은 나입니다.

답 나

2
- 밑면: 평평한 면
- 옆면: 옆을 둘러싼 굽은 면
- 모선: 원뿔에서 꼭짓점과 밑면인 원의 둘레의 한 점을 이은 선분
- 높이: 원뿔의 꼭짓점에서 밑면에 수직인 선분의 길이

답

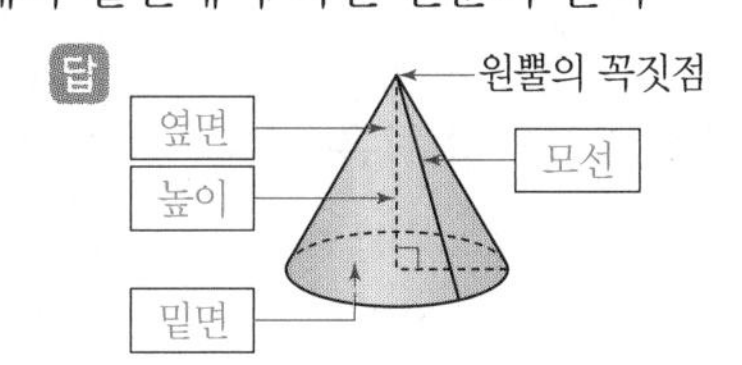

3 ⑤ 선분 ㄱㅂ은 원뿔의 높이입니다.

답 ⑤

4 원뿔의 밑면은 원 모양이고 1개입니다.

답 원, 1개

5 원뿔을 옆에서 보면 삼각형 모양입니다.

답 삼각형

6 밑면의 반지름이 6 cm, 모선의 길이가 10 cm, 높이가 8 cm인 원뿔입니다.

답 10 cm, 8 cm

7 답 원, 굽은에 ○표

개념 4 166~167쪽

개념 확인하기

1 구는 공 모양의 입체도형입니다.

답 (○)(　)

2
- 구의 중심: 구에서 가장 안쪽에 있는 점
- 구의 반지름: 구의 중심에서 구의 겉면의 한 점을 이은 선분

답 (왼쪽에서부터) 중심, 반지름

3 원뿔과 구는 곡면으로 둘러싸여 있습니다.

답 곡면에 ○표

4 구와 원기둥은 뾰족한 부분이 없습니다.

답 없습니다에 ○표

개념 다지기

1 가: 구, 나: 원기둥, 다: 삼각기둥, 라: 원뿔

답 가

2 구의 반지름은 구의 중심에서 구의 겉면의 한 점을 이은 선분이므로 4 cm입니다.

답 4 cm

3 가는 뾰족한 부분이 없으므로 꼭짓점이 없고 나는 뾰족한 부분이 있으므로 꼭짓점이 있습니다.

답 ○

4 반원 모양의 종이를 지름을 기준으로 돌리면 구가 만들어집니다.

답

5 ㉡ 구의 반지름은 무수히 많습니다.
㉢ 여러 방향에서 본 모양은 모두 원으로 같습니다.

답 ㉠

6 구를 위와 옆에서 본 모양은 모두 원입니다.

답

위에서 본 모양	옆에서 본 모양
○	○

개념 5 168~169쪽

개념 확인하기

1 답 원기둥에 ○표

2 답 원뿔에 ○표

3 답 원기둥, 원뿔에 ○표

4
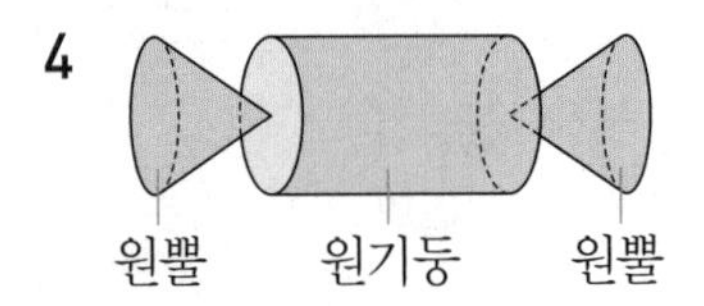

답 1개, 2개

개념 다지기

1 답 구에 ○표

2
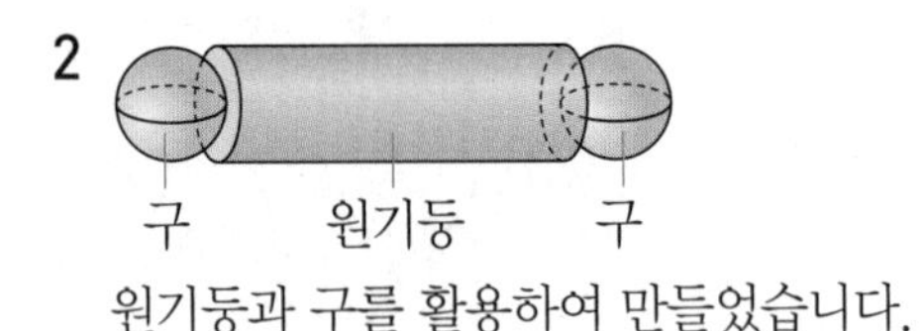

원기둥과 구를 활용하여 만들었습니다.

답 원뿔에 ○표

3
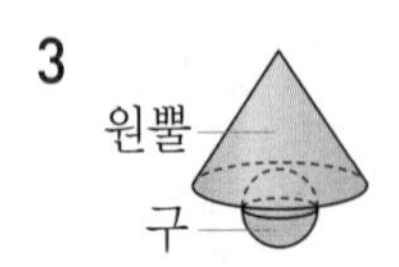

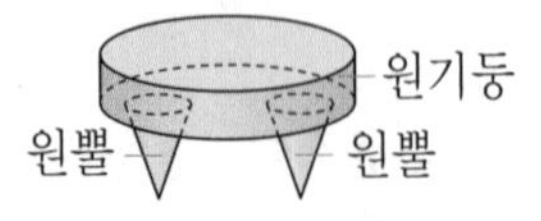

답 (　　) (○)

4 ㉠ 원기둥, 원뿔, 구로 만들었습니다. 답 ㉡

5 구 4개로 만든 모양입니다. 답 4개

6
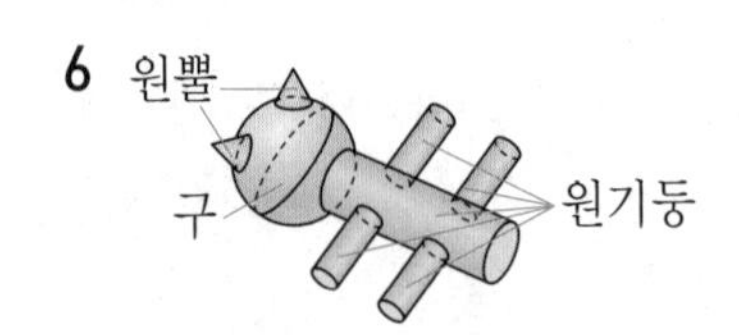

원기둥 5개, 원뿔 2개, 구 1개로 만든 모양입니다.

답 5개, 2개, 1개

1 STEP 기본 유형의 힘 170~173쪽

유형 3 답 원뿔

1 평평한 면이 원이고 옆을 둘러싼 면이 굽은 면인 뿔 모양의 입체도형은 나, 라, 바입니다.

답 나, 라, 바

2 원뿔에는 평평한 면이 1개 있습니다. 답 1개

3 직각삼각형 모양의 종이를 한 변을 기준으로 돌리면 원뿔이 만들어집니다.

답 예
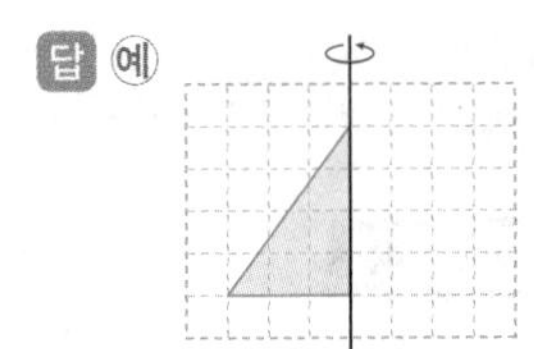

4 답 (왼쪽에서부터) 원, 사각형, 삼각형

5 '위에서 본 모양은 둘 다 원입니다.'도 정답입니다.

모범 답안 밑면의 모양이 원입니다.

✔ **참고** 원기둥과 원뿔의 공통점과 차이점

공통점	• 밑면의 모양이 원입니다. • 위에서 본 모양은 둘 다 원입니다.
차이점	• 원뿔은 꼭짓점이 있지만 원기둥에는 없습니다. • 앞에서 본 모양이 원뿔은 삼각형이고 원기둥은 사각형입니다.

유형 4 ⑤ 모선 답 ⑤

6 원뿔에서 뾰족한 부분의 점은 점 ㄱ입니다.

답 점 ㄱ

7 원뿔의 꼭짓점에서 밑면에 수직인 선분은 선분 ㄱㅁ입니다.

답 선분 ㄱㅁ

8 원뿔에서 꼭짓점과 밑면인 원의 둘레의 한 점을 이은 선분은 무수히 많습니다.

답 ⑤

9 선분 ㄱㄴ, 선분 ㄱㄷ, 선분 ㄱㄹ은 원뿔의 꼭짓점과 밑면인 원의 둘레의 한 점을 이은 선분입니다.

답 ④, ⑤

10 밑면의 지름은 반지름의 2배이므로 $3 \times 2 = 6$ (cm)이고 높이는 5 cm입니다.

답 6 cm, 5 cm

11 ㉠ 밑면의 지름이 8 cm이므로 밑면의 반지름은 4 cm 입니다.

답 ㉠

유형 5 답 (　　) (　　) (○)

12 구에서 가장 안쪽에 있는 점은 점 ㄷ입니다.

답 점 ㄷ

13 구의 중심에서 구의 겉면의 한 점을 이은 선분은 선분 ㄷㄱ, 선분 ㄷㄴ입니다.

답 선분 ㄷㄱ, 선분 ㄷㄴ

14 답 예 탁구공, 배구공

15 반원 모양의 종이를 지름을 기준으로 한 바퀴 돌리면 구가 만들어집니다.

답 (　　) (　　) (○)

16 반원의 반지름이 구의 반지름이 되므로 구의 반지름은 $10 \div 2 = 5$ (cm)입니다.

답 5 cm

17 구를 위에서 본 모양은 원, 옆에서 본 모양은 원입니다. 원기둥을 위에서 본 모양은 원, 옆에서 본 모양은 직사각형입니다.

답

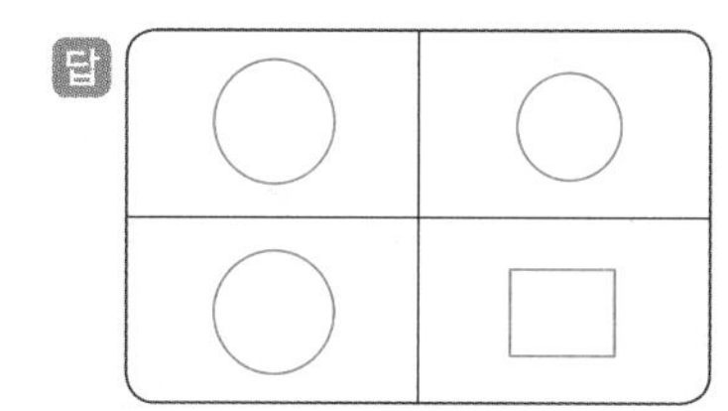

유형 6 답 원뿔에 ○표

18

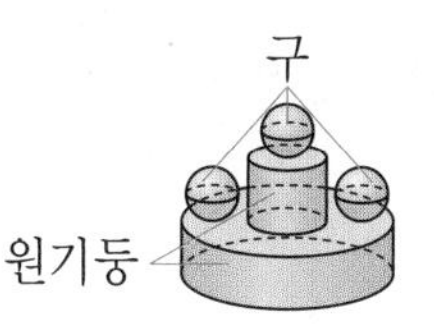

답 원기둥, 구

19

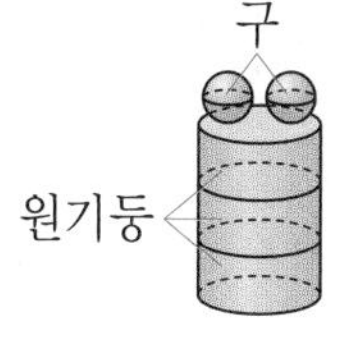

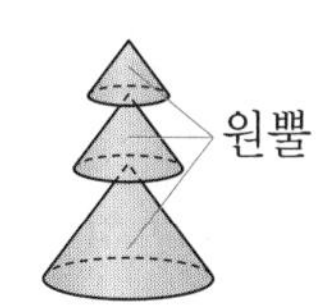

왼쪽 모양은 원기둥과 구를 사용하여 만들었습니다.

답 (　　) (○)

20 수호: 구와 원기둥을 사용하여 초를 만들었습니다.

답 은채

21 답 예

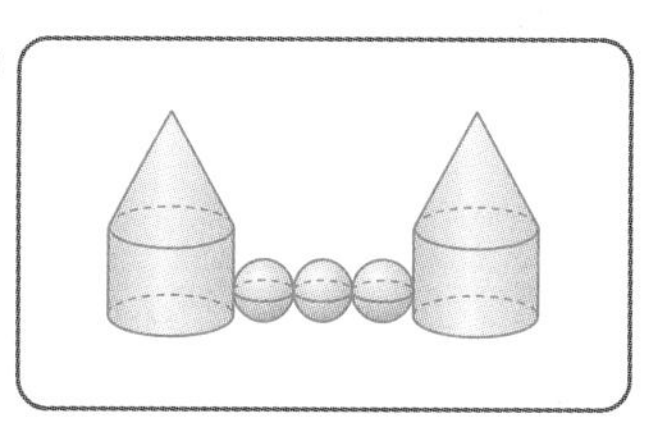

22

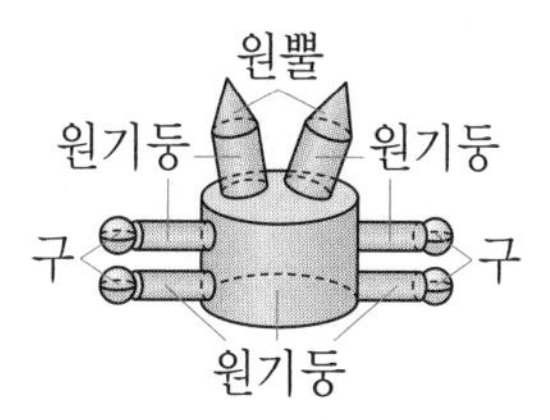

원기둥 7개, 원뿔 2개, 구 4개로 만든 모양입니다.

답 7, 2, 4

2 STEP 응용 유형의 힘 174~177쪽

1 답 평행에 ○표

2 답 밑면, 합동에 ○표

3 답 원에 ○표

4 가의 높이: 7 cm, 나의 높이: 8 cm
따라서 나가 가보다 $8-7=1$ (cm) 더 높습니다.

답 나, 1 cm

5 가의 높이: 5 cm, 나의 높이: 8 cm
따라서 나가 가보다 $8-5=3$ (cm) 더 높습니다.

답 나, 3 cm

6 가의 높이: 8 cm, 나의 높이: 6 cm
따라서 가가 나보다 $8-6=2$ (cm) 더 높습니다.

답 가, 2 cm

✔ 주의 눕힌 원기둥에서 원기둥의 높이를 7 cm라고 생각하지 않도록 주의합니다.

7 (구의 지름)$=6 \times 2=12$ (cm)

답 12 cm

8 (구의 지름)$=9 \times 2=18$ (cm)

답 18 cm

9 (구의 지름)$=10 \times 2=20$ (cm)

답 20 cm

10 (구의 지름)$=14\times2=28$ (cm)

답 28 cm

11 ㉠ 원기둥은 기둥 모양, 원뿔은 뿔 모양입니다.
㉡ 원기둥은 밑면이 2개, 원뿔은 밑면이 1개입니다.

답 ㉢

12 ㉡ 원뿔은 꼭짓점이 있지만 구는 꼭짓점이 없습니다.
㉢ 원뿔을 옆에서 본 모양은 삼각형, 구를 옆에서 본 모양은 원입니다.

답 ㉠

13 ㉠ 원기둥과 원뿔은 밑면의 모양이 원이지만 구는 밑면이 없습니다.
㉡ 원뿔은 뾰족한 부분이 있지만 원기둥과 구는 뾰족한 부분이 없습니다.

답 ㉢

14 밑면의 반지름을 □cm라 하면 $□\times2\times3=18$, $□\times6=18$, $□=3$입니다.

답 3 cm

15 밑면의 반지름을 □cm라 하면 $□\times2\times3.14=31.4$, $□\times6.28=31.4$, $□=5$입니다.

답 5 cm

16 밑면의 반지름을 □cm라 하면 $□\times2\times3.1=49.6$, $□\times6.2=49.6$, $□=8$입니다.

답 8 cm

17 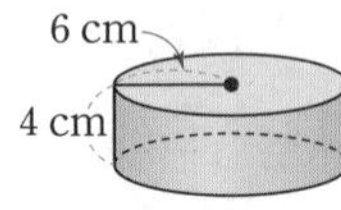

만든 입체도형은 밑면의 반지름이 6 cm, 높이가 4 cm인 원기둥입니다.

(밑면의 지름)$=6\times2=12$ (cm), (높이)$=4$ cm
➜ $12-4=8$ (cm)

답 8 cm

18 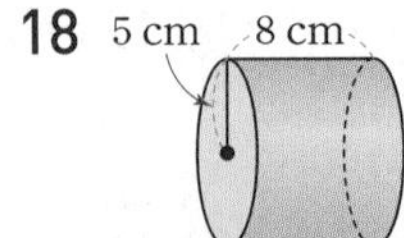

만든 입체도형은 밑면의 반지름이 5 cm, 높이가 8 cm인 원기둥입니다.

(밑면의 지름)$=5\times2=10$ (cm), (높이)$=8$ cm
➜ $10-8=2$ (cm)

답 2 cm

19 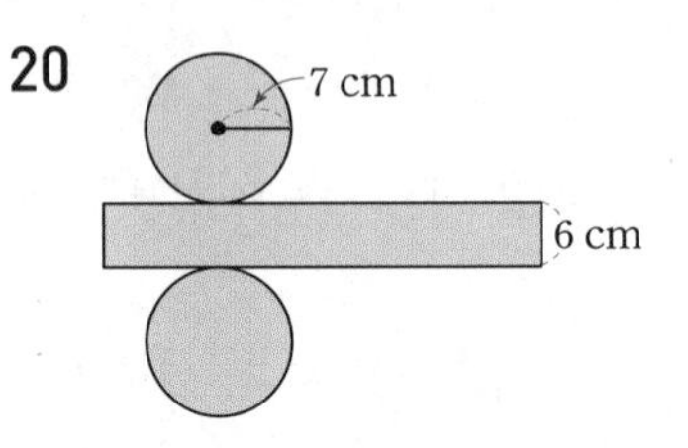

만든 입체도형은 밑면의 반지름이 9 cm, 높이가 7 cm인 원뿔입니다.

(밑면의 지름)$=9\times2=18$ (cm), (높이)$=7$ cm
➜ $18-7=11$ (cm)

답 11 cm

20

(한 밑면의 둘레)$=7\times2\times3.1=43.4$ (cm)
➜ (전개도의 둘레)$=43.4\times4+6\times2$
$=173.6+12$
$=185.6$ (cm)

답 185.6 cm

21 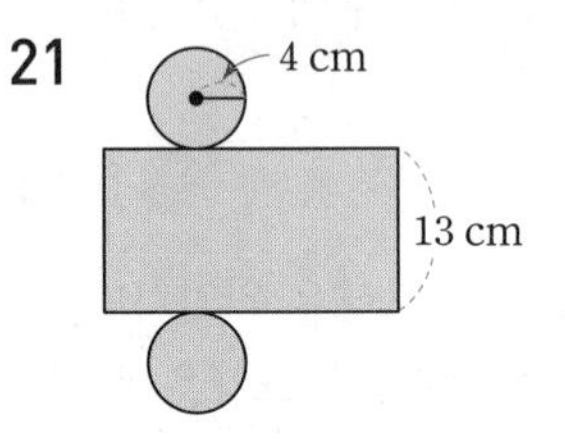

(한 밑면의 둘레)$=4\times2\times3.14=25.12$ (cm)
➜ (전개도의 둘레)$=25.12\times4+13\times2$
$=100.48+26$
$=126.48$ (cm)

답 126.48 cm

22 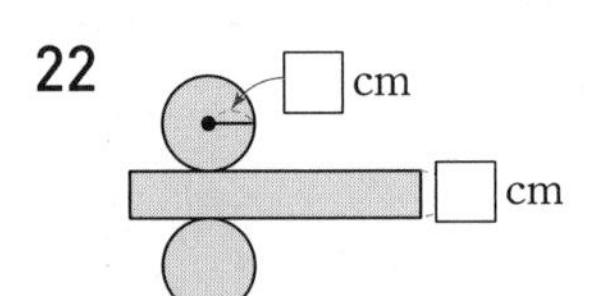

원기둥의 높이는 밑면의 반지름과 같으므로 원기둥의 높이를 □cm라 하면
$□\times2\times3\times2+□\times2=56$,
$□\times12+□\times2=56$,
$□\times14=56$,
$□=4$입니다.

답 4 cm

23 원기둥의 높이는 밑면의 반지름과 같으므로 원기둥의 높이를 □cm라 하면
$□\times2\times3\times2+□\times2=84$,
$□\times12+□\times2=84$,
$□\times14=84$, $□=6$입니다.

답 6 cm

3 STEP 서술형의 힘 178~179쪽

1-1 (1) 직각삼각형 모양의 종이를 한 변을 기준으로 돌리면 원뿔이 만들어집니다.
(2) 직각삼각형의 밑변의 길이가 9 cm이므로 원뿔의 밑면의 반지름은 9 cm입니다.
(3) (지름)$=9\times2=18$ (cm)
답 (1) 원뿔 (2) 9 cm (3) 18 cm

1-2 모범 답안 ❶ 직각삼각형 모양의 종이를 한 변을 기준으로 돌리면 원뿔이 만들어집니다.
❷ 직각삼각형의 밑변의 길이가 16 cm이므로 원뿔의 밑면의 반지름은 16 cm입니다.
❸ (지름)$=16\times2=32$ (cm)
답 32 cm

채점 기준

❶ 만든 입체도형의 이름을 씀.	2점	5점
❷ 만든 입체도형의 밑면의 반지름을 구함.	1점	
❸ 만든 입체도형의 밑면의 지름을 구함.	2점	

2-1 (1) 밑면의 반지름이 6 cm인 원뿔이 만들어집니다.
➜ (밑면의 넓이)$=6\times6\times3=108$ (cm^2)
(2) 밑면의 반지름이 8 cm인 원뿔이 만들어집니다.
➜ (밑면의 넓이)$=8\times8\times3=192$ (cm^2)
(3) $192-108=84$ (cm^2)
답 (1) 108 cm^2 (2) 192 cm^2 (3) 84 cm^2

2-2 모범 답안 ❶ 변 ㄱㄴ을 기준으로 돌리면 밑면의 반지름이 12 cm인 원뿔이 만들어집니다.
➜ (밑면의 넓이)$=12\times12\times3=432$ (cm^2)
❷ 변 ㄴㄷ을 기준으로 돌리면 밑면의 반지름이 5 cm인 원뿔이 만들어집니다.
➜ (밑면의 넓이)$=5\times5\times3=75$ (cm^2)
❸ 두 입체도형의 밑면의 넓이의 차는 $432-75=357$ (cm^2)입니다.
답 357 cm^2

채점 기준

❶ 변 ㄱㄴ을 기준으로 돌려 만든 입체도형의 밑면의 넓이를 구함.	2점	5점
❷ 변 ㄴㄷ을 기준으로 돌려 만든 입체도형의 밑면의 넓이를 구함.	2점	
❸ 두 입체도형의 밑면의 넓이의 차를 구함.	1점	

3-1 (1) $10\times2\times3=60$ (cm)
(2) 옆면의 세로를 □cm라 하면
$60\times4+\square\times2=258$, $240+\square\times2=258$,
$\square\times2=18$, $\square=9$입니다.
답 (1) 60 cm (2) 9 cm

참고 (원기둥의 전개도의 둘레)
=(한 밑면의 둘레)×2+(옆면의 둘레)
(한 밑면의 둘레)×2+(옆면의 세로)×2
=(한 밑면의 둘레)×4+(옆면의 세로)×2

3-2 모범 답안 ❶ (한 밑면의 둘레)$=8\times2\times3.14$
$=50.24$ (cm)
❷ 옆면의 세로를 □cm라 하면
$50.24\times4+\square\times2=222.96$,
$200.96+\square\times2=222.96$,
$\square\times2=22$, $\square=11$입니다.
답 11 cm

채점 기준

❶ 한 밑면의 둘레를 구함.	2점	5점
❷ 옆면의 세로를 구함.	3점	

4-1 (1) (옆면의 가로)=(한 밑면의 둘레)
$=3\times2\times3=18$ (cm)
(2) 종이의 가로가 더 길므로 가로를 전개도의 세로로 합니다.
➜ (옆면의 세로)
=(종이의 가로 길이)−(밑면의 지름)×2
$=24-6\times2=12$ (cm)
(3) 상자의 높이는 옆면의 세로의 길이와 같습니다.
답 (1) 18 cm (2) 12 cm (3) 12 cm

4-2 모범 답안 ❶ (옆면의 가로)
=(한 밑면의 둘레)$=4\times2\times3=24$ (cm)
❷ 옆면의 가로가 24 cm이므로 종이의 세로를 전개도의 세로로 합니다.
➜ (옆면의 세로)
=(종이의 세로 길이)−(밑면의 지름)×2
$=20-8\times2=4$ (cm)
❸ 최대한 높은 상자를 만들 때 만든 상자의 높이는 옆면의 세로의 길이와 같은 4 cm입니다.
답 4 cm

채점 기준

❶ 옆면의 가로를 구함.	2점	5점
❷ 옆면의 세로를 구함.	2점	
❸ 최대한 높은 상자를 만들 때의 높이를 구함.	1점	

단원평가 180~182쪽

1 위와 아래에 있는 면이 서로 평행하고 합동인 원으로 되어 있는 입체도형은 가, 바입니다.

답 가, 바

2 평평한 면이 원이고 옆을 둘러싼 면이 굽은 면인 뿔 모양의 입체도형은 다입니다.

답 다

3 공 모양의 입체도형은 라입니다.

답 라

4 원뿔의 꼭짓점에서 밑면에 수직인 선분의 길이는 4 cm입니다.

답 4 cm

5 답 원기둥, 원뿔에 ◯표

6 답 (　　)(◯)

7 답

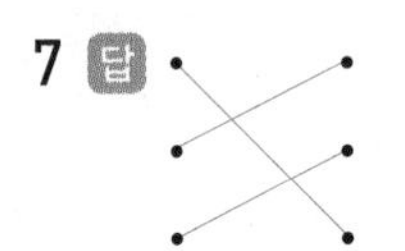

8 (1) 반원 모양의 종이를 한 바퀴 돌리면 구가 만들어집니다.
(2) 직사각형 모양의 종이를 한 바퀴 돌리면 원기둥이 만들어집니다.
(3) 직각삼각형 모양의 종이를 한 바퀴 돌리면 원뿔이 만들어집니다.

답 (1) 구 (2) 원기둥 (3) 원뿔

9 선분 ㄱㄴ은 모선입니다.
따라서 선분 ㄱㄴ과 길이가 같은 선분은 선분 ㄱㄷ, 선분 ㄱㄹ입니다.

답 선분 ㄱㄷ, 선분 ㄱㄹ

10 ⑤ 밑면과 옆면은 서로 평행하지 않습니다.

답 ⑤

11 ㉠ (옆면의 가로)=(밑면의 둘레)
$=3\times2\times3=18$ (cm)
㉡ (옆면의 세로)=(원기둥의 높이)
$=9$ cm

답 18 cm, 9 cm

12 (지름)$=3\times2=6$ (cm)　답 6 cm

13 위에서 본 모양이 원이고 앞과 옆에서 본 모양이 삼각형인 입체도형은 원뿔입니다. ➜ ㉡

답 ㉡

14 원기둥, 원뿔, 구의 공통점과 차이점을 찾아봅니다.
예 ┌ 원기둥, 구: 꼭짓점이 없습니다.
　 └ 원뿔: 꼭짓점이 있습니다.

답 예 꼭짓점이 없는 것과 있는 것

15

	원기둥	원뿔
㉠	2개	1개
㉡	원	원
㉢	직사각형	삼각형
㉣	원	원

답 ㉠, ㉢

16 $\square\times2\times3=48$, $\square\times6=48$, $\square=8$　답 8

17

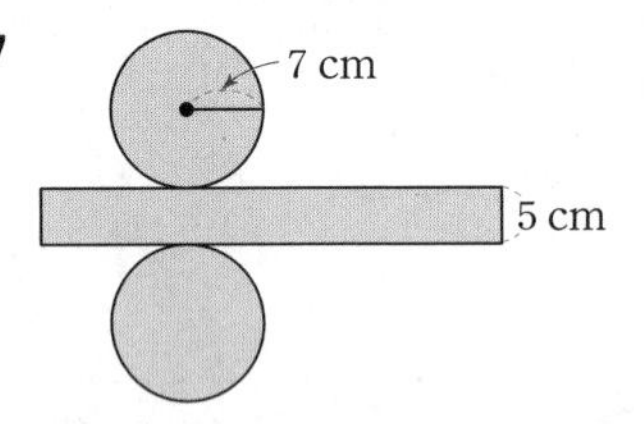

(옆면의 가로)$=7\times2\times3.1=43.4$ (cm)
(옆면의 세로)$=5$ cm
➜ $43.4-5=38.4$ (cm)

답 38.4 cm

18 답 예 뾰족한 부분이 없습니다. /
예 원기둥은 밑면이 있지만 구는 밑면이 없습니다.

평가 기준
원기둥과 구의 공통점과 차이점을 각각 1가지씩 바르게 썼으면 정답입니다.

19 모범 답안 ❶ (원기둥의 밑면의 반지름)=(구의 반지름)이므로 원기둥의 밑면의 반지름은 6 cm입니다.
❷ (전개도에서 옆면의 가로의 길이)
=(원기둥의 밑면의 둘레)
$=6\times2\times3=36$ (cm)

답 36 cm

채점 기준

❶ 원기둥의 밑면의 반지름을 구함.	2점	5점
❷ 전개도에서 옆면의 가로의 길이를 구함.	3점	

20 모범 답안 ❶ (한 밑면의 둘레)$=9\times2\times3.1=55.8$ (cm)
❷ (전개도의 둘레)$=55.8\times4+7\times2$
$=223.2+14=237.2$ (cm)

답 237.2 cm

채점 기준

❶ 한 밑면의 둘레를 구함.	2점	5점
❷ 전개도의 둘레를 구함.	3점	

초등 수학 라인업

난이도: 최상 · 심화 · 유형 · 개념 · 기초연산 · 최하

수학의 힘[감마]

수학리더[최상위]

수학의 힘[베타]

수학리더
[응용+심화]

수학리더
[기본+응용]

수학도
독해가 힘이다

초등 문해력
독해가 힘이다
[문장제 수학편]

수학리더[유형]

수학의 힘[알파]

수학리더[개념]

수학리더[기본]

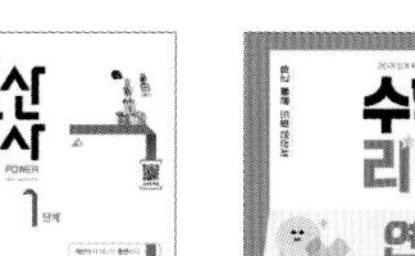
계산박사

수학리더[연산]

New 해법 수학

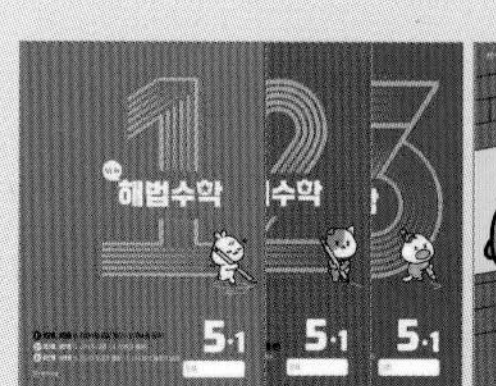
학기별 1~3호 방학 개념 학습

GO! 매쓰 시리즈

Start/Run A–C/Jump

평가 대비 특화 교재

단원 평가
마스터

HME 수학
학력평가

예비 중학
신입생 수학

정답은
이안에
있어!

시험 대비교재

●올백 전과목 단원평가	1~6학년/학기별 (1학기는 2~6학년)
●HME 수학 학력평가	1~6학년/상·하반기용
●HME 국어 학력평가	1~6학년

논술·한자교재

●YES 논술	1~6학년/총 24권
●천재 NEW 한자능력검정시험 자격증 한번에 따기	8~5급(총 7권) / 4급~3급(총 2권)

영어교재

●READ ME	
– Yellow 1~3	2~4학년(총 3권)
– Red 1~3	4~6학년(총 3권)
●Listening Pop	Level 1~3
●Grammar, ZAP!	
– 입문	1, 2단계
– 기본	1~4단계
– 심화	1~4단계
●Grammar Tab	총 2권
●Let's Go to the English World!	
– Conversation	1~5단계, 단계별 3권
– Phonics	총 4권

예비중 대비교재

●천재 신입생 시리즈	수학 / 영어
●천재 반편성 배치고사 기출 & 모의고사	